现代海道测量技术

主　编　金绍华
主　审　裴红梅

国防工业出版社
·北京·

内 容 简 介

海道测量是一门古老的科学和技术，源于人类渔猎和航行的需要，兴于现代船舶和航海技术的出现，历经上千年的实践。随着人类认知海洋、开发海洋的深入，特别是应用服务的拓展和科技水平的提高，海道测量的理论、技术、方法及其内涵也随之不断地发生变化。尤其是在当代，由于空间技术、计算机技术、通信技术、水声技术和海洋信息化技术的发展，使得海道测量的对象、理论和技术正在适应新形势的需要而发生深刻的变化。海道测量的目的已由确保航行安全和海洋发展拓展为服务于水域通道、经济发展和军事活动的全方位海洋空间地理信息保障。

本书主要围绕海道测量的技术变革，从海洋垂直基准构建、海岸地形测量、海洋定位、海洋潮汐水文观测、海洋测深、水下障碍物探测和海底底质探测等几方面阐述测量的原理和技术方法。既考虑目前海军海洋测绘部队作业实施技术现状，又兼顾国内外海道测量技术研究现状和发展趋势，具有一定的现实性和前瞻性。

本书可供从事现代海道测量的相关人员学习参考，也可作为海道测量专业培训和其他高等院校海洋测量专业本科生的教材。

图书在版编目（CIP）数据

现代海道测量技术 / 金绍华主编. -- 北京：国防工业出版社，2024.12. -- ISBN 978-7-118-13558-9

Ⅰ．U675.4

中国国家版本馆 CIP 数据核字第 2025CA5635 号

※

国防工业出版社出版发行

（北京市海淀区紫竹院南路23号　邮政编码100048）
北京凌奇印刷有限责任公司印刷
新华书店经售

*

开本 710×1000　1/16　插页 2　印张 19½　字数 447 千字
2024 年 12 月第 1 版第 1 次印刷　　印数 1—1000 册　　定价 128.00 元

（本书如有印装错误，我社负责调换）

国防书店：(010) 88540777　　书店传真：(010) 88540776
发行业务：(010) 88540717　　发行传真：(010) 88540762

本书编审人员

主　编　金绍华
副主编　边　刚
主　审　裴红梅
编　委　崔　杨　肖付民
　　　　殷晓冬　李明叁

前　言

海道测量是人类认识海洋、了解海洋的主要手段，其基本任务是感知获取多要素、高精度海洋基础空间信息，并按照相关规范要求对数据进行质量控制和标准化处理，生成海道测量成果（或图件），为编制各类海图、编写航海资料等提供基础数据，为舰船航行、海洋开发、海洋工程、海洋科学研究，以及海岸带管理等提供支撑服务。

经过多年的发展，海道测量平台更加多样化，由传统的船载平台逐步发展为航天、航空、地面、水面、水下五位一体的多样化立体数据获取平台体系，无人机、无人船、气垫船、自主式水下潜器（Autonomous Underwater Vehicle，AUV）和遥控潜器（Remote Operated Vehicle，ROV）等新型测量平台得到初步应用。一些新理论、新技术、新方法在海道测量中得到广泛应用。目前，测量平台多样化、测量设备国产化、信息获取综合化、测量区域全球化、数据处理智能化、产品制作系列化、服务保障网络化已逐步成为海道测量的新常态。

依据测绘科学与技术专业研究生人才培养方案和《现代海道测量学课程教学计划》编写了本书。本书既可作为测量科学与技术专业研究生人才培养的基本教材，也可作为海道测量专业培训和其他高等院校海洋测量专业的教学用书。

本书根据海道测量专业特点，紧密结合当前海道测量作业实施技术需要，坚持传承与创新相结合，较为全面地介绍了现代海道测量的理论、技术与方法，内容丰富新颖，理论联系实际。

本书共8章。第一章绪论，介绍了海道测量的概念、发展简史和技术进展；第二章海洋垂直基准构建技术，主要阐述了平均海面高模型、海洋大地水准面模型和深度基准面模型构建涉及的关键技术以及海洋垂直体系构建思想；第三章海岸地形测量技术，主要介绍了常规岸线控制测量技术、海岸航空摄影测量和机载雷达测量技术；第四章海洋定位技术，介绍了全球卫星导航系统（Global Navigation Satellite System，GNSS）技术、水下声学导航定位技术、惯性导航技术与海洋匹配导航技术；第五章海洋潮汐水文观测技术，阐述了海洋潮汐与海道测量水位控制相关知识，介绍了其他相关水文要素及其测量方法；第六章海洋测深技术，介绍了海洋测深的空间结构和水深测量的声学及光学原理，阐述了单波束测深技术、多波束测深技术和机载激光测深技术；第七章水下障碍物探测技术，介绍了利用侧扫声纳和海洋磁力测量进行障碍物探测的理论、技术和方法；第八章海底底质探测技术，重点介绍了浅地层剖面测量和多波束海底底质反演技术。本书考虑了目前海军海洋测绘部队作业实施技术现状，又考虑了国内外海道测量技术研究现状和发展趋势，具有一定的现实性和前瞻性。

本书由海军大连舰艇学院军事海洋与测绘系海道测量教研室金绍华副教授主编。本书编写主要分工如下：第一章由金绍华副教授、殷晓冬教授编写，第二章由崔杨讲师、金绍华副教授编写，第三章由金绍华副教授、李明叁副教授、崔杨讲师编写，第四章由边刚讲师编写，第五章由肖付民副教授编写，第六章由金绍华副教授、肖付民副教授编写，第七章由金绍华副教授、边刚讲师编写，第八章由金绍华副教授编写。王美娜讲师、温凤丹讲师、刘国庆讲师参与了校对和绘图工作。天津大学翟京生教授、武汉大学暴景阳教授和赵建虎教授、国家海洋局第二海洋研究所吴自银研究员对本书的编写工作提出了宝贵意见，在此一并致谢！

本书由海军大连舰艇学院基础部数学教研室裴红梅副教授主审，在此表示衷心感谢。

由于编写时间仓促和编著者水平有限，书中难免存在不足之处，希望读者提出宝贵意见，以便编著者进一步修改和完善。

编著者
2024 年 1 月

目 录

第一章　绪论 ⋯⋯⋯⋯⋯⋯⋯⋯⋯⋯⋯⋯⋯⋯⋯⋯⋯⋯⋯⋯⋯⋯⋯⋯⋯⋯⋯⋯⋯⋯⋯ 1
　第一节　海道测量的概念 ⋯⋯⋯⋯⋯⋯⋯⋯⋯⋯⋯⋯⋯⋯⋯⋯⋯⋯⋯⋯⋯⋯⋯ 2
　　一、海道测量的定义 ⋯⋯⋯⋯⋯⋯⋯⋯⋯⋯⋯⋯⋯⋯⋯⋯⋯⋯⋯⋯⋯⋯⋯⋯ 2
　　二、海道测量的地位和作用 ⋯⋯⋯⋯⋯⋯⋯⋯⋯⋯⋯⋯⋯⋯⋯⋯⋯⋯⋯⋯⋯ 3
　第二节　海道测量的发展简史 ⋯⋯⋯⋯⋯⋯⋯⋯⋯⋯⋯⋯⋯⋯⋯⋯⋯⋯⋯⋯⋯ 6
　　一、国际海道测量的发展简史 ⋯⋯⋯⋯⋯⋯⋯⋯⋯⋯⋯⋯⋯⋯⋯⋯⋯⋯⋯⋯ 6
　　二、我国海道测量的发展简史 ⋯⋯⋯⋯⋯⋯⋯⋯⋯⋯⋯⋯⋯⋯⋯⋯⋯⋯⋯⋯ 6
　第三节　现代海道测量技术进展 ⋯⋯⋯⋯⋯⋯⋯⋯⋯⋯⋯⋯⋯⋯⋯⋯⋯⋯⋯⋯ 7
　　一、海底地形地貌立体测量体系基本形成 ⋯⋯⋯⋯⋯⋯⋯⋯⋯⋯⋯⋯⋯⋯⋯ 8
　　二、水陆一体化测量技术 ⋯⋯⋯⋯⋯⋯⋯⋯⋯⋯⋯⋯⋯⋯⋯⋯⋯⋯⋯⋯⋯⋯ 8
　　三、海道测量仪器设备研制 ⋯⋯⋯⋯⋯⋯⋯⋯⋯⋯⋯⋯⋯⋯⋯⋯⋯⋯⋯⋯⋯ 9
　　四、海道测量数据处理技术 ⋯⋯⋯⋯⋯⋯⋯⋯⋯⋯⋯⋯⋯⋯⋯⋯⋯⋯⋯⋯ 10
　第四节　本书的体系结构 ⋯⋯⋯⋯⋯⋯⋯⋯⋯⋯⋯⋯⋯⋯⋯⋯⋯⋯⋯⋯⋯⋯ 10
　本章小结 ⋯⋯⋯⋯⋯⋯⋯⋯⋯⋯⋯⋯⋯⋯⋯⋯⋯⋯⋯⋯⋯⋯⋯⋯⋯⋯⋯⋯⋯ 12
　复习思考题 ⋯⋯⋯⋯⋯⋯⋯⋯⋯⋯⋯⋯⋯⋯⋯⋯⋯⋯⋯⋯⋯⋯⋯⋯⋯⋯⋯⋯ 12

第二章　海洋垂直基准构建技术 ⋯⋯⋯⋯⋯⋯⋯⋯⋯⋯⋯⋯⋯⋯⋯⋯⋯⋯⋯⋯ 13
　第一节　海洋垂直基准体系构建思想 ⋯⋯⋯⋯⋯⋯⋯⋯⋯⋯⋯⋯⋯⋯⋯⋯⋯ 14
　　一、海洋垂直基准体系建立的基本思想 ⋯⋯⋯⋯⋯⋯⋯⋯⋯⋯⋯⋯⋯⋯⋯ 14
　　二、海洋垂直基准面的量级与精度估算 ⋯⋯⋯⋯⋯⋯⋯⋯⋯⋯⋯⋯⋯⋯⋯ 17
　第二节　平均海面高模型构建技术 ⋯⋯⋯⋯⋯⋯⋯⋯⋯⋯⋯⋯⋯⋯⋯⋯⋯⋯ 24
　　一、计算方法 ⋯⋯⋯⋯⋯⋯⋯⋯⋯⋯⋯⋯⋯⋯⋯⋯⋯⋯⋯⋯⋯⋯⋯⋯⋯⋯ 24
　　二、海面高数据的格网化方法 ⋯⋯⋯⋯⋯⋯⋯⋯⋯⋯⋯⋯⋯⋯⋯⋯⋯⋯⋯ 25
　　三、现有模型的比较与分析 ⋯⋯⋯⋯⋯⋯⋯⋯⋯⋯⋯⋯⋯⋯⋯⋯⋯⋯⋯⋯ 27
　第三节　海洋大地水准面模型构建技术 ⋯⋯⋯⋯⋯⋯⋯⋯⋯⋯⋯⋯⋯⋯⋯⋯ 29
　　一、卫星测高数据确定海洋大地水准面技术 ⋯⋯⋯⋯⋯⋯⋯⋯⋯⋯⋯⋯⋯ 29
　　二、海洋大地水准面重力精化技术 ⋯⋯⋯⋯⋯⋯⋯⋯⋯⋯⋯⋯⋯⋯⋯⋯⋯ 30
　第四节　深度基准面模型构建技术 ⋯⋯⋯⋯⋯⋯⋯⋯⋯⋯⋯⋯⋯⋯⋯⋯⋯⋯ 31
　第五节　基准面的传递技术 ⋯⋯⋯⋯⋯⋯⋯⋯⋯⋯⋯⋯⋯⋯⋯⋯⋯⋯⋯⋯⋯ 34
　本章小结 ⋯⋯⋯⋯⋯⋯⋯⋯⋯⋯⋯⋯⋯⋯⋯⋯⋯⋯⋯⋯⋯⋯⋯⋯⋯⋯⋯⋯⋯ 35
　复习思考题 ⋯⋯⋯⋯⋯⋯⋯⋯⋯⋯⋯⋯⋯⋯⋯⋯⋯⋯⋯⋯⋯⋯⋯⋯⋯⋯⋯⋯ 36

第三章　海岸地形测量技术 ········· 37
第一节　海岸地形测量概念 ········· 37
一、海岸地形测量的定义 ········· 37
二、海岸地形测量的对象、目的与意义 ········· 38
三、海岸地形测量的标准与要求 ········· 40
四、海岸地形测量的主要方法 ········· 43
第二节　常规岸线控制测量技术 ········· 44
一、岸线控制测量技术 ········· 44
二、海岸碎部测图技术 ········· 49
第三节　海岸航空摄影测量技术 ········· 51
一、海岸航空摄影测量原理 ········· 51
二、海岸航空摄影测量工序 ········· 54
三、空中三角测量技术 ········· 59
四、海岸高程模型技术 ········· 61
五、海岸正射影像技术 ········· 64
六、海岸地形测图技术 ········· 68
第四节　机载雷达海岸地形测量技术 ········· 74
一、机载 LiDAR 探测原理 ········· 74
二、海岸激光探测工序 ········· 78
三、点云数据处理技术 ········· 80
本章小结 ········· 83
复习思考题 ········· 83

第四章　海洋定位技术 ········· 85
第一节　GNSS 导航定位技术 ········· 85
一、GNSS 概述 ········· 85
二、GNSS 定位误差 ········· 101
三、GNSS 单点定位技术 ········· 105
四、GNSS 差分定位技术 ········· 106
五、GNSS 精密单点定位技术 ········· 124
六、网络 RTK 技术 ········· 128
第二节　水下声学导航定位技术 ········· 134
一、水下声学定位基础 ········· 134
二、长基线定位系统 ········· 136
三、短基线系统 ········· 140
四、超短基线系统 ········· 143
五、水下声学导航定位误差分析 ········· 147
第三节　惯性导航技术 ········· 150
一、概述 ········· 150
二、惯性导航的工作原理及组成 ········· 151

三、平台式 INS 系统 ……………………………………………………………… 151
　　　四、捷联式 INS …………………………………………………………………… 152
　　　五、INS 的应用 ……………………………………………………………………… 153
　　第四节　海洋匹配导航技术 ………………………………………………………… 153
　　　一、概述 …………………………………………………………………………… 153
　　　二、基于水下地形的匹配导航技术 ………………………………………………… 154
　　　三、基于地球物理场的匹配导航技术 ……………………………………………… 156
　　第五节　本章小结 …………………………………………………………………… 157
　　复习思考题 …………………………………………………………………………… 158

第五章　海洋潮汐水文观测技术 …………………………………………………… 159
　　第一节　海洋潮汐现象及基本理论 ………………………………………………… 159
　　　一、海洋潮汐现象与基本概念 ……………………………………………………… 159
　　　二、海洋潮汐基本理论 …………………………………………………………… 163
　　第二节　水位观测与潮汐分析计算 ………………………………………………… 178
　　　一、验潮站及水位观测 …………………………………………………………… 178
　　　二、潮汐分析计算 ………………………………………………………………… 184
　　　三、潮汐模型与水位归算 ………………………………………………………… 199
　　第三节　海洋水文测量 ……………………………………………………………… 205
　　　一、海流及其观测与分析 ………………………………………………………… 206
　　　二、海水温度测量 ………………………………………………………………… 209
　　　三、海水盐度测量 ………………………………………………………………… 212
　　　四、海水密度测量 ………………………………………………………………… 215
　　　五、海水声速测量 ………………………………………………………………… 216
　　第四节　本章小结 …………………………………………………………………… 218
　　复习思考题 …………………………………………………………………………… 219

第六章　海洋测深技术 ………………………………………………………………… 220
　　第一节　水深测量原理 ……………………………………………………………… 220
　　　一、水深测量空间结构 …………………………………………………………… 221
　　　二、水深测量水声学原理 ………………………………………………………… 222
　　　三、水深测量光学原理 …………………………………………………………… 226
　　第二节　水深测量工序 ……………………………………………………………… 227
　　　一、海区技术设计 ………………………………………………………………… 227
　　　二、仪器安装校准 ………………………………………………………………… 228
　　　三、数据采集 ……………………………………………………………………… 228
　　　四、数据处理 ……………………………………………………………………… 229
　　　五、数据质量评估 ………………………………………………………………… 229
　　第三节　单波束测深技术 …………………………………………………………… 229
　　　一、单波束测深模式 ……………………………………………………………… 229
　　　二、单波束测深仪工作原理 ……………………………………………………… 230

三、单波束测深仪安装校准 …………………………………………………… 231
四、单波束测深值归算 …………………………………………………………… 232
五、单波束测深误差源和质量控制技术 …………………………………… 233
第四节　多波束测深技术 …………………………………………………………… 236
一、多波束测深模式 …………………………………………………………… 236
二、多波束测深仪工作原理 …………………………………………………… 238
三、多波束测深仪安装校准 …………………………………………………… 239
四、多波束测深位置和水深归算 ……………………………………………… 242
五、多波束测深误差源和质量控制技术 …………………………………… 245
第五节　机载激光测深技术 ……………………………………………………… 248
一、机载激光测深模式 ………………………………………………………… 248
二、机载激光测深仪工作原理 ………………………………………………… 248
三、机载激光测深位置和水深归算 ………………………………………… 249
四、机载激光测深误差源和质量控制 ……………………………………… 250
本章小结 ……………………………………………………………………………… 252
复习思考题 …………………………………………………………………………… 252

第七章　水下障碍物探测技术 …………………………………………………… 253
第一节　海底障碍物探测原理 …………………………………………………… 253
一、目标探测声学原理 ………………………………………………………… 254
二、磁异常正反演原理 ………………………………………………………… 255
第二节　海底障碍物探测工序 …………………………………………………… 256
一、海区技术设计 ……………………………………………………………… 257
二、外业测量 …………………………………………………………………… 257
三、数据处理 …………………………………………………………………… 257
四、目标核实 …………………………………………………………………… 258
第三节　侧扫声纳探测技术 ……………………………………………………… 258
一、侧扫声纳工作原理 ………………………………………………………… 258
二、侧扫声纳安装校准 ………………………………………………………… 260
三、侧扫声纳图像失真分析及改正 ………………………………………… 262
四、侧扫声纳目标判读 ………………………………………………………… 263
第四节　海洋磁力探测技术 ……………………………………………………… 263
一、海洋磁力测量模式特点 …………………………………………………… 263
二、海洋磁力测量原理 ………………………………………………………… 264
三、海洋磁力测量数据改正及精度评估 …………………………………… 265
四、水下障碍物磁探测识别 …………………………………………………… 269
本章小结 ……………………………………………………………………………… 270
复习思考题 …………………………………………………………………………… 270

第八章　海底底质探测技术 ………………………………………………………… 271
第一节　海底底质探测原理 ……………………………………………………… 271

一、海底底质采样原理 …………………………………………………… 271
　二、海底底质探测声学原理 ……………………………………………… 272
第二节　海底底质探测工序 …………………………………………………… 275
　一、海底底质采样工序 …………………………………………………… 275
　二、声学海底底质反演工序 ……………………………………………… 276
第三节　海底底质采样技术 …………………………………………………… 276
　一、重力底质采样原理 …………………………………………………… 277
　二、样品的现场处置与测试 ……………………………………………… 278
　三、样品的实验室测量 …………………………………………………… 280
第四节　浅地层剖面测量技术 ………………………………………………… 282
　一、浅地层剖面测量工作原理 …………………………………………… 282
　二、浅地层剖面数据处理的技术方法 …………………………………… 283
第五节　多波束海底底质反演技术 …………………………………………… 285
　一、海底底质声学反演技术概述 ………………………………………… 285
　二、多波束海底底质反演数据处理流程 ………………………………… 287
　三、多波束回波强度数据处理 …………………………………………… 288
　四、特征参数提取方法 …………………………………………………… 290
　五、海底底质反演方法 …………………………………………………… 293
本章小结 ………………………………………………………………………… 295
复习思考题 ……………………………………………………………………… 296
参考文献 …………………………………………………………………………… 297

第一章
绪论

人类居住在陆地上，与海洋相比，更多依赖于陆地资源的探测、认知、开发和索取，可是，海洋占地球表面总面积的 70.8%，也是一个巨大的资源宝库，随着科学技术的发展，特别是陆地资源的日益减少，海洋资源争夺加剧、海洋环境污染严重、海洋主权争议扩大，海洋开发与利用已成为影响人类生存、安全和发展的重大问题。

由于海洋的面积巨大、环境复杂，特别是海底被巨量的海水覆盖，沧海茫茫，波涛汹涌，暗礁密布，神秘莫测，一切海上活动，不管是航海导航、海洋工程、资源开发，或是海洋管理、国家安全、环境保护、科学研究等，一旦离开了海洋测绘，都是不可想象的。因此，海洋测绘是一切海上活动的基础和先导。

海洋测绘关注的地球表面范围，不仅包含地球上最广大的海洋区域，也包含江河湖泊等内陆水域，甚至扩展到毗邻陆地，即海洋测绘泛指地球表面水域测绘。海洋测绘本身属于测绘科学与技术的重要组成部分，又与海洋科学、地球物理学等相关学科存在密切联系。按照学科隶属关系，海洋测绘属于测绘学科。海洋测绘的基础理论、坐标框架、技术方法、应用领域等和测绘学科都是一脉相承的。海洋测绘在相当长的历史阶段重点服务于航海需求。海洋测绘的定义是"关于海洋乃至地球表面所有水域及毗邻陆地几何、地质与地球物理、水文等地理信息获取、处理、管理、表达和应用服务的理论和技术体系"。

海洋测绘所需获取、处理、管理和表达的目标要素主要包括水深、底质、浅层地质构造、水文（海流、潮汐、悬浮物）、重力、磁力，以及水下地物、建筑物、构筑物与特征物（障碍物）、毗邻陆地地形及水面之上的标志物和障碍物等。相较陆地测绘，海洋测绘显然要面对更多的要素，以满足不同的应用需求。

对应于各种测定要素，相应地有水深测量、底质探测、浅地层测量（浅地层剖面测量、现场采样及地震测量）、水文测量（验潮、验流和水中泥沙含量观测）、海洋重力测量、海洋磁力测量等。也就是说，海洋测绘主要按测量要素细化具体的专业技术。不同的要素采用单一或复合的繁简不同的测量样式，如水深测量在深度测量同时必须伴随着水位数据的获取。而所有要素的测量基本都应理解为场测量模式，特别是水深、重力和磁力等海洋测绘最基本地理信息要素，必须具有足够的观测密度和合理的空间分布，以反映对应参量场的基本结构乃至精细形态。不同要素的观测依据于不同的原理和特定的技术，海洋测绘的探测技术主要包括水声技术、光电技术、采样技术、磁探测技术、重力观测技术等。在不同要素的获取过程中，实时精确定位则是关键和基本的支撑技术。海洋测绘，特别是其中的测量工作，通常是面向某种服务目标划分的，在这种划分标准下，分别形成了海道测量、海洋工程测量和日渐引起重视的海籍测量三个行业服务性技术分支。海道测量是海洋测绘的根本基石，是海洋测绘中最重要的内容和组成部分。

第一节 海道测量的概念

一、海道测量的定义

海道测量（Hydrographic Survey）是指以保证航海安全为主要目的，为获取海底地形、地貌、底质、潮流、潮汐、助航物和碍航物等资料，对海洋（包括内陆水域）和海岸特征进行的测量。海道测量包括对内陆水域的测量，主要考虑两方面因素：一是海道测量的基本职能是保证航行安全，江河本身构成与海洋连接的水上交通航线；二是江河的相关测量方式与海上测量有相似性，较大范围的湖泊、水库等水域的测量也可利用海上测量的相关技术。对海岸特征进行测量也基于两方面考虑：一是水域航行活动离不开陆地的助航信息和地形参照；二是水域和毗邻陆地的近同步施测，可保证水陆地形信息的自洽性。海道测量除了为船舶安全航行提供服务，也为其他与海洋有关的人类活动提供服务，如资源开发、海洋工程、环境保护和海洋权益等。海道测量工作主要包括海岸地形测量、水深测量、水下障碍物探测、底质探测、水文要素测量与调查等。

（1）海岸地形测量：为海图用户的导航服务提供导航助航标志或参考位置信息，其中助航标志及空中碍航物也采用具有一定保守性的高潮面垂直参考基准测定与表示，以与航海应用需求的信息安全性（保守性）相适应。海岸地形测量主要采用通用的地形测量技术获取水域毗邻陆地的地形信息，从技术上无独特性，目的主要是为海图编制提供陆部要素，以保证陆海数据的时效性和协调性。

（2）水深测量：为舰船航行提供水深分布，并通过水深的变化分析以及进一步加密探测发现水下航行障碍物，无论正常的海底起伏，还是水下障碍物的测定，都希望获得最保守深度。在采用单波束测深仪进行水深测量的传统技术条件下，所测得的水底回波来源于最短路径，而在最终成果图上的水深选取中，又进一步遵循"舍深取浅"原则。而且深度的参考面——深度基准面也与某种类型的（最）低潮位面相吻合。所以，海道测量所指的水深测量是保守深度场获取的概念。

（3）水下障碍物探测：为舰船航行、锚泊提供碍航物信息。水下障碍物按照成因可分为自然形成的和人为形成的两种，自然形成的如暗礁、浅地等，人为形成的如沉船、人工桩柱和抛弃物等；按照物质性质又可分为金属的和非金属的。近岸水下航行障碍物探测一般通过扫海测量完成。扫海作业一般工具包括机械式扫海具、侧扫声纳、多波束测深系统和海洋磁力仪，高级别的还搭配有水下摄像机的遥控载具。机械式扫海具一般由绳、杆、沉锤、浮子等组成，由船拖着走，遇有障碍物会被挂住，这种方法和侧扫声纳一样，只能探测出障碍物的概略位置，为测定其准确位置、最浅深度、性质和延伸范围，需进一步用测深仪加密探测。

（4）底质探测：为舰船锚泊安全需要，对海底表面及浅层沉积物性质进行测量。

（5）水文要素测量与调查：观测分析海洋潮汐、海水温度、盐度、密度等，为水深测量和数据表达提供必要的数据归算信息；观测海流，为舰船航行提供海流属性信息。

从技术角度讲，海道测量是海岸地形测量、海底地形测量、海洋水文测量、海洋磁力测量根据服务目标的集成。鉴于海上交通的国际性，为其提供服务的海道测量也具有国际性特征，海道测量是一种政府乃至政府间的行业行为，并且通常由国际性军种海军来实施。

海道测量除了为船舶安全航行提供服务，也为其他与海洋有关的人类活动提供服务，国际海道测量组织（International Hydrographic Organization，IHO）对海道测量学（Hydrography）的最新定义是：一门对海洋、沿海地区和江河湖泊的特征进行测量和描述以及预测它们随时间变化的应用科学分支，主要以保证航行安全为目的，并为其他所有海洋活动（包括经济发展、安全防务、科学研究和环境保护）提供资料。同时强调，海道测量除了保证船舶航行安全和效率，也几乎支持所有的海上活动，包括渔业和矿产等资源开发、环境保护和管理、海洋划界、国家海洋空间数据建设、娱乐划船、海上安全防务、海啸涌入和淹没模拟、海岸带管理、旅游开发和海洋科学等。

二、海道测量的地位和作用

按照海道测量的概念，海道测量的目的是按照一切人类海洋活动，特别是航海安全的需要，及时获取和提供海洋及毗邻陆地的，与自然和人文等地理空间信息相关的数据、产品、技术和知识。

航海安全是一切人类海洋活动的必要条件，海道测量的主要目的也始终是收集和获取航海图等海洋测绘产品必需的海洋地理数据，特别是下列可能影响航海安全的海洋地理要素。

（1）海岸地形：与航海安全相关的地貌、港口、助航物、岸线等海岸地形要素。

（2）海底地貌：由网格、水深点、等深线等方式表示的海底地貌要素。

（3）海底障碍物：与航海安全相关的沉船、管道、界限等海底地物要素。

（4）海底底质：由不同物质的组成、粒度等分类表示的海底底质要素。

（5）海洋水文：与航海安全相关的海浪、潮汐、海流等水文要素。

（6）海水性质：海水的温度、盐度、密度等海洋物理或化学要素。

由于科学技术的发展，海洋测绘需求已呈多样化，目前，开始由航海安全拓展到了海洋管理、海洋工程、海洋科学等许多不同的海洋活动，因而现代海道测量的目的已是收集和获取与一切人类海洋活动，特别是与航海安全相关的海洋地理数据。利用海道测量获取的数据生成的产品可服务于下列多样化的需求。

1. 海洋运输

由于经济的全球化，海上物流日益繁忙，商船的数量增多、吨位加大，全球90%

以上的国际贸易是由海洋物流的方式完成的，海洋贸易已是一个国家经济的重要标志，茫茫大海、神秘莫测，由外海到内海，由沿岸到港口，海图等海洋测绘产品始终都是航海安全必需的科学要件，一旦离开了海图，船舶就没有安全保证。目前，许多海区没有足够数量的海图，存在大量的空白区，极大影响了海洋贸易和全球经济的发展。

航运企业既需要安全，也需要效益，没有可靠的海图等海洋地理信息，不仅会影响船舶的安全，也会导致成本的增加，一艘大吨位的船舶，再加上一个更短、更佳的航线，将会节省大量的时间与经费，国际海上人命安全公约（International Convention for Safety of Life at Sea，SOLAS）指出：一艘没有携带新版海图的船舶是毫无意义和价值的。

显然，一个国家或企业，一旦离开了权威机构出版、更新、发布的海图和地图，也就不可能实现航海安全、缩短时间、节约成本、增加效益的目的，特别是由于现代测量技术，出现了大洋水深图等许多新的海洋测绘产品，大型船舶将会找到更多、更佳的航线，也将会驶入更广阔的海域，因而现代海洋测绘已是一个国家或企业增加经济收入的重要工具。

2. 海岸带管理

现代海岸带管理涉及港口作业、航道疏浚、海岸侵蚀、围海造田、垃圾倾倒、海岸矿产、水产养殖、公共设施、海岸环境等的施工、监测、管理和服务。

大比例尺、高精度的海洋测绘提供了海岸带管理必需的海洋地理数据，特别是由于改革开放的深入，与内陆地区相比，海岸地区的资金投入更大，沿岸工程更多，经济发展也更快，同时，也加快了海岸带地理环境的变化。因此，特别需要按照海岸地理环境监控、评价和管理的要求，及时更新海洋测绘的数据和服务。同时，海岸地理信息系统（Geographic Information System，GIS）主要依赖于多源海洋测绘数据，是目前的海岸带综合管理、开发和决策的主要工具，而且，海洋测绘的服务对象也由航海人员扩展到了政府机关、海岸管理人员、工程技术人员、科研人员等。

3. 资源开发

海洋测绘源于航海安全的需要，可是，由于多年的数据积累，现已形成了巨大海洋测绘的数据资源，再加上相关的产品和服务，完全具备了协助和推动海洋资源的勘测与开发的必要条件，价值十分巨大。大量的实践表明：没有足够的海洋测绘数据和服务，不仅会极大限制海洋贸易的增长，也会影响和制约海洋资源的开发。

海洋沉积区可能存在许多的石油等矿产资源，可是，不管是石油资源的勘探和开发，或是钻井平台的施工和石油管道的布设等，都需要大量的海洋测绘。同时，渔业资源的开发和管理也离不开海洋测绘，现代渔业不仅需要提供渔船安全，也需要提供渔场开发和管理必需的海洋地理信息，特别是鱼种培育、水产养殖和捕捞，非常需要及时获取和不断更新水深、底质、海流、潮汐等海洋环境信息。

4. 环境保护

除了自然变化和陆源污染，航海安全和精准导航已是影响海洋环境保护和管理的重要因素。目前，海上沉船和石油泄漏不仅是海洋环境主要的污染源，同时，由于海洋污染导致的经济损失，也已大大超出了人类的想象。

海洋环境管理需要及时监控和测量海洋环境污染的状况与变化，安全航海可极大避免海上沉船等重大事故的发生率，精准导航可协助船舶找到一个最佳的航线，尽量减少船舶废气等污染物的排放量。可是，不管是海洋污染的监控，或是航海安全和精准导航，都离不开海洋测绘的数据和技术，海洋测绘在海洋环境保护和管理中的价值早已取得国际公认，1992 年召开的联合国环境与发展会议（United Nations Conference on environment and Development，UNCED）的报告中就明确指出："对于航海安全，航海图是非常重要的。"

5. 国防安全

海洋战场是海洋测绘服务的一个重要对象，与商船相似，没有海图等海洋测绘产品，也就没有舰艇的安全，可是海洋战场又具有自身特殊的特点和需求，同时也给海洋测绘提出了许多更高的要求。

不管是水面的，或是水下的，舰艇大多不是沿固定的航线航行的，而且，海洋战场也不会是完全按照自己的意愿去选择的，因而非常需要增大海洋测绘的覆盖范围，由小到大，形成一个全覆盖的海洋测绘服务体系。

目前，由于现代武器装备技术的发展，舰艇、潜艇等武器平台的机动性增强，导弹、声纳等武器的时效性提高，海洋战场态势将会瞬息万变，因而非常需要增强海洋测绘的实时性，由静态到动态，形成一个实时化的海洋测绘服务体系。

海洋战场是由卫星、飞机、水面、水下等多平台，导弹、声纳、鱼雷等多武器的装备组成的，不同的平台和武器，将需要不同类型、不同样式的海洋测绘的数据、产品和服务，因而，非常需要扩大海洋测绘的服务方式，由综合到个性，形成一个多样化的海洋测绘服务体系。

现代海战不是由单一军种完成的，大都会涉及陆、海、空、天、电等多部队、多平台、多武器的联合指挥和协同，也就需要一个陆、海、空、天、电等融合一致的战场地理环境，因而非常需要加快海洋测绘信息化的变革，由陆地、海洋到空天，形成一个一致性的海洋测绘服务体系。

由于海洋测绘具有了特别重要的军事价值，因而，大多数国家的海洋测绘机构都是由军队主管的，可是，需要特别关注的是由于信息化技术推动，商船机动性增强，海洋测绘范围扩大，海洋测绘产品正由按军民向按需求分类的方式转变。目前，不管是商船，或是军舰，大多数国家不再区分军、民海图，都是按照航海安全的需要，提供相同的海图产品，同时又提供特殊的分层数据，按照与海图数据相叠加的方式，服务于潜艇、导弹等特殊的军事需求。

6. 政治文化

海图宣示了一个国家海洋国土的权属，不管是国际协议的签订，或是海洋纠纷的仲裁，都需要不同比例尺的海图；特别是我国黄海、东海、南海都存在领土争端，因而更加突出了海洋测绘的重要性。

海洋测绘主要是源于航海安全的需要，与航海技术的发展密切相关，同时又表示了地名和海洋环境的演变，反映了海洋测量、探测、调查等技术的沿革，因而海洋测绘是航海史、地名演变、海洋技术史等必需的研究工具。

海图是人类观测和认知海洋的科学成果，不仅科学表示了海洋地理和人文环境，也反映了一个国家海洋文明和科学技术的水平。因此，海图本身就是海洋文明的产物，是海洋知识、海洋意识和海洋观等教育的最佳教材，同时也是不同国家海洋文明展示和交流的重要媒介。

第二节　海道测量的发展简史

一、国际海道测量的发展简史

海道测量具有悠久的历史。它是随着人类在社会实践中的需要而产生，同时又随着社会的进步和科学技术的发展而发展的。海道测量历史的研究证明，海道测量主要源于渔猎、航行等人类水上活动的需求。远古时代，人类就已利用极简单的工具测制出原始海图。公元前1世纪古希腊学者已经能够绘制表示海洋的地图，现收藏于法国巴黎国家图书馆的"皮赛尼"海图是迄今为止发现的最古老的航海图。公元4世纪，古希腊学者亚里士多德在著作中第一次记述了海洋的深度。公元1世纪，古罗马人不仅测出了黑海的最大深度2700m，而且描述了黑海海岸的地形，这实际上是海道测量的萌芽。

13世纪，欧洲出现了"波特兰"海图，进而为航海的进步奠定了基础。"波特兰"海图最显著的特点是以罗盘玫瑰图为中心相互连接的罗盘方位线，表示32个方向，利用其中任何一个都可以用圆规确定船只的航向。15和16世纪航海探险空前发展，随着航运和探险事业的活跃，大大促进了海道测量事业的发展。麦哲伦环球航行时，在太平洋士阿莫立群岛进行了一次深海测深试验，大规模航海探险促进了地理大发现，也促进了海道测量的发展。17世纪末，俄国开始测量了黑海海区，后又测量了波罗的海区；18世纪，法国航海家库克曾测量过加拿大大西洋近海，后来又测量了加拿大太平洋沿岸。18世纪，船舶进入蒸汽动力时代，航运事业已经非常发达，海洋测绘的需求大大提高了，与此同时，海道测量技术也出现了许多革命性的进步。其主要表现在使用六分仪和天文钟进行海上定位，并制造了机械测深机进行深度测量。同时，欧洲许多国家相继成立了海道测量机构。

20世纪，由于航运事业和军事活动的需要，对海洋测绘的精确性和完善性提出了更高的要求，内容也不断增多。1919年6月24日至7月16日，首届国际海道测量大会在伦敦召开，筹备成立国际海道测量机构。1921年6月21日，在蒙特卡罗正式成立由19个成员国组成的国际海道测量局（International Hydrographic Bureau，IHB），1967年召开的第九届大会制定了《国际海道测量组织公约》，1970年9月22日经联合国注册正式成立国际海道测量组织（International Hydrographic Organization，IHO）。该组织的成立，协调了各国海洋测量机构的活动，促进了海图和航海资料的统一，使航行在全世界范围内更加方便和安全。

二、我国海道测量的发展简史

测绘是一门古老的学科，远在先秦时期，我国就出现了测绘，但那时的测绘主要还是与天文、历法、物候、土地管理以及水利等联系在一起的。汉代是我国古代测绘体系初步形成的时期，天文测量、地区与疆域测绘、工程测量都取得了一系列重大成果。此后，历朝历代对兴修水利、河海防护等都十分重视，自然离不开对潮汐、水深、沿海地形等的测绘。南宋初期，已经使用了"海道图"的名称，将海上航行的"道路"称为海道。到了宋代，关于水域的测绘已经很严密，水利工程一般分为勘测、设计、施工测量等几个步骤，完工后还要进行全面详细测量，并计算工程量，对河道的宽、窄、深、浅进行折算，力求准确可靠。中国最早的一幅古海图系元代的《海道指南图》，沿用了宋代对"海道"的称谓。公元13世纪前，我国的海道测量曾处于世界领先地位，明初又有了新的突破，对主要江河、湖泊都曾进行过多次测绘。到了清朝，对于海洋、江河、湖泊方面的测绘更为重视，涉及水域测绘的代表性图籍有《息园先生水道图》《水道提纲》《广州六门水道图》《太湖水道图说》等。在1870年前后，清朝曾出版过《海道图说》《大清一统海道总图》《中国海道图》等。

从以上简略的历史回顾可以看出，我国很早就开展了关于河道、航道、海道、水道方面的测量，很早就有了海道图和海道测量的说法。

1919年，我国派驻英国海军武官陈绍宽中校出席了首届国际海道测量大会，并赞成创建国际海道测量局。1922年，民国政府成立海军海道测量局，但规模和能力有限，我国海道测量大权仍基本掌握在英国人控制的海关海务科手中。1924年，因测量人员不足，海军海道测量局增列水道测量技术一科。1929年，南京政府明令设立海军部，并于当年6月1日正式成立，包括海政司设测绘、设计、警备、海事4科。同年11月1日，海军部公布《海道测量局暂行条例》。1938年1月，海军海道测量局奉令撤销，此后直至抗战结束未能进行系统的海道测量。

新中国海洋测绘事业是从1949年初开始起步的，但直到20世纪70年代末，我国的海道测量内容基本上还是水深测量、海岸地形测量、底质探测、障碍物探测、必要的控制测量、潮汐潮流观测等。20世纪80年代后，在原来海道测量的基础上，又先后增加了海洋重力测量和海洋磁力测量。

第三节 现代海道测量技术进展

海道测量的能力总是伴随着科学技术发展总体水平的进步而发展的。水声技术是海洋观测的重要或核心支持技术。自1913年回声测深技术开端，到20世纪20年代（具体到我国，则是在20世纪50年代后）的实际应用，水声技术一直是海道测量的引领技术。单波束测深仪、多波束测深仪、侧扫声纳、相干声纳、浅地层剖面仪的推出和应用，都在不断改进和升级着对海底和水体的探测能力。

卫星导航定位技术彻底摆脱了海洋地理信息采集对传统地文、天文定位技术和地面无线电定位技术的依赖，保证了全球海洋区域地理信息的高精度获取与位置标定，使得海道测量由重点投入定位工作转向关注属性目标信息的高精度可靠探测。

水面、水下运动测量平台等在传感器技术支持下的智能化发展实现对地理要素的多层面、多尺度探测。在技术的引领下，海洋地理信息的获取总体实现了由模拟向数字模式更新，多种多类技术的智能化集成。

现代海道测量，从测量手段和核心技术原理看较20世纪并无本质上的提升。近20年的技术发展重点集中在细节革新、更替，数据的精细化处理和各类技术的集成上。其主要体现在以下几个方面：一是测量平台更加多样化。以传统的船载平台为主的航天、航空、地面、水面、水下五位一体的多样化立体数据获取平台体系基本建立。无人机、无人船、气垫船等新型测量平台得到初步应用；二是水陆一体化的海底地形、海岸地形测量技术进步明显；三是一批具有自主知识产权的海道测量仪器设备研制成功；四是一些新理论、新方法、新技术在海道测量中得到推广，显著提高了测量效率和成果精度；五是学科间的交叉融合程度增强，衍生了很多新的研究方向。

一、海底地形地貌立体测量体系基本形成

海底地形地貌测量是海道测量的主要工作内容。近年来，随着卫星导航定位、声学探测、数据通信、计算机数据处理与可视化以及现代测量数据处理理论和方法等相关领域的发展，我国的海底地形地貌信息获取技术正在向高精度、高分辨率、自主集成、综合化和标准化方向发展。

传统的点线海底地形测量模式已经发展成面状的全覆盖测量模式。机载激光技术尽管在20世纪90年代已经出现，但由于相关技术的落后和我国近海和内水水质浑浊，尚未得到很好的应用。近年来，随着岛礁周边海底地形地貌信息获取需求的增强和相关技术的不断完善，机载激光测深技术在岛礁周边海底地形地貌测量中逐步得到试验应用，这种高精度、高效率的机载水深测量方式在浅于50m的水域已成为多波束水深测量手段的重要补充。利用大量的卫星测量测高数据可以在全球海域结合船载水深测量数据对海底地形地貌进行反演，相对精度优于反演水深的7%。可见光遥感和微波遥感也是水深反演的一种手段，基于可见光的水色遥感技术，可实现大面积水域海底地形地貌信息的获取，精度可达到米级。以AUV/ROV为平台，搭载多波束测深系统和侧扫声纳的深海海底地形测量系统已经出现，可有效提高海底地形地貌和信息获取的精度和分辨率。航空摄影测量和遥感技术作为传统的实地测量的补充已成为海岸地形测量的常规手段，这些航天、航空、地面、水面、水下五位一体的测量手段标志着全要素、多平台的立体化海道测量体系已初步形成。

二、水陆一体化测量技术

（一）海域无缝垂直基准构建技术

深算度基准面是水深起算的参考面，是对潮汐和气象因素作用下获得的瞬时水深进行水位归算的基准面，我国采用的深度基准面为理论最低潮面。深度基准面是主要分潮叠加可能出现的最低面，由相对于当地多年平均海面的差异来表示，由于超差的变化，深度基准的数值具有较强的地域性，在传统的海道测量技术模式下，深度基准面是面向航海图测图需求，随测区域的扩展而逐步以离散验潮站观测数据为基础，经分析计算而确定的，即按照"随测、随建和随用"的一般方式建立和表示海图深度基准体系。这种基准体系的主要缺陷是：不同验潮站处的深度基准数值没有约定的精度指标信息，离散的基准方式割裂了其理论上应用的连续形态，与高程基准和其他大地类型参考面缺乏密切联系，从而不能实施精度可控的垂直基准转换。

海域无缝垂直基准面是十几年来国际海洋测绘和相关领域研究的热点问题,围绕这一主题,开展了陆地与海洋大地水准面拼接、海洋垂直基准构建、高程基准面和深度基准面转换等方面的理论和方法研究,取得的主要进展包括:一是构建了以地球椭球面作为根本的海域无缝垂直基准面;二是系统总结了由卫星测高数据提取潮汐参数,构建了潮汐模型及其应用的相关理论与方法;三是开展了验潮站潮汐调和常数的精度评估方法研究;四是论证了对潮汐调和常数附加历元信息的必要性,并提出了基本方案;五是提出了一种基于潮汐调和常数内插的无缝深度基准面建立方法。

(二) 水陆一体化测量技术

海岸地形测量和海底地形测量在传统的海道测量中是分开实施的,前者采用人工实地测量或摄影遥感的方式实施,后者采用船载方式实施。随着激光三维扫描仪的出现,利用船载方式,通过搭载多波束测深仪(或单波束测深仪)、GNSS 接收机器、激光三维扫描仪、姿态传感器等设备,就可以在岸线附近同时实施海岸地形测量和海底地形测量,实现水陆一体化无缝测量。同样,利用同时具有海岸地形和海底地形测量功能的机载激光测量系统也可以实现岸线附近水陆一体化测量。

(三) 海岸地形测量技术

在岸线地形测量方面,近年来取得的技术进步主要体现在包括低空无人机航空摄影测量技术、三维激光扫描技术、机载 LiDAR 测量技术等在内的非接触测量手段在岸线地形测量中的应用,基本解决了传统岸滩地形人工测量费时、费力,甚至无法实施的难题,并日益成为这类区域地形图测量的主流技术。

三、海道测量仪器设备研制

(一) 水上水下一体化测量系统

目前已研发了具有自主知识产权的船载多传感器水上水下一体化测量系统,高度集成了激光扫描仪、多波束测深仪、惯性测量装置和卫星定位接收机等先进传感器,建立了完整的水上、水下一体化测量工程解决方案。

(二) 无人水面测量船

无人水面测量船是一种多用途的观测平台,可搭载多种海洋传感器用于实施多种专业测量,无人水面测量船作为一种执行实时、无人、自动测量的综合作业平台,将测量人员从繁重的水下地形测量工作中解脱出来,是现代海道测量技术装备发展的必然趋势。近年来,研制了一种以河川、湖泊、海岸、港湾、水库等水域为观测对象的无人水面测量船水域测量机器人。以无人水面测量船为载体,搭载 GNSS 接收机、多波束测深仪(单波束测深仪)、侧扫声纳、浅地层剖面仪、电荷耦合器件(Charge - Coupled Device, CCD)相机、水下三维激光扫描仪和姿态传感器等多种仪器设备,通过远距离无线传输方式,实时获取测区水下地形、地貌、水文等信息。

(三) 多波束测深系统

多波束测深系统是海底地形测量的主要技术手段,其测深优势主要体现在测深效率和数据分辨率显著提高。长期以来,我国的多波束测深系统几乎全部依赖进口,严重制约了多波束测深技术在我国的发展和应用。目前,浅水多波束测深技术已经突破,采用多脉冲发射技术和双条幅检测技术,实现了高密度信号的采集和处理,采用 Dolph -

Tchebyshev 屏蔽技术，减少了垂直航迹方向的旁瓣效应，其产品已推广应用。深水多波束测深系统、侧扫声纳和浅地层剖面仪正在研制之中。

（四）软件研制

打破了国外海洋测绘软件一统国内市场的现状，我国研发了海道测量水位改正通用软件，并从内、外符合精度方面对其水位改正效果进行了检验评估，突破了诸多技术瓶颈，研制了具有我国自主知识产权的多波束数据处理软件，侧扫声纳条带图像数据处理软件。

四、海道测量数据处理技术

（一）海岸地形测量数据处理技术

传统测量中，海岸线主要通过对某种特征类型的海水作用痕迹进行识别和测绘，并通常认为海岸线的测绘标志物是由大潮期间高潮的平均作用而形成的。因此，平均大潮高潮面在我国用作海（岛）岸线测绘的定义性依据。针对航空影像海岸线难以确定的问题，发展形成了以潮汐预报和水位推算技术为代表的岸线综合测定理论和方法。为了抑制遥感影像噪声，保持提取岸线的清晰和连续性，提出了基于多尺度小波变换的遥感影像海岸线提取方法。

（二）海底地形测量数据处理技术

海底地形测量数据处理，本质上是对应影响海底地形测量误差的因素进行改正和处理。影响海底地形测量精度的因素除所采用仪器设备、技术方法本身的指标、性能和适用条件外，重点关注环境因素和观测过程的动态特定影响，特别是水位观测及归算、声速测量及改正量精确计算、测量载体姿态测量和表示等，而数据处理的核心目标是改进和提高海底地形地貌探测的精度和数据处理效率。

结合多波束测深系统在海底地形测量实际生产中的应用，分析了受复杂环境以及仪器自身原因等外部因素影响易产生的各种粗差和系统性偏差，探讨了适用于多波束测深系统数据获取的水深测量成果质量控制和检验指标，制定了涵盖多波束测深数据采集、处理、成果制作、验收等全过程的质量标准。

第四节　本书的体系结构

本书围绕现代海道测量技术，重点讨论了现代海道测量的原理、技术和方法。按照现代海道测量需测定的各种要素编排体系结构。全书共分绪论、海洋垂直基准构建技术、海岸地形测量技术、海洋定位技术、海洋潮汐水文观测技术、海洋测深技术、水下障碍物探测技术和海底底质探测技术 8 章。不同要素采用单一或繁简不同的组合形成产品。例如，要生成水深成果图或数字产品需综合利用海洋定位、海洋测深、海洋潮汐和深度基准等数据。测量要素和测量成果之间的关系如图 1-1 所示。

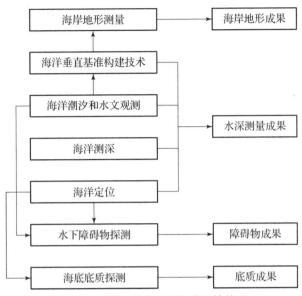

图 1-1 测量要素和测量成果的关系

由图 1-1 可以看出，海洋潮汐和水文观测即支撑海洋垂直基准构建，也是获取水深测量成果必要的参数；无论是海洋测深、水下障碍物探测，还是海底底质探测，都需要海洋定位数据的支撑。本书重点介绍海道测量不同参数的获取原理、技术和方法，具体内容如下。

第一章 绪论。本章主要论述了海道测量的基本概念、发展简史，现代海道测量技术进展情况；明确本书的体系结构和内容要点。

第二章 海洋垂直基准构建技术。本章阐述了海洋垂直基准构建的基本思想和思路，论述了当前平均海面高模型、海洋大地水准面模型和深度基准面模型构建的技术和方法，考虑潮汐基准面构建与验潮站位置相关，探讨了基准面的传递技术。

第三章 海岸地形测量技术。本章论述了海岸地形测量的基本概念，明确了海岸地形测量的对象、目的意义和标准要求。在介绍常规海岸地形测量技术的基础上，探讨了海岸航空摄影测量和机载 LiDAR 等现代海岸地形测量技术。

第四章 海洋定位技术。定位和测深是水深测量的主要工作内容。卫星定位是当前海洋定位的主要技术手段。本章重点介绍当前航空和船载海道测量实施所采用 GNSS 精密单点定位、GNSS 差分定位和 GNSS 增强定位技术等手段。考虑 AUV/ROV 水下精密海底地形测量工作的开展，探讨了水下声标定位技术。

第五章 海洋潮汐水文观测技术。海洋潮汐和声速测量为水深数据归算提供必要的参数，海流数据是海图上需要提供的属性信息。本章在介绍海洋潮汐现象及基本理论的基础上，探讨了水位观测与潮汐分析计算方法，并简单介绍了海流、海水的温度、盐度、密度和声速等海洋水文要素的观测方法。

第六章 海洋测深技术。海洋测深是海道测量永恒的主题。本章按照海洋测深原理、工序和技术的逻辑顺序组织章节结构。重点阐述了单波束测深技术、多波束测深技术和机载激光测深技术。

第七章 水下障碍物探测技术。尽管水深测量也是水下障碍物探测的重要技术手段，但考虑第六章已经阐述了海洋测深技术，这里不再赘述。本章重点介绍侧扫声纳和海洋磁力测量进行水下障碍物探测的原理、技术和方法。

第八章 海底底质探测技术。本章介绍了海底底质采样原理、技术和工序，探讨了常用的海底底质浅地层剖面测量的原理和技术方法，简单介绍了多波束海底底质反演技术等最新研究成果。

本章小结

本章从海道测量的概念出发，介绍了海道测量的定义和作用，阐述了海道测量的发展简史，并对现代海道测量技术的进展进行了综述，最后给出了本书的体系结构。通过本章内容的学习，帮助学生构建现代海道测量技术的知识框架和脉络，提升学生学习现代海道测量技术的兴趣和学习的积极性。

复习思考题

1. 海道测量观测和表征要素主要有哪些？
2. 海道测量除了测量海洋，为什么还包括其他水域的测量？
3. 海道测量为什么要测量水域的毗邻陆地？
4. 为什么水深测量获取的是保守深度？
5. 简述海道测量的地位和作用。
6. 简述国内外海道测量的发展简史。
7. 现代海道测量的技术进展有哪些？

第二章

海洋垂直基准构建技术

海洋基准是大地测量基准在海洋及其他水域的扩展，是大地测量基准的重要组成部分，也是海洋、岛屿和海岸高程/深度等重要地理信息表达的基本参考面。和大地测量基准在陆地上的分类一样，海洋基准也分为平面基准和垂直基准两部分，但由于海平面的升降不定，使海洋的高程/深度基准与陆地中的垂直基准存在着本质上的区别。海域垂直基准不仅包括向上的高程基准，还包含向下的深度基准。海洋垂直基准有很多种，常用的有参考椭球面、似大地水准面、平均海面、海图深度基准面等。其中，具有一定几何参数、定位、定向的用以代表某一地区大地水准面的地球椭球面称为参考椭球面。参考椭球面是一个具有规则几何形态的数学面。大地水准面是重力等位面，是最理想化的海面，是一个形状不规则的连续的闭合曲面。大地水准面表征了地球基本的几何和物理特性。似大地水准面是从地面点沿正常重力线向下截取该点的正常高，其端点所构成的曲面。似大地水准面是大地水准面在实际工作中为便于测量和计算引入的一种近似，它与大地水准面很接近，在海洋上两者基本重合。平均海面可认为是滤除各种随机振动和短期、长期波动后的一种理想的海面，是零频海面的实际近似。对于固定地点而言，平均海面的高度在一定的时间和空间内处于相对稳定状态，因此，常将某一个或两个验潮站的长期平均海面作为一个国家或区域的高程基准，如我国的"1985国家高程基准"。平均海面不仅是陆地高程和海域岛屿、礁石等高度的起算面，也是国际上目前普遍采用的确定海图深度基准面和平均大潮高潮面的参考面。

深度基准是深度测量及其相关要素的起算面。大多数国家以海图深度基准面作为海洋的深度基准，通过海图深度基准面，不同时刻的瞬时测深结果得以归算到以固定面为基准的稳态系统中，从而使稳态的深度在海图上对应点以确定的数值显示。海图深度基准面的确定要满足：航行安全和航道利用率两个公认的准则。为保证航行安全并充分利用航道，我国的海图深度基准面历史上几经变换，目前选定为理论最低潮面。海图深度基准面相对于稳态海面的形态主要由潮汐的性质决定，因此其不但不是连续光滑的曲面，而且随时间和区域变化，是个跃变有缝的面。

无缝海洋垂直基准体系，指的是与海洋测量相关的一组不随时间和地区变化的参考表面，所谓"无缝"，一方面是指表征垂直信息的参考面的连续性和光滑性；另一方面是在一定的几何意义或物理意义上反映垂向空间信息表达的一致性。

长期以来，海洋各垂直基准之间呈现出相互独立、割裂的状态。例如，在同一地点，由于不同的测量方式对应不同的测量基准，会得到不同的高程/深度数据；由于某些基准的不连续性，在不同的区域采用相同测量方式获取的相同的高程/深度数据却有不同的含义等。由此可见，缺乏统一的无缝海洋垂直基准体系，会造成不同海域及不同时段获得的数据之间的拼接难以实现，海陆数据的拼接转换困难，这极大地降低了海洋观测数据的使用价值和测量效率。更有甚者，目前很多地区由于应用需求单一以及受传统海道测量技术条件的限制，海洋的垂直基准仅特指海图深度基准面，并且本该根据潮差变化而确定的连续基准面被简化为由少量验潮站数据表示的离散基准值，而且基准本身缺乏精度信息。因此，为满足海洋大地测量及其信息精确表达的需要，必须根据当今测量技术发展现状，在现代大地测量垂直基准体系下，建立海域连续化的垂直基准及其维持框架，明确海图深度基准面的大地测量学意义和精度指标，具体地在深度基准面与大地测量坐标系、全球和区域高程基准面及其框架之间建立起相依的表征关系，以满足海洋大地精确测量和地理信息表达的以下三大需求。

（1）支持海岸、岛屿与周边水域地形地貌的连续化精确测定和海岸、岛屿及其向周边水域自然延伸的无缝自然表达，服务于海岸和岛屿地形图的编绘。

（2）在大地测量垂直坐标框架体系下通过垂直基准变换，实现海岸和岛屿基础测绘产品应用于航海图生产，满足军事和航海安全需要。

（3）为无验潮水深测量模式的开展，提供高精度垂直基准信息保障。

第一节　海洋垂直基准体系构建思想

一、海洋垂直基准体系建立的基本思想

现代海洋垂直基准包括参考椭球面、（似）大地水准面、国家高程基准面、平均海面和深度（净深）基准面和净空基准面。其中，前三个与陆地测量中的含义相同，是其在海洋的扩展，为大地测量类的基准，而后三个都是通过潮汐观测和计算确定的，因此属于潮汐类基准。它们之间的空间关系如图2-1所示。

现有关于海洋无缝垂直基准的研究，多是建立单一的海洋无缝垂直基准面，目前国际和国内的一个主要观点是采用地球椭球面。加拿大等许多国家采用 WGS84（World Geodetic System 1984）椭球面建立海洋无缝垂直基准面。选择地球椭球面作为无缝垂直基准面是因为椭球面具有优良的几何性质和连续平滑的特性，而且和目前常用的定位方式 GNSS 所用的大地坐标系相容，有用作基础数据的组织和管理的合理性。但是，采用地球椭球面作为无缝垂直基准也存在需顾及数据获取时所采用的技术手段，传统测量技术获得的数据向这类基准面的转换及相应的质量控制等问题。因此，仅以地球椭球面作为无缝垂直基准面是不能完全适应需求的，而应当加以改进。在现代高精度空间大地测量技术的支持下，利用其坐标系相容的优势，将地球椭球面作为最底层的连续无缝垂直基准面，实现多种类型基准面相对该基准的近似连续形式的（高分辨率网格）表示。从具体应用来讲，海洋无缝垂直基准面应按多个种类和多种层级选择，既

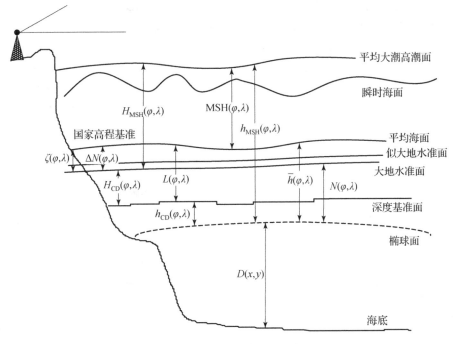

图 2-1　海洋垂直基准面示意图

包括地球椭球面和大地水准面等大地类型的垂直基准，也包含有深度基准面和净空基准面等不同应用目标的专用基准面，而在数据获取和表达中，平均海面既容易高精度获得，又是在一定物理意义上的理想海洋表面（并非大地水准面的理想程度），它在其他潮汐基准面和大地意义的高程基准面之间可起到桥梁和纽带作用。

海洋无缝垂直基准体系的建立，旨在确保表征垂直信息的参考面的连续性和光滑性，明确各基准面的大地测量学意义和精度指标，从而在深度基准面与大地坐标系、全球和区域高程基准面及其框架之间，具体地建立起这些基准面相互的表征关系，进而实现在一定的几何或物理意义上所反映的垂直空间信息表达的一致性。

建立海洋无缝垂直基准体系的基本思路是：首先，将现代海洋测绘的垂直基准分为三级：以地球椭球面构成连续无缝的零级垂直基准；其次，以平均海面或大地水准面构成一级垂直基准；最后，以净深基准面和净空基准面等与潮汐相关的基准面构成海洋区域的二级垂直基准。

地球椭球面的确定是大地测量的最根本任务之一，现代大地测量技术已建立起系列的地心坐标系，公布了相应的地球椭球参数。在建立海洋垂直基准体系时，面临的则是选用适宜的大地坐标系的问题，选用的原则自然是与大地测量坐标系相一致。需要重点关注的问题是在确定一级垂直基准面时，由于观测技术的多样性，可能存在不同的大地坐标系，即地球椭球参数。例如，卫星测高技术表示的基准多用 GRS80（Geodetic Refevence System 80）椭球，GNSS 定位技术采用的地球椭球与国家规定的大地坐标系相一致，并且对应相应的地面参考框架，如我国现用的 CGCS2000（China Geodetic Coordinate System 2000）坐标系和国际地面参考系统（International Terrestrial Reference，ITRF）系列维持框架，因此在应用中需考虑大地高系统的变换。

一级垂直基准的参考面有（似）大地水准面和平均海面两种选择。若确定了海洋（似）大地水准面，则可实现陆地大地水准面向海域的延伸，从而为海洋测绘工作提供与陆地高程基准相一致的垂直基准面，尽管在海洋信息产品制作中仍存在向其他特定基准转换的需要，但从陆海数据基准一致性的角度仍是一项有明显价值的工作，其主要技术需求是做到海洋大地水准面的精化。选定平均海面的优势在于该潮汐平衡面不仅可由卫星测高技术以模型形式高精度确定，而且是理论最低潮面等净深基准面计算和表示直接依存的参考面。为了实现应用型潮汐基准向高程基准的变换，求得大地水准面与平均海面之间的差值，即海面地形是建立和完善海洋垂直基准体系的重要工作之一。

净深基准面和净空基准面是海洋测绘直接应用的垂直基准面，鉴于海洋测绘重点关心的为前者。因此，本书主要介绍深度基准面通过平均海面在大地坐标系及国家高程基准中的表达和转换问题，而不论深度基准面采用的是理论最低潮面或最低天文潮面等具体形式。需要说明，在图 2-1 中，深度基准面被描述为阶梯型水平面（实质上是平均海面的平行面），这种情况对应于传统的海道测量分带和分区水位改正技术所对应的深度基准面采用技术，而在连续分带技术或连续深度基准面构建技术下，该阶梯型深度基准面形态则可过渡为连续型曲面形态，正是连续无缝深度基准面构建的基本任务。

根据上述思想，在图 2-1 中，记平均海面大地高为 $\bar{h}(\varphi,\lambda)$，全球统一大地水准面高为 $N(\varphi,\lambda)$，国家高程基准在全球大地水准面上的垂直偏差为 $\Delta N(\varphi,\lambda)$，相对于国家高程基准的区域海面地形高度为 $\zeta(\varphi,\lambda)$、相对平均海面的深度基准值和平均大潮高潮面为 $L(\varphi,\lambda)$ 和 $\mathrm{MSH}(\varphi,\lambda)$，而深度基准面和平均大潮高潮面的大地高分别为 $h_{\mathrm{CD}}(\varphi,\lambda)$ 和 $h_{\mathrm{MSH}}(\varphi,\lambda)$，二者的正常高分别为 $H_{\mathrm{CD}}(\varphi,\lambda)$ 和 $H_{\mathrm{MSH}}(\varphi,\lambda)$，则不同垂直基准面间的转换关系可描述为

$$\zeta(\varphi,\lambda) = \bar{h}(\varphi,\lambda) - N(\varphi,\lambda) - \Delta N(\varphi,\lambda) \quad (2-1)$$

$$h_{\mathrm{CD}}(\varphi,\lambda) = \bar{h}(\varphi,\lambda) - L(\varphi,\lambda) \quad (2-2)$$

$$h_{\mathrm{MSH}}(\varphi,\lambda) = \bar{h}(\varphi,\lambda) + \mathrm{MSH}(\varphi,\lambda) \quad (2-3)$$

$$H_{\mathrm{CD}}(\varphi,\lambda) = \bar{h}(\varphi,\lambda) - N(\varphi,\lambda) - \Delta N(\varphi,\lambda) - L(\varphi,\lambda) = \zeta(\varphi,\lambda) - L(\varphi,\lambda) \quad (2-4)$$

$$H_{\mathrm{MSH}}(\varphi,\lambda) = \zeta(\varphi,\lambda) + \mathrm{MSH}(\varphi,\lambda) \quad (2-5)$$

式（2-2）表明，在分别构建了平均海面高模型和深度基准面（相对当地平均海面）模型后，即获得深度基准面的大地高模型（相关文献将其称为深度基准面分离模型），该模型即深度基准面在地球椭球面上的表达模型。在该模型的支持下，可将 GNSS 与水深测量组合技术（无验潮技术）下获得的海底大地高数据直接变换为海图所需的水深数据，其作用等效于由 GNSS 技术获得的地面点大地高向国家高程基准的转换模型，即精化的大地水准面模型，只是此处利用了一级模型和二级模型的组合形式。因此，其精度水平也受到这两个模型精度的影响和制约。相应地，式（2-3）表达了作为净空基准的平均大潮高潮面与地球椭球面的关系，可用于岸线的确定和相关助航

标志和空中碍航物的净空高度确定与转换。

式（2-4）和式（2-5）则分别描述了深度基准面及净空基准面和国家高程基准之间的相互关系，为海陆地理信息各自在现有基准中表示的转换模型，而式（2-1）描述了两种一级基准间的变换关系。

陆地高程基准可视为二级基准体系，即应用基准为似大地水准面，由水准点等构成其传统的维持和服务方式，而在现代大地测量技术支持下，高精度三维空间位置信息获取技术的广泛应用促进了测量工作对大地水准面的需求，使得高精度的大地水准面构成了高程基准的主要实现和维持方式。

根据上述分析，海洋垂直基准体系由三级基准面构成。其原因在于海洋测绘的应用垂直基准为深度基准面和净空基准面等潮汐基准，这些基准只有通过大地水准面或平均海面方能与地球椭球面相联系，从而与现代大地测量理论和技术及海洋测绘数据处理与管理技术相适应。

构成海洋垂直基准体系的各参考面按照层级划分为上述三级，而且分别对应特定的几何特征或物理特征。其中，地球椭球面具有规则的几何特征，因此被当作最理想的无缝垂直基准面就显得十分自然，但与地理信息表示和应用的差异，必须由体系内的其他基准面对其做必要的补充。平均海面可以由几何量（验潮、卫星测高技术）观测获得，因此表现为几何量，又具有潮汐振动和潮波运动平衡面的物理含义，在潮汐计算中，它是对各点均有相同含义的参考面。因此，在深度基准面（理论最低潮面、最低天文潮面等）确定中，总是只用潮汐调和常数计算最低潮位，将平均海面高设为零，所求得的深度基准面实际上是规定的最低潮面与平均海面之间的垂直差距。大地水准面，特别是海洋大地水准面具有重力等位面的一切性质，物理意义明显，又以几何量为其表现形式。大地水准面和平均海面的差异，即海面地形与稳态海流和温盐等物理要素的空间分布相依存，它更进一步标明了大地水准面和平均海平面物理意义的差别，而上述二级基准的潮汐基准面的物理意义体现在潮汐（潮波）特征方面。

在传统的海道测量技术中，一般重点关注验潮站及其邻域基准面的相互关系，因此将各基准面描述为平面形态，如图2-2所示。而图2-1和上述相关模型显然是在大地测量学意义上对这种局部空间结构关系的扩展。

二、海洋垂直基准面的量级与精度估算

因为作为零级基准的地球椭球面依据于大地坐标系，其实现属于定义层级，特别是在现代大地测量技术条件下，地心坐标系已经建立并应用于卫星测高数据处理、大地水准面表达与精化各环节，在本书研究中不存在对它的精度估算问题。因此，本节的分析仅涉及其他类型的垂直基准面。

（一）大地水准面、平均海面与海面地形

大地水准面在大地测量学中具有特殊重要的意义。首先，它是确定规则地球形状，即地球椭球面的基本依据，当然，在现代大地测量理论和技术的支持下，该任务已经完成并日臻完善，不在本书的讨论之列。其次，它是正高系统的高程起算面，虽然在我国采用的是正常高系统，但理论研究表明在海洋区域大地水准面与似大地水准面相重合，所以，大地水准面是深度基准向高程基准转换的目标基准面。最后，大地水准

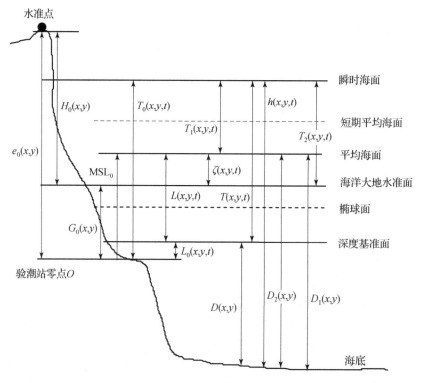

图 2-2 海洋测深基本空间结构

面和平均海面、海面地形三者之间存在密切的联系,在将深度基准面等潮汐基准面表达在大地坐标系中的研究方面也将起到至关重要的作用。

理论研究和 GNSS/水准观测成果表明,大地水准面相对地球椭球面的起伏达到±100m 以上的量级,由目前最高精度的地球重力位模型表示大地水准面可达分米级的精度水平。利用局部重力数据、在移去-恢复的技术框架下,通过重力大地水准面的精化和 GNSS/水准实测高程异常数据的纠正和控制技术下可实现厘米级的区域似大地水准面精化。然而,在海洋区域,由于缺乏分布合理的控制数据的校正和检核,大范围海域大地水准面的厘米级精化仍然是近期的研究和努力目标。

验潮站处的平均海面大地高可由验潮站水位观测技术和 GNSS 技术联合实现,具体的由水位观测数据经长期平均或经调和分析获得的零频项即平均水位,也就是海道测量中常假借的平均海面概念。由验潮站水准点的 GNSS 精密观测数据可获得水准点的大地高,进一步利用水准点与水尺零点的联测高差及平均水位,即可获得多年平均海面的大地高,其公式为

$$\bar{h} = h_{MK} - h_{0-MK} + \bar{w} \tag{2-6}$$

式中:$\bar{h}$ 为多年平均海面的大地高,为待求量;h_{MK} 为验潮站水准点的大地高,由 GNSS 观测获得;h_{0-MK} 为验潮站水尺零点至水准点的高差,由水准联测数据提供;$\bar{w}$ 为验潮站的多年平均水位,即水尺(或等效记录装置)上水位平均值对应的刻度。

通过式(2-6),显然可以根据误差传播律估算验潮站平均海面大地高的确定精度。由于 GNSS 精密观测可提供优于±2cm 的大地高观测成果,短距离的水准联测可达

毫米级的精度水平。而平均水位的确定精度主要取决于观测的时间尺度，不计陆海垂直运动影响或扣除海面长期变化量（通过历元归算）后，对于长期站（观测时间长于19年的验潮站），多年平均海面的确定精度约为±1cm量级。因此，长期验潮站多年平均海面的确定精度可控制在±3cm之内的精度水平。然而，短期验潮站的多年平均水位可通过传递技术获得，精度比长期验潮站的结果略低。

根据上述分析，验潮站多年平均海面的大地高获取可达较高的精度，但就大范围、曲面形态的平均海面测定而言，由验潮站的观测获取平均海面大地高的工作毕竟受到验潮站空间分布的离散化、几何结构不合理和观测条件限制等多种因素的制约，对于曲面形态的平均海面确定主要起到控制作用。

相对根据地面观测技术确定验潮站处平均海面的大地高而言，卫星测高技术具有更明显的优势。首先，卫星观测的海面高本身即为大地坐标系中的观测量，即瞬时海面的大地高，若测高数据的所有误差改正项，包括径向轨道误差、雷达波传播路径的相关误差改正，海面的电磁偏差改正，以及海洋潮汐、固体潮、海潮负荷、极潮和逆气压效应等地球物理改正，即可将瞬时海面高归算为平均海面高。其次，卫星轨迹在海洋表面具有相对均匀的分布轨迹，从而可实现平均海面高的均匀化采样，为构建近连续形态的平均海面高模型提供了具有空间分布优势的基础资料。再次，精密重复轨迹测高任务的长时间持续实施，通过数据平均可进一步消除观测误差影响，并可为非精密重复轨迹测高卫星的海面高观测数据提供数据的归算框架，并发挥精度控制作用。最后，卫星轨迹的交叉结构为平均海面高实测结果提供了精度评价的条件。

因为大地水准面是在与平均海面最佳密合原则下定义的，所以，在相对地球椭球表达时，平均海面高与大地水准面在全球海域具有相同的变化量级。然而，由于测高平均海面高作为直接观测量，可由交叉点不符值的信息对其精度进行明确的指标度量。根据最新的全球平均海面高模型各自的精度估算，精度约为±5cm。考虑深度基准面本身是相对平均海面确定的，因此是建立深度基准面与地球椭球面相互关系的理想参考面。

由于由卫星测高数据确定的平均海面高模型采用的地球椭球与 GNSS/验潮/水准技术测定的验潮站处平均海面高采用的坐标系对应的椭球一般会存在差异，故应对卫星测高平均海面高实施基准转换，由椭球参数差异引起的高程变化量为

$$\mathrm{d}H = -\frac{N}{a}(1-e^2\sin^2 B)\Delta a + \frac{M}{1-f}(1-e^2\sin^2 B)\sin^2 B \cdot \Delta f \qquad (2-7)$$

式中：N 和 M 分别为卯酉圈和子午圈曲率半径（根据符号使用习惯，这里的卯酉圈曲率半径和前面与后面的大地水准面高符号相同，需注意含义的差别）；Δa 和 Δf 分别为待转换的平均海面高模型对应的地球椭球与目标地球椭球的长半径与扁率的差异。

海面地形可分为稳态海面地形和动态海面地形，分别是指瞬时海面和稳恒海面相对大地水准面的起伏。在大地测量和垂直基准应用中所关心的是稳态海面地形，此时，稳恒海面由平均海面代替，是指平均海面相对大地水准面的起伏。海面地形是由稳恒海流和海水盐度及温度差异（梯度）决定的，海面地形几何上反映为平均海面高和大地水准面之间的差异及其分布，即

$$\zeta = h_{\mathrm{mss}} - N \qquad (2-8)$$

式中：N 和 ζ 分别为大地水准面高和海面地形（Sea Surface Topography，SST）。

依据相同的地球椭球，若通过卫星测高技术测定了平均海面高 h_{mss}，由物理大地测量理论和方法确定了大地水准面高 N，则可利用式（2-8）方便地计算所对应点的海面地形值 ζ。

利用上述求差方法确定海面地形目前仍受限于大地水准面确定和表达的精度，确定海洋大地水准面主要由卫星测高数据反演的重力异常，进而利用移去-恢复技术实现大地水准面的精化，或直接利用垂线偏差计算大地水准面。

利用测高数据反演重力异常一般采用逆斯托克斯（Stokes）公式，即

$$\Delta g(\varphi_P,\lambda_P) = -\frac{\bar{\gamma}}{R}N(\varphi_P,\lambda_P) - \frac{\bar{\gamma}}{16\pi R}\iint_\sigma \frac{N(\varphi,\lambda) - N(\varphi_P,\lambda_P)}{\sin^3\frac{\psi}{2}}\cos\varphi\mathrm{d}\varphi\mathrm{d}\lambda \quad (2-9)$$

式中：σ 为单位球面；ψ 为计算点 P 与流动点间的球面距离。

式（2-9）表明，在由卫星测高数据利用逆斯托克斯公式反演重力异常时，相关的大地水准面高要近似以观测的平均海面高代替，因此求解重力异常和进一步精化大地水准面必然受到这种近似的影响，即利用平均海面高观测数据难以可靠地将平均海面高分解为大地水准面和海面地形，即

$$h_{\text{mss}} = N + \zeta \quad (2-10)$$

事实上，由单一类型的海面高观测数据分离出大地水准面和海面地形一直是卫星测高数据应用的难题之一，即海面地形的可分离性难题。以至 Rummel 把这个问题定性为所谓的"Munchhausen 问题"，意即"不可能"。当然，问题并非如此严重，如分别将大地水准面和海面地形描述为球函数表达式，顾及海面地形的长波特性和海洋区域的空域分布特点，可以在全球海洋尺度上进行求解，即整体求解法。但是，将海面地形表达为球函数：一方面缺乏物理依据；另一方面毕竟和大地水准面模型系数存在强相关性，因此，宜采用其他方案。

近年来，Sandwell 方法得到越来越多的重视，即由测高剖面梯度数据计算海洋重力垂线偏差，作为"观测值"，再由逆 Vening Meinesz 公式反解重力异常或用 Molodensky 公式由垂线偏差直接反解大地水准面高。由垂线偏差计算大地水准面的基本公式为

$$N = \zeta = -\frac{1}{4\pi}\iint_\sigma \cot\frac{\psi}{2}\frac{\partial N}{\partial \psi}\mathrm{d}\sigma \quad (2-11)$$

式中：$\frac{\partial N}{\partial \psi}$ 为大地水准面在 ψ 方向上对角距的方向导数，或 $\frac{1}{R}\frac{\partial N}{\partial \psi}$ 为 ψ 方向上的垂线偏差分量。

应用测高垂线偏差计算大地水准面采用了对垂线偏差的积分，尽管在计算垂线偏差时要利用平均海面差分代替大地水准面差分，但考虑海面地形的长波特征，使得在满足地球重力场基本特征的基础上，降低海面地形对确定的大地水准面的影响。

根据海面地形的物理机制，可根据稳恒海流与海面压强梯度力的关系计算海面地形：

$$V_x = -\frac{g}{f}\frac{\partial \zeta}{\partial y},\quad V_y = -\frac{g}{f}\frac{\partial \zeta}{\partial x} \quad (2-12)$$

式中：g 为重力加速度；f 为科里奥利参数，$f=2\omega\sin\varphi$；ω 为地球自转角速度，φ 为纬度。

海洋学家通过上述原理，并进一步考虑风压作用，解算了中国海域的平均海面高度（实质上为海面地形）分布，与验潮站平均海面的实测高程比较，海面地形的确定精度可达 ±4.5cm（均方根差）。在沿岸长期验潮站，可高精度确定其水准点与当地多年平均水位的关系，进而若水准点已联入高等级国家水准网，则可方便确定平均海面的高程，即海面地形高度，此时无须采用式（2-8），因为大地水准面高已隐含在水准点的高程成果中，这便是海面地形的实测技术。

由水准观测获取海面地形可以达到很高的精度（在验潮站水准点与记录零点关系正确及其与国家高等级水准网联网的前提下）。需关注的是：一方面，这种实测方法只能在沿岸陆基验潮站实施，对海域整体的海面地形形态仅可以起到检核和控制作用；另一方面，实测的海面地形采用的基准为国家高程基准，即属于区域性高程基准，而由卫星测高数据计算的海面地形在计算时往往利用了全球大地水准面，因此是全球高程基准下的海面地形。当然，在正是实测海面地形离散值对海域海面地形控制作用的体现，与 GNSS/水准点可将精化的重力大地水准面纳入国家高程基准体系的作用相当。

沿海验潮站的海面地形实测结果和现有的海面地形模型成果表明，海面地形在全球海域大约 ±1m 的变化量级。然而，它的精确确定却是海洋垂直基准体系建立和相互转换的重点，目前确定海面地形的目标为厘米级精度。

经沿海测量、潮汐观测和大地测量证明，我国近海各地的海面地形明显存在着南高北低的倾斜，南北差约 0.9m，其中黄海、渤海海区的海面地形变化幅度为（1±3）cm，东海海区变化幅度为（23±3）cm，南海海区变化幅度为（34±3）cm。海面地形的高度每 100km 变化约 2cm。

(二) 潮汐信息确定的垂直基准

由潮汐观测数据确定基准是海洋测绘的基础性工作，此类基准包括平均水位、深度基准面和净空基准面。其中平均水位和深度基准面在海洋测绘领域一直受到普遍关注，而净空基准面是道桥、悬空线缆和灯塔光心高度的参考基准，也是岸线测绘和明礁确定的依据，称为近年来研究和应用的新热点。这类基准面都是由潮汐观测数据或由此得出的分析成果数据确定的，因此国际上也称为潮汐基准面，它们的明确确定、质量控制和与大地基准类基准面的关系确定是海洋无缝垂直基准体系建设的重要内容。

1. 平均水位的求取与精度说明

由验潮站水位观测装置直接测得的海面高度数据即为水位，水位记录装置通常等效为传统的水尺，水尺的设立以能够记录海面变化的全过程为准则，水尺的"零"刻度应置于本站可能出现的最低海面以下。因此，水位记录的参考面（即水尺零点）从大地测量的观点看是随机设定的，通过观测，得到的是自以此参考面起算的水位序列。显然，水位是对应特定验潮站及其基准的海面变化概念。

对适当长观测时间等间隔水位观测数据取平均即获得平均水位，根据上述概念，平均水位是特定点水位的平均值（Mean Sea Level，MSL），与前文所述统一大地基准

（特制地球椭球面）下的空间曲面形态平均海面（Mean Sea Surface，MSS）存在概念上的差别。

海面变化的主要因素是潮汐作用，因此，对等间隔观测数据取平均计算有利于消除或削弱规则的潮汐变化影响，因此平均计算等效于滤波处理。而对潮汐作用消除或削弱的程度取决于潮汐的变化幅度、其他非潮汐因素影响（主要是气象因素引起的海面变化）程度，特别是观测的时段长度。所以，计算平均水位通常采用特定天文周期的水位记录，因为这些特定的天文周期也正是基本的潮汐变化周期。通常采用的时段长度有日、月、年和19年，因为19年是月球轨道进动周期（18.61年）的整年近似。

平均水位计算的经典公式，也是国际相关定义和标准计算的基本规定和方法表达，即

$$\bar{w} = \frac{1}{n}\sum_{i=1}^{n} w(i) \tag{2-13}$$

式中：$w(i)$为水位序列；n为采用的等间隔数据个数。

通过水位观测序列求取潮汐调和常数的过程称为潮汐分析，即可将水位表示为

$$w(t) = \bar{w} + \sum_{i=1}^{m} f_i H_i \cos(\sigma_i t + V_0 + u - g_i) + r(t) \tag{2-14}$$

式中：$w(t)$为t时刻的实测水位；$f_i H_i \cos(\sigma_i t + V_0 + u - g_i)$为单一分潮的潮高，$i$为分潮序号，$\sigma$为分潮角速率，$V_0$为参考时刻（$t=0$）对应平衡潮的天文相角，$f$、$u$为交点（月球升交点）因子改正量；$H$和$g$为分潮调和常数，即描述特定点潮汐规律的参数；$m$为描述水位所选取的分潮数目；$r(t)$为非潮汐变化量，也称余水位。

对应于足够长时段的水位观测序列，可采用最小二乘法或其他滤波方法分析求解各分潮调和常数H和g，以及平均水位$\bar{w}$。在这种潮汐分析过程中，显然平均水位被当作一个特定的分潮（零频项）来处理。这种求解模式可以使得平均水位与潮汐成分得以分离，而且，特别是在用最小二乘原理求解时，不受观测序列是否等间隔的限制。对于足够长实践的水位观测数据的潮汐分析，非潮汐水位通常当作偶然误差处理。

研究表明，随着观测数据对应时段的增加，上述两种模式求得的平均水位将趋于一致。对于中国沿海不同时间尺度平均水位的变化量级前人已做相应研究，本书通过实测数据计算发现：日平均水位的最大互差为52~207cm；月平均水位的最大互差为11.5~98.7cm；年平均水位的最大互差为7~18cm；2年平均水位的最大互差为5~17cm；10年平均水位的最大互差为2~9cm；19年平均水位的最大互差为0.2~1.8cm。事实上，相关国际组织和有关国家规定只有观测时段超过19年的验潮站可称为长期验潮站。根据这些最大互差不难推得，月平均水位的中误差约在分米量级，而年平均水位可达厘米量级，19年平均水位（若不存在明显的陆海垂直运动）可达到优于±1cm的稳定水平。

2. 深度基准面

深度基准面是海图深度的起算面，因此国际上通常称为海图基准（Chart Datum，CD）。为保证海图服务于航海的需要，深度基准面总是定位在最低或接近最低潮位处，

根据 1926 年国际海道测量组织的规定，深度基准面的确定可以使潮位（水位）落入该面以下，但很少发生这种情况，即深度基准面的确定一般遵从两个原则：一是安全保证率原则，要求海图所载的水深尽可能安全和保守，使得根据海图水深可以保证舰船安全通行；二是航道利用率原则，即要求深度基准面不可确定过低，以保证在正常天气条件下的舰船通行效率。

为了遵从上述两个原则，有深度基准面航行保证率定义如下：深度基准面保证率是指在一定时间内，高于深度基准面的低潮次数与总次数之比的百分数，即

$$航行保障率 = \frac{深度基准面以上低潮次数}{低潮总次数} \times 100\% \tag{2-15}$$

显然，深度基准面特指海图所载深度的起算面，相对该面表示的海底起伏不属于严格意义的海底地形，仅反映保守深度或最小水层厚度的分布。由于海上航行的重要性，基于深度基准面测量和表示水深的构成海洋测绘的基本方式，或说代替了基础测绘的方式。因此，在现代空间定位技术下，实施陆海垂直基准的转换和建立多元垂直基准体系才显得尤为重要。

我国在确定海图深度基准面时，要求的航海保证率为（不低于）95%。然而，该保证率并非作为对深度基准面的定义方式，而是一个一般性的考核指标，否则，应按低潮频率计算和确定深度基准面。

3. 平均大潮高潮面

为了表示灯塔等导航标志的保守高度以及海上桥梁的净空高度，其高度信息的起算面（净空基准面）我国规定为所在地点的平均大潮高潮面。根据海岸线的定义，它是平均大潮高潮面与海岸的交线，因此在这一层意义上，平均大潮高潮面是海岸线定义的参考面。平均大潮高潮面基准只应用于线状要素和点状要素的表达，所以其应用需求是离散的或沿海岸线连续的。实践中测定了特征高程点到瞬时海面或国家高程基准的相对高度后，通过以平均海面为参考的瞬时海面水位改正或当地的海面地形改正后，借助平均大潮高潮面的数值计算实现其保守高度确定。

平均大潮高潮面是半日潮大潮期间高潮位的平均值，为了减小偶然误差的影响，通常在朔望日附近取潮差最大的连续三天（在我国它们大都发生在朔望之后）高潮位计算其平均值，并将其作为一次大潮的高潮位，然后计算所有大潮高潮位的平均值。显然，只在半日潮为主的港口需要计算平均大潮高潮面。平均大潮高潮面的数学模型为

$$H = 1.007(H_{M_2} + H_{S_2}) + 0.025 \frac{(H_{K_1} + H_{O_1})^2}{H_{M_2}} - 0.020 \frac{(H_{K_1} + H_{O_1})^2}{H_{M_2}} \cos(g_{K_1} + g_{O_1} - g_{M_2}) +$$
$$H_{M_4}\left(1 + 2\frac{H_{S_2}}{H_{M_2}}\right)\cos(g_{M_4} - 2g_{M_2}) + H_{M_6}\left(1 + 3\frac{H_{S_2}}{H_{M_2}}\right)\cos(g_{M_6} - 3g_{M_2}) \tag{2-16}$$

式中：H_{M_2} 和 g_{M_2} 分别为分潮 M_2 的振幅和迟角，其余分潮类似。

平均大潮升等于大潮平均半潮面加平均大潮差的一半，是规则半日潮港和不规则半日潮港的潮位特征值。书中的定义一般是：深度基准面至大潮平均高潮面的高度，一般简称平均大潮升，也称平均大潮高潮面。平均大潮高潮面（平均大潮升）的计算主要分为以下两种情况。

(1) 正规半日潮。正规半日潮的平均大潮升为

$$\text{平均大潮升} = L + \frac{1}{2}S_g \quad (2-17)$$

式中：L 为平均海面到深度基准面的高度，即理论深度基准面；S_g 为平均大潮差，即大潮平均高潮与平均大潮低潮高的差值，可用调和常数求取：

$$S_g = \left[M_n - \frac{H_{S_2}^2}{2H_{M_2}}\right] + \left[1.96 - 0.08\left(\frac{H_{K_1} + H_{O_1}}{H_{M_2}}\right)^2\right] \cdot H_{S_2} \quad (2-18)$$

式中：平均潮差 M_n 为

$$\begin{aligned} M_n = 2H_{M_2} + \frac{1}{2H_{M_2}}(&1.071H_{S_2}^2 + 0.963H_{N_2}^2 + 1.077H_{K_2}^2 + \\ &0.269H_{K_1}^2 + 0.231H_{O_1}^2 + 0.266H_{P_1}^2 + 0.214H_{Q_1}^2) \end{aligned} \quad (2-19)$$

(2) 不正规半日潮。不正规半日潮的平均大潮升为

$$\text{平均大潮升} = \text{HTL} + \frac{1}{2}S_g \quad (2-20)$$

式中：HTL 为平均半潮面，其计算公式为

$$\text{HTL} = L - 0.04\left(\frac{H_{K_1} + H_{O_1}}{H_{M_2}}\right)^2 \cos\left[g_{M_2} - (g_{K_1} + g_{O_1})\right] + H_{M_4}\cos(2g_{M_2} - g_{M_4}) \quad (2-21)$$

第二节　平均海面高模型构建技术

前面介绍过平均海面传统的获取和计算方法，但这种方法只能在验潮站点处得到平均海面高，所以仅能代表周围一定范围内的平均海面，这远远不能满足我们对整个海域的研究需求，而要获得广阔海域的平均海面模型，就需要使用卫星测高技术。

联合多种卫星测高数据解算平均海面高模型，首先对卫星数据进行各种必要的精细处理，包括剔除其中的无用数据（陆地、冰盖、湖泊）和含有粗差的数据，并对剩余数据进行海潮改正、固体潮改正、干湿对流层改正等各项物理改正，得到观测点上较高精度的海面高观测值；其次对重复周期的测高数据进行共线平均，得到观测时间内的沿轨平均海面高；再次联合大地测量任务的数据进行平差；最后格网化得到平均海面高模型。本节将介绍卫星测高数据的处理计算方法和海面高数据的格网化方法，分析比较现有的平均海面高模型。

一、计算方法

对各种测高卫星数据进行处理，计算高精度高分辨率平均海面高模型的方法有交叉点平差法、共线平差法和强制改正法。

(一) 交叉点平差法

交叉点平差法是利用交叉点的升弧与降弧的海面高之差来求解径向轨道的误差，然后用改正后的海面高进行研究。其出发点在于：交叉点不符值即上升弧段和下降弧段在交叉点位置所测得的海面高的差值 ΔSSH 是卫星径向轨道误差在测高观测值中的典

型反映，通过求取交叉点并进行交叉点平差的方法，可以削弱卫星径向轨道误差、海面时变残差所引起的误差以及系统误差等对测高数据的影响。

尽管交叉点平差法是一种削弱卫星径向轨道误差的有效方法，但也具有局限性，该方法不能完全消除径向轨道误差对卫星测高数据的影响。其原因在于：径向轨道误差可以分成两部分：一部分与弧段的升降有关，对升降弧段而言，大小相等符号相反；另一部分与弧段的升降无关，对升降弧段而言，大小相等符号相同。后者在形成交叉点不符值时相互抵消，从而在接下来的交叉点平差中，这部分径向轨道误差是不可观测的，不能被抵消掉，而是继续存在于平差后的海平面中。为满足平差基准的需要而被固定弧段的径向轨道误差，因平差时得以保留而同样传播给了平差后的海平面。此外，潮汐、海面地形的时变分量等模型化的影响，也将对交叉点平差的效果造成一定程度的混淆。

针对交叉点平差法的上述缺陷，人们提出了一些针对性的改进办法。例如，将剩余海面高作为观测值，以低频傅里叶（Fourier）级数来表示径向轨道误差，对径向距离和海平面进行改正；同时，利用剩余海面高和交叉点不符值等方法，力求最大限度地捕捉到径向轨道误差的影响。

（二）共线平差法

共线平差法是根据具有重复周期卫星测高任务特点而设计的一种消除卫星轨道误差并确定平均海面及其变化的方法。进行共线平差时，首先要为每一组共线轨迹选择一个时间历元，以保证具有相同的相对时间处，内插出同组内每条共线轨迹的海面高度、纬度和经度，然后对共线轨迹进行平差，平差后，即可求出所需位置处的纬度、经度和海面高度。

当进行共线平差时，由于没有一个绝对的基准，会遇到秩亏问题。其秩亏数为共线平差时每个误差函数所包含的未知数的个数。为了消除不确定性，求得问题的唯一解，同样可以对共线平差施加约束条件。

（三）强制改正法

强制改正法的原理是利用被改正框架与改正框架在交叉点处的不符值作为该交叉点的强制改正量。被改正框架的交叉点处强制减去该量，而非交叉点测高值则按同一相邻交叉点的测高强制改正量线性内插，从而得到测线上在统一框架下的海面高。

具体做法是：首先统一各类测高卫星的基准；其次对 ERM 数据进行共线平均，在时域上消弱海面高异常带来的短波误差；再次用 T/P 对其进行强制改正，在空域上消弱包括系统差在内的长波误差；最后利用 ERM 的联合平均框架强制改正 GM 数据，这样既能削弱径向轨道误差等长波误差，由于联合平均的框架较密集，又能从空域上有效的削弱来自海面高异常引起的短波误差，使得测高数据的精度得到显著的提高。

二、海面高数据的格网化方法

平滑处理后的海平面高再进行格网化处理，计算格网点的平均海平面高，就能够确定一定分辨率的平均海平面高模型。这需要对沿着地面轨迹的离散测高数据点进行格网化处理。对离散点的平均格网化，需考虑以下问题。

（1）格网间距的选取。格网间距过大则丢失的信号分量也越多，造成位置偏移以及具有长波长特性的数据产生混淆；同样，格网间距太小的弊端也是显而易见的。根据奈奎斯特（Nyquist）采样频率原则，理论上认为应选择在特定数据范围内所能期望到的最小特性波长的 1/2 作为格网间距。在实际情况中，还应考虑卫星的轨道分布。对于卫星测高数据，影响格网间距的因素主要有离散数据的密度、精度以及交叉点不符值的大小等。

（2）用于格网化的数据图形结构。实践证明，采用从格网点的单侧外推该点值，极易造成格网点值不连续，使据此绘出的等值线形状失真，其精度大大低于同时采用格网点周围的数据内插出的格网值。因此，应选取适当的拟合半径，尽量避免外推图形结构的出现。由于格网点的推算很大程度上受到局部变量的影响，所以其周围的有效数据不能太少。特别是在求取局部区域边界附近的格网点值时，应适当扩大拟合半径，保证格网点周围有足够的有效数据进行内插。

格网化的算法很多，如最小二乘配置法、Bjerhammar 加权法、Hardy 多面函数法、逐片二次曲面拟合法、谐核函数法等。在实际应用中，应针对不同的情况，综合考虑数据的密度、分布以及精度等因素，选取适当算法。本节介绍最小二乘配置法与 Shepard 两种常用方法。

（一）最小二乘配置法

最小二乘配置法的优点是可直接联合不同类观测值，避免了数据类型的转换可能损失原观测值精度。同时顾及了观测量的不同精度，具有误差分配功能，可以估算解算结果的精度。

采用移去－恢复原则利用最小二乘配置法由测高意义上的大地水准面计算重力异常和大地水准面的数学模型为

$$\Delta g = C_{\Delta gh}(C_{hh} + D)^{-1}(h - h_r) + \Delta g_r \quad (2-22)$$

$$\Delta N = C_{Nh}(C_{hh} + D)^{-1}(h - h_r) + N_r \quad (2-23)$$

式中：$C_{\Delta gh}$ 和 C_{Nh} 为推估量与 $h - h_r$ 互协方差阵；C_{hh} 为 $h - h_r$ 的自协方差阵；D 为误差协方差矩阵，是一个对角矩阵，并且观测量之间是不相关的；h 为观测向量，如测高意义的大地水准面，h_r 为相应观测点上的参考大地水准面差距向量；N_r 和 Δg_r 分别为参考重力场的大地水准面差距和重力异常。

由于数据密度很大，这样在确定平均海面高时对协方差函数的精确程度不敏感。因而一般采用一个简单的方法确定协方差函数，如利用 Rene Forsberg 1987 年编制的 GEOGRID 软件进行格网化，它假设协方差函数是一个二阶马尔可夫（Markov）过程的一维协方差函数：

$$\text{Cov}(d) = C_0(1 + d/\alpha)e^{-d/\alpha} \quad (2-24)$$

式中：d 为两点之间的距离；C_0 为局部协方差参数；$\alpha = 0.595\xi$，ξ 为相关长度参数。对于 C_0，可以用减去参考大地水准面后残余 SSH 的方差来确定；对于 ξ，则采用全球相关长度 70km，这个值是基于 OSU91A 误差模型与 Tscherning 和 Rapp 模型用 Jekeli 的参数求得的。Small（1992）证明了分别利用由 GEOGRID 确定的简单的协方差函数和由 Basic 和 Rapp 确定的严格的协方差函数来推估的大地水准面几乎是一致的。格网化应保证在给定的范围内有一定数量的数据（如 10 个或 20 个），如不够，则应扩大范围直到满足条件为止。

在利用最小二乘配置法进行格网化的过程中,包括一个移去-恢复的过程。也就是说,首先对每个观测值移去一个参考的海面高,对残余的海面高利用最小二乘配置法进行格网化;然后再恢复移去的参考海面高。

(二) Shepard 方法

Shepard 方法的基本原理如下:在球面坐标 (φ,λ) 中,已知卫星测高离散点坐标 (φ_i,λ_i),以及相应的海平面高 $f_i = f(\varphi_i,\lambda_i), i = 1,2,\cdots,N$。对于已知格网中心点坐标 (φ_0,λ_0),内插点坐标为 (φ,λ)、海面高为 $f(\varphi,\lambda)$、拟合函数为 $F = F(\varphi,\lambda)$。则 Shepard 方法数学模型为

$$z = F(\varphi,\lambda) = \begin{cases} \dfrac{\sum_{i=1}^{N} f^{\mu}[\phi(r_i)]}{\phi^{\mu}(r_i)}, & r_i \neq 0 \\ f_i, & r_i = 0 \end{cases} \quad (2-25)$$

权函数 $\varphi(\varphi,\lambda)$ 的计算公式为

$$\phi(\varphi,\lambda) = \begin{cases} \dfrac{1}{r}, & 0 < r \leq \dfrac{S}{3} \\ \dfrac{27}{4S}\left(\dfrac{r}{S} - 1\right)^2, & \dfrac{S}{3} < r \leq S \\ 0, & r > S \end{cases} \quad (2-26)$$

$$r = 2R\sin\left(\dfrac{\psi}{2}\right) \quad (2-27)$$

$$\sin^2\dfrac{\psi}{2} = \sin^2\dfrac{\Delta\varphi}{2} + \sin^2\dfrac{1}{2}\Delta\lambda\cos\varphi_P\cos\varphi_Q \quad (2-28)$$

式中:N 为拟合点点数;S 为拟合半径;μ 为拟合因子;R 为平均地球半径;ψ 为计算点 P 和流动点 Q 的球面角距。

三、现有模型的比较与分析

在大地测量学和海道测量中的参考基准面均采用平均海面或与平均海面具有一定关系的参考面,因此高精度、高分辨率平均海面高模型的建立十分重要。卫星测高首次提供了直接测量全球海面高的技术,极大地提高了海洋观测数据的时空分辨率。

国内外研究机构在利用卫星测高数据推求平均海面高模型方面已经做了许多有益的工作。OSU95 海面高模型是美国 OSU 利用 GEOSAT、ERS-1 和 T/P 测高数据联合求出的一个分辨率为 3.75′×3.75′的平均海平面高模型,它的参考椭球是 T/P 所用的参考椭球,现在较为广泛地应用于海洋学、地球物理等学科的研究,它是 GEOSAT、T/P 等测高卫星数据的参考海平面;GFZMSS95A 海面高模型是德国 GFZ 建立的一个分辨率为 3′×3′的海平面模型,它的上一个版本 MSS93A 是 ERS-1 测高数据的参考海平面,但由于其确定轨道所用的重力场不同,与别的海平面模型比较有一个较大的系统差;CLS01 MSS 是由法国的 CLS 利用 GEOSAT、ERS-1 和 T/P 测高数据用最小二乘配置技术得到的 2′×2′格网分辨率的高精度平均海平面,它的参考椭球是 T/P 所用的参考椭

球，它的上一个版本 CLSSH0M98.2 是 JASON-1、ENVISAT、GFO 等卫星测高观测值的参考海平面，是分辨率为 3.75′×3.75′的海面高模型；GFSC00.1 MSS 是在用沿迹梯度代替海面高处理 GM 数据的基础上通过二维傅里叶插值得到了 2′×2′格网分辨率的平均海面高模型；KMS04 MSS 是按不同的波长用移去恢复技术得到了 2′×2′格网分辨率的平均海面高模型；邓凯亮采用强制改正法确定了中国近海 2′×2′格网分辨率的平均海面高模型；金涛勇采用统一精密的模型对各项地球物理改正和传播介质误差进行改进，用发展的全组合交叉点整体平差方法和优选最小二乘配置格网化方法，以 EGM2008 高阶重力场模型由移去-恢复方法得到 2′×2′格网分辨率的 WHU2009 平均海面高模型，其前身是李建成、姜卫平等用联合交叉点平差法得到了 2.5′×2.5′格网分辨率的中国海平均海面高模型和 2′×2′格网分辨率的 WHU2000 平均海面高模型。

DTU15 MSS 是 2015 年由丹麦科技大学联合多代卫星测高数据建立的 1′×1′格网分辨率的平均海面高模型，是国际上最新的平均海面高模型，具有较高的精度；我国学者邓凯亮博士曾分析该模型在中国沿海的精度优于 ±10cm。图 2-3 所示为 DTU15 平均海面高模型在中国沿海的等值线图。

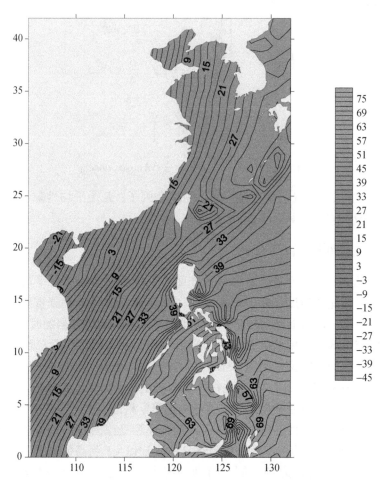

图 2-3　DTU15 的中国近海及邻海平均海面模型（彩图见插页）

第三节　海洋大地水准面模型构建技术

一、卫星测高数据确定海洋大地水准面技术

由测高数据确定海域大地水准面的方法很多，如简单求解法，即简单地从平均海面中扣除海面地形模型的影响，从而得到大地水准面，这种方法求得的大地水准面精度较低；纯几何求解法，从卫星测高的几何观测模型出发，利用海面高、大地水准面高与卫星高（卫星至参考椭球的距离）的几何关系来求解大地水准面；整体求解法，它是从卫星轨道的力学模型和运动方程出发，同时求解大地水准面、稳态海面地形和卫星的轨道误差。本节重点介绍了垂线偏差法、斯托克斯法。

（一）垂线偏差法

由垂线偏差计算似大地水准面公式为

$$N = -\frac{\gamma}{4\pi}\iint_\sigma \cot\frac{\psi}{2}\frac{\partial N}{\partial \psi}\mathrm{d}\sigma \quad (2-29)$$

式中：N 为海域大地水准面高；σ 为单位球面；ψ 为计算点 P 与流动点间的球面距离；$\frac{1}{R}\frac{\partial N}{\partial \psi}$ 为 ψ 方向上的垂线偏差分量，则

$$\frac{1}{R}\frac{\partial N}{\partial \psi} = \xi\cos\alpha + \eta\sin\alpha \quad (2-30)$$

式中：α 为 ψ 方向上的方位角，即计算点 P 与流动点间的方位角，则

$$\sin\alpha = -\frac{\cos\varphi\sin(\lambda_P - \lambda)}{\sin\psi} \quad (2-31)$$

$$\cos\alpha = \frac{\cos\varphi_P\sin\varphi - \sin\varphi_P\cos\varphi\cos(\lambda_P - \lambda)}{\sin\psi} \quad (2-32)$$

顾及式 (2-31) 和式 (2-32)，将式 (2-30) 代入式 (2-29) 可得

$$N = -\frac{R\gamma}{4\pi}\iint_\sigma \cot\frac{\psi}{2}(\xi\cos\alpha + \eta\sin\alpha)\mathrm{d}\sigma$$

$$= -\frac{R\gamma}{4\pi}\iint_\sigma \left\{\xi\cos\alpha\cot\frac{\psi}{2} + \eta\sin\alpha\cot\frac{\psi}{2}\right\}\mathrm{d}\sigma \quad (2-33)$$

式 (2-33) 计算时计算点小邻域的奇异积分值 δN_P 的公式采用 Heiskanen 的结果：

$$\delta N = \frac{S_0^2}{4}(\xi_y + \eta_x) \quad (2-34)$$

式中：S_0 为所取小邻域的半径；ξ_y 和 η_x 分别为 ξ 和 η 在 y 轴和 x 轴方向的导数。

（二）斯托克斯法

已知海域重力异常，则可利用斯托克斯公式求解大地水准面：

$$N = \frac{R}{4\pi\gamma}\iint_\sigma \Delta g \cdot S(\psi)\mathrm{d}\sigma \quad (2-35)$$

式中：R 为地球平均半径；γ 为正常重力；$S(\psi)$ 为斯托克斯函数：

$$S(\psi) = \frac{1}{\sin\frac{\psi}{2}} - 6\sin\frac{\psi}{2} + 1 - 5\cos\psi - 3\cos\psi\ln\left(\sin\frac{\psi}{2} + \sin^2\frac{\psi}{2}\right) \quad (2-36)$$

式中：ψ 为计算点到积分面元之间的角距。

在斯托克斯积分公式中，计算点所在内环数据对计算结果的影响可近似表示为

$$N_{ib}(P) = \frac{\sqrt{ab}}{\gamma\sqrt{\pi}}\Delta\bar{g}_{ib} \quad (2-37)$$

式中：$N_{ib}(P)$ 为内环影响量；$\Delta\bar{g}_{ib}$ 为内环平均重力异常；$a = R\Delta\varphi$；$b = R\Delta\lambda\cos\varphi$。

二、海洋大地水准面重力精化技术

在沿岸地区，卫星测高数据质量较差，一般利用重力方法精化陆海大地水准面（图 2-4）。

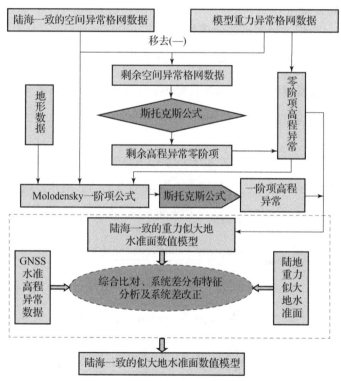

图 2-4 陆海大地水准面精化流程

精化陆海大地水准面的具体方法与实施步骤如下。

(1) 选择某一地球重力场模型，计算模型重力异常 Δg_M 和高程异常 ζ_M，计算公式分别为

$$\Delta g_M = \frac{GM}{r^2}\sum_{n=2}^{\infty}(n-1)\left(\frac{a}{r}\right)^n\sum_{m=0}^{n}(\bar{C}_{nm}\cos(m\lambda) + \bar{S}_{nm}\sin(m\lambda))\bar{P}_{nm}(\cos\theta)$$
$$(2-38)$$

$$\zeta_M = \frac{GM}{r\gamma}\sum_{n=2}^{\infty}\left(\frac{a}{r}\right)^n\sum_{m=0}^{n}(\bar{C}_{nm}\cos(m\lambda) + \bar{S}_{nm}\sin(m\lambda))\bar{P}_{nm}(\cos\theta) \quad (2-39)$$

式中：GM 为地心引力常数；a 为椭球长半径；$\bar{C}_{nm}$ 和 $\bar{S}_{nm}$ 为完全规格化位系数；$\bar{P}_{nm}(\cos\theta)$ 为完全规格化缔合勒让德（Legendre）函数；r 为计算点的地心向径；γ 为正常重力。

（2）将格网重力异常减去相应的模型重力异常，形成剩余重力异常。

（3）利用斯托克斯公式计算剩余高程异常，计算公式为

$$\zeta = \frac{R}{4\pi\gamma}\iint_\sigma \Delta g S(\psi)\,d\sigma \tag{2-40}$$

（4）将剩余高程异常与模型高程异常格网相加，得到零阶项高程异常。

（5）以零阶项高程异常、格网空间重力异常数据和地形数据为输入量，利用 Molodensky 一阶项计算公式计算地形影响，Molodensky 一阶项 G_1 计算公式为

$$G_1 = \frac{R^2}{2\pi}\iint_\sigma \left(\Delta g + \frac{3\gamma\zeta_0}{2R}\right)\frac{h - h_P}{l_0^3}\,d\sigma \tag{2-41}$$

式中：G_1 为 Molodensky 一阶项；h 为流动点的正常高；h_P 为计算点的正常高；l_0 为计算点与流动点之间半径为 R 的球面距离。

（6）将 Molodensky 一阶项计算结果代入斯托克斯公式计算得到高程异常一阶项计算结果。

（7）将高程异常零阶项与一阶项计算结果相加，则得到计算区域的重力似大地水准面数值模型。

（8）利用陆地高精度 GNSS/水准数据对重力似大地水准面进行精度（标准差）检核，如果标准差能满足陆海似大地水准面精度要求，则将重力似大地水准面与 GNSS 水准高程异常进行密合处理，求得最终的似大地水准面数值模型。

（9）如果 GNSS/水准数据的检核精度没达到设计要求，则需要将陆海重力似大地水准面与利用陆地重力数据计算陆地似大地水准面重复部分进行系统差分析，尤其是进行系统差规律分析，结合经 GNSS/水准拟合陆地似大地水准面，选择合适的陆海重力似大地水准面密合方法。

第四节　深度基准面模型构建技术

深度基准面是一个较宽泛的概念，或说指向成果的性质，表示（一定程度上）保守水深的起算面，且以其向上量算到当地多年平均海面的垂直距离（通常记为 L）来度量。具体实现方式有多种选择。世界各沿海国家或地区是根据本国海区潮汐的性质和各海域的情况，选择了深度基准面的不同实现方式。常用的有平均大潮低潮面、最低低潮面、平均低潮面、平均低低潮面、略最低低潮面、理论最低潮面和最低天文潮面等。对这些深度基准面的实现方式简述如下。

平均大潮低潮面、最低低潮面、平均低潮面、平均低低潮面和略最低低潮面（印度大潮低潮面）用潮汐调和常数的计算公式分别为

$$L = H_{M_2} + H_{S_2} \tag{2-42}$$

$$L = 1.2(H_{M_2} + H_{S_2} + H_{K_2}) \tag{2-43}$$

$$L = H_{M_2} \tag{2-44}$$

$$L = H_{M_2} + (H_{K_1} + H_{O_1})\cos 45° \tag{2-45}$$

$$L = H_{M_2} + H_{S_2} + H_{K_1} + H_{O_1} \tag{2-46}$$

这些类型的低潮面，按严格定义，均称为某种类型的低潮位，且都有计算简单的特点，并且采用较少的分潮调和常数。航行保证率均较低。但是可以论证，其深度基准与高程基准之间的转换关系则更为可控，已有文献以表格形式列出有关国家的深度基准采用情况。当然也有以实测数据统计某种特征潮面的深度基准面确定技术，如美国将由实测数据统计的平均低低潮面作为深度基准面的确定方式。

任何类型的低潮面都仅是深度基准面的一种具体定义（规定）方式，正如高程基准可分为正高系统和正常高系统。下面主要对我国的深度基准面的定义和实现方式以及国际海道测量组织推荐的定义和实现方式做简要评述与分析。

我国规定深度基准面取为理论最低潮面，旧称"理论深度基准面"。其基本定义思想是以特定的算法求得数个分潮叠加后的最低潮位，即对于给定的一组分潮，计算这些分潮组合后达到的最低潮位（在潮汐平衡面，即当地多年平均水位之下的垂直距离）。理论最低潮面的定义和算法是从苏联引进的，郑文振（1959）给出了理论最低潮面计算的基本原理和公式，对原理难以清楚表述的内容，以算例形式进行了详细说明。暴景阳等（2003，2009）对算法的本质和实现方式做了进一步的论证和剖析。现将基本思想综述如下。

理论最低潮面的算法通常称为弗拉基米尔（Vladimir）法，它由 M_2、S_2、N_2、K_2、K_1、O_1、P_1、Q_1 共 8 个分潮（4 个主要半日分潮和 4 个主要日分潮）叠加得到最低潮位：

$$L = -\min\left[\sum_{i=1}^{8} f_i H_i \cos(\sigma_i t + V_{0i} + u_i - g_i)\right] \tag{2-47}$$

式中：min 表示取最小值算子，而等式右端取"-"号是为保证计算的结果以正值表示，因为在潮位预报公式中，无零频项，即预报是自潮汐平衡面，即多年平均水位获取潮位，而潮位的最小值必然为"负"，其他符号前面已说明。

分析发现，4 个主要半日分潮和 4 个日分潮具有相角的成对关系（忽略交点订正角 u），即对应地具有线性关系：

$$\begin{cases} \varphi_{M_2} - \varphi_{O_1} = \varphi_{K_1} - (g_{K_1} + g_{O_1} - g_{M_2}) = \varphi_{K_1} + a_1 = \tau_1 \\ \varphi_{S_2} - \varphi_{O_1} = \varphi_{K_1} - (g_{K_1} + g_{P_1} - g_{S_2}) = \varphi_{K_1} + a_2 = \tau_2 \\ \varphi_{N_2} - \varphi_{Q_1} = \varphi_{K_1} - (g_{K_1} + g_{Q_1} - g_{N_2}) = \varphi_{K_1} + a_3 = \tau_3 \\ \varphi_{K_2} = 2\varphi_{K_1} + 2g_{K_1} - g_{K_2} = 2\varphi_{K_1} + a_4 \end{cases} \tag{2-48}$$

在式（2-48）中，各分潮的相角 φ 即对式（2-47）中 $\sigma t + V$ 的简化和综合表示。进一步对各分潮振幅与其交点因子的乘积简化为分潮符号表示：

$$\begin{cases} f_{M_2} H_{M_2} = M_2 \\ f_{S_2} H_{S_2} = S_2 \\ \cdots\cdots \\ f_{Q_1} H_{Q_1} = Q_1 \end{cases} \tag{2-49}$$

则任意时刻 t 的预报潮高可表示为

$$\begin{aligned}
h(t) = &M_2\cos\varphi_2 + O_1\cos(\varphi_{M_2} - \tau_1) + \\
&S_2\cos\varphi_S + P_1\cos(\varphi_{S_2} - \tau_2) + \\
&N_2\cos\varphi_N + P_1\cos(\varphi_{N_2} - \tau_3) + \\
&K_2\cos(2\varphi_{K_1} + a_4) + K_1\cos\varphi_{K_1}
\end{aligned} \quad (2-50)$$

于是将以时间为变量的 8 分潮综合潮位变化过程改化为以分潮 4 分潮相角为自变量的变化过程。

进一步将式（2-50）中前三对分潮的潮高组合写为

$$A\cos\varphi + B\cos(\varphi - \tau) = R\cos(\varphi - \varepsilon) \quad (2-51)$$

式中：R 和 ε 为综合后的时变振幅和时变迟角，均为式（2-48）中变量 τ 的函数，而 τ 又均为 K_1 分潮相角的函数。

但是，式（2-51）右端项中的相角 φ 又是其他分潮的相角，为方便求极值，强行规定 $\cos(\varphi - \varepsilon) = -1$，即取 $\varphi = \varepsilon + \pi$。于是，可消除三个自变量，将式（2-50）表示的潮位变化过程变为单变量函数，即

$$h(\varphi_{K_1}) = K_1\cos(\varphi_{K_1}) + K_2\cos(2\varphi_{K_1} + a_4) - (R_1 + R_2 + R_3)(\varphi_{K_1}) \quad (2-52)$$

利用式（2-52）可通过数值方法求得潮位的最低值，可以看出，这种求极值的过程是先对每对分潮化为极值形式后，完成最终的极值求解。正是在这层意义上，求得的最低潮位称为理论最低潮面。

为了顾及浅水分潮对极值的贡献，通常（或在浅水分潮达到规定的综合量值）加入三个浅水分潮的改正量，而水位又存在明显的季节变化过程。因此，为达到较高的保证率，在有条件的情况下，加入年周期和半年周期两个分潮的影响改正。现行的《海道测量规范》（GB 12327—1998）（以下简称《规范》）则规定直接按 13 个分潮综合求极值法确定深度基准面，则

$$\begin{aligned}
L = -\min[&K_1\cos\varphi_{K_1} + K_2\cos(2\varphi_{K_1} + a_4) - R_1(\varphi_{K_1}) - R_2(\varphi_{K_1}) - R_3(\varphi_{K_1}) + \\
&M_4\cos\varphi_{M_4} + MS_4\cos\varphi_{MS_4} + M_6\cos\varphi_{M_6} + H_{S_a}\cos\varphi_{S_a} + H_{S_{Sa}}\cos\varphi_{S_{Sa}}]
\end{aligned} \quad (2-53)$$

其中，附加改正的各分潮相角由与其他分潮相角的相应关系给出。《规范》规定的算法是经典弗拉基米尔法的变形。

最低天文潮面（Lowest Astronomical Tide，LAT）最初是英国为统一全国的海图深度基准面，由英国海军部所提出的。其定义是，在平均气象条件下和在结合任何天文条件下，可以预报出的最低潮位值（同理，最高天文潮面（Highest Astronomical Tide，HAT）定义为可以预报出的最高潮位值），即取潮汐预报中出现的最低水位与平均水位的差值作为基准值。由于 1995 年，国际海道测量组织推荐其会员国统一采用最低天文潮面作为海图深度基准面，故现在越来越多的国家开始采用最低天文潮面作为本国的海图深度基准面。例如，德国的北海海域，截至 2004 年年底，一直使用平均大潮低潮面作为海图深度基准面，但从 2005 年起，该海域开始启用最低天文潮面作为海图深度基准面。

最低天文潮面的计算原理是，首先由至少为 1 年的实际观测数据经调和分析计算潮汐调和常数，再通过这些调和常数，将 19 年或更长时间内调和预报出的最低潮位值作为最终所求的最低天文潮面值。在潮汐预报中，采用的分潮有多种取法，在基准值计算时往往采用量值较大的数个分潮，可以只包括纯天文分潮，也可附加部分浅水分

潮和长周期分潮，但在附加这些分潮时，已不是严格意义的最低天文潮面了，其计算公式为

$$\text{LAT} = -\min\left[\sum_{i=1}^{n} f_i H_i \cos(\sigma_i t + V_i + u_i - g_i)\right] \quad (2-54)$$

分析理论最低潮面和最低天文潮面的实现方式可以发现，二者都是求取一定数量主要分潮组合的最小值，只是极值的求取方式存在差别。其中最低天文潮面的确定因采用 19 年的潮位预报法求极值，表面上看与特定的 19 年潮汐历元相对应，但注意到理论最低潮面的计算也考虑了交点因子 f 在 19 年变化周期中的作用，因此两者确定深度基准面的基本原则是一致的。所得的深度基准面均意指根据主要分潮参数计算的，自平均水位，潮汐向下的最低变化限度。通过对中国沿岸部分长期验潮站两种方法计算深度基准面（利用相同个数调和常数）的统计结果表明，在一定的差异范围内（小于 10cm），两种算法的结果是等价的。

第五节 基准面的传递技术

较短时段的平均水位的抖动主要源于短期的非潮汐因素影响，时段不满足分潮变化周期的平均作用影响等，还存在陆海相对垂直运动的影响，鉴于后一种影响的存在，在验潮站处长期或定期实施 GNSS 观测，在大地坐标框架内表示和检测平均水位的变化无疑是需要重点建设的方向。

为了可靠确定短期验潮站的平均水位，通常采用传递法，包括水准联测法、同步改正法以及回归分析法等。

水准联测法的基本原理是假定两站的（多年）平均水位位于同一等位面上，即假设两站的海面地形数值相同，要求两站的水准点均连接在国家水准网中，或两站水准点间直接进行了水准测量，即两站水准点的高差 h_{AB} 已知。

令两站水尺零点在水准点下的高度分别为 h_{0A} 与 h_{0B}，A 站的（多年）平均水位在水尺零点上的高度为 $\bar{w}_A$，则 B 站的（多年）平均水位在水尺零点上的高度 $\bar{w}_B$ 为

$$\bar{w}_B = \bar{w}_A + (h_{0B} - h_{0A}) - h_{AB} \quad (2-55)$$

该方法适用条件是两站水准点间的高差可计算或直接测量，即均为陆基验潮站方可实施传递。

同步改正法的基本原理是假设同一时间内两站的短期平均水位与多年平均水位的差异（通常称为短期距平）相等。令两站的短期平均水位、多年平均水位分别为 $\bar{w}_{AS}$、$\bar{w}_{AL}$、$\bar{w}_{BS}$、$\bar{w}_{BL}$（其中，第一个下标表示验潮站标记，第二个下标表示时段长短，即 L 表示长期值，S 表示同步的短期值），而同步的短期平均水位与长期平均水位的差异（平均水位距平）分别记为 $\Delta\bar{w}_A$ 和 $\Delta\bar{w}_B$，则

$$\Delta\bar{w}_A = \bar{w}_{AS} - \bar{w}_{AL}$$
$$\Delta\bar{w}_B = \bar{w}_{BS} - \bar{w}_{BL} \quad (2-56)$$

假设两站短期距平相等，即

$$\Delta\bar{w}_A = \Delta\bar{w}_B \quad (2-57)$$

则
$$\overline{w}_{BL} = \overline{w}_{BS} - \overline{w}_{AS} + \overline{w}_{AL} \tag{2-58}$$

回归分析法的基本原理是假定两站的短期距平具有线性比例关系,即
$$\Delta \overline{w}_B = k \cdot \Delta \overline{w}_A \tag{2-59}$$

则
$$\overline{w}_{BS} = k \cdot \overline{w}_{AS} + \overline{w}_{BL} - k \cdot \overline{w}_{AL} \tag{2-60}$$

令 $\overline{w}_{BL} - k \cdot \overline{w}_{AL} = C$,即
$$\overline{w}_{BL} = k \cdot \overline{w}_{AL} + C \tag{2-61}$$

则两站同步期间的短期平均水位关系为
$$\overline{w}_{BS} = k \cdot \overline{w}_{AS} + C \tag{2-62}$$

根据式(2-62),若将同步期间的平均水位划分为若干子序列,则可根据最小二乘原理求解出乘系数 k 和加常数 C,进而由长期验潮站 A 的平均水位推得短期验潮站 B 的平均水位。

此外,还可以利用水位观测序列的最小二乘曲线比较(配准)法计算待求短期站的平均水位的方法。

对上述短期验潮站平均水位传递各方法的分析可知,每种方法都隐含误差因素。首先,要基于站间平均水位为重力等位面的假定,即认为站间海面地形差异为零,根据海面地形的梯度分析,在 100km 内的传递距离内,该误差通常可以控制在 2cm 以内。而其他假设的正确性决定于短期平均对潮汐的滤波能力和非潮汐影响因素的站间一致性或同步性。段福楼、田光耀等通过实例探讨了同步观测时段的长度问题,提出同步观测 15 天可以达到同步 30 天基本一致的精度。黄辰虎等由异步效应与长期平均水位传递的数值计算,从理论上对此进行了证明,同时得出异步效应是影响长期平均水位传递精度的主要因素。

基于水位观测数据的平均水位传递法相比于水准传递法的优势在于不受海洋的阻隔,即可应用于沿岸验潮站组,又可用于跨海(如海岛)验潮站组的平均水位传递。尽管同步改正法最为简单,在实用中却最为行之有效。研究表明:对于中国沿岸相距 100km 的验潮站,同步时长达到 7 天时,该法基本能够保证极值误差控制在 10cm 内;而如果同步时长可以达到 15 天,则能够获得与同步 30 天相近的精度,即实现厘米级精度的平均水位传递。当同步观测时长达到 1 年的同步观测数据时,基本可接近 19 年数据直接计算结果(不计海面地形差异)。

本章小结

海洋垂直基准的建立和维持是测绘领域的一项基础性工作,测量数据只有归算到相对于基准的表示,才能使其具有特定的几何意义或物理意义。本章首先介绍了海洋环境地理信息各要素测量的基本参考面并探讨了海洋垂直基准体系的构建思想,重点介绍了平均海面高、海洋大地水准面和深度基准面模型的构建技术以及深度基准面传递方法。本章内容是海岸地形和海底地形测量工作的基础,为陆海地形测量成果的连

续表达和应用提供支撑。

复习思考题

1. 海域垂直基准包括哪些基准面？
2. 简述海洋垂直基准体系的构建思想。
3. 为什么平均海面在各基准面间具有桥梁和纽带作用？
4. 确定垂直基准的关键技术有哪些？
5. 请简述现有深度基准面的确定方法并简要分析其存在的问题。
6. 何为海面地形？简述确定海面地形的方法。
7. 海洋大地水准面的精化有何重要性，如何实现？
8. 谈谈你对垂直基准间转换的思考。

第三章
海岸地形测量技术

海岸地形测量属于陆地测绘，但又赋予陆地测绘新的技术内涵。面临着长距离测绘基准传递、陆海地形一体化测量和海道岸线综合测定等技术难题，海岸地形测量的主要任务包括控制测量、地形测图和地图表达等。本章围绕海岸带特点，重点介绍了海岸带控制测图技术，包括常规岸线控制测量技术、海岸航空摄影测量技术和机载雷达海岸地形测量技术等。

第一节 海岸地形测量概念

一、海岸地形测量的定义

海岸，实际上是海岸带，是具有一定宽度的陆地与海洋相互作用的地带，是海岸线向陆海两侧扩展一定宽度的带状区域，由海岸、干出滩和水下岸坡三部分组成（图3-1）。

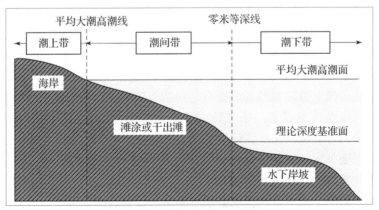

图3-1 海岸带的基本构成

（1）海岸：平均大潮高潮线以上沿岸陆地的狭长地带，也称为潮上带。
（2）干出滩：在高潮时淹没、低潮时露出的潮侵地带，其宽度受潮差影响大，通常认为介于平均大潮高潮线和零米等深线之间，也称为潮间带或滩涂。

（3）水下岸坡：零米等深线以下一直到海浪作用所能达到的浅水部分，也称为潮下带。

现代海岸带包括现代海水运动对于海岸作用的最上限及其邻近的陆地，以及海水对于潮下带岸坡剖面冲淤变化所影响的范围。《海岸带调查技术规程》中规定我国海岸带的调查范围为从平均大潮高潮线向陆地方向延伸 2km，从零米等深线向海域方向延伸至 15m 等深线处。

海岸带具有陆海两种环境特征，通常将半潮线作为陆海测量的分界线。

海岸地形测量即研究对海岸带地貌、地物和滩涂分布进行测绘的理论、技术与方法。与陆地地形测量相比，海岸地形测量具有以下特点：①测量范围为沿海岸线的狭长地带，地形地貌复杂、不规则；②干出滩和干出礁受潮汐的影响，涨潮时被海水淹没，退潮时显现；③对影响近海航行和登陆作战的目标，包括岸线、助航标志、干出滩性质等的测量精度和表示的详细程度要求较高。另外，为保持海岸线的空间形态特征，提高岸线测量精度，需要充分利用潮位、痕迹岸线信息，以及遥感测图中的影像水边线、数字高程模型等数据，建立完备的海岸线作业流程。为充分表示海水与海岸带的作用关系，满足社会公共需要，海岸线测量还应包括平均水位线和零米等深线的测量。

二、海岸地形测量的对象、目的与意义

（一）海岸地形测量的对象

1. 海岸

海岸由海岸线和海岸性质两个要素构成。海岸线是陆地与海洋的分界线，从理论上讲，海岸线一般是指平均大潮高潮面与海岸截线。由于海洋潮汐的影响，理论岸线在实际中不能通过实地定位和遥感测图方法直接获取。因此，在实际应用中，通常将位置最接近海岸线理论定义的"痕迹线"作为海岸线。《海道测量规范》（GB 12327—1998）中规定，海岸线以平均大潮高潮时所形成的实际痕迹线进行测绘。痕迹岸线受非潮汐水位影响较大，并随海岸类型、岸线走向、地貌特征的不同而存在差异。因此，痕迹岸线在许多海岸存在不明显、不连续、有宽度、难以辨认、存在多义的现象。为了解决这个问题，全面准确地测绘海岸线，党亚民等（2012）建议摒弃痕迹岸线的概念，直接通过理论计算平均大潮高潮面并推算海岸线。

海岸性质是指潮上带陆地的组成物质（包括海滨生物）及其高度、坡度和宽度。

海岸线和海岸性质组成了一条完整的海岸，海图上，实测岸线用一条实线表示，海岸性质用各种符号并配以文字注记表示。

海岸的形态随其形成条件不同而呈现出各种各样的类型，海岸性质则随着滨海陆地的组成物质及其高度、坡度和宽度的不同而变化。因此，为了区别海岸的这种多样性，并确定相应的图上表示方法，就必须对海岸加以适当的分类。

海岸的分类比较复杂，所依据的原则也各不相同。有的按海岸性质分类，有的按海岸的形态特征分类，有的按海岸的成因分类，还有按其他标志进行分类的。在海图上，海岸的分类以海岸性质作为分类指标的，其分类结果如图 3-2 所示。

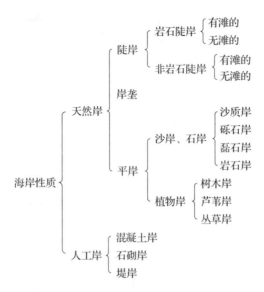

图 3-2 根据海岸性质分类

2. 干出滩

根据物质组成成分，干出滩按其性质可分为岩石滩、珊瑚滩、泥滩、沙滩、砾滩、泥沙混合滩、沙泥混合滩、沙砾混合滩以及芦苇滩、丛草滩、红树滩等。由于潮汐作用，干出滩有时被海水淹没，有时又露出水面，根据潮汐活动规律，干出滩可进一步分为三个区。

（1）上区：位于潮间带的最上部，上界为平均大潮高潮线，下界是平均小潮高潮线。它被海水淹没的时间较短，只有在大潮时才被海水淹没。

（2）中区：占潮间带的大部分，上界为平均小潮高潮线，下界是平均小潮低潮线，是典型的潮间带地区。

（3）下区：上界为平均小潮低潮线，下界是零米等深线，大部分时间浸在水里，只有在大潮落潮的短时间内才露出水面。

3. 礁石

礁石是接近海面的突出岩石。根据接近海面程度，礁石分为明礁、干出礁、适淹礁和暗礁4种。明礁是指平均大潮高潮面时露出的孤立岩石；干出礁是指平均大潮高潮面以下，海图深度基准面以上的孤立礁石；适淹礁是指干出高度为零（与深度基准面同高）的礁石；暗礁是深度基准面以下的礁石，海岸地形测量的重点是大潮低潮时能够露出海面的全部礁石。

4. 岛屿

岛屿是四周环水、面积小于大陆、顶部在高潮时露出水面的一块陆地。它们有的位于江河中（又称沙洲），但大多位于海洋中，其面积相差很大。人们往往把较大的岛屿称为"岛"，而把特别小者称为"屿"。岛屿的高低、形态也是多种多样的，根据海岛的成因、分布情况和地貌特点，通常将其分为堆积岛、冲蚀岛、构造岛、火山岛、珊瑚岛和人造岛等。岛屿的测绘与表示，同大陆岸线和干出滩的方法一致。

5. 地物

(1) 码头、道头、海堤、防波堤、船坞、渔堰、系船柱、验潮站、灯塔、灯桩、导航台、信号台、立标、导标、测速标、罗经校正标和各种显著的塔、房屋、碉堡、独立树、孤峰、独立石等可供海上航行的一切显著的建筑物和天然目标。

(2) 水上建筑物。

(3) 区域界线及指示水下管线的标志。

(4) 道路、河流、沟渠、居民地、土质及植被等。

(二) 海岸地形测量的目的与意义

海岸地形测量是海洋测绘的重要组成部分,其目的是为人类海洋活动和航海安全等提供相关的地貌、港口、助航物、岸线等海岸地形要素。海岸地形测量对海岸带的开发管理、航海导航与登陆作战等方面具有重要的应用价值。

1. 海岸带的开发管理

海岸带是影响人类活动的重要地带,世界上半数以上的人口和大中城市集中于海岸带区域,因其资源丰富、位置重要、条件优越,是各临海国家海洋开发、经济发展的基地,地位十分重要。海岸带的开发利用包括港口建设、水产养殖、资源开发和海洋能利用等方面;海岸带管理是指协调各种资源开发和工程建设、进行环境监测和保护、监督综合开发利用方案的实施等。这些都需要海岸带空间基础地理信息,因此海底地形测量是海岸带开发管理的基础保障。

2. 航海导航

海图上标示的助航标志,如灯塔、灯桩、立标、灯浮标、浮标、灯船、系碇设备和导标等,可引导船舶确定航向、定位、规避碍航物,是保障船舶安全及顺利进出港的重要标志。

3. 登陆作战

登陆作战是指军队对据守海岛、海岸之敌的渡海进攻行动,又称两栖作战。其目的是夺取敌占岛屿、海岸等重要目标,或在敌岸建立进攻出发地域,为而后的作战行动创造条件。水涯线推算、海底地形坡度、坡向分析和可登陆区域时空变化规律分析是登陆作战测绘保障的主要内容,这需要海岸地形测量提供基础数据。

三、海岸地形测量的标准与要求

(一) 一般规定

1. 测量范围

《海道测量规范》(GB 12327—1998)规定:实测海岸地形时,海岸线以上向陆地测进:大于(含)1:10000 比例尺为图上 1cm;小于 1:10000 比例尺为图上 0.5cm。密集城镇及居民区可向陆地测至第一排建筑物,海岸线以上部分,按国家相应比例尺地形图航空摄影测量规范执行,当有同比例尺或大比例尺最新地形资料时,可进行修测。海岸线以下测至半潮线,与水深测量相拼接。码头地区应测完整,海岸线应进行实测。

2. 精度要求

(1) 平面位置精度。地物点平面位置精度要求如表 3-1 所列。

表 3-1　地物点平面位置精度　　　　　　　　　　单位：m

地物类别	点位中误差	近地物点间中误差
航行目标	±0.4	±0.3
轮廓清晰明显的地物及海岸线转折点	±0.6	±0.4
轮廓不明显地物	±0.8	±0.6 |//
注：隐蔽地区或特殊困难地区可按上述规定放宽1/2		

(2) 高程精度。高程注记点的高程和干出高度点的高度的中误差限差为 0.2m，等高线对于最近控制点的高程中误差，不得超过 ±0.5m。

(二) 陆部地形要素测量要求

要素的采集与表示方法，除按《国家基本比例尺地图图式 第1部分：1:500　1:1000　1:20000 地形图图式》(GB/T 20257.1—2017) 和《中国海图图式》(GB 12319—2022) 有关规定执行外，还应遵守下列有关规定。

(1) 灯塔、灯桩、信号杆、立标、导标、测速标、罗经校正标、宝塔、碉堡、孤锋、独立石，均须测注高程。宝塔、独立石等须测注比高。灯塔、灯桩等，还须注记发光体在平均大潮面上的高度。

(2) 各类建筑物、构筑物及主要附属设施数据均应采集。房屋以墙为主，临时性建筑物可舍去。建筑物、构筑物轮廓凸凹在图上小于 0.5mm 时，可予以综合，季节性的渔村和棚房，应注记居住的起始月份。

(3) 公路、铁路的交叉点和急转弯、十字街口、桥梁、显著的地物角、远离居民地的水井、有固定河床的小溪和河流的特征曲折处、土堤、海岸线或地界的急转弯、地上管线的转角点均应实测，跨过航道的架空电缆、桥梁，均应测定其至平均大潮高潮面的高度。

(4) 水系及附属物，应按实际形状采集。水渠应测记渠底高程，并标记渠深；堤、坝应测记顶部及坡脚高程；泉、井应测记泉的出水口及井台高程，并测记井台至水面深度。

(5) 地貌一般以等高线表示，特征明显的地貌不能用等高线表示时，应以符号表示。山顶、鞍部、凹地、山脊、谷底及倾斜变换处，应测记高程点。

(6) 露岩、独立石、梯田坎应测记比高，斜坡、陡坎比高小于 1/2 基本等高距或在图上长度小于 5mm 时可舍去。当坡、坎较密时，可适当取舍。

(7) 1 年分几季种植不同作物的耕地，以夏季主要作物为准；地类界与线状地物重合时，按线状地物采集。

(8) 山岭、山沟、河流、湖泊、港湾、岛屿等自然地理名称和航标等专用名称，都必须进行调查并正确地按现有名称注记。

(三) 海岸测量要求

(1) 海岸线测定时可根据海岸的植物边线、土壤和植被的颜色、湿度、硬度，以及流木、水草、贝壳等冲积物来确定其位置。

(2) 测量海岸线时，海岸线位置应以标尺点间的连线求得，当连线为曲线时，应尽量增加转折点的数量，海岸线位置最大误差不得大于图上 1.0mm，其转折点的位置误差不得大于图上 0.6mm。

(3) 与海岸线相连的码头、道头、防波堤、船坞、堰坝、输水槽及其他水工建筑物等均需详细测绘，并注记高程。

(4) 图上实测的海岸线位置与其他地物位置发生矛盾时，不得移动海岸线位置；但当岛屿与大陆以堤岸相连接时，堤上的公路、铁路、堤的符号必须加宽时可移动海岸线位置。

(5) 各种陡岸、堤岸以符号表示时，其宽度为图上 1.5mm，当实地宽度小于上述规定时，按一边进行测绘，用规定的符号大小表示，符号外边线表示实地岸线位置；当实地宽度大于上述规定时，则根据实地情况，进行上下坎测绘或一边测绘，其符号宽度则按实际大小表示。

(6) 陡岸、堤岸均须注记比高，测注精度为 0.1m，注记位置应选择在陡岸的最高处；陡岸、堤岸的比高有滩地区从倾斜变换点起算，无滩地区从形成海岸线的痕迹线算起。

(7) 在河口地区测绘海岸线时，潮差较大的地区，仍按平均大潮高潮线测绘；在河水影响大于潮汐影响的河口内部地段，则以河水的常水位（1年大部分时间平稳的水位）作为河岸线。

(8) 连接大海但不具备航行条件的内河（沟），应向内河（沟）方向测进河（沟）口宽度的 2 倍。

（四）干出滩测量要求

干出滩的测量需地形测量和水深测量的密切配合（地形岸线与水深测量原则上以半潮线为界），对军事上有登陆价值的岸滩，应能显示坡度及滩的性质。干出滩上的干沟，应尽量测绘。对各种干出滩的性质，必须说明注记。海滩的外边缘采用水深测量资料，在海滩上有两种以上符号时，必须分别测绘。例如，靠干出线是岩滩，而岩滩与岸线之间是沙滩或其他性质的滩（牡蛎滩、芦苇滩等）。此时，沙滩必须完全描绘（图 3-3），在其外围再注记另一种海滩的性质。

干出滩的范围线一般情况下均依比例尺表示，如图 3-4 所示。

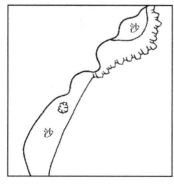

图 3-3 多种干出滩的表示

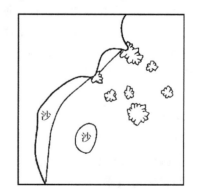

图 3-4 沿岸、孤立干出滩

干出高度又称干出水深，是指大潮高潮面下深度基准面上的一点到深度基准面的距离，用干出水深数字表示。干出水深是表示干出滩高度和坡度的重要标志，在较大的干出滩上应注记干出水深。

(五) 岛屿、礁石的测量要求

岛屿的测绘与表示，同大陆岸线和干出滩的方法一致，岛上的地形测量与陆地地形测量一致。

靠岸的礁石根据具体情况，按下列原则进行测定。

(1) 靠岸不太明显的岩礁，只测定位置，不测定高度。例如，在岬角头上延伸出的石陂，在石陂上有一个比石陂略高一点的明礁，则可不测其高程，只测其位置。相反，该明礁显著突出，如高出周围石陂在 1m 以上者，则需同时测定其位置与高程。

(2) 岬角头上没有石陂时，则不论其礁石的大小、高度，均应测定其位置与高程。

(3) 岬角头上虽然没有石陂，但有并列或前后紧靠有两个以上明礁者，则可测定其位置，而高程只测定其外面的一个，或其中比较显著的一个，不必逐个测定。

(4) 靠岸的独立明礁，必须测定其位置与高程。

(5) 靠岸并列许多互不相连的明礁，而又非群礁者，则必须逐个测定其位置，高程可适当取舍测定。

(6) 群礁应测定其外围和显著礁石的位置、高程，在此范围内者可适当合理测定。

四、海岸地形测量的主要方法

海岸地形测量的方法与陆地地形测量一致，主要包括常规测量方法、摄影测量方法和激光探测技术。常规测量法是利用差分 GNSS 定位技术或全站仪等测绘地形要素，该方法技术成熟，适应于小面积地形测量，但劳动强度大、效率低，难以快速实施大面积全覆盖测量，无法快速反映海岸地形的动态变化。

摄影测量方法是指利用光学摄影机或其他遥感器获取的像片确定被摄地物形状、大小、位置、性质及相互关系，按照遥感器的位置可分为地面、航空和航天摄影测量。地面摄影测量具有获取图像灵活、比较容易在低潮时摄取海岸和干出滩像片的特点，但对濒临水域地带摄取图像困难，不适宜大面积海岸带地形测量。航空摄影可以依岸线方向摄影获取海岸像片，摄取像片的时间宜在半潮线以下的低潮时刻，摄影比例尺可以根据成图精度和图像判读的要求确定，满足测绘海岸带地形图的需要。

航天摄影是以卫星作为摄影测量的平台并按设计的轨道对地面摄取图像，因我国海岸线弯曲狭长，航天摄影轨道很难与海岸线延伸方向一致，同一轨道上摄取的海岸带图像不一定很长，也不一定是在半潮线以下摄影，不同轨道获取图像的时间间隔较长，加上潮汐的变化，不同轨道摄取的相邻海岸图像差异较大，因此成图技术难度较大，而且成本较高。

激光探测技术是指利用系统发射的激光脉冲，精确记录传感器发射和接收激光脉冲信号瞬时时刻，利用光速恒定的原理，将发射和反射时间间隔转换为斜距量测，叠加传感器的高度、激光扫描角度和从 GNSS 得到传感器的位置信息后，准确地计算激光脉冲所到达地面的每个光斑的三维坐标。由于激光探测技术能够快速、准确地获取地表高精度、高密度的高程数据，是未来海岸带和海岛调查最具潜力的重要手段。

第二节 常规岸线控制测量技术

一、岸线控制测量技术

(一) 平面位置控制测量技术

与陆地地形测量一致,海岸地形测量的平面位置控制测量技术主要包括导线测量、GNSS 静态和动态相对定位技术。

1. 导线测量

在实地依需要选定一些地面点,用电磁波测距或其他测距方法测定相邻点间的边长,用经纬仪测定其转折角,然后由已知点起,计算各点的坐标。

2. GNSS 静态相对定位技术

相对定位的最基本情况是用两台 GNSS 接收机,分别安置在基线的两端并同步观测相同的卫星,以确定基线端点在协议地球坐标系中的相对位置(图 3-5)。这种方法可推广到多台接收机安置在若干条基线上,通过同步观测 GNSS 卫星,以确定多条基线端点相对位置的情况。

在两个测站(或多个测站)同步观测相同的卫星,卫星的轨道误差、卫星钟差、接收机钟差以及电离层和对流层的折射误差等,对观测量的影响具有一定的相关性,利用这些观测量的不同组合,进行相对定位,可以有效地消除或减弱这

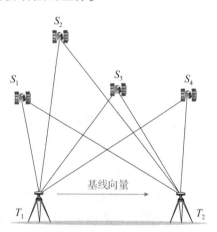

图 3-5 静态相对定位

些误差的影响,从而提高相对定位的精度。相对定位常用的组合方法有单差、双差和三差。

采用两台或两台以上的接收设备,分别安置在一条或数条基线的端点上,同步观测一组卫星,观测时段长 45min 以上。这是 GNSS 定位测量应用范围最广,使用最普遍的一种定位模式,它的优点是定位精度高。

3. GNSS 动态相对定位技术

(1) RTK 定位技术。RTK (Real Time Kinematic) 是一种基于载波相位观测值的实时动态定位技术,它能够实时地提供测站点在指定坐标系中的三维定位结果,并达到厘米级精度。在 RTK 作业模式下,基准站通过无线电数据链将其观测值和测站坐标信息一起传送给流动站。流动站不仅接收来自基准站的载波相位信息,还接收来自 GNSS 卫星的载波相位信息,并组成相位差分观测值进行实时定位。根据工作模式的不同,通常又分为准 RTK 技术和真 RTK 技术两类。前者是基准站将载波相位修正量发送给用户站,以改正其载波相位,然后求解坐标;而后者是将基准站采集的载波相位发送给用户进行求差,解算坐标。

通常，整个 RTK 系统由一个参考站、一个以上流动站、一个以上电台中继站及数据处理系统 4 部分组成。如图 3-6 所示，其基本原理是：参考站、流动站同时接收 4 颗以上共视卫星（初始化需 5 颗），设立在已知点上的参考站，将接收到卫星信号及控制器中输入的 WGS84 系参考坐标，借助于电台数据链实时地传送给流动站。流动站将本机接收到的卫星信息和参考站发来的信号，现场实时处理出 WGS84 系参考坐标，并根据转换参数及投影方法实时计算流动站的平面坐标和海拔高程。

RTK 技术的关键在于数据处理技术和数据传输技术，RTK 定位时要求基准站接收机实时地把观测数据（伪距观测值、相位观测值）及已知数据传输给流动站接收机，数据量比较大，一般要求 9600 波特率。RTK 的作用距离在很大程度上取决于数据链，一般为 10~40km，当使用全球移动通信系统（Global System for Mobile Communications, GSM）通信网络作为数据链时，作用距离更长，目前可达 70km。

作业时基准站接收机设在有已知坐标的参考点上，连续不断接收全球定位系统（Global Positioning System，GPS）卫星信号，并将测站坐标、观测值（伪距和相位的原始测量值）、卫星跟踪状态及接收机工作状态等信息通过发射电台发送出去，流动站在跟踪 GPS 卫星信号的同时接收来自基准站的数据，通过最小二乘搜索法 OTF（on the fly）求解载波相位整周模糊度，再通过相对定位模型获取所在点相对基准站的坐标和精度指标。采用 OTF 算法技术的双频载波相位 RTK 技术，经过几秒至十几秒的 OTF 初始化即可达到厘米级的测量精度。

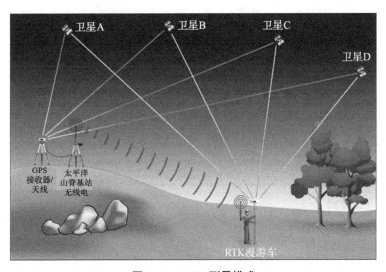

图 3-6　RTK 测量模式

通常，GPS 生产商在 RTK 出厂时都会标明其测量所达到的精度水平，即以"$a + b \times D$"的形式给出 RTK 仪器在测量过程中所能达到的精度水平。目前，RTK 仪器的标称精度已达到水平 10mm + 1ppm，高程 20mm + 1ppm，RTK 测定点位坐标的时间一般为 2~10s。

RTK 技术极大地方便了需要动态高精度服务的用户，但它也存在一些局限性。由于差分技术的前提是作差分的两站的卫星信号传播路径相同或相似，这样，两站的卫星钟差、轨道误差、电离层误差、对流层误差均为强相关，所以这些误差大部分可以消除，要达到1~2cm级实时（单历元求解）定位的要求，用户站和参考站的距离需小于15km，随着流动站与参考站之间距离的增大，上述系统误差相关性减弱，双差观测值中的系统误差残差迅速增大，导致难以正确确定整周未知数，无法取得固定解。

（2）网络RTK定位技术。常规RTK技术是建立在流动站与基准站误差强相关这一假设的基础上的。当流动站离基准站较近（如不超过10km）时，上述假设一般均能较好地成立，此时利用一个或数个历元的观测资料即可获得厘米级精度的定位结果。然而随着流动站和基准站间间距的增加，这种误差相关性将变得越来越差。轨道偏差、电离层延迟的残余误差项和对流层延迟的残余误差项都将迅速增加，从而导致难以正确确定整周模糊度，无法获得固定解；定位精度迅速下降，当流动站和基准站间的距离大于50km时，常规RTK技术的单历元解一般只能达到分米级的精度。在这种情况下，为了获得高精度的定位结果就必须采取一些特殊的方法和措施，于是网络RTK技术便应运而生了。

网络RTK技术的基本原理是：在一个较大的区域内能稀疏且均匀地布设多个基准站，构成一个基准站网，借鉴广域差分GPS和具有多个基准站的局域差分GPS中的基本原理和方法来设法消除或削弱各种系统误差的影响，获得高精度的定位结果。

网络RTK技术由基准站网、数据处理中心和数据通信线路组成。基准站上应配备双频全波长GPS接收机，该接收机最好能同时提供精确的双频伪距观测值。基准站的站坐标应精确已知，其坐标可采用长时间GPS静态相对定位等方法来确定。此外，这些站还应配备数据通信设备及气象仪器等。基准站应按规定的采样率进行连续观测，并通过数据通信链实时将观测资料传送给数据处理中心。数据处理中心根据流动站送来的近似坐标（可据伪距法单点定位求得）判断出该站位于由哪三个基准站所组成的三角形内。然后，根据这三个基准站的观测资料求出流动站处所受到的系统误差，并播发给流动用户来进行修正以获得精确的结果。基准站与数据处理中心间的数据通信可采用数字数据网或无线通信等方法进行。流动站和数据处理中心间的双向数据通信则可通过移动电话GSM等方式进行。

（二）高程控制测量技术

1. 陆地高程传递

（1）水准测量。水准测量又称几何水准测量，它是确定地面点高程或地面间高差的最基本方法，是其他高程测量的基础。该法利用水准仪的水平视线，直接读取垂直竖立在两点上的标尺读数，从而求得两点间高差，并计算所求点高程。水准测量精度高，但工作量大，易受地形条件限制，主要用于高等级的高程控制测量。

如图3-7所示，A、B两点的高差h_{AB}为水准路线上各测站后视标尺的读数和与前视标尺读数和的差值，即

$$h_{AB} = \sum_1^n h_i = \sum_1^n a_i - \sum_1^n b_i = \sum 后 - \sum 前 \qquad (3-1)$$

（2）三角高程测量。对于地面高低起伏较大地区，水准测量方法测定地面点的高程进程缓慢，有时甚至非常困难。因此，在上述地区或一般地区如果高程精度要求不高，常采用三角高程测量的方法传递高程。

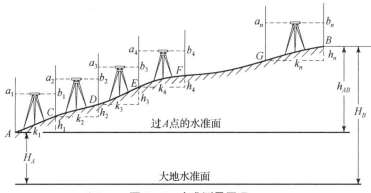

图 3-7 水准测量原理

利用两点间的距离和观测的垂直角,以求取高差和高程的方法,称为三角高程测量,也称间接高程测量。它不受地形起伏限制,测量速度快,若用电磁波测距的边长进行高差计算,其精度能达到四等乃至三等水准测量精度。所以它是大比例尺测图常用的高程控制测量方法。

为便于讨论问题,把地球视为球体,并假设 A、B 两点的铅垂线方向与法线是一致的。

如图 3-8 所示, A、B 为地面上的两点, PA 为 A 点的仪器高 K, NB 为 B 点的觇标高 L, α 为仪器观测觇标的垂直角, PE 与 AF 分别为过 P 点及 A 点的水准面, D 为 A、B 两点的水平距离, R 为测区的平均曲率半径, MN 为大气垂直折光差(气差), CE 为地球弯曲差(球差)。则 A、B 两点的高差 h_{AB} 为

$$h_{AB} = BF = MC + CE + EF - MN - NB \quad (3-2)$$

式(3-2)经推导可得

$$h_{AB} = D\tan\alpha + K + \gamma - L \quad (3-3)$$

式中: γ 为球气差影响,其计算公式为

$$\gamma = \frac{D^2}{2R}\left(1 - \frac{R}{R'}\right) \quad (3-4)$$

式中: R 为地球半径; R' 为大气折射曲线的半径(在我国约为 57900km)。

大气折射曲线半径受空气的温度、湿度、密度以及气压、地面坡度、地面高程、地面覆盖物等因素的影响,很难精确测定。利用对向同步观测手段可减弱或消除球气差的影响。

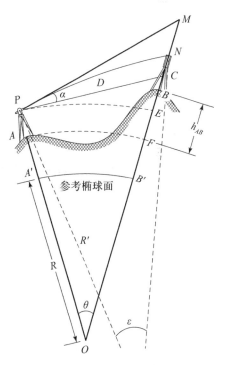

图 3-8 三角高程测量

2. 跨海高程传递

目前,常用的跨海高程传递方法有测距三角高程测量、GNSS 三角高程测量和短时同步验潮法三种。测距三角高程测量与 GNSS 三角高程测量原理类似,测量精度均受通

视条件、大气折光和视线沿线垂线偏差变化的影响,主要用于 20km 以内的跨海高程传递;短时同步验潮法主要用于水文环境相似的两端跨海高程传递,传递距离一般不大于 100km。

当跨海距离小于 2km 时,可采用相应等级的跨河水准测量技术实施跨海高程传递。

(1) 测距三角高程测量。测距三角高程测量的基本原理是:采用对向同步观测手段,测量视线的边长和垂直角,从而测定视线两端的高差。由于视线两端的水平面不平行,且视线沿途存在垂线偏差(图 3-9)。因此,测定的高差严格意义上既不是大地高高差,也不是正常高高差。当跨海距离不大时,可假设视线沿途的垂线偏差在视线方向投影的正切值呈线性变化,而且跨海两端当地水平面平行,则由测距三角高程或 GNSS 三角高程测定的视线两端高差就是正常高高差。

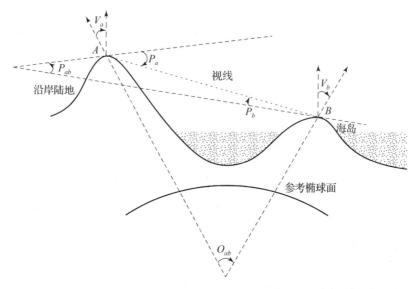

图 3-9 跨海两端视线、当地水平面、椭球法线及其相互关系

(2) GNSS 三角高程测量。GNSS 三角高程测量是在测距三角高程测量的基础上,增加 GNSS 同步观测,精确测定视线的基线矢量,其作用除提高跨海高程传递的可靠性外,还能配合垂直角测量,相当于测定了视线两端垂线偏差在视线方向上的投影之差。

(3) 短时同步验潮法。短时同步验潮法的基本原理是:在跨海两端设立短时验潮站,同步进行水位观测若干天。假设同步观测期间,两端验潮站处海平面变化的平均效应一致,而且此期间的短时平均水位与似大地水准面平行,则两端验潮站在同步观测期间的平均水位高程相等。当两站距离较远且海面气压存在差别时,可进行同步气压观测,增加逆气压改正,提高高程传递精度;可通过与附近长期验潮站进行联合处理,或增加海面地形倾斜改正,进一步提高高程传递精度。图 3-10 所示为 GNSS 三角高程测量与短时同步验潮法联合进行跨海高程传递测量的总体路线图。

① 三角高程测量完成 AC、AD、BC、BD 4 条测线的垂直角(含仪器高程、回光高程、气象参数)测量。

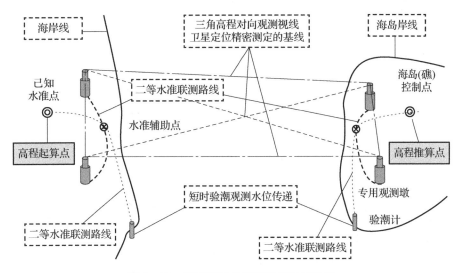

图 3-10 跨海高程传递测量总体路线图

②GPS 测量在 A、B、C、D 4 个跨海点进行，获取 AC、AD、BC、BD 的基线长度，为三角高差计算提供精确水平距离。

③水准测量完成已知水准点到辅助水准点、辅助水准点到跨海点、跨海点之间（AB、CD）、验潮点到跨海点的水准观测。

④天文测量完成跨度大于 8km 时跨海两岸的天文经纬度观测，获取两岸的垂线偏差分量。

⑤短时同步验潮数据用于验证高程传递的精度。

二、海岸碎部测图技术

(一) 岸线地形常规测图技术

1. 碎部点的测定方法

地物、地貌的轮廓点由一些特征点所决定，这些特征点统称碎部点。在数字测图中，可以利用控制点根据实际情况选用不同的方法进行碎部测量。

1）极坐标法

极坐标法是最主要的碎部点测定方法，将仪器整置在测站上，观测目标棱镜的水平角、垂直角和距离，解算棱镜点坐标。

如图 3-11（a）所示，S 为测站点，用盘左照准某一已知点 K，安置水平度盘读数为该方向的坐标方位角 A_{SK}，然后松开度盘。测量时，当望远镜照准目标棱镜 P 时，则水平度盘的读数即为该方向的坐标方位角 A_{SP}，同时测量垂直角 α_P 和斜距 D'，如图 3-11（b）所示。

测量仪器高 k 和棱镜高 l，则 P 点的坐标为

$$\begin{cases} X_P = X_S + D'\cos\alpha_P \cos A_{SP} \\ Y_P = Y_S + D'\cos\alpha_P \sin A_{SP} \\ H_P = H_S + D'\sin\alpha_P + k - l \end{cases} \quad (3-5)$$

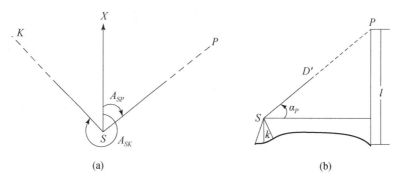
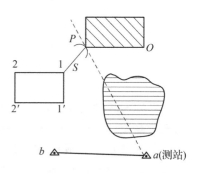

图 3-11　极坐标法

2) 方向距离交会法

方向距离交会法以测站点向待定点描绘的方向线和量取的已测绘地物点到待定点的距离，而交会待定点位置的方法，称为方向距离交会法。如图 3-12 所示，aP 为测站点向待测地物点 P 描绘的方向线，$1P$ 为已绘出的房角点 1 至待定点 P 的实地量测距离按测图比例尺换算的图上长。那么，以 1 点为圆心，$1P$ 为半径画弧与方向线 aP 相交，其交点即为待定点的图上位置 P。为了保证交会点的精度，应使交会角在 45°以下，当交会角接近 90°时，不宜使用方向距离交会法。

图 3-12　方向距离交会法

2. 野外数据采集模式

野外数据采集模式很多，目前国内常用的有以下两种模式。

1) 数字测记模式

数字测记模式俗称草图法。将采集数据存储到存储设备的同时绘制草图，记录采样点的相关信息，然后在室内将测量数据传输到计算机，绘图员参考测区草图对测量数据进行编辑和处理，直至生成数字图。

2) 电子平板模式

全站仪测量数据通过 RS-232 接口直接进入便携机（或掌上电脑），便携机内装有测图软件，在现场可进行展点、编辑，调用符号库可直接显示所测地物图形，真正实现内外业一体化数字测图。

（二）GNSS 激光测距移动定位技术

GNSS 激光测距移动定位技术原理简单，它将卫星快速定位和激光测距技术进行组合，采用前方距离交会方式实现目标的非接触式定位。该技术测站选择灵活，测站间无通视要求，仪器不需要置平。测量时，测量人员可以将仪器拿在手上瞄准目标进行定位，也可将仪器放在车上、船上瞄准目标进行定位测量。

（三）GNSS 近景摄影地形测量技术

GNSS 近景信息移动采集技术将卫星快速定位与近景摄影测量相结合，舍弃传统近景摄影测量对摄站静态、置平和布控的要求，实现移动状态下的海岛地形测量。由于近景摄影测量具有高程方向精度高、地形信息精细等特点，因而特别适合海岛滩涂、小岛、群礁、干出滩的高效地形测量。

为提高水平方向精度,可采用交向摄影的像对大角度交会技术,以满足大比例尺地形测图的要求;也可采用近景影像联合平差技术,实现极少控制点支持下的近景测图。

GNSS 近景摄影测量技术不需要专门布站,仪器无须置平,摄影方向可以倾斜,可在汽车和船上作业,可灵活、安全、高效地实施传统全野外测图方法难以胜任的困难区域数字化测图。

第三节 海岸航空摄影测量技术

一、海岸航空摄影测量原理

(一) 海岸航空摄影测量模式

海岸带数字航空摄影主要采用惯性测量单元(Inertial Measurement Unit,IMU)/差分全球定位系统(Differential Global Positioning System,DGPS)辅助导航模式,测定飞机在航线中的姿态与位置,飞机在海岸或岛礁区域进行推扫式或框幅式飞行获取数字影像,同时在摄区设置验潮站观测水位数据,可控制岸线并推算影像的水边线高程,摄影模式如图 3-13 所示。

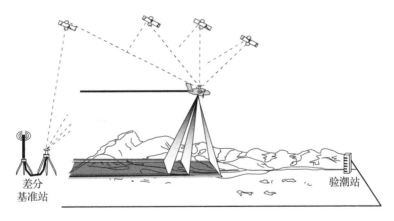

图 3-13 海岸带数字航空摄影模式

(二) 摄影测量基础知识

1. 常用坐标系

确定像点和相应地面点间的关系时,需要进行一系列的坐标变换,摄影测量中常采用 5 种坐标系,相互关系如图 3-14 所示,以下分别介绍。

(1) 像平面坐标系。在像平面上用以表示像点位置的坐标系称为像平面坐标系。其中,原点为像主点 o,x 轴为航线方向的一对框标连线构成右手坐标系,记为 $o-xy$。如图 3-14 所示,像片中某点 a 的坐标为 (x_a, y_a),可由立体(或单像)坐标量测仪测出,像片的 4 个角也有框标,这时可选与航线方向上任意方向为 x 轴。

(2) 像空间坐标系。像空间坐标系简称像空系，是一种主要用于表示像点位置的空间直角坐标系。其中，原点为投影中心 S，其 X 轴和 Y 轴分别与像平面坐标的 X 轴和 Y 轴平行，Z 轴与投影方向 So 重合，向上为正，构成右手坐标系，记为 $S-XYZ$，如图 3-14 所示。由于航摄仪的主距 $So=f$ 为常数。因此，像平面上的点 $a(x_a,y_a)$ 在像空间坐标系中的坐标为 $(x_a,y_a,-f)$。

(3) 摄影测量坐标系。摄影测量坐标系简称摄测系，是物空间和像空间之间的一种过渡性坐标系。摄测系也是一个右手空间笛卡儿坐标系，它的原点通常选在某一摄影站或某一地面控制点上。摄测系的 X 轴大体与航线方向或其反方向一致，$Z_摄$ 轴向上为正，$Y_摄$ 轴与 $X_摄$ 轴、$Z_摄$ 轴构成右手坐标系，如图 3-14 所示。

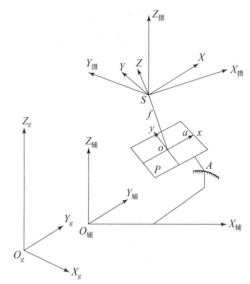

图 3-14　摄影测量坐标系相互关系

(4) 地面辅助坐标系。地面辅助坐标系简称地辅系，也是一种过渡性地面坐标系，有时也称为地面坐标系。该坐标系定义较为灵活，原点可选在某一已知地面点上，其 X 轴方向可按需要而定，但 Z 轴必须竖直向上（铅垂方向向上），即保证平面 $O_辅-X_辅Y_辅$ 为一个水平面，如图 3-14 所示。

(5) 大地坐标系。此处的大地坐标系与常用的大地坐标系有所不同，为左手坐标系。其中，平面位置采用高斯平面坐标系，高程方向则采用国家高程基准，X 轴指向正北，Y 轴指向正东，Z 轴为高程，分别由 X_g、Y_g、Z_g 表示，如图 3-14 所示。

2. 内外方位元素

用于描述摄影机的姿态和空间位置的参数，称为方位元素。根据方位元素的作用可分为内方位元素和外方位元素两类。

(1) 内方位元素。如图 3-15 所示，内方位元素用以确定摄影中心 S 对像片的相对位置，包括像片主距 f、像主点 o 在像平面坐标系的坐标 (x_o,y_o) 三个元素。利用内方位元素可恢复与摄影光束相似的投影光束。

在航摄机的设计中，要求像主点与框标坐标的原点重合（$x_o=y_o=0$），实际上，由于工艺技术问题，x_o 和 y_o 均为一微小量而不为零。其差值一般由航摄单位在航摄前后对摄影机进行鉴定后在仪器鉴定表中给出。

(2) 外方位元素。在确定像片内方位元素的基础上，确定像片摄影瞬间在地面辅助坐标系中的空间位置和姿态的参数，称为像片的外方位元素。若像片的外方位元素已知，即可恢复其在空间的位置和姿态。

外方位元素包括 6 个元素：用于描述摄站 S 空间位置的坐标值，称为三个线元素，另外三个是用于确定摄影光束空间姿态的角元素。

确定摄影光束在地面辅助坐标系中的位置，需要有三个线元素和三个角元素。三个线元素是 (X_S,Y_S,Z_S)，用于确定摄影光束顶点在地面辅助坐标系中的空间位置。三个角元素用来确定摄影光束在地面辅助坐标系中的姿态,在航空摄影测量中,一般采用 $\varphi-\omega-k$ 系统(图3-16)和 $\varphi'-\omega'-k'$ 系统,本书主要采用 $\varphi-\omega-k$ 系统来讲述。

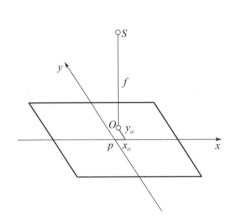 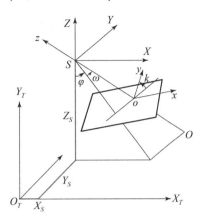

图 3-15　内方位元素　　　　图 3-16　$\varphi-\omega-k$ 系统

如图 3-16 所示,$S-XYZ$ 为像空间坐标系,$O_T-X_TY_TZ_T$ 为地面辅助坐标系,假设两个坐标系坐标轴相互平行,则三个角元素定义如下。

φ:主光轴 So 在 XZ 坐标面的投影与过投影中心的铅垂线之间的夹角,称为偏角。从铅垂线起算,逆时针方向为正。

ω:主光轴 So 与其 XZ 坐标面内的投影之间的夹角,称为倾角。从主光轴 So 在 XZ 坐标面内的投影起算,逆时针方向为正。

k:Y 轴沿主光轴 So 的方向在像平面上的投影与像平面坐标系的 y 轴之间的夹角,称为旋角。从 Y 轴在像片上的投影起算,逆时针方向为正。

三个角元素的作用是:φ 和 ω 确定主光轴 So 的方向,而 k 则用来确定像平面内的方位,即光线束绕主光轴的旋转。

利用 $\varphi-\omega-k$ 系统恢复像片在空间的角方位时,以 Y 轴作为第一旋转轴(主轴),X 轴作为第二旋转轴(副轴),依次绕 $X-Y-Z$ 轴分别旋转 φ、ω、k 就可以使 $S-XYZ$ 旋转到 $S-xyz$。

3. 共线方程

共线方程是在利用像空间坐标系的点(像点)、摄影站中心和物方空间坐标系的点(物点)三点共线的基础上建立的计算方程,是摄影测量中的一个基本方程。

在图 3-17 中,S、a、A 三点位于同一条直线上,假设 a 在像空间坐标系 $S-XYZ$ 中的坐标为 $(x,y,-f)$。地面辅助坐标系以某一地面点 D 为原点,若在 $D-XYZ$ 坐标系中的摄站坐标为 (X_S,Y_S,Z_S),任意地面点 A 的坐标为 (X,Y,Z),经推导得中心投影的共线方程式为

$$\begin{cases} x = -f\dfrac{a_1(X-X_S)+b_1(Y-Y_S)+c_1(Z-Z_S)}{a_3(X-X_S)+b_3(Y-Y_S)+c_3(Z-Z_S)} \\ y = -f\dfrac{a_2(X-X_S)+b_2(Y-Y_S)+c_2(Z-Z_S)}{a_3(X-X_S)+b_3(Y-Y_S)+c_3(Z-Z_S)} \end{cases} \quad (3-6)$$

式中:a_i,b_i,c_i 为 9 个方向余弦。在给定外方位元素的情况下,可由地面点的地辅坐

标求其像点的坐标。

式（3-6）进一步换算可得

$$\begin{cases} X - X_S = (Z - Z_S)\dfrac{a_1 x + a_2 y - a_3 f}{c_1 x + c_2 y - c_3 f} \\ Y - Y_S = (Z - Z_S)\dfrac{b_1 x + b_2 y - b_3 f}{c_1 x + c_2 y - c_3 f} \end{cases} \quad (3-7)$$

式（3-7）也是常用的共线方程式，该式表明，在给定外方位元素的条件下，并不能由像点坐标计算地面点的坐标，只能确定地面点的方向。只有给出地面点的高程，才能算出地面点的平面位置。

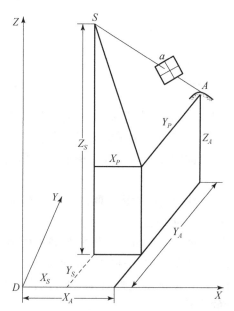

图 3-17 投影中心在地面坐标系中的位置

共线方程是数字测图的基础，主要包括以下几点。

（1）单像空间后方交会和多像空间前方交会。

（2）解析空中三角测量光束法平差中的基本数学模型。

（3）构成数字投影的基础。

（4）计算模拟影像数据（根据已知影像内外方位元素和物方坐标，解求像点坐标）。

（5）利用数字高程模型（Digital Elevation Model，DEM）与共线方程制作正射影像。

（6）利用 DEM 与共线方程进行单幅影像测图。

二、海岸航空摄影测量工序

海岸航空摄影测量工序主要包括航摄准备、航空摄影和数据处理三部分，如图 3-18 所示。

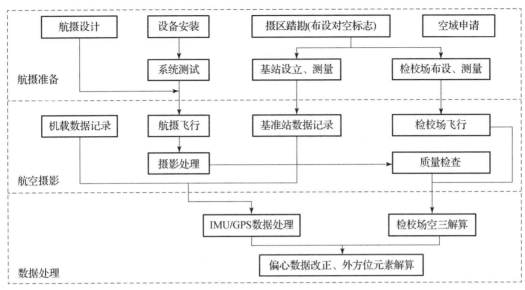

图 3-18　IMU/GNSS 航空摄影测量工序

(一) 航摄准备

航摄准备包括资料收集、航摄设计、航摄方法选择、调机及空域协调、系统安装测试、现场踏勘（视摄区情况及采用的航摄方案决定是否布设对空地标点）、差分全球导航卫星系统（Differential Global Navigation Satellite System，DGNSS）基站建立及坐标测量、检校场像片控制点布设及坐标测量以及需要的对空地标点测量等工作。

1. 航摄设计

航摄设计主要包括航摄分区、航线敷设和航摄方案选择。

1) 航摄分区

为了保证航摄飞行质量和便于飞行工作展开，往往将测区分成若干个分区。分区应遵循如下原则。

航空摄影分区前，首先分析海岛礁的形状与空间分布特征，顾及海岛（礁）具体分布特征，考虑空三加密选点需求及地面像控测量的可行性，制订合理的航空摄影分区方案。例如，对于区域模型连通性较好的多个海岛礁可划分为一个独立的区域。

2) 航线敷设

航线敷设是为航摄飞行设计计划航向，以确保航摄飞行成果满足各项技术指标。航线敷设的一般原则如下。

(1) 航线飞行方向一般设计为东西向，特定条件下也可按照地形走向作南北向飞行或沿线路、河流、海岸、境界等任意方向飞行。

(2) 常规法摄影航线应与图廓线平行敷设，位于摄区边缘的首末航线应设计在摄区边界线上。

(3) 中心线飞行时，根据合同要求按图幅中心线或按相邻两排成图图幅的公共图廓线敷设。中心线飞行设计航线时应注意计算最高点对摄区边界图廓的影像与相邻航线重叠度的保证情况，当出现不能保证时应调整航摄比例尺。

(4) 水域、海区航摄时，航线敷设应尽可能避免像主点落水，应保证所有岛屿达到完整覆盖。

（5）采用 GNSS 导航时，应计算每条航线首末摄影站的经纬度（即坐标）。

针对 GNSS 辅助空中三角测量时，航线敷设还有特殊要求。

（1）当航线沿图幅中心线飞行，平行于航线飞行方向的测区边缘应各外延一条航线。

（2）加密分区航线两端应布设控制航线。

（3）控制航线应垂直于测图航线布设，其两端应超出加密区 4 条以上基线。

（4）位于摄区内部的控制航线，应设计在加密区边界线上。

（5）控制航线的航向重叠度与摄影比例尺的设计满足相应规范规定。

海岸带摄影的特殊要求如下。

（1）当海岛（礁）分布较集中，而且沿航线方向最大间距小于像片航向幅宽的 60%、沿航线垂直方向最大间距小于像片旁向幅宽的 20% 时，可直接按照航向 80%、旁向 60% 的重叠度进行航线设计，如图 3-19 所示。

（2）当满足条件（1）的海岛（礁）呈带状分布时，则航线敷设方向应与海岛（礁）分布方向一致，如图 3-20 所示。

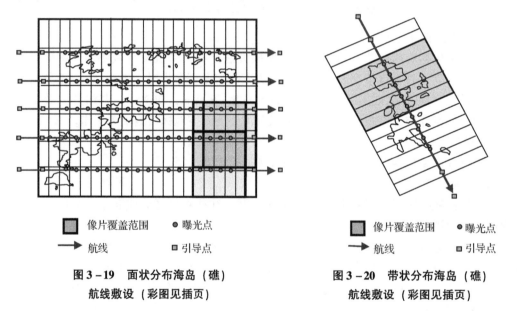

图 3-19　面状分布海岛（礁）航线敷设（彩图见插页）　　图 3-20　带状分布海岛（礁）航线敷设（彩图见插页）

（3）当摄区内的海岛（礁）分布间距不满足（1）时，按照航摄设计的重叠度要求，可适当调整航线的航向、旁向重叠度，以保证模型连通性，如图 3-21 所示。

（4）对于面积较小的孤立海岛（礁），航线敷设应保证至少一个立体模型覆盖，并尽量确保海岛（礁）分布在模型连接处。如图 3-22 所示，阴影区域为两张像片的重叠区域。

3）航摄方案选择

IMU/DGNSS 辅助航空摄影方案包括直接定向法或 IMU/DGNSS 辅助空中三角测量方法。直接定向法需每个架次飞行检校场。IMU/DGNSS 辅助空中三角测量方法需在加密分区四角布设地面平高控制点，一般在系统安装后的首次航摄需飞行检校场。不同比例尺的航摄方案选择可参考如下规则。

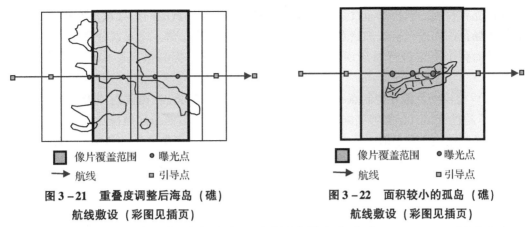

图 3-21　重叠度调整后海岛（礁）　　图 3-22　面积较小的孤岛（礁）
　　　航线敷设（彩图见插页）　　　　　　　航线敷设（彩图见插页）

（1）1∶50000 比例尺航测成图时，可采用直接定向法或 IMU/DGNSS 辅助空中三角测量方法。

（2）在山地和高山地以及特殊困难地区（大面积的森林、沙漠、戈壁、沼泽、沿海滩涂等）进行 1∶10000 比例尺航测成图时，可采用直接定向法或 IMU/DGNSS 辅助空中三角测量方法。

（3）在平地和丘陵地进行 1∶10000 比例尺航测成图时，可采用 IMU/DGNSS 辅助空中三角测量方法。

（4）对于大比例尺航测成图，一般采用 IMU/DGNSS 辅助空中三角测量方法。

2. 地面基站布设

在海岸航空摄影测量中需根据航空摄影测量方案的不同，综合考虑地面基站、像控点、检查点的布设和施测。地面基站主要作用是在航空摄影测量期间连续采集 GNSS 数据，与机载 GNSS 同步观测。选取合适的基站，通过事后载波相位差分处理来解算 GNSS 摄站坐标。同时，在像控点施测期间，保持基站连续观测，为像控点精确定位提供基准。

1）基站布设原则

对于海岸、岛礁区域的航空摄影测量而言，基站布设除应满足 GNSS 测量规范外，还应满足以下条件。

（1）优先选择摄区内海岛（礁）已有连续运行站观测数值为基站观测值或选择摄区内已有大地控制点作为地面 GNSS 基准点。

（2）地面 GNSS 基站应选址在交通、食宿和通信条件良好的海岛上，以便于实地观测和数据传输。

（3）如果摄区内无满足条件（2）的海岛（礁），则选择距离条件符合的陆地已有连续运行站观测数据为基站观测值或在已知大地控制点上架站。

（4）基站点位应设在明显地物特征点上，并易于保存，同时应避开大面积海平面或光滑的表面等强反射面及大型建筑物等强反射源。

2）基站测定

当基站点坐标未知时，应对基站实施 GNSS 静态定位测量。

3. 检校场布设

为确定 IMU 与航摄仪之间的角度系统差（即偏心角）及 GNSS 线元素分量偏移值，

必须设立检校场。检校场布设是通过检校场和航空摄影区域的同一架次航空摄影飞行，在检校场范围内进行空三加密和外业控制测量，获得偏心角、线元素分量的系统改正值，并对整个摄区进行系统误差改正，消除系统误差，提高摄区影像的外方位元素精度。

（1）检校场及像片控制点布设原则。检校场应尽量布设在摄区内或者在摄区附近（最远不超过50km），能够实施野外像控测量的区域。应按照摄区航摄比例尺设置两条相邻的平行航线，每条航线不少于10个像对；航向重叠和旁向重叠均按60%设计；在检校场的周边布设6个平高控制点，控制点点位距像片边缘约为像片宽的20%（图3-23）。

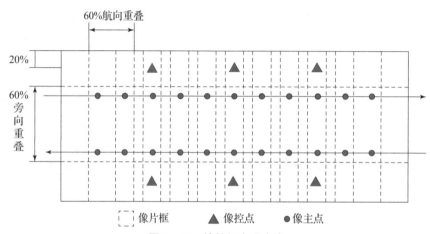

图3-23 检校场布设方案

（2）检校场控制点测量。在进行检校场控制点测量的同时，需要检校场范围内明显地物处布设至少两个检查点，以便检校场空三结果检核。

检校场控制点坐标宜采用如下方法测定。

按照有关规定的GNSS卫星定位网观测方法，在每个控制点位上实施GNSS静态定位测量，解算每个点位在WGS84框架下和用户选定坐标系的两套坐标。

（二）航空摄影

航空摄影包括摄区空中摄影和检校场摄影测量实施、机载GNSS和IMU数据记录、地面DGNSS基站同步观测、数据预处理、摄影成果整理和质量检查等工作。

（三）数据处理

数据处理包括检校场航片扫描、检校场空三解算、IMU/DGNSS数据处理、偏心角及位置平移量系统误差改正、像片外方位元素计算和提交数据成果资料等。

1. 检校场空三解算

采用空三加密的方法计算每张像片的外方位元素，包括投影中心的位置和姿态角。

2. IMU/DGNSS数据处理

（1）IMU/DGNSS数据预处理。对每架次飞行IMU/DGNSS原始数据进行预处理，包括基站GNSS观测数据、机载GNSS观测数据、IMU记录数据、时标（Event Mark）数据，将时标与像片号一一对应。

（2）差分GNSS计算。按照载波相位测量差分GNSS（DGNSS）定位技术，精密计算每张像片于曝光时刻的机载GNSS天线相位中心的WGS84框架坐标。

如果拥有多个基站可选择该架次距离摄区最近的基站数据进行解算或采用多基站数据联合解算，确保得到最优解算结果。计算完成后提交《DGNSS 处理报告》，内容包括采用软件、处理过程参数、精度报告等。

（3）IMU/DGNSS 数据滤波计算。将每张像片在曝光时刻的机载 GNSS 天线相位中心的 WGS84 框架坐标数据与 IMU 记录数据进行 IMU/DGNSS 数据精密处理，解算每张像片摄站点（投影中心）的三维坐标和角元素值。检查各项指标，重点观察 GNSS/惯性导航系统（Znertial Navigation System，INS）的偏差情况，填写 IMU/DGNSS 数据后处理情况表。

3. 偏心角及位置平移量系统误差改正

应用 IMU/DGNSS 数据处理解算检校场每张像片的三维坐标和角元素值。利用空中三角测量计算的外方位元素值与 IMU/DGNSS 数据处理解算的三维坐标和角元素值进行计算，求出偏心角的值以及三维坐标偏移值的系统误差最佳估计值，填写在《IMU/DGNSS 数据处理报告》的计算表中，如表 3-2 所列。

表 3-2 偏心角及位置平移量系统误差计算表

航摄日期	检校场	位置平移量/m	位置中误差/m	偏心角值/(°)	角度中误差/(°)	备注
		东		翻滚角	翻滚角	
		北		俯仰角	俯仰角	
		高		航向角	航向角	

4. 像片外方位元素计算

应用偏心角及三维坐标位置平移量的系统误差最佳估计值对整个摄区每架次的 IMU/DGNSS 数据处理解算的每张像片的三维坐标和角元素值进行改正，得到每张像片的外方位元素值。

5. 精度验证样区验证计算

每个摄区选取适当的区域作为精度验证样区，在区域内实地测量一定数量的明显点的坐标和高程，与 IMU/DGNSS 辅助航空摄影测量方法获得的结果进行比较。

对精度验证方案、验证结果进行总结，形成《精度验证样区精度检测报告》。

6. 编写总结报告

对整个 IMU/DGNSS 数据处理过程进行总结，形成《IMU/DGNSS 数据后处理报告》，包括对 DGNSS 处理过程中采用的数据情况、解算方法、重要参数、解算结果精度等相关情况的总结；对 IMU/DGNSS 滤波处理过程的总结；对检校场空中三角测量过程的总结；对偏心角及三维坐标位置平移量误差改正得到每张像片的外方位元素值的总结等。

三、空中三角测量技术

空中三角测量是立体摄影测量中，根据少量的野外控制点，进行控制点加密，求得加密点的高程和平面位置的测量方法，其目的是为缺少野外控制点的地区测图提供绝对定向的控制点。解析空中三角测量是指根据像片上的像点坐标同地面点坐标的解析关系或每两条同名光线共面的解析关系，构成摄影测量网的空中三角测量。建立摄影测量网的方法有很多，最常用的是航带法、独立模型法和光束法。这三种方法既可以在一条航带上应用，称为单航带的解析空中三角测量；也可以将若干航带连成一个区域进行整体平差，称为区域网空中三角测量。区域网法不仅可以进一步减小野外实测控制点的工作量，而且有内部精度均匀的优点，所以应用广泛。

（一）区域网空中三角测量

1. 航带法

航带法通过计算相对定向元素和模型点坐标建立单个模型，利用相邻模型间公共连接点进行模型连接运算，以建立比例尺统一的航带立体模型。这样由各单条航线独立地建立各自的航带模型。每个航带模型单元要各自概略置平并统一在一个共同的坐标系中，最后进行整体平差计算。为此要对各航带列出各自的非线性改正公式，按最小二乘法准则统一平差计算，求出各条航带的非线性改正参数。计算过程中既要考虑使相邻航带间同名连接点的地面坐标相等，控制点的内业坐标同外业实测坐标相等；又要使各模型点坐标改正数的平方和最小，从而获得全区域网加密点的地面坐标。

航带法区域网平差的全部计算可分为两个过程：一是区域网概算；二是区域网平差。区域网概算过程是首先建立自由比例尺的航线网，然后将自由比例尺航线网逐条依次进行空间相似变换，即将各航线网进行概略定向，确定每一航线网在区域中的概略位置。计算各点在区域地面辅助坐标系中的概略坐标。此时，各接边点坐标都不取中数，以保持各航线的相对独立性。

2. 独立模型法

独立模型法区域网平差是以单模型（也可以是双模型或两个以上模型构成的模型组）作为平差过程中的基本单元的区域平差方法。也可以说，这种方法是把模型点在单模型中所确定的坐标视为观测值，并对其在整个加密区域内进行平差处理。

独立模型法区域网平差的基本思想是：在独立地建立单模型的基础上，利用已知控制点的内业加密坐标与其外业坐标应该相等，以及分别由相邻模型确定的连接点（包括同航线相邻模型间的公共摄站）的内业坐标应该相等的条件，在整个区域内，用平差方法确定每一单模型在区域中的最或然位置（即确定每一单模型的平移、旋转和缩放），从而计算各加密点的地面坐标。

由于平差方法通常只处理偶然误差，因此要求在像点坐标中消除系统误差的影响。假设系统误差没有消除或者消除不完全，将会影响加密效果的精度。

3. 光束法

光束法区域网平差是一种以投影中心点、像点和相应的地面点三点共线为条件，以单张像片为解算单元，借助像片之间的公共点和野外控制点，把各张像片的光束连成一个区域进行整体平差，解算加密点坐标的方法。其基本理论公式为中心投影的共线条件方程式。由每个像点的坐标观测值可以列出两个相应的误差方程式，按最小二乘准则平差，求出每张像片外方位元素的6个待定参数，即摄影站点的三个空间坐标和光线束旋转矩阵中三个独立的定向参数，从而得出各加密点的坐标。

以上三种方法中，光束法理论公式是用实际观测的像点坐标为观测值列出误差方程式，所以平差的理论是严密的，加密精度高。但是，在实施中应清除航摄资料本身存在的系统误差,否则光束法的优越性就得不到发挥。航带法在理论上最不严密,但它在运算中有消除部分系统误差的功能,而且运算简单,对计算机内存容量要求不高。

(二) POS 系统辅助空中三角测量

1. GNSS 辅助空中三角测量

GNSS 辅助空中三角测量的基本思想是:将差分 GNSS 相位观测值进行相对动态定位所获取的摄站坐标,作为区域网平差中的附加非摄影测量观测值,以空中控制取代地面控制(或减少地面控制)的方法来进行区域网平差。其目的是极大地减少甚至完全免除常规空中三角测量所必需的地面控制点,以节省野外控制测量工作量、缩短航测成图周期、降低生产成本、提高生产效率。

2. IMU/DGNSS 辅助空中三角测量

IMU/DGNSS 辅助航空摄影测量是指利用装在飞机上的 GNSS 接收机和设在地面上的一个或多个基站上的 GNSS 接收机同步而连续地观测 GNSS 卫星信号,通过 GNSS 载波相位测量差分定位技术获取航摄仪的位置参数,应用与航摄仪紧密固连的高精度 IMU,直接测定航摄仪的姿态参数,通过 IMU/DGNSS 数据的联合后处理技术获得测图所需的每张像片高精度外方位元素的航空摄影测量理论、技术和方法。

四、海岸高程模型技术

(一) 海岸高程模型概述

数字高程模型是一个用于表示地面特征的空间分布的数据阵列,即由地面点的平面坐标 XY 以及该点的高程 Z 组成的数据阵列。通常,地面按一定格网形式有规则地排列,点的平面坐标 XY 可由起始原点推算而不用记录,地面形态只用高程 Z 表示,如图 3-24 所示,这种方式称为格网数字高程模型。地形表面还可采用三角形按照一定规则连接且不重叠地覆盖整个区域,构成一个不规则的三角网 (Triangulated Irregular Network, TIN),称为三角网 DEM,如图 3-25 所示。

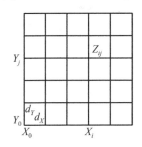
图 3-24 规则格网

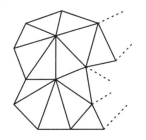
图 3-25 不规则三角网

规则格网数字高程模型的优点是存储量小,便于压缩和管理。其缺点是不能准确地表示地形结构与细部,基于格网 DEM 的等高线不能准确地表示地貌。往往需要附加地形特征数据,如地形特征点、山脊、山谷线、断裂线等。三角网 DEM 的优点是表达地形清楚准确,缺点是数据量大、数据结构复杂、使用和管理数据较为复杂。

数字高程模型在与一些算法结合,可用于各种线路设计或工程中的面积、体积、坡度计算等方面。在航测中可用于立体透视图、制作正射影像图及地图修测等。在遥感中可作为分类的辅助数据。它也是地理信息系统的基础数据，用于土地利用现状分析、合理规划及洪涝险情预报等。在军事上可用于导航或导航制导等。

数字高程模型理论主要由数据采集、数据处理和应用三部分组成：数据采集是指获取建立 DEM 的基础数据，即数据点；数据处理是以数据点为依据，用一定的数学模型拟合地形表面，进行内插加密，获得符合要求的 DEM 数据。

DEM 理论的发展主要经历 4 个时期。DEM 概念最初于 1956 年提出，20 世纪 60 年代至 70 年代大量研究 DEM 的内插问题，出现了移动曲面拟合、多面函数内插法、最小二乘内插法以及有限元内插法等；70 年代后期研究了数据采集方法，提出了渐近采样法 PROSA 及混合采样法等。20 世纪 80 年代以来，对 DEM 的研究已经涉及 DEM 理论及实践的各个环节，包括 DEM 表示的地形精度、地形分类、数据采集、粗差探测、质量控制、DEM 数据压缩、DEM 应用以及不规则三角网的建立与应用等。目前，国际较有名的 DEM 软件有德国 Stuttgart 大学研制的 SCOP 程序、Münich 大学 HIFI 程序，Hannöver 大学的 TASH 程序、奥地利 Vienna 工业大学研制的 SORA 程序、Zürich 工业大学研制的 CIP 程序，以及武汉测绘科技大学的 GeoTIN 程序等。这些成果都拥有广泛的应用模块，如等值线图、立体透视图、坡度图及土方计算等。

海岸高程模型是指海岸带附近的数字高程模型，由于该区域海上测量和沿岸测量垂直基准不统一，要形成连续的数字高程模型，需进行垂直基准转换。

（二）数字高程模型数据的获取

数据点是建立 DEM 的控制基础，拟合地形表面的数学模型的参数就是根据这些数据点的已知信息（XYZ）来确定的。获取数据点信息的方法主要有以下几种。

1. 野外实测获取

利用全站仪、GNSS 接收机等定位仪器在野外实测数据点的坐标和高程。例如，现在常用的车载 GNSS 采样道路信息，在加入一定改正后，可获取道路上点的较高精度的坐标和高程。

2. 从现有地图上获取高程数据与地物

将现有地图上的高程信息（如等高线、注记点、地性线）进行数字化，记录到计算机存储的方法。常用的数字化仪有手扶跟踪数字化仪、扫描数字化仪和半自动跟踪数字化仪三种。利用数字化仪作业时，将地图放在玻璃台面上，用一个标志器（如带有十字丝的环）手扶跟踪等高线或其他地物符号，自动地记录一定间隔的点的坐标，将等高线与地物坐标数字化。扫描数字化仪有平台式、滚筒式和 CCD 面阵三种。其做法是将地图扫描数字化，数字化后直接获得矩阵式排列的灰度数据，然后经过栅格式数据与矢量数据转换，得到等高线点的坐标和地物坐标。半自动跟踪数字化仪利用半自动跟踪系统判别跟踪方向和自动纠偏，将跟踪的图形及其周围图像在显示器上显示，当自动跟踪系统发生判断错误时，作业员根据具体情况通过操作台进行纠正。

3. 摄影测量方法

摄影测量方法是当前获取数据点的普遍方法，利用解析测图仪、自动测图系统或附有自动记录装置的立体测图仪获取数据点。其方式可以是对立体模型进行断面扫描、记录断面上等间隔点的 Z 坐标，或测绘等高线过程中，记录等高线上各点的 X、Y 坐标。在进行数据点采集时，可按等间隔记录数据点和按等时间间隔记录数据点。尽管按后者记录的点不均匀，但在困难地区，采集速度慢，数据点较密；而在平坦地区或坡度变化缓慢地区，采集速度快，数据点分布较稀，因此这种记录结果也比较符合实际。

在摄影测量内插时，还应考虑地形特征线和特征点（如山脊线、山谷线、断裂线、山顶等）和地物的数字化，以保证构成的 DEM 更接近实际地形。

（三）数字高程模型数据的应用

在摄影测量中，DEM 可用于正射影像的制作、单片修测以及航测飞行路线的规划等方面。

对任何航测项目来说，首要的事情就是获取符合特定重叠度要求的航空像片。航空像片的重叠度受很多因素的影响，地形的起伏是其中之一。为了确定在任意位置地形对重叠度的影响，可以使用数字高程模型对飞行路线进行模拟。

正射影像图是通过微分纠正技术从透视像片上获取的。微分纠正可消除由于像片压平误差和地形起伏造成的影像位移。通过使用 DEM，像片上任意一点由地形起伏造成的影像位移都可被纠正过来。在正射影像图的制作中，使用 DEM 是一种很有前途的方法。

另外，可将 DEM 与航空相机的外方位元素结合起来，使用单张像片进行地面地物的绘制。这种技术称为单片制图，已用于地图的修测。

DEM 在遥感中主要用于卫星影像的处理与分析。卫星影像处理的一个方面是卫星影像的排列。这是一种在两个或多个影像的元素中确定对应值，同时变更其中一幅影像以使其与另一幅影像对应排列的技术。影像排列过程可通过自动选择地面控制点而自动完成。在这种情况下，数字地面模型可用于产生对应影像获取时光照环境的地形表面的合成影像，此后使用边界提取技术检测线性地物，用于合成影像与卫星影像之间的变换。

1. 数字高程模型在制作正射影像图中的应用

正射影像图是由正射像片镶嵌制成的，具有规定图幅尺寸的正射投影影像地图。它是航空遥感图像的一个主要产品，广泛用于资源调查、生态环境监测和城市规划等重要领域。制作正射像片的作业称为微分纠正，大多采用"缝隙扫描"的方式进行。"缝隙"宽度通常为 1mm，长度为 2~16mm 分成几个等级。地面起伏复杂的摄区应选用长度较短的"缝隙"。"缝隙扫描"有联机方式和脱机方式两种。前者由立体测图仪和正射投影装置联合操作：在立体测图仪上对航摄像对进行相对定向和绝对定向，建立与地面坐标系统精密配准并与实际地面完全相似的光学立体模型；在微分纠正过程中，正射投影装置驱动"缝隙"，在立体模型上逐行扫描，与此同时，手工调节立体测图仪的测标高度，使之对准立体模型的表面，光线通过缝隙，使它底下的感光片纠正单元系列相继曝光成像。联机缝隙扫描是通过量测断面点列高程来调整测标高度的。如果在立体测图仪上连接一台自动坐标记录装置，可得到作为副产品的格网点数字高程模型，格点距相当于缝隙的长、宽尺寸。脱机方式是先在解析测图仪或带有自动坐标记录装置的立体测图仪上采集格点数字高程模型，录于磁带；然后将磁带输入正射投影仪器，控制缝隙扫描成像。所以，对脱机方式来说，格点数字高程模型是微分纠正的必备数据。脱机方式比较灵活,它充分发挥了正射投影仪效率高的优点,是目前制作正射像片的常用方法。

2. 单片修测

由于地图修测的主要内容是地物的增减,因而利用已有的 DEM 可进行单张像片的修测,这样可节省资金与工时,其步骤如下。

(1) 进行单张像片空间后方交会,确定像片的方位元素。

(2) 量测像点坐标 (x,y)。

(3) 取一高程近似值 Z_0。

(4) 将 (x,y) 与 Z_0 代入共线方程计算地面平面坐标近似值 (X_1,Y_1)。

(5) 由 (X_1,Y_1) 及 DEM 内插出高程 Z_1。

(6) 重复步骤 (2)~(5),直至 $(X_{i+1},Y_{i+1},Z_{i+1})$ 与 (X_i,Y_i,Z_i) 之差小于给定的限差。

用单张像片与 DEM 进行修测是一个迭代求解过程。当地面坡度与物点的投影方向和竖直方向夹角之和大于等于 90°时,迭代将不会收敛。此时,可在每两次迭代后,求出其高程平均值作为新的 Z_0,或在三次迭代后计算近似正确高程:

$$Z = \frac{Z_1 Z_3 + Z_2^2}{Z_1 + Z_3 - 2Z_2} \qquad (3-8)$$

式中:Z_1,Z_2,Z_3 为三次迭代的高程值。

式 (3-8) 是在假设地面为斜平面的基础上得出来的。

五、海岸正射影像技术

正射影像技术是对航摄像片进行逐点(小面积)纠正晒像,消除因像片倾斜和地形起伏对像点的影响,以获得地面正射投影影像的技术。目前使用的地形图是测量区域中地面点在水平面上的正射投影,而航摄像片则是地面的中心投影,由于地面起伏、像片倾斜的原因,地面上相同的地物在两种投影上的构像存在差异,特别是在海岸带地区,地面起伏较大,因此必须利用正射影像技术进行处理。

(一) 基本原理

正射影像技术的基本原理是:按照摄影过程的几何反转原理,将航摄底片投影在承影面上,这样可以获得消除了像片倾斜角的中心投影影像,但是对于地形起伏较大的区域,由于高差变化引起的位移仍然存在。解决该问题的办法是按照地形起伏改变投影的高度,"逐点"进行投影,这样就可以在承影面上得到比例尺统一的正射投影。根据以上操作,就可得到消除了像片倾斜和地形起伏影响的比例尺统一的正射像片,经过正射影像技术处理得到的产品就是摄影测量四维产品之一的正射影像图(Digital Orthophoto Map,DOM)。

由相关概念和上述概念可知,正射影像技术中的核心是航摄像片的纠正,通常情况下这种纠正是使用一个小面积作为"纠正单元"来代替"点",所以称为"微分纠正"。其基本环节有两个:一是像素坐标变换;二是像素亮度的重采样,其纠正的主要流程如图 3-26 所示。

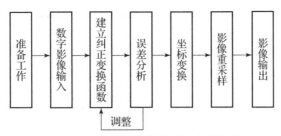

图 3-26　正射影像微分纠正主要流程

其中,像素的坐标变换主要有直接纠正法与间接纠正法两种方法。经过纠正后,影像阵列中像元坐标不为整数,因此需要进行重采样。重采样的像素亮度是根据它周围原像素的亮度按一定的权函数内插得到的。理想的重采样函数是辛克(Sinc)函数,其横轴上各点的幅值代表了相应点对其原点(O)处亮度贡献的权。但由于辛克函数是定义在无穷域上的,又包括三角函数的运算。因此,在实际应用中,大都采用一些近似的函数来代替,常用的有最近邻法、三次卷积法和双线性内插法三种。

最近邻法是假设图像中两相邻点的距离为1,取计算点(x,y)周围相邻的4个点,比较它们与被计算点的距离,以距离(x,y)最近点的亮度值作为该点的亮度值$f(x,y)$。数学公式表示为:设该最近邻点的坐标为(k,l),则$k=\text{int}(x+0.5)$,$l=\text{int}(y+0.5)$,则有$f(x,y)=f(k,l)$。图3-27所示为该法的示意图,其几何位置上的精度为±0.5像元。该方法的优点是不破坏原来的像元值,处理速度快。

双线性内插法是使用内插点周围的4个观测点的像元值,对所求的像元值进行线性内插,如图3-28所示,其具体计算公式为

$$Q(u,v) = (1-s)(1-t)P(i,j) + (1-s)tP(i,j+1) + s(1-t)P(i+1,j) + stP(i+1,j+1) \quad (3-9)$$

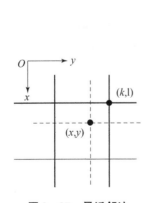

图 3-27　最近邻法

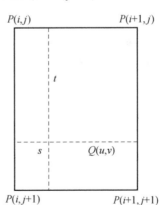

图 3-28　双线性内插法

同其他内插方法相比,双线性内插法的计算较为简单,并具有一定的亮度抽样精度,它是实践中常用的方法。该方法的优点是精度明显提高,特别是对亮度不连续现象或线状特征的块状化现象有明显的改善。其缺点是计算量增加,且对图像起到平滑作用,从而使对比度明显的分界线变得模糊。

三次卷积内插法是使用内插点周围的16个观测点的像元值,用三次卷积函数对所

求像元值进行内插,其基本思路如图 3-29 所示,其数学公式为

$$I_p = \sum_{i=1}\sum_{j=1} W(x_{c(ip)}) \cdot I_{ij} \cdot W(y_{c(ij)}) = W_x \cdot I \cdot W_y \qquad (3-10)$$

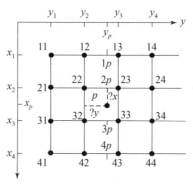

图 3-29 三次卷积内插法

三次卷积内插法的优点是能够清晰地表现细节,具有较高的图像质量,但缺点是破坏了原来的数据,且计算量很大。

(二)纠正方法

具体数字影像与其对应地面点的几何关系的一般式有正解和反解公式,分别为

$$\begin{cases} X = F_x(x,y) \\ Y = F_y(x,y) \end{cases}, \quad \begin{cases} x = f_x(X,Y) \\ y = f_y(X,Y) \end{cases} \qquad (3-11)$$

式中:X,Y 为地面点的平面坐标;x,y 为地面点对应的像平面坐标。

式(3-11)分别为航空摄影中直接数字纠正变换和间接数字纠正变换的一般公式,下面分别简要介绍直接纠正法与间接纠正法的思路与步骤。

1. 直接纠正法

直接纠正法是从原始图像阵列出发,按行列的顺序依次对每个原始像素点位求其在地面坐标系,即输出图像坐标系中的正确位置。如图 3-30 所示,已知各像元的坐标 (x,y) 和外方位元素及 Z 值,就可以用给定外方位元素的共线方程计算各像元的纠正坐标 (X,Y),然后将坐标 (x,y) 的像元的灰度赋给 (X,Y) 上的像元即可。由于经纠正后各纠正像元的 (X,Y) 不再按规则格网排列,必须经过重采样,将不规则的像元灰度阵列排列成规则的像元灰度阵列,进而得到正射影像。

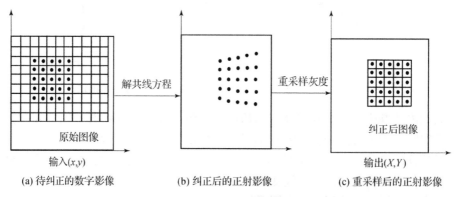

(a) 待纠正的数字影像 (b) 纠正后的正射影像 (c) 重采样后的正射影像

图 3-30 影像直接纠正法

在给定外方位元素的共线方程中，相对航高 $(Z-Z_S)$ 未知，在利用数字地面模型（Digital Terrain Model，DTM）作数字微分纠正时，可逐次逼近求出 $(Z-Z_S)$。设输入像元坐标 (x,y)，计算过程如下。

（1）计算像元的近似地面坐标 X'、Y'。Z 取分块区域的高程平均值（或已纠正像元的 Z 值），将外方位元素、像点坐标代入给定外方位元素的共线方程式，计算得到近似值 X'、Y'。

（2）求 (X',Y') 点的高程。在 DTM 中求出 (X',Y') 点邻近 4 个格网节点，用 4 个节点的高程按双线性内插求得 (X',Y') 点的高程。

（3）修正 Z，求得 Z'。代入给定外方位元素的共线方程式，计算 (X,Y)。

（4）重复步骤（1）~（3）。直到 (X',Y') 和 (X,Y) 之差小于规定限差为止，则 (X,Y) 为 (x,y) 的正射投影位置。将 (x,y) 点的灰度赋给 (X,Y) 点。

当全部像元微分纠正完成后，将不规则排列的像元内插为规则排列的像元，即得到正射投影的数字影像。

2. 间接纠正法

间接纠正法是从空白的输出图像阵列出发，按照行列的顺序依次对每个输出像素点位反求其在原始图像坐标系中的位置，已知纠正点的坐标 (X,Y,Z)，计算其在待纠正的影像中的坐标 (x,y)，可采用共线方程的直解形式。坐标变换完成后，把由式（3-11）算得的原始图像点位上的灰度值取出并填回到空白输出图像点阵中相应的像素点位上去。由于并不一定刚好位于原始图像的某个像素中心，必须经过灰度内插确定该处的灰度值，一般采用双线性内插法，然后将灰度赋给纠正像元 (X,Y) 位置上，就能得到纠正后像元的灰度，其原理如图 3-31 所示。

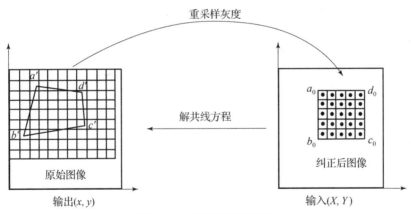

图 3-31　影像间接纠正法

间接纠正法的特点是输入正射影像上规则的格网点的坐标和高程，不需要逼近高程，计算量相对较小。

图 3-31 中，a_0、b_0、c_0、d_0 为 DTM 内某个格网 4 个节点在正射影像上的位置，a'、b'、c'、d' 为其在倾斜像片上格网点的中心投影位置。首先，由共线方程的直解形式求出 a'、b'、c'、d' 的坐标；其次由 a'、b'、c'、d' 的坐标内插求出其灰度值；最后将 a'、b'、c'、d' 上的灰度赋给 a_0、b_0、c_0、d_0 点。

六、海岸地形测图技术

在常规摄影测量的基础上,海带摄影测量的内业工作更侧重于数字航空摄影测量的无地面控制数据处理,尤其以 ADS40/80 和数字微型电路(Digital Micro Circuit, DMC)为代表的 IMU/GNSS 辅助数字摄影测量的影像的匹配算法、几何预处理、像片定位等理论逐渐在海岸摄影测量中得到应用。本小节重点介绍近年来海岸摄影测量的与内业处理有关的原理和方法。

(一)基于灰度的影像匹配算法

影像匹配的目的是以立体影像的自动匹配代替传统的人眼观测,达到自动确定同名像点的目的,是数字影像摄影测量的基础技术之一,本小节主要介绍基于灰度的影像匹配算法。

1. 基于影像灰度的匹配度量

设两个随机变量阵列 A 和 B 分别代表左、右数字影像的一个 $N \times N$ 的像元灰度阵列,表示如下:

$$\begin{matrix} a_{1,1} & a_{1,2} & \cdots & a_{1,j} & \cdots & a_{1,N} & b_{1,1} & b_{1,2} & \cdots & b_{1,j} & \cdots & b_{1,N} \\ a_{2,1} & a_{2,2} & \cdots & a_{2,j} & \cdots & a_{2,N} & b_{2,1} & b_{2,2} & \cdots & b_{2,j} & \cdots & b_{2,N} \\ \vdots & \vdots & & \vdots & & \vdots & \vdots & \vdots & & \vdots & & \vdots \\ a_{i,1} & a_{i,2} & \cdots & a_{i,j} & \cdots & a_{i,N} & b_{i,1} & b_{i,2} & \cdots & b_{i,j} & \cdots & b_{i,N} \\ \vdots & \vdots & & \vdots & & \vdots & \vdots & \vdots & & \vdots & & \vdots \\ a_{N,1} & a_{N,2} & \cdots & a_{N,j} & \cdots & a_{N,N} & b_{N,1} & b_{N,2} & \cdots & b_{N,j} & \cdots & b_{N,N} \\ & & A\ 阵列 & & & & & & B\ 阵列 \end{matrix}$$

A 和 B 阵列的均值和方差计算如下:

$$\begin{cases} \bar{a} = \dfrac{1}{N^2}\sum_{i=1}^{N}\sum_{j=1}^{N} a_{i,j} \\ \bar{b} = \dfrac{1}{N^2}\sum_{i=1}^{N}\sum_{j=1}^{N} b_{i,j} \end{cases}, \begin{cases} \sigma_A = \dfrac{1}{N^2}\sum_{i=1}^{N}\sum_{j=1}^{N} a_{i,j}^2 - \bar{a}^2 \\ \sigma_B = \dfrac{1}{N^2}\sum_{i=1}^{N}\sum_{j=1}^{N} b_{i,j} - \bar{b}^2 \end{cases} \tag{3-12}$$

常用的相关度量定义如下。

(1)协方差 C_{AB} 可表示为

$$C_{AB} = \frac{1}{N^2}\sum_{i=1}^{N}\sum_{j=1}^{N}(a_{i,j} - \bar{a})(b_{i,j} - \bar{b}) \tag{3-13}$$

当 C_{AB} 最大时,两个影像灰度阵列为相应影像阵列,其中点为相应像点。

(2)相关系数 r 可表示为

$$r = \frac{C_{AB}}{\sqrt{\sigma_A \cdot \sigma_B}} \tag{3-14}$$

式中:C_{AB} 和 σ_A、σ_B 分别由式(3-13)和式(3-12)计算。当 r 为最大时,两个影像灰度阵列为相应阵列,其中点为相应像点。

(3)差的平方和 Q_{AB}。设 $A_{i,j} = a_{i,j} - \bar{a}$,$B_{i,j} = b_{i,j} - \bar{b}$,则

$$Q_{AB} = \frac{1}{N^2}\sum_{i=1}^{N}\sum_{j=1}^{N}(A_{i,j} - B_{i,j})^2 \tag{3-15}$$

当 Q_{AB} 为最小时，两个影像灰度阵列为相应阵列，其中点为相应像点。

（4）差的绝对值之和 P_{AB}。设 $A_{i,j} = a_{i,j} - \bar{a}$，$B_{i,j} = b_{i,j} - \bar{b}$，则

$$P_{AB} = \frac{1}{N^2} \sum_{i=1}^{N} \sum_{j=1}^{N} |A_{i,j} - B_{i,j}| \qquad (3-16)$$

当 P_{AB} 为最小时，两个影像灰度阵列为相应阵列，其中点为相应像点。

2. 相关的搜索方法

1）二维相关搜索

如图 3 – 32 所示，设左片上有一个 5 × 5 像元的灰度阵列，称为目标区，目标区中点（1242,469）位置的像元。图 3 – 32（b）有一个包含目标区影像的区域，称为搜索区。搜索区大小要根据预测的相关像点精度而定，这里假设为 15 × 15 的像元阵列。二维搜索在搜索区中取出一个与目标区等大的相关窗口，将目标区与相关窗口中的像元灰度代入相关系数算法中计算得到相关系数。相关窗口每移动一行或一列，均要计算相关系数。本例中窗口沿行（列）要移动$(15-5+1)=11$ 次，则计算 $11 \times 11 = 121$ 个相关系数，找出其中相关系数最大的那个窗口的中点即为目标区中点按相关搜索得到的相应像点。

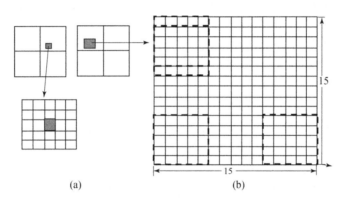

图 3 – 32　二维相关搜索

2）一维相关搜索

（1）核线影像。依据共面条件，可以确定图 3 – 32（a）上某点对应右核线，但不能确定右核线上同名像点位置。因此，可以沿右核线搜索同名像点。为此，有必要将影像沿其右核线方向排列（即进行重采样），得到其核线影像。例如，取右核线方向为 K，沿核线方向排列如图 3 – 33 所示。其中，图 3 – 33（b）的核线影像就是每行取 $n(=1/\tan K)$ 个像元拼起来的。

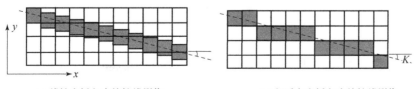

(a) 线性内插灰度的核线影像　　　　(b) 邻近点内插灰度的核线影像

图 3 – 33　倾斜像片的核线排列

(2) 按核线方向搜索。如图 3-34 所示，在左核线上选择一个 5 个像元的目标区，在右核线影像上选择一个目标搜索区，并构建搜索窗口。搜索窗口沿核线方向移动，每移动一个像元计算一次相关系数。当搜索完毕后，最大相关系数对应的搜索窗口中心为目标点的同名像点。

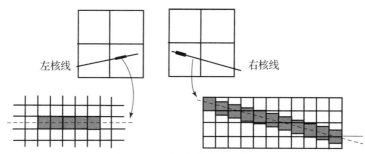

图 3-34　按核线方向搜索

匹配结果具有不唯一性，可以采用以下方法改善匹配结果。

3. 改善相关结果的几种方法

（1）多重判据的相关算法。每种基本相关度量单独作为相关判据时，或多或少地会出现判断失败的情况。为此，有些方案中采用两种甚至多种相关判据综合应用的算法，进而保证相关结果的可靠性。为此，有必要采用两种或三种基本相关算法同时满足相关条件的多重判据算法。该算法可采用单一判据相互制约的原则，达到减少相关的错误率，提高相关的可靠性。

（2）以子像元确定相关点位置。核线相关计算时，通常是在预测点及左右各 3 个像元位置上移动相关窗口，计算 7 个相关系数的拟合曲线，取曲线最大值对应窗口的中心位置作为目标区的相应像点。理论上可证明，这种以整像元为单位的相关精度可达到 0.29 个像元，即 1/3 像元精度，可有效地改善相关结果。

如图 3-35 所示，取 7 个相关系数中最大系数及其左右各 2 个系数（共 5 个）值和它们对应的像元中心的 x 坐标，构成抛物线方程，即 5 个位置 $i-2$、$i-1$、i、$i+1$、$i+2$ 对应相关系数 r_{i-2}、r_{i-1}、r_i、r_{i+1}、r_{i+2} 拟合一条抛物线：$r = f(x) = Ax^2 + Bx + C$，而且系数 A、B、C 由 r_{i-2}、r_{i-1}、r_i、r_{i+1}、r_{i+2} 及其对应的 x_{i-2}、x_{i-1}、x_i、x_{i+1}、x_{i+2} 确定，则极大值点对应坐标为

$$x = -\frac{B}{2A} \tag{3-17}$$

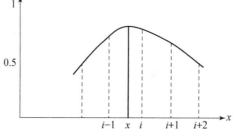

图 3-35　以子像元确定相关点位置

(3) 最小二乘影像匹配算法。在影像匹配过程中，引入匹配窗口之间的几何变换参数和辐射变换参数，并纳入数学模型中按照像元灰度差的均方根极小的最小二乘平差解算。其中，几何变换参数用来补偿两匹配窗口之间的几何差异，辐射变换参数用于补偿两匹配窗口之间像元灰度的辐射差异。该算法具有精度评定的理论公式，匹配点位的理论精度可达 1μ 的数量级，相当于 $1/50 \sim 1/100$ 像元大小，是目前精度最高的影像匹配算法。

下面以一维阵列为例，介绍最小二乘匹配的基本思想。假设左、右相关影像的灰度函数为 $g_1(x)$ 和 $g_2(x)$，而且假定 $g_1(x)$ 对 $g_2(x)$ 的位移为 x_0，分别存在噪声 $n_1(x)$ 和 $n_2(x)$，则观测量分别为 $\bar{g}_1 = g_1(x_i) + n_1(x_i)$，$\bar{g}_2 = g_2(x_i) + n_2(x_i) = g_1(x_i - x_0) + n_2(x_i)$，$i$ 为左右匹配窗口中第 i 个像元（共有 N 个像元），则其灰度差为

$$\Delta g(x_i) = g_1(x_i - x_0) - g_1(x_i) + n_2(x_i) - n_1(x_i) \quad (3-18)$$

式中：令 $v(x_i) = n_1(x_i) - n_2(x_i)$，并在 x_i 处展开 $g_1(x_i - x_0)$，注意到 x_0 为小量，取一次项有 $g_1(x_i - x_0) = g_1(x_i) + g_1'(x_i)x_0$，可得误差方程为

$$v(x_i) = g_1'(x_i)x_0 - \Delta g(x_i) \quad (3-19)$$

式中：x_0 为待定参数。进而有平差模型为

$$\begin{cases} v(x_1) = g_1'(x_1)x_0 - \Delta g(x_1) \\ \vdots \\ v(x_N) = g_1'(x_N)x_0 - \Delta g(x_N) \\ \sum_{i=1}^{N} v^2(x_i) = \min \end{cases} \quad (3-20)$$

因为 $g_1'(x_i)$ 为 $g_1(x_i)$ 的梯度是理论值，可近似用 $\bar{g}_1(x_i)$ 的梯度代替，然后进行迭代解算。第一次迭代取 $g_1(x_i) = g_2(x_i)$，每次迭代均要利用灰度差值重新线性化方程。

（二）IMU/GNSS 辅助三线阵影像定位

由于 IMU/GNSS 辅助线阵 CCD 摄影，获得姿态数据和航线数据。由于传感器投影中心与 GNSS 相位中心有偏移，IMU 坐标轴与像空间坐标轴存在对准误差以及 IMU 随时间产生的漂移误差等，因此获取的位置和姿态数据并不是传感器真正的外方位元素。必须根据各种误差影响，利用少量地面控制点和原始影像（L_0 影像）来确定影像的外方位元素，进而确定地面点位置，称为影像定位。这里介绍常用的几种影像定位平差模型。

1. 直接定位

利用 GNSS/IMU 系统获得各采样周期的外方位元素，通过实验室和外场检校得到相机参数，依据构像模型，直接利用前视、下视和后视影像的像点坐标 (x_f, y_f)、(x_n, y_n) 和 (x_b, y_b) 交会地面坐标。

2. 线性多项式定位模型

采用线性多项式模型（Liner Polynomial Model，LPM）来描述 GNSS/IMU 数据的偏移和漂移误差，即采用时间 t 的一阶多项式来描述外方位元素。

3. 分段多项式定位

分段多项式模型（Piecewise Polynomial Model，PPM）将整个飞行轨道按照一定的

时间间隔分成若干段，每一段采用一个时间 t 的低阶多项式来描述外方位元素，在航线分段处考虑外方位元素变化的连续和光滑。

4. 定向片内插模型

Ebner 和 Hofmann 等提出，在飞行轨道上以一定的时间间隔抽取若干离散的曝光时刻，这些时刻获取的三个影像扫描行称为定向片（Orientation Image），平差过程中仅求解定向片时刻的外方位元素，其他采样周期的外方位元素由此内插得到，这就是三线阵影像的定向片法平差思想。

5. 点位的量测

在上述的像片定位中，需要 $L0$ 影像的同名像点作为平差基础。因 $L0$ 影像变形大，不能直接用于量测。$L1$ 级影像消除了影像变形，尽管不是每条影像线与 $L0$ 级影像线一一对应，但 $L0$ 级影像与 $L1$ 级影像的同名像点之间的对应关系是确定的。因此，点位的量测可以基于 $L1$ 影像进行。

如图 3-36 所示，$P(X,Y,Z)$ 为物方空间任意一点，影像纠正平面被置于测区平均高程面上（$Z=Z_0$）。首先在前视 $L1$ 影像、后视 $L1$ 影像上，运用立体匹配技术量测 P 点的模型点，根据纠正参数计算同名像点在纠正平面上的坐标 $p_1(x_1,y_1)$ 及 $p_1(x_2,y_2)$；然后依据 $p_1(x_1,y_1)$、$p_1(x_2,y_2)$、纠正影像平面高程 Z_0、相机校正参数以及姿态数据，同时计算得到 $L0$ 级影像上对应的同名像点像方坐标 $p_0(x_1,y_1)$、$p_0(x_2,y_2)$。

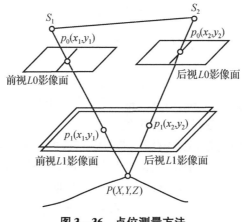

图 3-36 点位测量方法

（三）数字测图

基于摄影测量原理，计算机辅助测图是利用数字测图系统（如 VirtuoZo），完成数据采集、数据处理、形成数字地面模型或数字地图的过程。尽管这个过程仍然需要人眼的立体观测与人工的操作，但其成果是以数字方式记录存储的，能够提供数字产品，因而通常也称为数字测图。

1. 地图矢量数据采集

1）地图矢量数据

地图矢量数据主要包括元数据、属性数据、空间位置数据、拓扑数据等。元数据是关于数据的数据，是数据和信息资源的描述性信息，如有关数据源、数据分层、产品归属、空间参考系、数据质量、数据更新方法、图幅接边等。属性数据是描述确定地理实体的类别、级别等质量特征和数量特征的数字信息，由属性编码和其他属性信息组成，如居民地的邮政编码为"130201"，其他属性信息有名称、人口数、行政区划代码等。空间位置数据是描述确定地理实体空间位置的坐标。拓扑数据是描述地图上点、线、面状要素之间关联、邻接、包含等空间关系的数据。

2）矢量数据采集过程

数字测图是利用解析测图仪或数字测图系统，在强有力的软件支持下，采用脱机绘图的方式测绘地形，即在数据采集之后，进行交互图形编辑，然后再进行脱机绘图或将数字产品送入地形数据库或地理信息系统。数据采集包括准备、影像的定向、属性数据输入、数据量测、在线编辑等过程。数据采集阶段的准备主要是输入一些基本参数，如测图比例尺、图廓坐标等。影像的定向是目标精确定位的基础，它包括内定向、相对定向和绝对定向。属性数据输入和数据量测是在采集每一目标的矢量数据时，都要进行的工作。属性数据输入包括属性编码输入和其他属性信息的输入。在线编辑是在属性数据输入和数据量测出现错误时，进行的一些简单联机编辑。联机编辑不应过多，以避免降低仪器的利用效率。

3）矢量数据采集基本算法

（1）封闭地物的自动闭合。对于一些封闭地物，如湖泊，其终点与首点是同一点，应提供封闭（即自动闭合）的功能。当选择此项功能后，在量测倒数第一点时就发出结束信号，系统自动将第一点的坐标复制到最后一点（倒数第一点之后）。

（2）直角控制功能。许多地物的角都是直角（如直角房屋），在采集中，如果靠作业人员用人工方法来控制，无疑增大了作业人员的作业难度。在采集软件中，可以通过算法来控制。

（3）角点的自动增补。直角地物（如直角房屋）的最后一个角点可通过计算获取而不用量测。

（4）遮盖房角的量测。当房屋的某一角（直角）被其他物体（如树）遮蔽而无法直接量测时，可在其两边上量测三个点，然后计算交点。

（5）公共边的处理。若两个（或两个以上）地物有公共的边，则公共边上的每一点都应当只有唯一的坐标，因而公共边只应当量测一次。然后量测的地物公共边上的有关信息，可通过有关指针指向先量测的地物的有关记录，并设置相应的标志，或进行坐标复制，以供编辑与输出使用。

（6）矢量数据的图形显示。矢量数据在开始采集时就需要进行图形显示，以便对采集结果进行实时的监视。由于所记录的矢量数据一般是物方坐标系统中的坐标（在有些系统中是像坐标，但处理方式与物方坐标的处理方式相似），因而显示时应转变为计算机屏幕坐标系中的坐标。

2. 矢量数据编辑

在矢量数据输出之前，要对所采集的矢量数据进行必要的数据编辑。数字测图的矢量数据编辑有联机编辑和脱机编辑两种方式。联机编辑是在测图过程中实时地对发现的错误与矛盾进行编辑，只要求一些较基本的编辑功能。脱机编辑是在测图之后及矢量数据输出之前对所测矢量数据进行全面的编辑，以便正确输出，因此要求较强的编辑功能。编辑任务分字符编辑与图形编辑两类，字符编辑是在数据中补充和修改与属性(或注记)有关的数字与文字;图形编辑是对所测的矢量数据对应的图形表示按规范要求进行修整,图形编辑又可分为点目标编辑、线目标编辑和面目标编辑。

第四节　机载雷达海岸地形测量技术

机载 LiDAR（Light Laser Detection and Ranging）又称机载雷达,是激光探测及测距系统的简称。机载 LiDAR 技术是利用返回的激光脉冲获取探测目标高分辨率的距离、坡度、粗糙度和反射率等信息,无须大量地面控制点即可快速、准确地获取地表信息,是极具潜力的海岸地形测量手段。

一、机载 LiDAR 探测原理

(一) 系统概述

机载 LiDAR 系统是激光测距技术、计算机技术、高精度动态载体姿态测量技术和高精度动态 GNSS 差分定位技术迅速发展的集中体现。该系统主要由飞行平台、激光测距单元、光学机械扫描单元、定位与惯性测量单元以及中心控制单元 5 个部分组成(图 3-37)。其中,飞行平台可以是固定翼飞机或直升飞机,定位与惯性测量单元由 GNSS 和 IMU 组成,中心控制单元由同步、记录和控制三部分组成,其核心是保持系统同步。

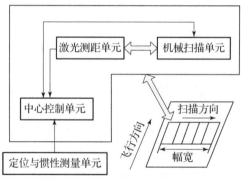

图 3-37　LiDAR 组成系统

此外,机载 LiDAR 系统还可与其他技术手段集成使用,一方面增加数据源,提高对探测目标的识别能力;另一方面可对激光点云数据的处理结果进行质量评价。当前比较成熟的几种商业系统多将高分辨率的数码相机集成到 LiDAR 系统中,如美国 Leica 公司的 ALS70、加拿大 Optech 公司的 ALTM 等系统。

1. 激光测距单元

激光测距单元主要包括激光发射器和接收机。激光光波由发射器发出,射向目标区域,由目标反射或散射返回的信号经由接收系统被探测器检测出来,同时将光信号转变成为电信号,经计算机处理,以适当的方式存储起来,通过测量光信号在空间的传播时间来测量发射器到反射目标的距离。激光测距一般分为两种方式,脉冲测距和相位测距。目前,大部分的商业 LiDAR 系统都采用脉冲测距,通过时间测量模块测量

激光脉冲从发射到接收的时间差 Δt（测时）来计算距离，即

$$S = c\Delta t/2 \qquad (3-21)$$

式中：c 为光速。

影响测距误差的主要因素有激光回波展宽、回波强度和计时精度等。脉冲展宽导致地面光斑内距离的漂移，回波宽度与激光发散角、目标倾斜度、激光扫描角及目标反射特性有关。回波强度受目标发射率、大气衰减和背景光影响最大。测时精度由两个因素决定：一是产生计时脉冲的标准频率发生器的脉冲重复频率及其频率稳定性，频率越高越稳定，则测时精度越高；二是脉冲宽度，脉宽越窄，前沿越陡，测时精度越高。

2. 光学机械扫描单元

激光扫描是主动式工作方式，其测距仪只能实现某个具体方向上的单点测量，而光学机械扫描装置则用来控制激光束发射出去的方向，这样就能够实现激光光束对扫描面的覆盖。激光器中发射和接收激光束的光孔是同一光孔，用以保证发射光路和接收光路是同一光路。发射出去的激光束是一束很窄的光，发射角很小，能够形成一个瞬时视场（Instantaneous Field of View，IFOV），它是激光束形成的一个照射角所照射的一小块区域，借助于光学扫描仪，不同的脉冲激光束按照垂直于飞行方向的方向移动，形成一个对地面上的一个条带的"采样"。随着飞机的飞行，可以得到整个被照射区域的数据。

目前，机载 LiDAR 系统所采用的扫描装置主要有摆镜扫描仪（Oscillating Mirror）、旋转棱镜扫描仪（Palmer Scan）、旋转正多面体扫描仪（Rotating Polygon）和光纤扫描仪（Fiber Scanner）4 种方式。

3. 定位与惯性测量单元

在机载 LiDAR 系统中，采用动态差分 GNSS 确定扫描仪装置投影中心的空间位置，并实时计算导航所需的数据、系统状态。GNSS 在机载激光扫描系统中的作用有三个：①提供激光扫描仪传感器在空中的精确三维位置；②为姿态测量装置 INS 提供数据；③为导航显示提供导航数据。

为了确保所获取数据的精度以及稳定扫描中心垂线，机载激光扫描系统配备了一个高性能的计算机 INS。INS 是由 IMU 和导航计算机组成的。惯性导航系统是完全自主式的导航系统，不需要额外的操作和计算，它利用陀螺和加速度计这两类惯性传感器的测量值计算飞机的姿态、位置、速度等导航参数供后续数据处理。

基于 GNSS/INS 组合系统的定位、定向测量的基本原理是，利用与传感器紧密相连的高精度惯性测量单元，测量输出短时间内机载传感器变化的速率和姿态方向，同时利用安装飞机上的 GNSS 接收机和设在地面的一个或多个基准站上的 GNSS 接收机，同步连续地观测 GNSS 卫星信号，通过动态 DGNSS 定位测量技术获得机载传感器的位置和速度，并记录激光发射瞬间的精确 GNSS 同步时间，再由控制和后台处理软件计算精确的位置和姿态，从而获得高精度的地面激光点的三维坐标。

4. 中心控制单元

中心控制单元控制 DGNSS/INS、激光扫描测距仪、数码相机等部件协同工作，记录相关测量数据，为操作人员提供实时信息，如各部件的工作状态、飞行轨迹等。

(二) 激光脚点三维定位

LiDAR 的激光测距只能获得距离信息，要得到目标的大地坐标，需要计算激光发射中心的大地坐标和激光束的三维大地方位（或方向余弦）。忽略扫描镜运动和飞行（于光速相比为无穷小）导致的激光射线弯曲影响，激光脚点（目标）的三维坐标通常由激光发射时刻 t 激光发射中心的三维坐标 (X_d, Y_d, Z_d)、激光束的方向余弦 (l, m, n) 和距离观测量 S 表示，计算公式为

$$\begin{cases} X_d = X_o + S \cdot l \\ Y_d = Y_o + S \cdot m \\ Z_d = Z_o + S \cdot n \end{cases} \quad (3-22)$$

其中，任意时刻激光发射中心的三维坐标和激光束方向余弦都由定位定向系统（Position and Orientation System，POS）观测数据进行估算。

激光扫描仪的工作过程，实际上就是一个不断重复的数据采集和数据处理过程，它通过具有一定空间分辨率的激光脚点组成的点云图来表达目标物体表面的采样结果。

激光脚点三维定位需要采用的基础数据包括：POS 观测数据、激光脚点测距数据、时钟同步数据，以及载体坐标系中的 POS 安装（标定）参数，激光脉冲发射点在载体坐标系中的三维坐标、扫描仪安装和扫描镜摆动参数（标定）等系统参数。定位计算一般先在大地坐标系中，然后将激光脚点的三维坐标转换为平面坐标和高程。激光脚点的三维定位计算技术流程如图 3-38 所示。

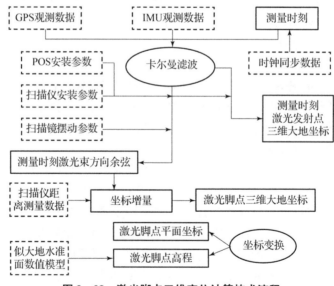

图 3-38 激光脚点三维定位计算技术流程

影响激光脚点三维定位误差的主要因素有卫星动态定位精度、IMU 测量精度、测距精度、时钟同步精度和系统参数标定精度。

目前，大多数商用机载 LiDAR 系统中，IMU 的性能是制约激光脚点平面位置精度的最主要因素，卫星动态定位误差是影响激光脚点大地高（高程）精度的最主要因素。例如，当 IMU 姿态测量精度为 1/2000、航高为 H 时，激光脚点的平面位置精度一般为 $H/2000$。采用高精度卫星动态定位技术，比较容易实现大地高精度优于 10cm，因此激

光脚点大地高精度一般能达到 10cm 的精度水平,当大地水准面精度达到厘米级时,也能使激光脚点的高程达到 10cm 的精度水平。

(三) 激光回波测量

脉冲激光回波信号由目标反射信号和噪声叠加而成。激光脉冲和目标作用后被反射,由于地表各点到扫描仪距离不等、地表各点反射率不同等原因,会导致回波信号脉宽展宽,回波波形发生畸变,如图 3-39 所示。

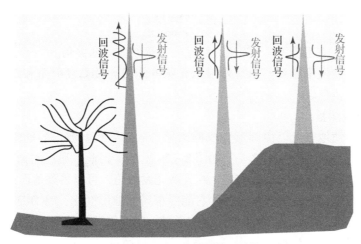

图 3-39　不同地物的波形结构

对于单个脉冲来说,当它在行进过程中遇到诸如架空电线、树上的树叶等细小物体(尺度小于光斑)时,就会产生多个反射(物体表面的反射和地面的反射),回波信号由多个子波构成,系统能测量到同一脉冲的不同反射。目前,大部分激光扫描仪都具备多种不同反射信号的测量能力。

脉冲激光回波有两种测量方式:一种是记录回波中一个或多个离散信号;另一种是记录反射信号的波形。前者记录回波中(几个)特定的数据,这种数据记录模式被绝大多数商用系统所采用;后者一般通过对回波信号采样和数据处理重建整个波形。全波形数据与离散信号如图 3-40 所示。

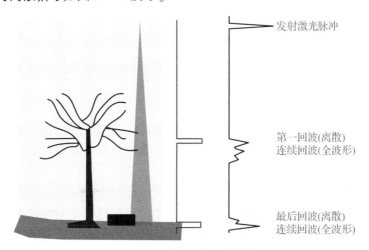

图 3-40　全波形数据与离散信号

(四) 目标属性探测

通过对回波波形特征的提取及对回波各个子波返回时刻的记录,可以得到粗糙度、反射率、坡度、比高等目标属性信息。

1. 地表粗糙度与反射率

若地面粗糙,单个光斑内地面各点回波返回的时间有所差别,造成对回波的展宽。地表粗糙度与回波展宽的关系为

$$\sigma^2 = \frac{4\mathrm{Var}(\xi)}{c^2 \cos^2 \tau} \quad (3-23)$$

式中:$\mathrm{Var}(\xi)$ 为地表粗糙度;τ 为激光束偏离铅垂线方向的夹角。

通过激光回波能量测量,结合发射激光脉冲能量、激光发射角和距离,还可以得到地面反射率的信息。

2. 地面坡度测量

地面坡度会使地表光斑由圆形变成椭圆形,从而导致回波信号的拖尾效应,是激光脉冲回波展宽的最主要原因之一,如图 3-39 所示。因此,通过对回波宽度的测量,考虑电子器件本身对回波的展宽作用,结合激光发射角,可以得到地面的坡度信息。

地形坡度是地面高程的一次微分,它能揭示局部地形变化,将 DEM 与地形坡度模型结合,可以大大改善 DEM 对地形起伏的平滑,因而能反映地形起伏的精细结构。精细的地形起伏对描述滩涂地形、提高海岛岸线测量精度具有重要的作用,这是 LiDAR 用于海岸地形测量最突出的优势之一。

3. 地物比高测量

当地面呈较大的高度差时,如城市楼房和地面同时反射回波或树冠和地面的反射回波,回波返回时刻将存在较大的差别。当较高表面(如树木)回波的返回时刻和较低表面(如地面)回波的返回时刻的差别相对回波宽度显著时,回波将呈多峰特性(图 3-40),甚至出现两个或多个分离的回波脉冲。各个峰值对应不同高度的反射表面。

因此,通过对回波各个子波返回时刻的记录,可以得到建筑物比高和树木高度等信息。

二、海岸激光探测工序

海岸激光探测工序主要包括航摄准备、测量实施、数据预处理和数据后处理 4 部分,如图 3-41 所示。

(一) 航摄准备

航摄准备包括资料收集、机载激光雷达检校场及检校飞行方案、航飞设计、调机及空域协调、系统安装测试、现场踏勘、检校场像片控制点布设及坐标测量以及需要的对空地标点测量等工作。

(二) 测量实施

测量实施前应做好飞行准备和检校飞行工作。在测量实施时要注意保持航高、匀速飞行、姿态平稳,同时监测 POS 系统信号、回波接收和数据质量状况,根据数据质量情况,给出补飞和重测方案。

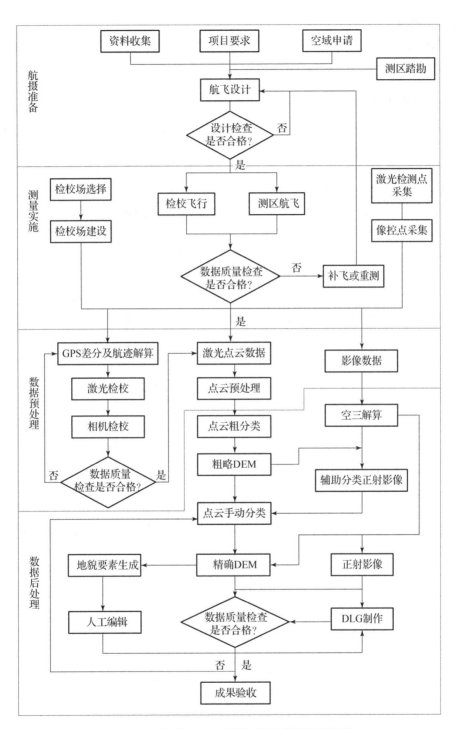

图 3-41 机载 LiDAR 数据采集和数据处理流程

(三) 数据预处理

对原始数据进行解码,获取 GNSS 数据、IMU 数据和激光测距数据等。将同一架次的 GNSS 数据、IMU 数据、地面基站观测数据、飞行记录数据、基站控制点数据和激光测距数据等进行整理,生成满足要求的点云数据。

(四) 数据后处理

数据后处理包括点云滤波分类、数字高程模型制作、数字正射影像图制作、矢量数据采集、质量控制等工作。

三、点云数据处理技术

点云数据处理的目的是：剔除错误或异常的激光脚点数据，对测区内不同航带点云数据进行融合，构建数字地表模型（Digital Surface Model，DSM）；分离地面和非地面激光脚点，利用地面点云数据建立 DTM，经高程转换得到 DEM。对激光点云数据进行分类处理，综合激光回波的目标属性探测数据和高分辨率光学影像，提取地形要素，结合 DEM 生成数字线划地图（Digital Line Graphic，DLG）。

(一) 点云数据预处理

机载 LiDAR 获取的海量点云数据中包含了大量的粗差点，一般都称其为噪声点。这类点必须在后处理应用之前剔除掉，因为多数滤波算法将激光脚点中的最低点假设为地面点，并以此为初始地形面向上继续运算而实现滤波。若存在极低点，并将其作为初始地面点进行滤波，就会产生严重的错误，生成的数字地面模型不够精确。因此，对点云数据进行预处理，完成粗差检测和剔除是不可缺少的数据处理过程。

激光点云数据的噪声粗差主要体现在高程值上，其显著特征是比周围的点有很大的相对高程，呈现出孤立的奇异值。现有粗差剔除方法较多，Spiros 等对已有的粗差剔除方法归结为基于分布、深度、聚类、距离以及密度 5 类。

（1）基于分布的粗差剔除方法：这种方法对于有统计规律的数据非常有效。该方法需要找到标准的分布模型，偏离这些标准模型的点就认为是粗差。但由于点云数据模型很难估计，其应用有一定的局限性。

（2）基于深度的粗差剔除方法：需要计算数据集的几何图形和维凸壳的不同图层，位于最外层的点云认为是粗差，此方法受到数据维数的限制。

（3）基于聚类的粗差剔除方法：假设数据分成多个聚类，被排除在聚类外的数据认为是噪声点。

（4）基于距离的粗差剔除方法：计算各点到数据集中的某一集合的距离，如果大于给定的阈值，则认为该点是粗差，这种方法一般适用于规则分布的数据。

（5）基于密度的粗差剔除方法：需要指定一定范围的最小数目和密度，该方法以某一点为中心，计算该邻域范围内的激光脚点密度，若小于给定的阈值则认为该点是粗差。

上述的粗差检测都有各自的优缺点，基本都可以剔除部分的粗差，偶尔会因一些特殊的噪声点，判断失效，加以简单的人工辅助操作就可以完成。

(二) 点云数据滤波技术

机载 LiDAR 数据滤波定义为：对原始数据按照非地面点和地面点两种方式分类，将非地面数据剔除生成只包含裸地地形数据点的过程称为滤波。图 3-42 显示了滤波的原理，图 3-42 (a) 为包含地物（人工地物和自然植被）的点集合，滤波后的结果如图 3-42 (b) 所示，只是地形点的点集合。

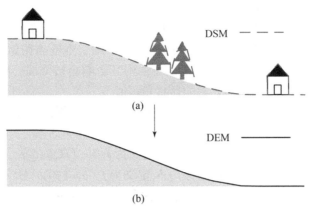

图 3-42 滤波原理

基于点云几何结构的数据滤波，基本原理是利用点与点之间的高程突变信息作为判断依据，依据地物形状上的特点，采用不同的数学方式判断点的属性信息。在这个过程中，一般都需要初始值和高程差判断阈值等参数信息，同时整个滤波过程是不可预知的，需要几次迭代才能完成。较好的滤波方式是在每次迭代过程中，参数信息能够根据数据处理结果或者不同的地物形态自动改变大小以适应新的判断情形。例如，比较成熟的形态学滤波法、三角网迭代加密算法、基于地形坡度滤波、移动曲面拟合滤波方法、基于数据分割等几种方法都是基于这个原理。

1. 数学形态学方法

数学形态学的基本思想是用与原始图像在尺寸和形状上都有相关性的"结构元"，在原始图像中探测图像集合结构，获取以及改变需要的信息。利用这个性质可以用数学形态学在图像中在保持基本图像元素形态的情况下，除去不相干的结构。基于这个原理，可以将原始的点云数据，参考图像结构方式进行组织，按照形态学的原理，用"结构元"去探测点云数据在高程上的特征，完成地物点和地面点的识别，达到滤波的目的。

数学形态学是由一组形态学的代数运算子组成的，它的基本运算有膨胀（或扩张）、腐蚀（或侵蚀）、开运算和闭运算 4 种，它们在图像应用方面各有特点。设 $f(x,y)$ 是输入图像，$b(x,y)$ 是"结构元"，4 种运算的具体定义如下。

（1）膨胀。用结构元素 b 对输入图像 f 进行灰度膨胀记为 $f \oplus b$，其定义为

$$(f \oplus b)_{(s,t)} = \max\{f(s-t,t-y) + b(x,y) \mid (s-x),(t-y) \in D_f; (x,y) \in D_b\}$$

(3-24)

式中：D_f 和 D_b 分别为 f 和 b 的定义域。

膨胀的计算是在由结构元素确定的临域中选取 $f \oplus b$ 的最大值，所以会对灰度图像的膨胀操作有两类效果：①如果结构元素的值都为正的，则输出图像会比输入图像亮；②根据输入图像中暗细节的灰度值以及它们的形状相对于结构元素的关系，它们在膨胀中或被消减或被除掉。

（2）腐蚀。用结构元素 b 对输入图像 f 进行灰度腐蚀记为 $f \ominus b$，其定义为

$$(f \ominus b)_{(s,t)} = \min\{f(s+t,t+y) - b(x,y) \mid (s+x),(t+y) \in D_f; (x,y) \in D_b\}$$

(3-25)

式中：D_f 和 D_b 分别为 f 和 b 的定义域。

腐蚀的计算是在由结构元素确定的临域中选取 $f\ominus b$ 的最小值，所以对灰度图像的腐蚀操作有两类效果：①如果结构元素的值都为正的，则输出图像会比输入图像暗；②如果输入图中亮细节的尺寸比结构元素小，则其影响会被减弱，减弱的程度取决于这些亮细节周围的灰度值和结构元素的形状和幅值。

（3）开运算和闭运算。将膨胀和腐蚀进行组合，可以形成形态学常见的图像操作，开运算和闭运算具体定义为

$$\begin{cases} \text{用 } b \text{ 开运算} f, \text{记为} f\circ b, \text{定义为} f\circ b = (f\ominus b)\oplus b \\ \text{用 } b \text{ 闭运算} f, \text{记为} f\cdot b, \text{定义为} f\cdot b = (f\oplus b)\ominus b \end{cases}$$

如果将 LiDAR 点云数据按照二维的格网进行存储，其 (x,y) 值对应一个格网标号 (i,j)，将 Z 值作为图像像素值，使用基于数学形态学原理的运算可以理解如下：

$$\text{膨胀：} (f\oplus g)(i,j) = Z(i,j) = \max_{Z(s,t)\in w}(Z(s,t)) \quad (3-26)$$

$$\text{腐蚀：} (f\ominus g)(i,j) = Z(i,j) = \min_{Z(s,t)\in w}(Z(s,t)) \quad (3-27)$$

式中：f 为规则化的 DSM；g 为结构元素；$Z(i,j)$ 为腐蚀或膨胀运算后规则化的 DSM 中第 i 行第 j 列的高程值；w 为结构元素的窗口。

腐蚀和膨胀运算组合后，形成开运算和闭运算用于规则化后的 LiDAR 点云数据滤波，开运算和闭运算可以定义如下。

$$\text{开运算：} (f\circ g)(i,j) = ((f\ominus g)\oplus g)(i,j) \quad (3-28)$$

$$\text{闭运算：} (f\cdot g)(i,j) = ((f\oplus g)\ominus g)(i,j) \quad (3-29)$$

考虑激光数据点的情况，腐蚀运算的结果就是获取临域内最小高程值，膨胀的结果是获取临域内最大高程值。

该方法目前面临最大的挑战是如何在剔除地物信息的同时较完整地保留地面信息。因此，"结构元"窗口大小的选定非常重要。例如，若数据中存在小建筑物时，给定较小的"结构元"窗口即可剔除建筑物点，若建筑物面积较大，则需要设定较大的"结构元"窗口，而过大的"结构元"窗口在消除大型建筑物点时，也会错误地将局部地形特征剔除，从而造成误分类。理想的窗口大小选择是根据局部区域中非地面点的大小而设定的，但实际上构成非地面点目标的建筑物、桥梁、植被等结构复杂形态多变，难以确定。因此，一种折中的办法是根据地形的起伏大小和高程变化自适应地进行滤波窗口调整；另一种则是借用多尺度滤波的思想，并采用逐渐增加滤波器窗口大小的方式进行滤波处理，由于渐变窗口设定实际上融入了多尺度滤波的思想，具有一定的参考价值。

2. 迭代线性内插法

迭代线性内插法的核心思想是基于地物点的高程应该比地面点的高程值要高的假设，线性最小二乘内插后，高出地面的地物脚点的高程的拟合残差都为正值，且其残差较大，其中以 Axelsson（1999）提出的基于不规则三角网加密滤波算法和 Kraus 等（2001）提出的线性预测算法最为典型。线性预测算法首先用所有的激光脚点的高程值按照等权计算初步的全面模型，该曲面实际上是介于真实地面或地面覆盖面之间的一个曲面，其结果是拟合后真实地面脚点的残差为负值的概率大。而植被点的残差由一小部分为绝对值较小的负值，另一部分均为正值。然后，用计算的残差为每一个点的

高程观测值定权，进行迭代计算。其基本算法思想是负值越多的残差对应的点应赋予较大的权重，使其对真实地表地形计算的贡献更大；而居于中间残差的点赋予较小权重，使得它对真实地形计算的作用更小；对于残差大于阈值的数据点就认为不是地面点予以剔除。当剔除这些非地形点后重新计算地形表面后，可以重新计算这些被剔除点的残差，如果残差落在本次观测值的接收域（阈值）以内，则在前一被判定为非地形点的剔除点可以重新吸收为地形点。这样逐步从备选数据点筛选并内插加密 DEM，达到分类的目的。Axelsson（1999）提出的不规则三角网加密滤波算法在逻辑上与线性预测相似，先通过一些较低种子点生成一个稀疏 TIN，然后考察每个点与 TIN 的距离，并逐层迭代加密 TIN，该算法在城区和森林地区有较好的适用性。

3. 基于约束面的滤波方法

地面可以看作一个连续且平缓变化的表面，可用带有一定限制条件参数的曲面进行约束分类，如 S 样条曲面和正交多项式等曲面。约束曲面计算过程中的曲面拟合具有抑制粗差的功能，通常不需要先剔除粗差。此方法过于强调地形的平缓变化忽略了地形的复杂性，在地形变化剧烈的山区会存在一定问题。由于曲面计算和分析计算量较大，此类算法的运行效率相对较低，在实际中使用的也不多。

4. 聚类分割滤波算法

点云数据聚类分割滤波算法的基本思想是：将原始的激光点云按照一定的方式进行聚类分块，分块的标准可以按照点之间的结构关系、几何特征、属性信息（强度、回波、光谱）等完成，滤波的条件是块与块之间的关系结构判断，如一个聚类块高于其邻域点区域，那么这个聚类块中的点则有可能是非地面点。区别以往的数据滤波方式，基于聚类的方法考虑的不单单是点与点之间的关系，更多的是将相同点聚类成一块，在地物的判别上，考虑的是块与块之间的关系，这实际上更符合地物的判断准则，因为同一地物的点一般都具有相同的结构属性特征。

本章小结

海岸地形测量是获取海道测量陆部要素的技术与方法。本章从海岸带地形测量的概念出发，阐述了海岸带地形测量的对象、目的与意义以及标准与要求。重点介绍了海岸带地形测量的三种主要方法：常规岸线控制测量技术、海岸带航空摄影测量技术和机载 LiDAR 测量技术。通过本章的学习，可以了解各种海岸带地形测量方法的原理、方法和关键技术。

复习思考题

1. 什么是海岸地形测量，具有哪些特点？
2. 跨海高程传递方法有哪些？

3. 简述利用 GNSS 三角高程测量与短时同步验潮法联合进行跨海高程传递的技术方法。

4. 摄影测量中，何为内、外方位元素？

5. 海岸带航空摄影测量中，航摄设计的特殊要求有哪些？

6. 简述机载 LiDAR 探测原理。

7. 机载激光点云数据处理的目的是什么？有哪些滤波技术？

第四章
海洋定位技术

海洋测绘是一切海上活动的基础和前提，高精度的海洋定位是海洋测绘的主要工作之一，现代海洋测绘技术则对海洋定位的实时性和准确性提出了更高的要求。利用高精度的导航定位技术可以确保舰船航行安全，在海洋资源开发中利用定位可以提高工程建设的质量和作业效率，利用海洋定位技术可以保障海洋划界的科学性，海洋定位技术是现代海洋信息战的倍增器，它能够提高武器投放的精度，提升武器打击的效果。本章将介绍 GNSS 导航定位技术、水下声学导航定位技术、惯性导航技术与海洋匹配导航技术。

第一节　GNSS 导航定位技术

一、GNSS 概述

（一）GNSS 的定义

GNSS 是通过接收导航卫星发送的导航定位信号，并将导航卫星作为动态已知点，为运动载体实时提供全球、全天候、高精度的位置、速度和时间信息，进而完成各种导航定位任务。随着 GPS、格洛纳斯（Global Navigation Satellite System，GLONASS）、北斗等卫星定位技术的成熟，GNSS 定义是利用 GPS、GLONASS、GALILEO、北斗等全球卫星定位系统中的一个或多个系统，并结合区域导航定位系统进行导航定位，同时提供卫星的完备性检验信息和足够的导航安全告警信息。

（二）GNSS 的产生与发展

1. NNSS 及其局限性

1958 年年底，基于全球战略考虑，美国海军武器实验室着手建立卫星导航服务系统，即"海军导航卫星系统"（Navy Navigation Satellite System，NNSS），该系统采用多普勒卫星定位技术进行测速/定位的卫星导航系统。子午卫星导航系统的问世，开创了海空导航的新时代，部分导航电文解密交付民用。自此，卫星多普勒定位技术迅速兴起。多普勒定位具有经济快速、精度均匀、不受天气和时间的限制等优点。只要在测点上能收到从子午卫星上发来的无线电信号，便可在地球表面的任何地方进行单点定位或联测定位，获得测站点的三维地心坐标。

在美国子午卫星导航系统建立的同时，苏联也于 1965 年开始建立了一个卫星导航系统，称为 CICADA，该系统有 12 颗宇宙卫星。

NNSS 中，卫星的轨道都通过地极，故也称"子午（Transit）卫星系统"。1964 年该系统建成，随即在美国军方启用。1967 年，美国政府批准该系统解密，并提供民用。由于该系统不受气象条件的影响，自动化程度较高，且具有良好的定位精度。

NNSS 和 CICADA 卫星导航系统虽然将导航和定位推向了一个新的发展阶段，但是它们仍然存在着一些明显的缺陷，如卫星少、不能实时定位。子午卫星系统采用 6 颗卫星，并都通过地球的南北极运行。地面上一点上空子午卫星通过的间隔时间较长，而且低纬度地区每天的卫星通过次数远低于高纬度地区。而对于同一地点两次子午卫星通过的间隔时间为 0.8~1.6h，对于同一子午卫星，每天通过次数最多为 13 次，间隔时间更长。由于多普勒接收机一般需观测 15 次合格的卫星通过，才能使单点定位精度达 10m，而各个测站观测了公共的 17 次合格的卫星通过时，联测定位的精度才能达到 0.5m。间隔时间和观测时间长，不能为用户提供实时定位和导航服务，而精度较低限制了它的应用领域。子午卫星轨道低（平均高度 1070km），难以精密定轨；以及子午卫星射电频率低（400MHz 和 150MHz），难以补偿电离层效应的影响，致使卫星多普勒定位精度局限于米级水平（精度极限 0.5~1m）。

总之，用子午卫星信号进行多普勒定位时，不仅观测时间长（需要一两天的观测时间），而且既不能进行连续、实时定位，又不能达到厘米级的定位精度，因此其应用受到了较大限制。

2. GNSS 的产生与发展

1）GPS

为了满足军事部门和民用部门，实现全天候、全球性和高精度的连续导航与定位的迫切要求，1973 年 12 月，美国国防部便开始组织海陆空三军，共同研究建立新一代卫星导航系统 NAVSTAR/GPS（Navigation Satellite Timing and Ranging/Global Positioning System）计划，即"授时与测距导航系统/全球定位系统"即通常简称为"全球定位系统"（GPS）。该系统是以卫星为基础的无线电导航定位系统，具有全能性（陆地、海洋、航空和航天）、全球性、全天候、连续性和实时性的导航、定位和定时的功能，满足用户对三维坐标、速度和时间的需求。

自 1974 年以来，GPS 计划已经历了方案论证（1974—1978 年）、系统论证（1979—1987 年）、生产实验（1988—1993 年）三个阶段，总投资超过 200 亿美元。整个系统分为卫星星座、地面控制和监测站、用户设备三大部分。论证阶段共发射了 11 颗称为 Block I 的试验卫星，生产实验阶段发射 Block Ⅱ、Block Ⅱ A 型第二代 GPS 卫星，GPS 系统由此为基础改建而成，现已发展至第三代 GPS 卫星 Block Ⅲ阶段。

随着 GPS 技术的发展，其应用的领域在不断拓宽。目前，在导航方面，它不仅已广泛地用于海上、空中和陆地运动目标的导航，而且，在运动目标的监控与管理，以及运动目标的报警与救援等方面，也已获得了成功的应用；在测量工作方面，这一定位技术在大地测量，工程测量，工程与地壳变形监测、地籍测量，航空摄影测量和海洋测绘等领域，已经成为主要定位手段。由于 GPS 高精度导航的优点，对军事上动态目标的导航，具有十分重要的意义。正因为如此，美国政府把发展 GPS 技术，作为导航技术现代化的重要标志，并把这一技术视为 20 世纪最重大的科技成就之一。

GPS 现代化计划的进程大体分为三个阶段。第 1 阶段：主要是发射改进型的 BLOCK II R – M 卫星，并新增 12 民用信号（L2C）和 L1、L2 军用码信号（即 L1M、L2M），这也代表着 GPS 现代化第一步的正式开始。BLOCK II R – M 型卫星的信号发射功率，不论在民用通道还是军用通道上，都有很大提高。这一阶段以 2005 年 9 月 26 日第一颗 BLOCK II R – M 成功入轨运行开始，以 2009 年 8 月 17 日第 8 颗 BLOCK II R – M 卫星进入轨道为结束标志。第 2 阶段：主要是发射 BLOCK II F 卫星，该类卫星拥有 BLOCK II R – M 卫星的特点，同时还增设了 L5 第三民用频率。这一阶段自 2010 年 5 月 28 日第一颗 BLOCK IIF 卫星进入轨道开始，截至 2014 年 8 月 2 日，共有 7 颗该类型卫星在轨运行。计划到 2020 年，GPS 应全部以 BLOCK II F 卫星运行，在轨 II F 卫星至少为 24 + 3 颗。第 3 阶段：主要是执行 GPS III 计划，发射 BLOCK III 卫星。美国计划于 2014 年发射第一颗 BLOCK III 卫星，并在今后共发射 36 颗 BLOCK III 卫星，以取代目前的 BLOCK II 型卫星（GPS II），其中包括几颗 BLOCK III A 卫星、8 颗 BLOCK III B 卫星和 16 颗 BLOCK III C 卫星，并计划在该类卫星上安装星载激光后向反射镜阵列，以便实现激光定轨。同时选择全新设计，计划整个卫星星座用 33 颗 BLOCK III 卫星构建成高椭圆轨道（Highly Elliptical Orbit，HEO）和地球静止轨道（Geostationary Orbit，GEO）相结合的新型 GPS 混合星座。

2）GLONASS 定位系统

自 1965 年起，苏联海军便致力于全球卫星导航系统的开发和研制，其第一代卫星导航 CICADA 系统类似于美国海军卫星导航系统，也是一种轨道高度仅约 1000km 的低轨道卫星导航系统。自 1982 年 10 月开始，苏联开始研制第二代卫星导航定位系统——全球卫星导航系统（GLObal Navigation Satellite System，GLONASS），GLONASS 导航系统设计有 24 颗卫星，分布在夹角为 120°的 3 个轨道面上。由于苏联的解体和经济的原因，GLONASS 在其后的几年里无法得到更新和补充，至 2005 年 12 月 31 日，该卫星系统共有 11 颗卫星处于工作状态。近年来，GLONASS 系统又陆续增补几颗卫星，目前该系统可满足高纬度地区导航定位的需求。2018 年，随着 GLONASS – M 卫星的发射，在轨卫星已达到 26 颗。另外，俄罗斯计划于 2019 年发射 GLONASS – K1 和 GLONASS – K2 卫星，并且在 2020 年后，将国外部署的地面站数量从 6 个增加到 12 个，而境内的则由 19 个增加到 45 个。

2005 年 12 月 28 日，第一颗伽利略卫星 GIOVE – A 发射升空，标志着伽利略（GALILEO）卫星定位系统正式进入实施论证阶段。伽利略卫星定位系统是由欧洲航天局和欧盟发起并建立的全球卫星导航系统，由 27 + 3 颗卫星组成，分布在三个轨道平面上。系统建成后，将为全球用户提供高精度、全球覆盖的导航定位服务。至 2013 年 10 月，伽利略卫星定位系统在太空已有 4 颗在轨卫星，卫星号分别是 11 号、12 号、19 号和 20 号，构成了可以实现三维定位的最小星座。由于该系统卫星数量较少，现阶段每天只有 2~3h 可接收到全部 4 颗卫星的导航信号。地面接收机实验的精度可达 10m，与之前欧洲航天局对外宣布的伽利略卫星能达到的精度是一致的。

从基本观测量来看，GLONASS 导航系统和 GPS 一样，也分为保密的军用双频 P 码测距和民用的单频 C/A 码测距。也就是说，它对军用提供高精度导航，对民用提供较低精度的导航服务。俄罗斯宣布对民用 C/A 码不加入类似美国 SA 的人为降低精度的措施，并且计划增发民用第二频段。GLONASS 民用精度的技术规范是：水平精度为 100m（2δ，95% 概率），垂向精度为 150m（2δ，95% 概率），测速精度为 15cm/s（2δ，95% 概率），授时精度为 1ms。实际上 GLONASS 民用的水平精度为 25m（2δ，95% 概率），垂向精度为 45m（2δ，95% 概率），测速精度为 3~5cm/s（2δ，95% 概率）。而 GPS 军用服务的水平精度为 20m（2δ，95% 概率），垂向精度为 34m（2δ，95% 概率）。2019 年 4 月，据俄罗斯航天集团公司透露，到 2025 年，GLONASS 的导航精度将提高 25%。

GLONASS 用户设备（接收机）能接收卫星发射的导航信号，并测量其伪距和伪距速率，同时从卫星信号中提取并处理导航电文。接收机处理器对上述数据进行处理并计算用户所在的位置、速度和时间信息。GLONASS 导航系统提供军用和民用两种服务。CLONASS 系统绝对定位精度水平方向为 16m，垂直方向为 25m。目前，CLONASS 导航系统主要用导航定位，当然与 GPS 一样，也可以广泛应用于各类的定位、导航和时频领域等。

为了提高系统完全工作阶段的效率和精度性能、增强系统工作的完善性，已经开始 GLONASS 导航系统的现代化计划。首先，俄罗斯着手改善 GLONASS 与其他无线电系统的兼容性。GLONASS 采用频分多址（Frequeney Division Multiple Access，FDMA）技术，其频段的高端频率与传统的射电天文频段（1610.6~1613.8MHz）重复。另外，国际电信联盟（International Telecommunication Union，ITU）在 1992 年召开的世界无线电管理会议上又决定将 1016~1626.5MHz 频段分配给低地球轨道（Low Earth Orbit，LEO）移动通信卫星使用，因此要求 GLONASS 改变频率，让出高端频率。1993 年 9 月，俄罗斯做出响应，决定在同一轨道面上相隔 180°（即在地球相反两侧）的两颗卫星使用同一频道。于是，在仍保持频分多址的情况下，系统总频道数可减少一半，因而可让出高端频率。

解决 GLONASS 信号与其他电子系统相互干扰的另外一种有效办法是使用码分多址（Code Division Multiple Access，CDMA），即所有卫星均采用相同的发射频率，该频率可以很接近 GPS 的或者就用 GPS 的频率。这样，两个系统的兼容问题可大大改善，并使某些干扰问题降到最小。据报道，美国洛克韦尔公司决定协助俄罗斯改进 GLONASS，将 CLONASS 的频率改为 GPS 的频率，便于世界民用。此项计划将耗资 470 万美元。

俄罗斯计划发射下一代改进型卫星并形成未来的星座，从 1990 年起，俄罗斯就开始研制下一代改进型卫星——GLONASS-M 卫星。2003 年 12 月 10 日，首颗 GLONASS-M 1 星准确入轨运行，以 2013 年 4 月 26 日又一颗 GLONASS-M 卫星开始入轨运行为止，俄罗斯完成了 24 颗 GLONASS-M 卫星在轨运行的满星座运行计划。该类卫星改进了星载原子钟的质量，提高了频率的稳定度和系统的精度，更为重要的是其设计工作寿命可达 7 年，这对确保 GLONASS 空间星座维持 21~24 颗工作卫星至关重要。另外，对地面控制部分也将进行改进，包括改进控制中心、开发用于轨道监测和控制的现代化测量设备以及改进控制站和控制中心之间的通信设备。项目完成后，可使星历精度提高 30%~40%，使导航信号相位同步的精度提高 1~2 倍。

3）GALILEO

伽利略计划是技术、经济和政治的一次重大挑战，实际上是一个欧洲的全球导航服务计划。它是世界上第一个专门为民用目的设计的全球卫星导航系统 GNSS，与 GPS 相比，它将更显先进、更加有效、更为可靠。它的总体设计思想是：与 GPS/GLONASS 不同，GALILEO 系统是一个最高精度的全开放型的新一代卫星导航系统，自成独立体系；能与其他的 GNSS 系统兼容互动，具备先进性和竞争能力；公开进行国际合作，建设资金由欧盟各成员国政府和私营企业共同投资。

20 世纪 90 年代，欧洲一直在积极筹划 GNSS 计划，并开始运作 GNSS1 中的"欧洲静止轨道导航重叠系统"（European Geostationary Navigation Overlay System，EGNOS），到 1999 年正式提出 GNSS2 中的 GALILEO 计划，并分成 4 个阶段来加以实施。这就是系统定义阶段（1999—2001 年）、研发验证阶段（2002—2005 年）、系统部署阶段（2006—2007 年），以及系统运营阶段（2008 至今）。系统定义阶段由（EC）和 ESA 来实施，该阶段已在 2001 年宣告结束。研发验证阶段则交由 JU（Jiont Undertaking）来负责，主要工作有汇总任务需求、开发 2～4 颗卫星和地面部分、系统在轨验证。系统部署阶段主要进行卫星的发射布网、地面站的架设和系统的整体联调。系统运营阶段主要提供增值服务，最终是由一个伽利略运营公司进行运作和管理，所推行的机制为公私合营。

2000 年，欧盟在世界无线电大会上获得了建立全球卫星导航系统 GNSS 的 L 频段的频率资源。2002 年 3 月，欧盟 15 国交通部长一致同意伽利略卫星定位系统的建设。中国与欧盟于 2003 年 10 月达成共同开发伽利略卫星定位系统的协议，并提供 2 亿欧元的支持。

伽利略卫星系统基本投资约为 32 亿欧元，这个投资额相当于在欧洲建造一个中小型机场，或者说是 150km 的高速公路的投入。在伽利略卫星的定义阶段已由 EC 和 ESA 投入 8000 万欧元，在随后的 2001—2007 年，还需要投入 32 亿欧元，按照公私合营法则，公私方分别承担总投入的 50% 左右。其中，系统工程和管理的费用为 2.9 亿欧元，卫星和发射费用 16.4 亿欧元，地面段费用 8.6 亿欧元，EGNOS 集成费用 0.6 亿欧元，用户段费用 1.3 亿欧元，运营费用 2.1 亿欧元。在 2008 年正式投入全面工作后，每年需运营费 2.2 亿欧元，这不包括在 32.5 亿欧元的初始集资中，而是由伽利略运营公司从接收机芯片的知识产权（Intellectual Property，IP）的提成和服务收费加以维持。伽利略公私合营机制的得意之处就在于此，非但基础建设不全是由公家来投，更重要的是系统建成后，长期需要支付的运营费也不需要公家再投入。应该说是一种经营上的创新。

伽利略运营公司的服务虽然提供的信息仍还是位置、速度和时间，但是伽利略提供的服务种类远比 GPS 多，GPS 仅有标准定位服务（Standard Positioning Service，SPS）和精确定位服务（Precise Positioning Service，PPS）两种，而伽利略运营公司则提供 5 种服务，即公开服务（Open Service，OS），与 GPS 的 SPS 相类似，免费提供；生命安全服务（SoLS）；商业服务（Commercial Service，CS）；公共特许服务（Public Franchise Service，PRS）；以及搜救（Search and Rescue，SAR）服务。以上所述的前 4 种是伽利略的核心服务，最后一种则是支持 SARSAT 的服务。伽利略运营公司服务不仅种类多，而且独具特色，它能提供完好性广播，服务的保证，民用控制，局域增强。

伽利略的公开服务提供定位、导航和授时服务，免费，供大批量导航市场应用。商业服务是对公开服务的一种增值服务，以获取商业回报，它具备加密导航数据的鉴别功能，为测距和授时专业应用提供有保证的服务承诺。生命安全服务，它可以同国际民航组织（International Civil Aviation Organization，ICAO）标准和推荐条款（SAR）中的"垂直制导方法"相比拟，并提供完好性信息。公共特许服务是为欧洲/国家安全应用专门设置的，是特许的或关键的应用，以及具有战略意义的活动，其卫星信号更为可靠耐用，受成员国控制。

伽利略运营公司提供的公开服务定位精度通常为 15~20m（单频）和 5~10m（双频）两种档次。公开特许服务有局域增强时能达到 1m，商用服务有局域增强时为 10cm~1m。

伽利略运营公司的推动力来源于应用用户和市场的需求，对于各种各样应用的认知和开拓，以及可能的经济和社会效益的全面分析，是伽利略定义阶段的基本任务。伽利略导航系统的特色及其与 GPS 兼容互动是其成功的重要因素。市场研究和预测结果表明，至 2020 年伽利略的用户数量达到 25 亿个。其中 90% 的用户在批量市场，是与 GNSS 接收机集成的移动电话用户，以及车辆应用系统（telematics）用户。估计在伽利略正式投入全面运行 4 年后的 2012 年，GALILEO/GPS 兼容接收机已形成自然组合，并用于批量市场。到 2010 年卫星导航产品及其服务在欧洲的产值高达 100 亿欧元，至 2020 年则可达 250 亿欧元。预计导航产品的收入到 2015 年进入饱和期，其后的收入主要来自服务。从长远看，移动位置服务（Location Based Service，LBS）将是伽利略成功的重头戏。

与 GPS 相比，伽利略导航系统具有更高的定位精度和可靠性，如果两个系统结合则具有更高的精度和可靠性。

伽利略导航系统开发分为整体开发验证阶段和全面部署运营阶段。

开发验证阶段包括设计、开发和在轨验证（在轨系统配置）。这种配置由卫星数目、关联的地面段及初始运行组成。该阶段完成后，将部署附加卫星和地面段组件以完成整个系统配置。

全面部署阶段包括对系统进行全面部署、长期运行和补充完善。在此阶段将会部署所有的剩余卫星以及所有要求的冗余配置，以在性能和服务区域等方面达到全面的任务要求。运营阶段包括日常运行、地面系统维护，以及故障修复等任务，持续时间为整个系统的设计寿命。

4）北斗

北斗卫星导航系统（BeiDou Satellite Navigation System）是中国着眼于国家安全和经济社会发展需要，自主建设、独立运行的卫星导航系统，是为全球用户提供全天候、全天时、高精度的定位、导航和授时服务的国家重要空间基础设施。20 世纪后期，中国开始探索适合国情的卫星导航系统发展道路，逐步形成了三步走发展战略：2000 年年底，建成北斗一号系统，向中国提供服务；2012 年年底，建成北斗二号系统，向亚太地区提供服务；计划在 2020 年前后，建成北斗全球系统，向全球提供服务，其发展蓝图如图 4-1 所示。

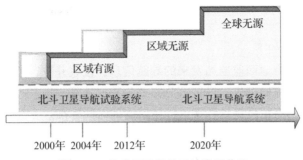

图 4-1 北斗卫星导航系统发展蓝图

第一步，建设北斗一号系统（也称北斗卫星导航试验系统）。1994 年，启动北斗一号系统工程建设；2000 年，发射 2 颗地球静止轨道卫星，建成系统并投入使用，采用有源定位体制，为中国用户提供定位、授时、广域差分和短报文通信服务；2003 年，发射第三颗地球静止轨道卫星，进一步增强系统性能。

第二步，建设北斗二号系统。2004 年，启动北斗二号系统工程建设；2012 年年底，完成 14 颗卫星（5 颗地球静止轨道卫星、5 颗倾斜地球同步轨道卫星和 4 颗中圆地球轨道卫星）发射组网。北斗二号系统在兼容北斗一号技术体制基础上，增加无源定位体制，为亚太地区用户提供定位、测速、授时、广域差分和短报文通信服务。

第三步，建设北斗全球系统。2009 年，启动北斗全球卫星定位系统建设，继承北斗有源服务和无源服务两种技术体制；计划 2018 年，面向"一带一路"沿线及周边国家提供基本服务；2020 年前后，完成 35 颗卫星发射组网，为全球用户提供服务。

按照三步走战略，北斗卫星定位系统已于 2012 年 12 月 27 日建成了服务于亚太地区的区域无源系统；2018 年 11 月 19 日完成了 19 颗卫星发射组网，完成基本系统建设，具备了"一带一路"沿线国家和地区提供基本导航服务能力；2020 年 3 月 9 日，随着第 54 颗和第 55 颗导航卫星的发射成功，预示着北斗三号系统的建成仅一步之遥。2020 年 6 月 23 日，随着北斗第 55 颗卫星发射成功，北斗三号卫星全无卫星导航系统组网完成。实现了 2020 年年底完成由 30 颗卫星组成的北斗三号全球卫星导航系统，2020 年 8 月 3 日，习近平主席宣布北斗全球卫星定位系统组件完成，并向全球用户提供高精度、高可靠性服务，并通过星间链路实现星-星组网、互联互通。

随着北斗全球卫星定位系统建设和服务能力的发展，相关产品已广泛应用于交通运输、海洋渔业、水文监测、气象预报、测绘地理信息、森林防火、通信时统、电力调度、救灾减灾、应急搜救等领域，逐步渗透到人类社会生产和人们生活的方方面面，为全球经济和社会发展注入新的活力。

卫星导航系统是全球性公共资源，多系统兼容与互操作已成为发展趋势。中国始终秉持和践行"中国的北斗，世界的北斗"的发展理念，服务"一带一路"建设发展，积极推进北斗系统国际合作。与其他卫星导航系统携手，与各个国家、地区和国际组织一起，共同推动全球卫星导航事业发展，让北斗系统更好地服务全球、造福人类。

（三）GNSS 组成与结构

GNSS 由空间部分（GNSS 卫星）、地面监控部分和用户部分组成。

1. 空间部分

1) GNSS 卫星

GNSS 卫星的功能如下。

（1）接收和储存由地面监控站发来的导航信息，接收并执行监控站的控制指令。

（2）卫星上设有微处理机，进行部分必要的数据处理工作。

（3）通过星载的高精度铯钟和铷钟提供精密的时间标准。

（4）向用户发送定位信息。

（5）在地面监控站的指令下，通过推进器调整卫星的姿态和启用备用卫星。

2) GNSS 卫星星座

发射入轨正常工作的 GNSS 卫星的集合称为 GNSS 卫星星座，不同的卫星导航系统具有不同的卫星星座。

（1）GPS 卫星星座。如图 4-2 所示，GPS 全球定位系统的空间卫星星座由 24 颗卫星组成，其中包括 3 颗备用卫星。卫星分布在 6 个轨道面内，每个轨道面上分布 4 颗卫星。卫星轨道面相对地球赤道面的倾角约为 55°，各轨道平面升交点的赤经在相邻轨道上相差 60°，卫星的升交距角相差 30°，轨道平均高度约为 20200km，卫星运行周期为 11h58min。因此，同一观测站上，每天出现的卫星分布图形相同，只是每天提前约 4min。每颗卫星每天约有 5h 在地平线以上，同时位于地平线以上的卫星数目随时间和地点而异，最少为 4 颗，最多可达 11 颗。

（2）GLONASS 卫星星座。如图 4-3 所示，GLONASS 全球定位系统的空间卫星星座由 24 颗卫星组成，平均高度 19100km，平均分布在 3 个轨道，轨道倾角为 64.8°，卫星相位差为 45°，两个轨道之间卫星相位差为 15°，卫星的运行周期为 11h15min44s。

图 4-2 GPS 卫星星座

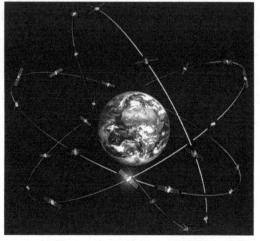

图 4-3 GLONASS 卫星星座

（3）GALILEO 卫星星座。图 4-4 所示为 GALILEO 全球定位系统的空间卫星星座，总共由 30 颗卫星构成，这些卫星分置于 3 个轨道面内，每个轨道面上有 10 颗卫星，9 颗正常工作，1 颗运行备用，轨道高度为 23616km，倾角为 56°。卫星绕地球旋转一周的时间为 14h4min，卫星重量为 625kg，在轨寿命 15 年，耗功 1.5kW，发射频段为 4 个

(包括 SAR 使用的频段），工作信道（基本信号）达 11 个。

（4）北斗卫星星座。图 4-5 所示为北斗全球定位系统的空间卫星星座，总共由 35 颗卫星组成，其中高轨卫星（或地球同步轨道卫星（GEO））5 颗，轨道高度为 35786km；中轨卫星（Middle Earth Orbit，MEO）27 颗，平均分布在 3 个轨道上，轨道倾角 55°；倾斜轨道卫星（Inclined Geosynchronous Satellite Orbit，IGSO）3 颗，平均分布在 3 个轨道上，轨道倾角 55°，相位差相差 120°。

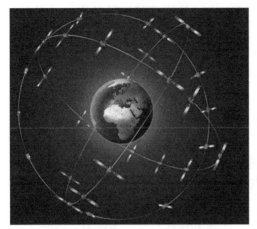

图 4-4　GALILEO 卫星星座

图 4-5　北斗卫星星座

2. 地面监控部分

地面监控部分分为主控站、监控站和注入站，如图 4-6 所示，其各自作用如下。

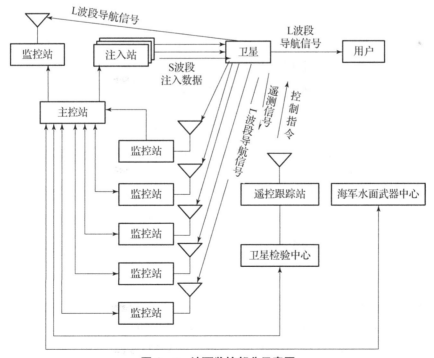

图 4-6　地面监控部分示意图

1) 主控站

主控站一般要求均匀设置，并最可能覆盖全球，除协调管理地面监控系统的工作外还有如下主要任务。

（1）根据本站和其他监测站的所有观测资料，推算编制各卫星的星历、卫星钟差和大气层的修正参数等，并把这些数据传送到注入站。

（2）提供全球定位系统的时间基准。各监测站和 GPS 卫星的原子钟，均应与主控站的原子钟同步，或测出其间的钟差，并把这些钟差信息编入导航电文，送到注入站。

（3）调整偏离轨道的卫星，使之沿预定的轨道运行。

（4）启用备用卫星以代替失效的工作卫星。

2) 监控站

监控站是无人值守的数据自动采集中心，配备有双频接收机、高精度原子钟、计算机和环境数据传感器。其主要功能如下。

（1）对视场中的各 GNSS 卫星进行伪距测量。

（2）通过气象传感器自动测定并记录气温、气压、相对湿度（水汽压）等气象元素。

（3）对伪距观测值进行改正后再进行编辑、平滑和压缩，然后传送给主控站。

3) 注入站

注入站是向 GNSS 卫星输入导航电文和其他命令的地面设施。能将接收到的电文存储在微机中，当卫星通过上空时，通过大口径发射天线将这些导航电文和其他命令"注入"卫星。

3. 用户部分

GNSS 的空间部分和地面监控部分，是用户应用该系统进行定位的基础，而用户只有通过其设备，才能实现应用 GNSS 定位的目的。

用户设备的主要任务是接收 GNSS 卫星发射的无线电信号，以获得必要的定位信息及观测量，并经数据处理而完成定位工作。

根据 GNSS 用户的不同要求，所需的接收设备各异。随着 GNSS 定位技术的迅速发展和应用领域的日益扩大，许多国家都在积极研制、开发适用于不同要求的 GNSS 接收机及相应的数据处理软件。

用户设备主要由 GNSS 接收机硬件和数据处理软件，以及微处理机及其终端设备组成，而 GNSS 接收机的硬件，一般包括主机、天线和电源。

（四）GNSS 卫星的信号结构

GNSS 卫星发射的信号由载波、测距码和导航电文三部分组成。

1. 载波

1) GPS 信号结构

GPS 卫星信号包含载波、测距码和数据码三种信号分量。时钟频率为 $f_0 = 10.23\text{MHz}$，由频率综合器产生系统所需要的频率。GPS 信号的产生如图 4-7 所示。

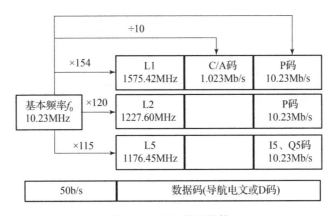

图 4-7 GPS 信号结构

GPS 使用 L 波段,配有两种载频:

L1 载波:$f_{L1} = 154 \times f_0 = 1575.42 \text{MHz}$,波长 $= 19.03 \text{cm}$;

L2 载波:$f_{L2} = 120 \times f_0 = 1227.6 \text{MHz}$,波长 $= 24.42 \text{cm}$。

两种载频之间隔为 347.82MHz,等于 L2 的 28.3%。所以选择这两种载频,目的在于测量出或消除由电离层效应而引起的延迟误差。

GPS 现代化后增加了 L3 载波。

L3 载波:$f_{L3} = 115 \times f_0 = 1176.45 \text{MHz}$,波长 $= 25.48 \text{cm}$。

每颗卫星的信号采用码分多址的方式进行卫星识别和跟踪。

2)GLONASS 信号结构

GLONASS 卫星也采用 L1 载波和 L2 载波。L1 载波的频率为 1602~1615MHz,频道间隔为 0.5625MHz;L2 波段的频率为 1246~1256MHz,频道间隔为 0.4375MHz。采用频分多址(FDMA)的技术确定第 i 颗卫星的信号频率:

$$\begin{cases} f_{K1} = 1602 \text{MHz} + K \times 562.5 \text{kHz} \\ f_{K2} = 1246 \text{MHz} + K \times 437.5 \text{kHz} \end{cases}$$

3)GALIEO 信号结构

GALILEO 卫星采用 4 个波段:E2-L1-E1、E6、E5b 和 E5a。E2-L1-E1 载波的中心频率为 1575.42MHz,波长为 0.1903m,带宽为 16.368MHz;E6 载波的中心频率为 1278.75MHz,波长为 0.2343m,带宽为 12.276MHz;E5b 载波的中心频率为 1227.14MHz,波长为 0.2483m,带宽为 24.552MHz;E5a 载波的中心频率为 1176.45MHz,波长为 02548m,带宽为 24.552MHz。

4)北斗信号结构

北斗卫星导航系统采用了与 GPS、GLONASS、GALILEO 同样的导航模式,但是其在导航体制、测距方式、卫星星座、信号结构及接收机等方面进行了全面改进。

北斗卫星导航系统与 GPS 相同,采用了码分多址(CDMA)技术,在不同频段广播测距码和导航电文,并提供开放服务和授权服务两种服务方式,北斗三号卫星提供服务及信号频点如表 4-1 所列,本书主要以北斗三号卫星的信号进行描述。

表 4-1 北斗三号卫星导航信号结构

信号	信号分量	载波频率/MHz	调制方式	符号速率/sps
B1C	数据分量 B1C_data	1575.42	BOC(1,1)	100
	导频分量 B1C_pilot		QMBOC(6,1,4/33)	0
B2a	数据分量 B2a_data	1176.45	BPSK(10)	200
	导频分量 B2a_pilot		BPSK(10)	0
B2b	I 支路	1207.14	BPSK(10)	1000
B1I	I 支路	1561.098	BPSK(10)	
B3I	I 支路	1268.520	BPSK	

北斗三号卫星有 5 个空间信号，分别介绍如下。

（1）B1C 信号：中心频率为 1575.42MHz，带宽为 32.736MHz，包含数据分量 B1C_data 和导频分量 B1C_pilot。数据分量采用二进制偏移载波（BOC(1,1)）调制；导频分量采用正交复用二进制偏移载波（Quadrature Multiplexing Binary Offset Carrier，QMBOC(6,1,4/33)）调制，极化方式为右旋圆极化（Right Handed Circular Polarization，RHCP）。

（2）B2a 信号：中心频率为 1176.45MHz，带宽为 20.46MHz，包含数据分量 B2a_data 和导频分量 B2a_pilot，数据分量和导频分量均采用二进制相移键控（Binary Phase Shift Keying，BPSK（10））调制，极化方式为 RHCP。

（3）B2b 信号：该信号利用 I 支路提供 RNSS 服务，中心频率为 1207.14MHz，带宽为 20.46MHz，采用 BPSK（10）调制，极化方式为 RHCP。

（4）B1I 信号：中心频率为 1561.098MHz，带宽为 4.092MHz，采用 BPSK 调制，极化方式为 RHCP。

（5）B3I 信号：中心频率为 1268.520MHz；带宽为 20.46MHz，采用 BPSK 调制，极化方式为 RHCP。

2. 测距码

测距码是用于测定卫星至接收机间距离的二进制码，GNSS 卫星中所采用的测距码属于伪随机噪声码，是按一定规律编排、可以复制的周期性二进制序列，具有随机噪声码的自相关特性。测距码是由若干个多级反馈移位寄存器所产生的 m 序列经平移、截短、求模等一系列复杂处理后形成的。根据性质和用途的不同，测距码分为粗码（C/A 码）和精码（P 码）两类，各卫星采用的测距码互不相同且相互正交。下面以 GPS 为例进行介绍。

1）粗码（C/A 码）

GPS 信号的粗码是由两个 10 位移位寄存器产生的，如图 4-8 所示，是在卫星时钟脉冲的控制下产生的，脉冲时钟的基本频率为 1.023MHz。码率：$f_1 = 1.023$Mb/s，码长：$N_u = 2^{10} - 1 = 1023$b，码元持续时间：$t_u = 1/f_1 = 0.98\mu s$，周期：$T = N_u \times t_u = 1$ms，

码元对应的码元宽度：$L = t_u \times C = 293\text{m}$。由于 G2 移位寄存器可以进行相位选择，这样不同的相位组合产生的粗码结构是不同的，选择其中的 63 个组合来给每个卫星进行编号（PRN 编号），因此，不同的卫星发送 C/A 码的结构是不同的，这种技术就是信号传输的码分多址技术。另外，由于它对应的码元宽度较长，在相关捕获精度为 1% 的情况下，其测距精度仅为 2.93m，因此称为粗码（Coares Code）。另外，由于其周期较短为 1ms，其用来进行卫星信号的捕获，因此称为捕获码（Acquisition Code）。

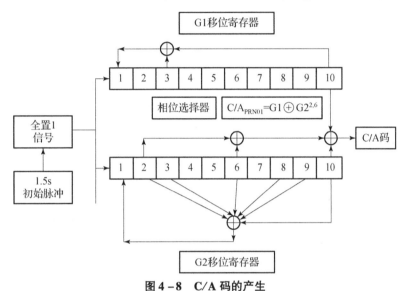

图 4 - 8　C/A 码的产生

2）精码（P 码）

GPS 的精码是由 4 个 12 位移位寄存器产生的伪随机序列，如图 4 - 9 所示，码率：$f_1 = 10.23\text{Mb/s}$，码长：$N_u = 2.35 \times 10^{14}\text{b}$。码元宽度：$t_u = 1/f_1 = 0.098\mu\text{s}$，码元代表长度：$L = t_u \times C = 29.3\text{m}$，周期：$T = N_u \times t_u = 266\text{d}9\text{h}45\text{min}55.5\text{s} \approx 267$ 天。由于 P 码的码长较长，周期较长，所以将其周期分为 38 个部分、一部分周期 7 天，不同的卫星对应的是 P 码中不同的部分，所以不同卫星发送的 P 码结构是不同的。相对于 C/A 码，其

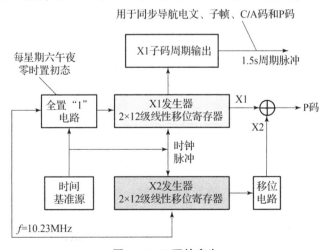

图 4 - 9　P 码的产生

码元代表长度为 29.3m，同样在 1% 捕获精度的情况下，其测距精度为 0.293m，因此称为精码（precision code）。另外，由于 P 码周期较长，对于 P 码的捕获，不能用 C/A 码的方式进行捕获，所以 P 码通常是通过先捕获 C/A 码，再根据导航电文（卫星信号中的 D 码）的信息捕获。表 4-2 中列出了 C/A 码和 P 码的比较情况。

表 4-2 C/A 码和 P 码的比较

项目	C/A 码	P 码
产生	2 个 G10	4 个 G12
测距精度	码元宽度较大、测距精度较低，存在整周模糊数问题	码元宽度小，为 C/A 码的 1/10、测距精度高，无整周模糊数问题
识别	不同卫星发射不同 C/A 码序列	每颗卫星所使用的 P 码不同部分，码长和周期相同，结构不同
捕获	相关分析捕获	先捕获 C/A 码，再根据导航电文（卫星信号中的 D 码）的信息捕获
应用	结构公开、民用导航	军用码（授权）

3. 导航电文

导航电文是用户用来定位和导航的基础数据。它包含该卫星的星历、工作状态、时钟改正、电离层时延改正、大气折射改正以及由 C/A 码捕获 P 码等导航信息。它是由卫星信号解调出来的数据码 $D(t)$。这些信息以 50b/s 的速率调制在载频上，数据采用不归零制（Not Return to Zero，NRZ）的二进制码。

GPS 卫星导航电文的格式是主帧、子帧、字码和页码（图 4-10），每主帧电文长度为 1500bit，传送速率为 50b/s，所以发播 1 帧电文需要 30s。

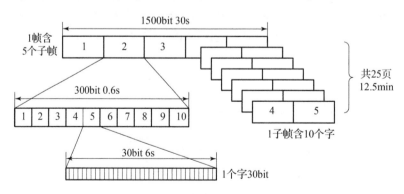

图 4-10 GPS 导航电文结构

每帧导航电文包括 5 个子帧，每个子帧长 6s，共有 300bit。第 1、2、3 子帧各有 10 个字。这三个子帧的内容每 30s 重复一次，每小时更新一次。第 4、5 子帧各有 25 页，共有 15000bit。1 帧完整的电文共有 37500bit，需要 750s 才能传送完，花费时间达 12.5min。电文内容在卫星注入新的数据后再进行更新。

而 GLONASS 导航电文是以数据形式发送的汉明码（Hamming code）方式发送的，其结构如图 4-11 所示。其由字符串、帧和超帧组成。每帧包括即时信息和非即时信息。即时信息：用于计算卫星在给定时间的位置；非即时信息：GLONASS 的时间、所有卫星的星载时间基准数据、轨道参数和健康状况数据。

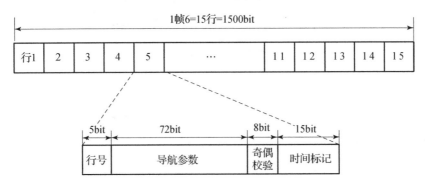

图 4-11 GLONASS 导航电文结构

北斗卫星定位系统的导航电文分为 D1 码和 D2 码，D1 码的传输速率为 50b/s，D1 码结构如图 4-12 所示，其包含本星基本导航信息（包括周内秒计数、整周计数、卫星广播星历、卫星钟差、电离层延迟改正参数、卫星钟自主健康信息）、全部卫星历书以及与其他系统时间同步信息。

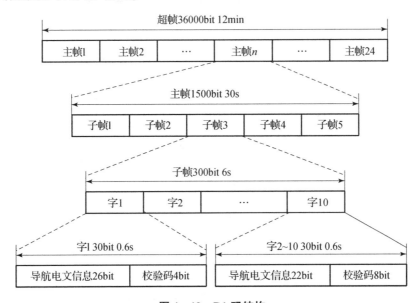

图 4-12 D1 码结构

D2 码的帧结构分为超帧、主帧和子帧，如图 4-13 所示。1 超帧为 180000bit，一个超帧由 120 个主帧组成，每个主帧为 1500bit，一个主帧由 5 个子帧组成，每个子帧由 10 个字组成，而每个字又包含导航电文信息及校验码两部分内容。超帧周期为 6min，主帧周期为 3s，子帧周期为 0.6s。D2 码信息包含基本导航信息和增强服务信息。增强服务信息包括北斗系统差分及完好性信息、电离层格网信息。

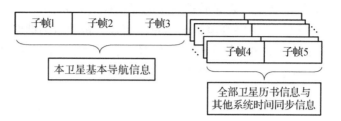

图 4-13 D2 码结构

(五) 卫星位置计算

GNSS 卫星导航定位是以空间卫星作为定位基准，进而求解得到用户的位置，因此必须解算 GNSS 卫星的准确位置。而卫星的瞬时位置是通过导航电文中的广播星历或从 IGS 参考站下载的精密星历（详见精密单点定位）计算得到的。如前所述，卫星的导航电文中就包括了计算卫星位置的所有信息。下面给出 GPS 卫星、GLONASS 卫星和北斗卫星位置计算的流程。

1. GPS 卫星位置的计算

GPS 导航电文中给出了描述卫星运行的时间参数、6 个轨道参数和 9 个轨道摄动参数，因此只要从导航电文中将这些信息提取出来就可以计算得到 GPS 卫星的瞬时位置，计算流程如图 4-14 所示。

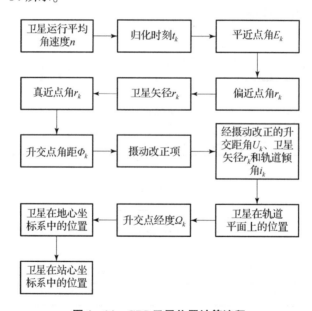

图 4-14 GPS 卫星位置计算流程

2. GLONASS 卫星位置的计算

GLONASS 卫星的导航电文，并没有像 GPS 卫星导航电文一样给定了需要计算卫星位置的轨道参数和轨道摄动参数，而是给出了卫星在地固坐标系中的位置、速度和加速度，30min 更新一次，通过积分方式计算卫星星历。GLONASS 卫星导航电文参数如表 4-3 所列。因此，采用以下积分方程就可以计算得到卫星的星历。另外，为了内插得到某一历元的卫星星历，在 GLONASS 卫星位置计算时，通常采用插值的方法，先计算某些节点处的卫星位置、速度,然后利用插值方法计算某一历元值,常用的插值方法为龙格–库塔法。

表4-3 GLONASS 卫星导航电文参数

符号	单位	说明
$\dot{\tau}_b$	s	参考时间
$r_n(t_b)$	s	相对论效应
$\tau_n(t_b)$	km	卫星钟偏移
x_n, y_n, z_n	km	卫星的位置
$\dot{x}_n, \dot{y}_n, \dot{z}_n$	km/s	卫星速度
$\ddot{x}_n, \ddot{y}_n, \ddot{z}_n$	km/s	日、月摄动加速度
E_n	天	卫星龄期

3. 北斗卫星位置的计算

与 GPS 卫星定位一样,北斗卫星播发的导航电文的 D1 码中也包含计算卫星位置的参数,每小时更新一次,外推最大时间间隔 0.5h。为此,北斗卫星位置的解算步骤和 GPS 卫星位置的解算步骤大体一致,唯一的区别是 GPS 最终求的是在 WGS84 坐标系中的位置,而北斗求出的卫星位置是在 CGCS2000 坐标系下的位置,计算流程如图 4 – 15 所示。

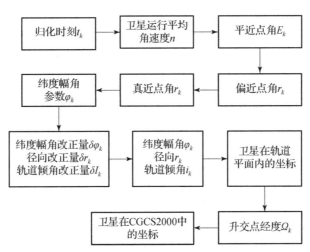

图 4 – 15 GPS 及北斗卫星位置计算流程

二、GNSS 定位误差

在 GNSS 卫星定位中,GNSS 测量是利用接收机接收卫星播发的信号来确定点的三维坐标。影响测量结果的误差来源于 GNSS 卫星的星历、卫星信号的传播路径、地面接收设备等。在高精度的 GNSS 测量中,还应该考虑与地球整体运动有关的地球潮汐、负荷潮和相对论效应等。GNSS 卫星定位信号从卫星发送到地面接收整个过程，可以将卫星分为三部分，如图 4-16 所示。

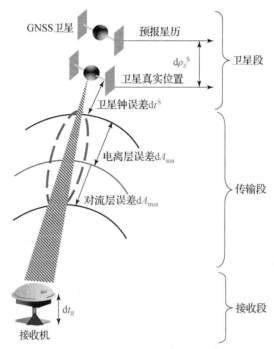

图 4-16 GNSS 卫星定位误差

（一）与卫星有关的误差

1. 卫星星历误差

由卫星星历所给出的卫星位置与卫星的实际位置之差称为卫星星历误差。卫星星历误差的大小主要取决于卫星定轨系统的质量，如定轨站的数量及其地理分布、观测值的数量及精度、定轨时所用的数学力学模型和定规软件的完善程度等。此外，与卫星星历的外推时间间隔也有直接关系。对于卫星星历误差的减弱途径有相对定位、轨道松弛法（平差模型中将卫星轨道作为初始值，将其改正数作为未知数，通过平差求得测站位置及其轨道改正数）。

2. 卫星钟钟差

卫星上虽然使用了高精度的原子钟，但也不可避免地存在误差，这种误差既包含卫星钟系统性的误差（如钟差、钟速、钟频率漂移等偏差），也包含随机误差。为此，卫星钟钟差减弱的方法有直接使用导航电文中的预报钟差参数进行修正，通过精密星历中的钟差参数进行修正以及通过两台接收机进行差分改正。

（二）与信号传播有关的误差

1. 电离层延迟

GNSS 卫星信号和其他电磁波信号一样，当其通过电离层时，将受到这一介质弥散特性的影响，使信号的传播路径发生变化。假设由此引起电磁波信号传播路径的变化为 Δt，则由前面有关大气对电磁波传播的影响可知

$$\Delta_I = \int^S (n-1)\mathrm{d}s \tag{4-1}$$

式中：n 为电离层的折射率；S 为信号的传播路径。

对码相位观测：

$$\Delta_{Ig} \approx 40.28 \frac{N_\Sigma}{f^2} \quad (4-2)$$

对载波相位观测：

$$\Delta_{Ip} \approx -40.28 \frac{N_\Sigma}{f^2} \quad (4-3)$$

式中：N_Σ 为信号传播路径上的电子总量。

由此可见，电离层对信号传播路径影响的大小，主要取决于电子总量 N_Σ 和信号的频率 f。

对于 GNSS 卫星信号来说，在夜间，当卫星处于天顶方向时，电离层折射对信号传播路径的影响，将小于5m；而在日间正午前后，当卫星接近地平线时，其影响可能大于150m。为了减弱电离层的影响，在 GPS 定位中通常采取以下措施：

1）双频改正

由于电离层的影响是信号频率的函数，所以，利用不同频率的电磁波信号进行观测，便可能确定其影响的大小，以便对观测量加以修正。

2）模型改正

对于单频 GNSS 接收机的用户，为了减弱电离层的影响，一般是采用由导航电文所提供的电离层模型，或其他适宜的电离层模型对观测量加以改正。但是，这种模型至今仍在完善中。目前，模型改正的有效性约为75%，也就是说，当电离层对距离观测值的影响为20m时，修正后的残差仍可达5m。

3）相对定位

利用两台或多台接收机，对同一组卫星的同步观测值求差，以减弱电离层折射的影响。尤其当观测站的距离较近时（如小于20km），由于卫星信号到达不同观测站的路径相近，所经过的介质状况相似，所以，通过不同观测站对相同卫星的同步观测值求差，便可显著地减弱电离层折射影响，其残差不会超过 10^{-6}。对单频 GNSS 接收机的用户，这一方法的重要意义尤为明显。

2. 对流层延迟

由于对流层的介质对 GPS 信号没有弥散效应，所以其群折射率与相折射率可认为相等。对流层折射对观测值的影响，可分为干分量与湿分量两部分，干分量主要与大气的温度和压力有关，而湿分量主要与信号传播路径上的大气湿度和高度有关。

当卫星处于天顶方向时，对流层干分量对距离观测值的影响，约占对流层影响的90%，这种影响可以应用地面的大气资料计算。若地面平均大气压为1013mbar（1mbar = 100Pa），则在天顶方向，干分量对所测距离的影响约为2.3m，而当高度角为10°时，其影响约为10m。湿分量的影响虽数值不大，但由于难以可靠地确定信号传播路径上的大气物理参数，所以湿分量尚无法准确地测定。因此，当要求定位精度较高，或基线较长时（如大于50km），它将成为误差的主要来源之一。目前，虽可用水汽辐射计，比较精确地测定信号传播路径的大气水汽含量，但由于设备过于庞大和昂贵，尚不能普遍采用。

关于对流层折射的影响，一般有以下几种处理方法。

（1）采用对流层模型加以改正，来计算距离观测值的改正量。

（2）引入描述对流层影响的附加待估参数，在数据处理中一并求解。

（3）观测量求差。与电离层的影响相类似，当两观测站相距不太远时（如小于20km），由于信号通过对流层的路径相近，对流层的物理特性相似，所以，对同一卫星的同步观测值求差，可以明显地减弱对流层折射的影响。因此，这一方法在精密相对定位中，应用甚为广泛。不过，随着同步观测站之间距离的增大，地区大气状况的相关性很快减弱，这一方法的有效性也将随之降低。根据经验，当距离大于100km时，对流层折射对GPS定位精度的影响，将成为决定性的因素之一。

3. 多路径效应

多路径效应通常也称为多路径误差，即接收机天线，除直接收到卫星发射的信号外，尚可能收到经天线周围地物一次或多次反射的卫星信号。两种信号叠加，将会引起测量参考点（相位中心）位置的变化，从而使观测量产生误差。而且这种误差随天线周围反射面的性质而异，难以控制。根据实验资料的分析表明，在一般反射环境下，多路径效应对测码伪距的影响可达米级，对测相伪距的影响可达厘米级；而在高反射环境下，不仅影响将显著增大，而且常常导致接收的卫星信号失锁和使载波相位观测量产生周跳。因此，在精密GPS导航和测量中，多路径效应的影响是不可忽视的。

目前，减弱多路径效应影响的措施主要有以下几种。

（1）安置接收机天线的环境，应避开较强的反射面，如水面、平坦光滑的地面和平整的建筑物表面等。

（2）选择造型适宜且屏蔽良好的天线，如采用扼流圈天线等。

（3）适当延长观测时间，削弱多路径效应的周期性影响。

（4）改善GPS接收机的电路设计，以减弱多路径效应的影响。

（三）与接收机有关的误差

与用户接收设备有关的误差，主要包括接收机的钟差、接收机位置误差和接收机的测量噪声。

1. 接收机的钟差

GPS接收机一般设有高精度石英钟，其日频率稳定度约为10^{-11}。如果接收机钟与卫星钟之间的同步差为$1\mu s$，则由此引起的等效距离误差约为300m。

处理接收机钟差比较有效的方法，是在每个观测站上引入一个钟差参数作为未知数，在数据处理中与观测站的位置参数一并求解。在静态绝对定位中，也可像卫星钟那样，将接收机钟差表示为多项式的形式，并在观测量的平差计算中，求解多项式的系数。不过，这将涉及在构成钟差模型时，对钟差特性所作假设的正确性。

在定位精度要求较高时，可以采用高精度的外接频标（即时间标准），如铷原子钟或铯原子钟，以提高接收机时间标准的精度。在精密相对定位中，还可以利用观测值求差的方法，有效地减弱接收机钟差的影响。

2. 接收机位置误差

在进行授时和定轨时，接收机的位置是已知的，其误差将使授时和定轨的结果产生系统误差。

3. 接收机的测量噪声

在使用接收机进行 GNSS 测量时，由于仪器设备及外界环境影响而引起的随机噪声误差，其值取决于仪器性能及作业环境的优劣。一般而言，测量噪声远小于上述各种偏差值，观测足够长的时间后，测量噪声的影响就可以忽略不计。

三、GNSS 单点定位技术

GNSS 单点定位又称为绝对定位，即以 GNSS 卫星和用户接收机之间的距离观测值为基础，并根据卫星星历确定的卫星瞬时坐标，直接确定用户接收机天线在 WGS84 坐标系中相对于坐标原点（地球质心）的绝对位置。

根据用户接收机天线所处的状态，绝对定位又可分为静态绝对定位和动态绝对定位。将 GNSS 用户接收机安装在载体上，并处于动态情况下，确定载体的瞬时绝对位置的定位方法，称为动态绝对定位。因为受到卫星轨道误差、钟差以及信号传播误差等因素的影响，静态绝对定位的精度约为米级，而动态绝对定位的精度为 10～40m。因此，静态绝对定位主要用于大地测量，而动态绝对定位只能用于一般性的导航定位中，如海洋定位测量、舰船导航定位等。一般而言，动态绝对定位只能获得很少或者没有多余观测量的实数解，因而定位精度不是很高，广泛应用于飞机、船舶、陆地车辆等运动载体的导航。另外，在航空物探和卫星遥感领域也有广阔的应用前景。

根据观测量的性质，绝对定位又可分为测码伪距动态绝对定位和测相伪距动态绝对定位。

（一）测码伪距动态绝对定位

在动态绝对定位的情况下，由于测站是运动的，所以获得的观测量很少，但为了获得实时定位结果，必须至少同步观测 4 颗卫星。

假设 GNSS 接收机在测站 T_i 于某一历元 t 同步观测 4 颗卫星（$j=1,2,3,4$），则由观测伪距可得

$$\begin{bmatrix} R_i'^1(t) \\ R_i'^2(t) \\ R_i'^3(t) \\ R_i'^4(t) \end{bmatrix} = \begin{bmatrix} \rho_{i0}^1(t) \\ \rho_{i0}^2(t) \\ \rho_{i0}^3(t) \\ \rho_{i0}^4(t) \end{bmatrix} - \begin{bmatrix} l_i^1(t) & m_i^1(t) & n_i^1(t) & -1 \\ l_i^2(t) & m_i^2(t) & n_i^2(t) & -1 \\ l_i^3(t) & m_i^3(t) & n_i^3(t) & -1 \\ l_i^4(t) & m_i^4(t) & n_i^4(t) & -1 \end{bmatrix} \begin{bmatrix} \delta x_i \\ \delta y_i \\ \delta z_i \\ c\delta t_i \end{bmatrix} \quad (4-4)$$

或者写为

$$a_i(t)\delta Z_i + l_i(t) = 0 \quad (4-5)$$

此时没有多余观测量，直接解式（4-5）可得

$$\delta Z_i = -a_i(t)^{-1} l_i(t) \quad (4-6)$$

很明显，当共视卫星数多于 4 颗时，则观测量的个数超过待求参数的个数，此时要利用最小二乘法平差求解。将式（4-6）写成误差方程的形式为

$$v_i(t) = a_i(t)\delta Z_i + l_i(t) \quad (4-7)$$

按照最小二乘法求解式（4-7）可得

$$\delta Z_i = -[a_i^T(t)a_i(t)]^{-1}[a_i^T(t)l_i(t)] \quad (4-8)$$

解的精度为

$$m_z = \sigma_0 \sqrt{q_{ii}} \qquad (4-9)$$

上述测码伪距绝对定位模型，已广泛应用于实时动态单点定位。顺便指出，这里在解算载体位置时，不是直接求出它的三维坐标，而是求各个坐标分量的修正分量，也就是给定用户的三维坐标初始值，而求解三维坐标的改正数。在解算运动载体的实时点位时，前一个点的点位坐标可作为后续点位的初始坐标值。

（二）测相伪距动态绝对定位

由于测相伪距法中引入了另外的未知参数——整周未知数，因此，若和测码伪距法一样，观测4颗卫星无法解算测站的三维坐标。

假设 GNSS 接收机在测站 T_i 于某一历元 t 同步观测4颗以上卫星（$j = 1, 2, 3, 4, \cdots, n^j$），则由式（4-4）可得误差方程组。

由此可见，误差方程中的未知参数有三个测站点位坐标、一个接收机钟差、n^j 个整周未知数。这样误差方程中总未知参数为 $4 + n^j$ 个，而观测方程的总数只有 n^j 个，如此则不可能实时求解。

如果在载体运动之前，GNSS 接收机在 t_0 时刻锁定卫星 S^j 后，在静止状态下，求出整周模糊度 $N_i^j(t_0)$（$j = 1, 2, 3, 4, \cdots, n^j$）。根据前面的分析，只要在初始历元 t_0 之后的后续时间里没有发生卫星失锁现象，它们仍然是只与初始历元 t_0 有关的常数，在载体运动过程中应当成常数来处理。

误差方程式（4-4）可写为

$$\begin{bmatrix} v_i^1(t) \\ v_i^2(t) \\ \vdots \\ v_i^{n^j}(t) \end{bmatrix} = \begin{bmatrix} l_i^1(t) & m_i^1(t) & n_i^1(t) & -1 \\ l_i^2(t) & m_i^2(t) & n_i^2(t) & -1 \\ \vdots & \vdots & \vdots & \vdots \\ l_i^{n^j}(t) & m_i^1(t) & n_i^{n^j}(t) & -1 \end{bmatrix} \begin{bmatrix} \delta x_i \\ \delta y_i \\ \delta z_i \\ c\delta t_i \end{bmatrix} + \begin{bmatrix} R_i'^1(t) - \rho_{i0}^1(t) + \lambda N_i^1(t_0) \\ R_i'^2(t) - \rho_{i0}^2(t) + \lambda N_i^2(t_0) \\ \vdots \\ R_i'^{n^j}(t) - \rho_{i0}^{n^j}(t) + \lambda N_i^{n^j}(t_0) \end{bmatrix}$$

$$(4-10)$$

或者

$$v_i(t) = a_i(t) \delta Z_i + l_i(t) \qquad (4-11)$$

这样，就与式（4-4）在形式上完全一致。此时，同步观测4颗以上卫星，就可得到式（4-11）是完全一样的实时解。

值得注意的是，采用测相伪距动态绝对定位时，载体上的 GNSS 接收机在运动之前应该初始化，而且运动过程中不能发生信号失锁，否则就无法实现实时定位。然而，载体在运动过程中，要始终保持对所观测卫星的连续跟踪，目前在技术上尚有一定困难，一旦发生周跳，就必须在动态条件下重新初始化。因此，在实时动态绝对定位中，寻找快速确定动态整周模糊度的方法是非常关键的问题。

四、GNSS 差分定位技术

不论是测码伪距绝对定位还是测相伪距绝对定位，由于卫星星历误差、接收机钟与卫星钟同步差、大气折射误差等各种误差的影响，导致其定位精度较低。虽然这些误差已作了一定的处理，但是实践证明，绝对定位的精度仍不能满足精密定位测量的需要。为了进一步消除或减弱各种误差的影响，提高定位精度，一般采用动态相对定位法。

动态相对定位是将一台接收机设置在一个固定的观测站（基准站 T_0），基准站在协议地球坐标系中的坐标是已知的。另一台接收机安装在运动的载体上，载体在运动过程中，其上的 GNSS 接收机与基准站上的接收机同步观测 GNSS 卫星，以实时确定载体在每个观测历元的瞬时位置。

在动态相对定位过程中，由基准站接收机通过数据链发送修正数据，用户站接收该修正数据并对测量结果进行改正处理，以获得精确的定位结果。由于用户接收基准站的修正数据，对用户站观测量进行改正，这种数据处理本质上是求差处理（差分），以达到消除或减少相关误差的影响，提高定位精度，因此 GNSS 动态相对定位通常又称为差分 GNSS 定位。

在差分定位中，按照对 GNSS 信号的处理时间，可划分为实时差分 GNSS 和后处理差分 GNSS。实时差分 GNSS 是在接收机接收 GNSS 信号的同时计算当前接收机所处位置、速度及时间等信息；后处理差分 GNSS 则是把卫星信号记录在一定介质（GNSS 接收机主机、计算机等）上，回到室内进行数据处理，获取用户接收机在每个瞬间所处理的位置、速度、时间等信息。

按照提供修正数据基准站的数量，GNSS 差分又可分为单基准站差分和多基准站差分。而多基准站差分又包括局域差分、广域差分和多基准站载波相位差分（Real Time Kinematic，RTK）技术。

（一）局域差分

在局部区域中应用差分 GNSS 技术，应该在区域中布设一个差分 GNSS 网，该网由若干个差分 GNSS 基准站组成，通常还包含一个或数个监控站。位于该局部区域中的用户，接收多个基准站所提供的修正信息，采用加权平均法或最小方差法进行平差计算求得自己的修正数，从而对用户的观测结果进行休整，以获得更高精度的定位结果。这种差分 GPS 称为局域差分 GNSS（Local Area DGNSS，LADGNSS），如图 4-17 所示。

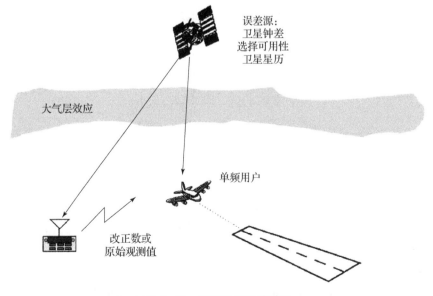

图 4-17 局域差分系统组成

LADGNSS 包括多个基准站,每个基准站与用户之间均有无线电数据通信链。通过 LADGNSS 技术,当基准站和用户站之间的距离间隔小于 150km 时,用户站定位的精度一般优于 5m。当二者间距离增大,特别是大于 300km 时,二者误差的相关性就会减弱,定位精度迅速降低。LADGNSS 主要应用于局部地区如城市或近海海域建立一个包括若干个基准站和播发站的 LADGNSS 网,以提供较高精度的实时导航和定位服务。

1. 位置差分

位置差分(Real Time Clock,RTC)的基本原理是:使用基准站 T_0 的位置改正数去修正流动站 T_i 的位置计算值,以求得比较精确的流动站位置坐标。

由于相对定位中基准站 T_0 的坐标值预先采用大地测量、天文测量或 GNSS 静态定位等方法精密测定,可视为已知的,设其精密坐标值为 (X_0,Y_0,Z_0)。而在基准站上的 GNSS 接收机利用测码伪距绝对定位法测出的基准站坐标为 (X,Y,Z),该坐标测定值含有卫星轨道误差、卫星钟和接收机钟误差、大气延迟误差、多路径效应误差及其他误差。则可计算基准站的位置修正数为

$$\begin{cases} \Delta X = X_0 - X \\ \Delta Y = Y_0 - Y \\ \Delta Z = Z_0 - Z \end{cases} \quad (4-12)$$

基准站采用数据链将这些改正数发送出去,而流动站用户接收机通过数据链实时接收这些改正数,并在解算时加入。设流动站 T_i 通过用户接收机利用自身观测的数据采用测码伪距绝对定位法测定出其位置坐标为 (X'_i,Y'_i,Z'_i),则可按照下式计算流动站 T_i 的较精确坐标 (X_i,Y_i,Z_i):

$$\begin{cases} X_i = X'_i + \Delta X \\ Y_i = Y'_i + \Delta Y \\ Z_i = Z'_i + \Delta Z \end{cases} \quad (4-13)$$

由于动态用户 T_i 和 GNSS 卫星相对于协议地球坐标系存在相对运动,若进一步考虑用户接收机改正数的瞬时变化,则

$$\begin{cases} X_i = X'_i + \Delta X + \dfrac{d(\Delta X)}{dt}(t-t_0) \\ Y_i = Y'_i + \Delta Y + \dfrac{d(\Delta Y)}{dt}(t-t_0) \\ Z_i = Z'_i + \Delta Z + \dfrac{d(\Delta Z)}{dt}(t-t_0) \end{cases} \quad (4-14)$$

式中:t_0 为校正的有效时刻。

位置差分的计算方法简单,只需要在解算的坐标中加进改正数即可,这对 GNSS 接收机的要求不高,适用于各种型号的接收机。但是,位置差分要求流动站用户接收机和基准站接收机能同时观测同一组卫星,这些只有在近距离才可以做到,故位置差分只适用于 100km 以内。

2. 伪距差分

伪距差分(Real Time Differential,RTD)的基本原理:利用基准站 T_0 的伪距改正数,传送给流动站用户 T_i,去修正流动站的伪距观测量,从而消除或减弱公共误差的

影响，以求得比较精确的流动站位置坐标。

设基准站 T_0 的已知坐标为 (X_0,Y_0,Z_0)。差分定位时，基准站的 GNSS 接收机，根据导航电文中的星历参数，计算其观测到的全部 GPS 卫星在协议地球坐标系中的坐标值 (X^j,Y^j,Z^j)，从而由星、站的坐标值可以反求出每一观测时刻，由基准站至 GNSS 卫星的真距离 ρ_0^j 为

$$\rho_0^j = [(X^j - X_0)^2 + (Y^j - Y_0)^2 + (Z^j - Z_0)^2]^{\frac{1}{2}} \quad (4-15)$$

另外，基准站上的 GNSS 接收机利用测码伪距法可以测量星站之间的伪距 $\rho_0'^j$，其中包含各种误差源的影响。由观测伪距和计算的真距离可以计算伪距改正数为

$$\Delta\rho_0^j = \rho_0^j - \rho_0'^j \quad (4-16)$$

同时，可以求出伪距改正数的变化率为

$$\mathrm{d}\rho_0^j = \frac{\Delta\rho_0^j}{\Delta t} \quad (4-17)$$

通过基准站的数据链将 $\Delta\rho_0^j$ 和 $\mathrm{d}\rho_0^j$ 发送给流动站接收机，流动站接收机利用测码伪距法测量出流动站至卫星的伪距 $\rho_i'^j$，再加上数据链接收到的伪距改正数，便可以求出改正后的伪距为

$$\rho_i^j(t) = \rho_i'^j(t) + \Delta\rho_0^j(t) + \mathrm{d}\rho_0^j(t-t_0) \quad (4-18)$$

并计算流动站坐标 $(X_i(t),Y_i(t),Z_i(t))$ 为

$$\rho_i^j(t) = [(X^j(t) - X_i(t))^2 + (Y^j(t) - Y_i(t))^2 + (Z^j(t) - Z_i(t))^2]^{\frac{1}{2}} + c\delta t(t) + V_i \quad (4-19)$$

式中：$\delta t(t)$ 为流动站用户接收机钟相对于基准站接收机钟的钟差；V_i 为流动站用户接收机噪声。

伪距差分时，只需要基准站提供所有卫星的伪距改正数，而用户接收机观测任意 4 颗卫星，就可以完成定位。与位置差分相似，伪距差分能将两测站的公共误差抵消，但是，随着用户到基准站距离的增加，系统误差又将增大，这种误差用任何差分法都无法消除，因此伪距差分的基线长度也不宜过长。

3. 载波相位差分

位置差分和伪距差分能满足米级定位精度，已经广泛用于导航、水下测量等领域。载波相位差分，又称 RTK 技术，通过对两测站的载波相位观测值进行实时处理，可以实时提供厘米级精度的三维坐标。

载波相位差分的基本原理是，由基准站通过数据链实时地将其载波相位观测量及基准站坐标信息一同发送到用户站，并与用户站的载波相位观测量进行差分处理，适时地给出用户站的精确坐标。

载波相位差分定位的方法又可分为两类：一种为测相伪距修正法；另一种为载波相位求差法。

1）测相伪距修正法

测相伪距修正法的基本思想：基准站接收机 T_0 与卫星 S^j 之间的测相伪距改正数 $\Delta\rho_0^j$ 在基准站解算，并通过数据链发送给流动站用户接收机 T_i，利用此伪距改正数 $\Delta\rho_0^j$ 去修正用户接收机 T_i 到观测卫星 S^j 之间的测相伪距 $\rho_i'^j$，获得比较精确的用户站至卫星

的伪距，再用它计算用户站的位置。

在基准站 T_0 观测卫星 S^j，则由卫星坐标和基准站已知坐标反算基准站至该卫星的真距离为

$$\rho_0^j = \sqrt{(X^j - X_0)^2 + (Y^j - Y_0)^2 + (Z^j - Z_0)^2} \qquad (4-20)$$

式中：(X^j, Y^j, Z^j) 为卫星 S^j 的坐标，可利用导航电文中的卫星星历精确地计算；(X_0, Y_0, Z_0) 为基准站 T_0 的精确坐标值，是已知参数。

基准站与卫星之间的测相伪距观测值为

$$\rho_0'^j = \rho_0^j + c(\delta t_0 - \delta t^j) + \delta \rho_0^j + \Delta_{0,I_p}^j + \Delta_{0,T}^j + \delta m_0 + v_0 \qquad (4-21)$$

式中：δt_0 和 δt^j 分别为基准站站钟钟差和卫星 S^j 的星钟差；$\delta \rho_0^j$ 为卫星历误差（包括 SA 政策影响）；Δ_{0,I_p}^j 和 $\Delta_{0,T}^j$ 分别为电离层和对流层延迟影响；δm_0 和 v_0 分别为多路经效应和基准站接收机噪声。

由基准站 T_0 和观测卫星 S^j 的真距离和测相伪距观测值，可以求出星站之间的伪距改正数为

$$\Delta \rho_0^j = \rho_0^j - \rho_0'^j = -c(\delta t_0 - \delta t^j) - \delta \rho_0^j - \Delta_{0,I_p}^j - \Delta_{0,T}^j - \delta m_0 - v_0 \qquad (4-22)$$

另外，流动站 T_i 上的用户接收机同时观测卫星 S^j 可得测相伪距观测值为

$$\rho_i'^j = \rho_i^j + c(\delta t_i - \delta t^j) + \delta \rho_i^j + \Delta_{i,I_p}^j + \Delta_{i,T}^j + \delta m_i + v_i \qquad (4-23)$$

式中：各项的含义与式（4-21）相同。

在用户接收机接收到由基准站发送过来的伪距改正数 $\Delta \rho_0^j$ 时，可用它对用户接收机的测相伪距观测值 $\rho_i'^j$ 进行实时修正，得到新的比较精确的测相伪距观测值 $\rho_i''^j$ 为

$$\begin{aligned}
\rho_i''^j &= \rho_i'^j + \Delta \rho_0^j \\
&= \rho_i^j + c(\delta t_i - \delta t^j) + \delta \rho_i^j + \Delta_{i,I_p}^j + \Delta_{i,T}^j + \delta m_i + v_i - \\
&\quad c(\delta t_0 - \delta t^j) - \delta \rho_0^j - \Delta_{0,I_p}^j - \Delta_{0,T}^j - \delta m_0 - v_0 \\
&= \rho_i^j + c(\delta t_i - \delta t_0) + (\delta \rho_i^j - \delta \rho_0^j) + (\Delta_{i,I_p}^j - \Delta_{0,I_p}^j) + \\
&\quad (\Delta_{i,T}^j - \Delta_{0,T}^j) + (\delta m_i - \delta m_0) + (v_i - v_0)
\end{aligned} \qquad (4-24)$$

当用户站距基准站距离较小时（小于100km），则可以认为在观测方程中，两观测站对于同一颗卫星的星历误差、大气层延迟误差的影响近似相等。同时，用户机与基准站的接收机为同型号机时，测量噪声基本相近。于是消去相关误差，式（4-24）可写成

$$\begin{aligned}
\rho_i''^j &= \rho_i'^j + \Delta \rho_0^j \\
&= \rho_i^j + c(\delta t_i - \delta t_0) + (\delta m_i - \delta m_0) \\
&= [(X^j - X_i)^2 + (Y^j - Y_i)^2 + (Z^j - Z_i)^2] + \Delta d
\end{aligned} \qquad (4-25)$$

式中：Δd 为各项残差之和。

根据前述分析，历元 t_i 时刻载波相位观测量为

$$\Phi_i^j(t_i) = N_i^j(t_0) + N_i^j(t_i - t_0) + \delta \varphi_i^j(t_i) \qquad (4-26)$$

两测站 T_0、T_i 同时观测卫星 S^j，对两测站的测相伪距观测值取单差，可得

$$\begin{aligned}
\rho_i''^j - \rho_0'^j &= \lambda \Phi_i^j(t_i) - \lambda \Phi_0^j(t_i) \\
&= \lambda [N_i^j(t_0) - N_0^j(t_0)] + \lambda [N_i^j(t_i - t_0) - N_0^j(t_i - t_0)] + \lambda [\delta \varphi_i^j(t_i) - \delta \varphi_0^j(t_i)]
\end{aligned}$$
$$(4-27)$$

差分数据处理是在用户站进行的。式（4-27）左端的 ρ_0^{rj} 由基准站计算卫星到基准站的精确几何距离 ρ_0^j 代替，并经过数据链发送给用户机；同时，流动站的新测相伪距观测量 ρ_i^{rj}，通过用户机的测相伪距观测量 ρ_i^{rj} 和基准站发送过来的伪距修正数 $\Delta\rho_0^j$ 来计算。也就是说，将式（4-26）带入式（4-27）中，同时用 ρ_0^j 代替 ρ_0^{rj}，则

$$[(X^j - X_i)^2 + (Y^j - Y_i)^2 + (Z^j - Z_i)^2] + \Delta d = \rho_0^j + \lambda[N_i^j(t_0) - N_0^j(t_0)] + \lambda[N_i^j(t_i - t_0) - N_0^j(t_i - t_0)] + \lambda[\delta\varphi_i^j(t_i) - \delta\varphi_0^j(t_i)] \quad (4-28)$$

式（4-28）中假设在初始历元 t_0 已将基准站和用户站相对于卫星 S^j 的整周模糊度 $N_0^j(t_0)$、$N_i^j(t_0)$ 进行计算了，则在随后历元中的整周数 $N_0^j(t_i - t_0)$、$N_i^j(t_i - t_0)$ 以及测相的小数部分 $\delta\varphi_0^j(t_i)$、$\delta\varphi_i^j(t_i)$ 都是可观测量。因此，式（4-28）中只有 4 个未知数：用户站坐标 X_i, Y_i, Z_i 和残差 Δd，这样只需要同时观测 4 颗卫星，就可建立 4 个观测方程，解算用户站的三维坐标。

从上面分析可见，解算上述方程的关键问题是如何快速求解整周模糊度。近年来，许多科研人员致力于这方面的研究和开发工作，并提出了一些有效的解决方法，如 FARA 法、消去法等，使 RTK 技术在精密导航定位中展现了良好的前景。

2）载波相位求差法

基准站 T_0 不再计算测相伪距修正数 $\Delta\rho_0^j$，而是将其观测的载波相位观测值由数据链实时发送给用户站接收机，然后由用户机进行载波相位求差，再解算用户的位置。

假设在基准站 T_0 和用户站 T_i 上的 GNSS 接收机同时于历元 t_1 和 t_2 观测卫星 S^j 和 S^k，基准站 T_0 对两颗卫星的载波相位观测量（共 4 个），由数据链实时发送给用户站 T_i。于是，用户站就可获得 8 个载波相位观测量方程，然后对两接收机 T_0、T_i 在同一历元观测同一颗卫星的载波相位观测量相减，可得到 4 个单差方程，单差方程中已经消去了卫星钟钟差，并且大气层延迟影响的单差是微小项，略去。将两接收机 T_0、T_i 同时观测两颗卫星 S^j、S^k 的载波相位观测量的站际单差相减，可得到 2 个双差方程，双差方程中消去了基准站和用户站的 GNSS 接收机钟差 δt_0、δt_i。双差方程右端的初始整周模糊度 $N_0^k(t_0)$、$N_i^k(t_0)$、$N_0^j(t_0)$、$N_i^j(t_0)$，通过初始化过程进行解算。

因此，在 RTK 定位过程中，要求用户所在的实时位置，因此它的计算步骤如下。

步骤 1：用户 GNSS 接收机静态观测若干历元，并接收基准站发送的载波相位观测量，采用静态观测程序，求出整周模糊度，并确认此整周模糊度正确无误。这一过程称为初始化。

步骤 2：将确认的整周模糊度代入双差方程。由于基准站的位置坐标是精确测定的已知值，两颗卫星的位置坐标可由星历参数计算，故双差方程中只包含用户在协议地球系中的位置坐标 X_i, Y_i, Z_i 为未知数，此时只需要观测 3 颗卫星就可以进行求解。

由以上分析可见，测相伪距修正法与伪距差分法原理相同，是准 RTK 技术；载波相位求差法，通过对观测方程进行求差来解算用户站的实时位置，才是真正的 RTK 技术。

上述所讨论的单基准站差分 GNSS 系统结构和算法简单，技术上较为成熟，主要适用于小范围的差分定位工作。对于较大范围的区域，则应用局部区域差分技术，对于一个或几个国家范围的广大区域，应用广域差分技术。

(二) 广域差分

广域差分 GNSS（Wide Area DGNSS，WADGNSS）的基本思想是对 GNSS 观测量的误差源加以区分，并单独对每一种误差源分别加以模型化，然后将计算的每种误差源的数值，通过数据链传输给用户，以对用户 GNSS 定位的误差加以改正，达到削弱这些误差源、改善用户 GNSS 定位精度的目的。GNSS 误差源主要表现在三个方面：星历误差、卫星钟差和其他模型改正误差（含对流层、电离层、相对论效应、地球自转改正等）。

广域差分 GNSS 系统就是为削弱这三种误差源而设计的一种工程系统，如图 4 – 18 所示。该系统的一般构成包括：一个中心站，几个监测站及其相应的数据通信网络，覆盖范围内的若干用户。其工作原理是：在已知坐标的若干监测站上跟踪观测 GNSS 卫星的伪距、相位等信息，监测站将这些信息传输到中心站；中心站在区域精密定轨计算的基础上，计算三项误差改正模型，并将这些误差改正模型通过数据通信链发送给用户站；用户站利用这些误差改正模型信息改正自己观测到的伪距、相位、星历等，从而计算高精度的 GNSS 定位结果。

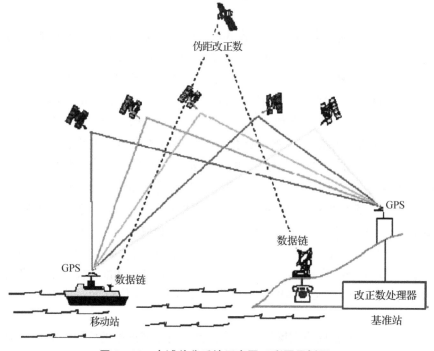

图 4 – 18　广域差分系统示意图（彩图见插页）

广域差分的目标是为全国、大洲乃至全球用户提供差分服务，一般采用卫星或互联网来传输差分数据，覆盖范围可以距参考站几千千米甚至更远。广域增强所播发的数据内容不同于局域增强所播发的内容，通常由卫星轨道参数改正数或坐标改正数、卫星钟改正数和广域电离层延迟改正数组成。这些改正数由地面数据中心利用分布在全国乃至全球各地的基准站对卫星进行连续观测进而计算获得，并通过上行链路发送至卫星或通过互联网进行转发。用户在收到改正数后，对所得到的观测量进行修正，最后计算本地位置，精度可以达到 1m 甚至分米级左右。广域差分的覆盖范围大，但投资巨大，需要借助国家或国际组织的力量来完成，单个用户无能为力。

WADGNSS 将中心站、基准站与用户站间距离从 100km 增加到 2000km，且定位精度无明显下降；对于大区域内的 WADGNSS 网，需要建立的监测站很少，具有较大的经济效益；WADGNSS 系统的定位精度分布均匀，且定位精度较 LADGNSS 高；其覆盖区域可以扩展到远洋、沙漠等 LADGNSS 不易作用的区域；WADGNSS 使用的硬件设备及通信工具昂贵，软件技术复杂，运行维持费用较 LADGNSS 高得多，而且可靠性和安全性可能不如单个的 LADGNSS。

目前，我国已经初步建立了北京、拉萨、乌鲁木齐、上海 4 个永久性的 GNSS 监测站，还计划增设武汉、哈尔滨两站，并拟定在北京或武汉建立数据处理中心和数据通信中心。

(三) 星基增强系统

星基增强系统（Satellite Based Augmentation System）是一个利用 GEO 作为通信媒介，提供增强信息的系统，具有覆盖范围广的特点。星基增强系统的特点是利用同步卫星在卫星导航频点上直接广播信号以提供增强信息，同时这个信号也可以用于测距，可以增强卫星导航系统的可用性和精度性能。SBAS 的目标是满足民航从航路飞行阶段到垂向引导精密进近阶段的导航需求。与地基增强系统（Ground Based Augmentation System，GBAS）相比，SBAS 可以用更低的成本实现大范围的服务精度、完好性、连续性和可用性的改善。

目前，已经有多个 SBAS 正在或即将投入运行，包括覆盖美国的 WAAS（Wide Area Augmentation System）、欧盟的 EGNOS、日本的 MSAS（MTsat Satellite Augmentation System）和 QZSS（Quasi-Zenith Satellite System）、印度的 GAGAS（GPS and GEO Augmentation System）。

如图 4-19 所示，星基增强系统由监测接收机、中央处理设施、卫星上行设施和一颗或多颗地球静止卫星 4 个子单元组成。其中，监测接收机接收基本卫星导航系统播发的信号，并将观测到的码伪距和载波相位数据送至中央处理设施。中央处理设施通过处理各个监测接收机的观测数据得到各个导航卫星的位置和时钟校正值，以及垂向电离层延迟误差的估计值，此外，还要检查卫星是否出现故障。然后将这些校正值、电离层信息和完好性信息形成广域差分校正值和完好性电文并发送给卫星上行设施。扩频导航信号在上行设施中产生，与一个基准时间保持同步，并调制有差分校正值和完好性电文，这一扩频信号被连续发射给地球静止卫星，经过星上频率变换至 L1 频点后转发给用户。信号的定时方式非常精确，类似于 GPS 卫星上播发的 L1 测距信号，因此可以用于定位计算。下面主要介绍美国 WAAS、欧盟的 EGNOS、StarFire 等星基增强差分系统的情况。

1. WAAS 星基增强系统

WAAS 由美国联邦航空局（Federal Aviation Administration，FAA）于 1994 年开始研制，经过 10 年努力初步建成，该系统由 25 个广域基准站（Wide-area Reference Station，WRS）、2 个广域主站（Wide-area Master Station，WMS）、4 个地面地球站（Ground Earth Station，GES）和两颗地球同步卫星组成。两颗卫星分别位于东经 178°和西经 54°，WAAS 覆盖范围和组成框架如图 4-20 和图 4-21 所示。

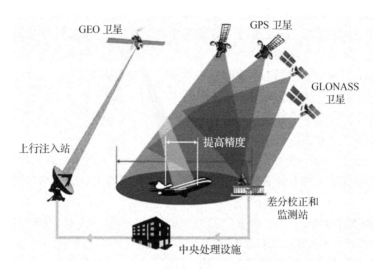

图 4-19 星基增强系统

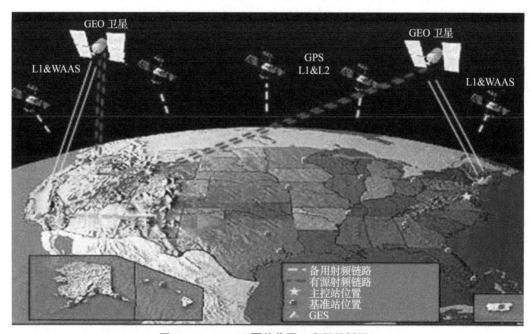

图 4-20 WAAS 覆盖范围（彩图见插页）

WAAS 目前可以为航空用户提供部分满足 I 类精密进近的能力，下一步，WAAS 将增加 WRS 站数目，采用新的卫星并将其位置调整至西经 133°和西经 107°，这些措施将提高 WAAS 的可用性。WAAS 广播信号的特点是尽量不改变标准接收机硬件。为此使用了 GPS L1 频点和 GPS C/A 码的调制方式，扩频码速率为 1.023M 码片/s，电文数据使用 1/2 速率，约束长度为 7 的编码器进行卷积编码，由此产生的总符号速率为 500 符号/s。WAAS 使用的 C/A 码与被 GPS 所保留的 37 个伪随机噪声码（Pseudo Random Noise Code，PRN）属于同一个 1023 位 Gold 码族，可以避免对 GPS 信号产生不良影响。WAAS 突破了局域增强系统（Local Area Augmentation System，LAAS）的覆盖范围局

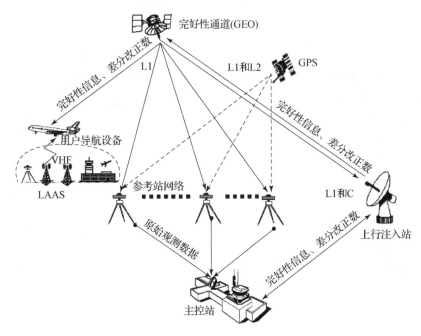

图 4-21 WAAS 组成框图

限,LAAS 系统的覆盖范围局限主要由电离层传播延迟和卫星星历误差引起。当飞机与基准台距离加大时,从卫星到飞机和基准台的信号传播路径不再相似,对飞机和基准台接收机来说,卫星位置误差和电离层传播时延不再是公共误差,不能通过直接的伪距修正消除这个误差。WAAS 为了克服这个问题,通过直接播发各种误差源的偏差估计值及卫星完好性信息来实现广域增强。WAAS 广播的数据包括卫星位置和钟差的偏差以及偏差变化率,通过直接修正卫星位置和时钟来消除各个用户获得的卫星位置和时钟误差。通过播发电离层格网的方法来消除电离层延迟误差的影响,即将整个服务区从地理上划分为数百个格网,系统提供这些格网点上 L1 信号的电离层垂直延迟校正量,接收机根据自己的位置和卫星位置,计算卫星信号的电离层穿越点(Ionosphere Pierce Point, IPP)及 IPP 在地球表面投影点的经纬度,用户通过内插周围 4 个电离层格网点的电离层垂直延迟量获得 IPP 上的垂直电离层延迟,并根据卫星相对于用户的仰角计算倾斜因子,将垂直电离层延迟换算成实际的电离层延迟量。通过采用不同类型的增强数据,WAAS 突破了原有系统的覆盖范围限制,实现了对整个大陆的有效覆盖。虽然 SBAS 技术的提出主要是为了满足航空应用的需求,但很多非航空用户的接收机是为了获得更好的导航性能,也都具有接收 SBAS 信号的能力。目前,世界各国建有多个广域增强系统,它们具有相似的工作原理和系统组成。但是,随着以 GPS Ⅲ 为代表的新一代导航系统出现,星基增强系统的作用和地位将会受到削弱。

2. EGNOS 星基增强系统

EGNOS 是欧洲发展的与 WAAS 相类似的系统,其与 WAAS 的主要差别是它将同时增强 GPS 和 GLONASS,覆盖整个欧洲。

EGNOS 由空间部分、地面部分、用户部分和支持系统组成。

(1) 空间部分：3 颗 GEO 卫星，目前该系统所使用的 3 颗卫星为 Inmarsat – 3 F2 (AOR – E)、Inmarsat – 3 F1 (IOR) 以及 ARTEMIS 卫星，轨道分别为西经 15.5°、东经 65.5°以及东经 21.3°，系统覆盖范围如图 4 – 22 所示。

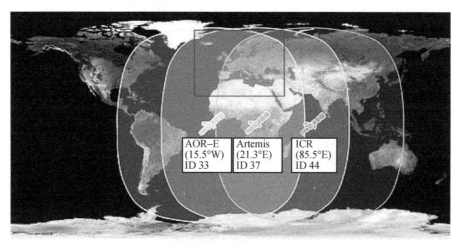

图 4 – 22　EGNOS 系统

(2) 地面系统：MCC (Main Control Center, 主控制中心)、测距与完好性监测站 (Ranging and Integrity Monitoring Station, RIMS) 和导航陆地地球站 (Navigation Land Earth Station, NLES)。

(3) 用户部分：用于空间信号性能验证的 EGNOS 接收机，以及水运、空运和陆运用户专用设备。

(4) 支持系统：EGNOS 广域差分网以及系统开发验证平台、工程详细技术设计、系统性能评价以及问题发现等支持系统。

EGNOS 技术指标如表 4 – 4 所列。

表 4 – 4　EGNOS 技术指标

技术指标	GPS 接收机（有 SA）	GPS/EGNOS 接收机
精度	100m	7.7 ~ 4m
可用性	58% ~ 97%	99% ~ 99.999%
完好性	不确定	超过 6s
连续性	1/10000h	1/10000000h
时间（UTC）	200ns	10ns

3. StarFire 差分 GPS

StarFire 星基增强差分系统是由美国 NavCom Technology INC 和 AG Management Solutions (AMS) 共同开发的利用全球 GPS 跟踪站数据，采用美国国家喷气推进实验室 (National Jet Propulsion Laboratory, JPL) 授权且基于 Real Time Gipsy (RTG) 软件的处理技术建立起来的全球性差分 GPS 服务，用户利用这钟差分服务可以全球北纬 76° ~ 南纬76°范围内实时连续动态目标0.1m级的定位精度。这种高精度全球定位系统必须以下面几项重要技术作为前提。

（1）基准站和流动站都使用高质量的双频GPS接收机。

（2）双频技术延续了码和相位平滑技术，剔除了在广域GPS差分系统中的两大误差来源，即电离层的折射和多路径的影响。

（3）最新的L波段通信模块和多波GPS天线（能够同时接收GPS的L1、L2信号和Inmarsat卫星的L波段的通信信号）的发展。在早期的局域差分定位技术中，误差的主要来源是在广播星历中存在不精确的GPS卫星轨道的信息。要将孤立的区域性差分系统调整为全球统一的差分GPS，需要生成精密实时的GPS轨道信息。在得到JPL开发的实时卫星轨道和钟差改正的计算技术许可后，NavCom公司能够获得实时GPS差分的卫星轨道和钟差改正的计算结果，但这并不能分发给众多独立的用户。如今，随着通信卫星的发射，它可以通过3颗覆盖全球的Inmarsat卫星播发这些校正的数据流给独立用户。另外，NavCom公司通过接收到来自JPL/NASA的全球参考站的实时改正数据并将其扩展到系统分布在全球的参考站上。这就是在全球范围内能够获得高精度定位的差分GPS。

StarFire提供的广域差分GPS，已从过去的向孤立区域提供高精度定位服务的局域差分GPS网络转变为具有强劲发展势头的、能够提供更高定位精度的统一全球网络，这种能够提供厘米级的实时定位服务几乎覆盖了整个地球。它基于RTG（Real Time GIPSY）技术，RTG技术是JPL为美国国家航空航天局（National Aeronautics and Space Administration，NASA）开发的。StarFire具有高精度和超强的发展势头，其系统具有以下重要特征。

（1）GPS双频接收机接收全球网络的测量数据。
（2）使用RTG技术能提供非常精确的轨道计算结果。
（3）所有重要误差源的模型化。
（4）高质量的双频动态接收机。
（5）高质量的多余观测数据、数据处理结构和通信链路。

这些特征为StarFire系统提供了统一的、强有力的、实时的、全球的、厘米级的定位服务能力。StarFire广域差分GPS和其他的广域差分系统相类似，如像美国联邦航空管理局的广域增强系统（WAAS）、欧洲的EGNOS以及日本的MSAS。其本质区别在于，StarFire广域差分GPS用户使用的是双频接收机而不是单频接收机。因为，双频接收机的使用能够直接消除电离层折射的影响而免除使用模型。

StarFire主要由以下几个部分组成。

（1）基准网络：分布全球的参考站接收机连续观测并提供原始的GPS观测数据给数据网络中心进行处理，这些观测量包括双频的码和相位观测值、卫星星历和其他信息。

（2）数据网络中心：处理GPS观测量并为差分GPS提供校正值。全球有两个独立的数据网络中心，它们能够连续接收所有的观测数据并处理和计算每个数据的校正信息，保证及时发送到卫星注入站上。数据网络中心也是StarFire的控制中心，在那里，数据操作人员能够监视和管理StarFire系统。数据网络中心还有一个自动报警系统，一且出现问题，自动报警系统就会立即提示操作人员进行处理，以保证校正系统正常工作。

（3）通信链路：提供可靠的数据传输设备，包括 GPS 观测量的传送和计算的校正信息。一个通信便捷的链路能够确保数据连续有效地输送到数据网络中心，并且能将校正信息提供给全球地面上传站（Land Earth Station，LES）。

（4）全球地面站：卫星上传工具，能将来自数据网络中心的校正数据发送给同步卫星。StarFire 在全球地面站的设备也能确定哪些校正数据流最优并将其予以广播。

（5）同步卫星：来自全球地面站广播的校正信息通过 L 波段的频率发送给用户。三颗 Inmarsat 地球同步卫星用于发送校正信息，它们覆盖了地球大部分的区域（仅在高于北纬 76°和南纬 76°的区域没有同步卫星覆盖）。

（6）监控站：该站的接收机分布于世界各地，这些监控站使用广播的校正信息并将实时卫星导航信息提供给数据处理中心。StarFire 运行监控站连续观测系统，并即时自动反馈系统出现的任何问题。监控站就是野外作业用户接收机实际的行为表现。

（7）用户设备：使用广播的校正信息和当地接收的 GPS 观测量来进行的精密卫星导航。它使用剔除了电离层折射影响的双频 GPS 观测值，并联合在卡尔曼滤波后广播校正信息进行的定位作业。

4. MASAS

MASAS 是由日本气象局和日本交通部组织实施的基于 2 颗多功能卫星（Multifunctional Satellite，MTSAT）的 GPS 星基增强系统，1996 年开始实施，其覆盖范围如图 4 – 23 所示。

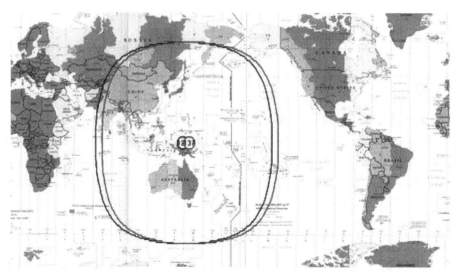

图 4 – 23　日本 MASAS

MTSAT 卫星是一种地球静止同步卫星，主要目的是为日本飞行区的飞机提供全程通信和导航服务。

MASAS 能够很好地提高日本偏远岛屿机场的导航服务性能，满足国际民航组织（ICAO）对非精密进近（Non – Precision Approach，NPA）阶段和 I 类垂直引导进近（APV – I）阶段的水平位置误差（Horizontal Position Error，HPE）、垂直位置误差

(Vertical Position Error, VPE) 以及相应的报警限值 (HLA 和 VLA) 的规定，具备了试运行能力。

5. GAGAN

GAGAN 由印度空间研究组织 (Indian Space Research Organisation, ISRO) 和印度机场管理局 (Airports Authority of India, AAI) 联合组织开发。其目的是在印度提供满足民用和航空应用的精度和完好性要求的星基增强系统 (GPS Aided Geo Augmented Navigation, GAGAN)，系统覆盖区域如图 4 – 24 所示。

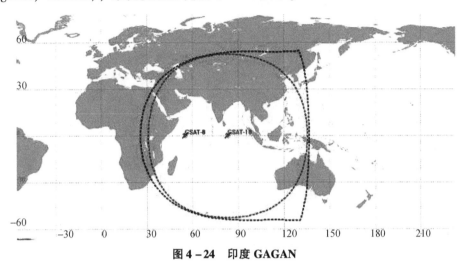

图 4 – 24　印度 GAGAN

GAGAN 系统的空间段由 3 颗位于印度洋上空的 GEO 卫星构成，采用 C 波段和 L 波段，其中 C 波段主要用于测控，L 波段与 GPS 的 L1 (1575.42MHz) 和 L5 (1176.45MHz) 频率完全相同，用于播发导航信息，并可与 GPS 兼容和互操作。空间信号覆盖整个印度大陆，能为用户提供 GPS 信号和差分修正信息，用于改善印度机场和航空应用的 GPS 定位精度和可靠性。

按计划，GAGAN 空间段的 3 颗 GEO 卫星分别为"地球静止卫星"(Geosynchronous Satellite, GSAT) 系列的 GSAT – 8、GSAT – 10 以及 GSAT – 15。"地球静止卫星"是印度自主发展的静止轨道通信卫星系列，是印度国家卫星系统两大系列之一，由印度空间研究组织研制，并计划采用印度自己的"地球同步卫星运载火箭"(Geosynchronous Satellite Launch Vehicle, GSLV) 发射。目前，GAGAN 系统空间段计划使用的 3 颗 GEO 卫星已经发射了两颗：第一颗卫星搭载 GAGAN 载荷的卫星 GSAT – 8 于 2011 年 5 月发射，目前正工作在东经 55°的轨道上；第二颗卫星搭载 GAGAN 载荷的卫星 GSAT – 10 于 2012 年 9 月 28 日发射，目前正工作在东经 83°的轨道上；最后一颗卫星 GSAT – 15 计划于 2014 年发射。

GAGAN 系统的地面段包括 1 个位于班加罗尔的主控站、8 个分别位于德里、班加罗尔、艾哈迈达巴德、加尔各答、查谟、布莱尔港、古瓦哈蒂、特里凡得琅的地面参考站以及 1 个上行链路站，由印度空间研究组织的数字化通信系统将各子系统整合在一起。

6. SDCM

自 2002 年起，俄罗斯联邦就开始着手研发建立 GLONASS 系统的卫星导航增强系统——差分校正和监测系统（SDCM）。SDCM 将为 GLONASS 以及其他全球卫星导航系统提供性能强化，以满足所需的高精确度及可靠性。和其他的卫星导航增强系统类似，SDCM 也利用了差分定位的原理，该系统主要由差分校准和监测站、中央处理设施以及用来中继差分校正信息的地球静止卫星三部分组成，如图 4-25 所示。

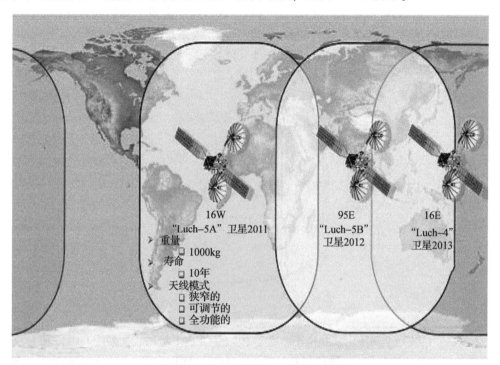

图 4-25　俄罗斯的 SDCM 系统覆盖范围

俄罗斯的 SDCM 增强系统的空间段由 3 颗 GEO 卫星——"射线"（Luch 或 Loutch）卫星组成，分别为 Luch-5A、Luch-5B 和 Luch-4。"射线"卫星是苏联/俄罗斯民用数据中继卫星系列，主要为苏联/俄罗斯"和平"号（Mir）空间站、"暴风雪"号（Buran）航天飞机、"联盟"号（Soyuz）飞船等载人航天器以及其他卫星提供数据中继业务，另外也用于卫星固定通信业务。同时，作为 SDCM 的空间部分，这 3 颗卫星上搭载了 SDCM 信号转发器，可将 SDCM 信号从中央处理设施转发给各用户。第一颗卫星"Luch-5A"，于 2011 年发射到西经 16°的轨道位置。第二颗卫星"Luch-5B"，于 2012 年发射到东经 95°的轨道位置。到了 2014 年，随着第三颗卫星"Luch-4"发射到东经 167°轨道位置，SDCM 的空间段将部署完成。

近几年，俄罗斯政府一直大力建设 SDCM 系统的地面差分校准和监测站。截止到 2012 年年末，俄罗斯政府已经建立差分站 24 个，其中在俄罗斯境内建成了 19 个差分站，在俄罗斯境外建成了 5 个差分站。在境外的 5 个差分站中，其中有南极洲的 3 个站，并还在计划建立第 4 个站。

根据 2012 年 ICG 大会上俄罗斯透露的消息，未来俄罗斯政府还将建立 39 个差分站，其中包括俄罗斯境内的 21 个站以及俄罗斯境外的 18 个站，其中包括我国的长春和昆明。

7. 北斗星基增强系统

通过"吉星"搭载卫星导航增强信号转发器，可以向用户播发星历误差、卫星钟差、电离层延迟等多种修正信息，实现对于原有卫星导航系统定位精度的改进。目前，已完成系统实施方案论证，固化了系统在下一代双频多星座（Dual Frequency Multi Constellation，DFMC）SBAS 标准中的技术状态，进一步巩固了 BDSBAS 作为星基增强服务供应商的地位。

（四）地基增强系统

1. 基本思想

地基增强系统是通过用户附近监测站完成对周边环境异常的监测，然后通过微波或超短波链路广播给用户。

地基增强系统是基于 BD/GPS 卫星定位技术、计算机网络技术、数字通信技术等高新科技，通过在一定区域布设若干个 GNSS 连续运行参考站（Continuously Operating Reference Station，CORS），对区域 GNSS 定位误差进行整体建模，通过无线数据通信网络向用户播发定位增强信息，提高用户的定位精度。基准站接受卫星导航信号后，通过数据处理系统形成相应信息，经由卫星、广播、移动通信等手段实时播发给应用终端，实现定位服务，为用户提供广域增强数据产品、区域增强数据产品、后处理高精度数据产品服务。

2. 系统组成

地基增强系统由参考站、数据处理中心、数据传输系统、定位导航数据播发系统、用户应用系统 5 个部分组成，如图 4-26 所示。各基准站与监控分析中心间通过数据传输系统连接成一体，形成专用参考站网络，数据传输系统与定位导航数据播放系统共同完成通信传输北斗卫星地基增强系统是动态的、连续的空间数据参考框架，可快速、高精度地获取空间数据和地理特征，它也是区域规划、管理、决策的基础。

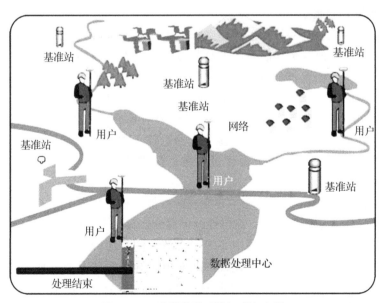

图 4-26 地基增强系统组成示意图

1）参考站网系统

参考站网系统是北斗卫星地基增强系统的数据源，用于实现对卫星信号捕获、跟踪、卫星数据的记录、传输、系统可靠性（完备性）监测。

2）控制中心子系统

控制中心是整个系统的核心单元，与各基准站之间采用有线网络通信，并以无线网络和其他通信方式作为备用链接。

作为整个服务系统的核心，控制中心要求具备数据处理、系统运行监控、信息服务、网络管理、用户管理等功能。

3）实时网络处理软件子系统

软件系统由核心解算软件、各种传感器接入软件和监测软件组成。核心解算软件利用改进的参考站间高程差异大的内插模型，建立整网的对流层延迟、电离层延迟等误差模型，为移动用户提供优化后的空间误差改正数。改进后的虚拟参考站能提供更可靠、精度更高的网络 CORS 服务。

4）通信子系统

地基增强服务系统是一项综合系统工程，涉及硬件设备、软件平台、资源配置、计算机网络、人力调配等方面，系统长期稳定运行的基础是要建立一个良好的数据通信子系统，该子系统由 4 个部分构成：一是数据中心分布式千兆网络；二是基准站到数据中心组建的有线网络；三是基准站到灾备数据中心组建的无线或其他通信网络；四是数据中心向用户发播的通信网络。

5）用户终端子系统

用户终端接收北斗、GPS 等导航卫星信号外还需接收 CORS 中心站发送的差分信息，包括高精度卫星接收机、手机、车载终端等 GNSS 信号接收，实时差分解算，事后处理解算。

3. 北斗地基增强系统

按照"统一规划、统一标准、共建共享"的原则，整合国内地基增强资源，建立以北斗为主、兼容其他卫星导航系统的高精度卫星导航服务体系。利用北斗/GNSS 高精度接收机，通过地面基准站网，利用卫星、移动通信、数字广播等播发手段，在服务区域内提供 1~2m、分米级和厘米级实时高精度导航定位服务。

第一期为 2014—2016 年年底，主要完成框架网基准站、区域加强密度网基准站、国家数据综合处理系统，以及国土资源、交通运输、中国科学院、地震、气象、测绘地理信息 6 个行业数据处理中心等建设任务，建成基本系统，在全国范围提供基本服务。

第二期为 2017—2018 年年底，主要完成区域加强密度网基准站补充建设，进一步提升系统服务性能和运行连续性、稳定性、可靠性，具备全面服务能力。

北斗地基增强系统是以参考站中心为中心节点的星形网络，中心建立在高速局域网的互联上，是由国家北斗办主导建设的北斗卫星导航系统重要的地面基础设施，该系统分布在全国的基准站，实时接收北斗、GPS、GLONASS 卫星信号，通过专网传至国家北斗数据处理中心，由部署数据中心的千寻平台软件解算实时播发差分数据，用户可根据需要获取实时亚米级、厘米级、后处理毫米级精度的位置服务，是目前站数最多、覆盖范围最广、技术水平领先的全国范围地基增强系统。

北斗地基增强系统是在一个系统内集成米级、分米级、厘米级和后处理毫米级 4 类高精度服务，国内外没有先例可循，尚属首创。如图 4 – 27 所示，目前，系统目前已经形成由超过 2500 个地基增强站组成的全球规模最大、密度最高、自主可控和全国产化的北斗地基增强系统"全国一张网"，具备在全国范围内，提供实时米级、分米级、厘米级、后处理毫米级高精度定位基本服务能力。系统能力达到国外同类系统技术水平。

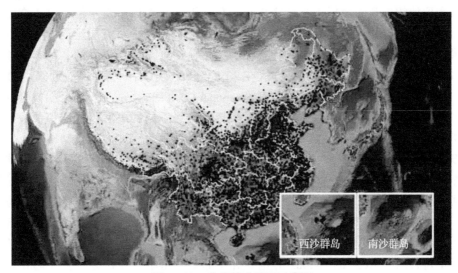

图 4 – 27　北斗基准站网示意图

作为北斗导航应用推广的重要方向，建设时始终把握"互联网＋"时代对精准时空服务的基础支撑需求，加大北斗应用推广和产业布局，2015 年 8 月，以高精度为切入点，融合"互联网＋"和"北斗＋"发展，打造高精度服务云平台，推出了千寻跬步（Find m）、千寻知寸（Find cm）、千寻见微（Find mm）等一系列共性服务产品，降低了高精度产品研发成本和门槛，构建了高精度应用产业生态，致力于把北斗高精度时空服务打造成公共服务，让北斗导航高精度不只是测绘等高端用户的专业应用，而是面向大众、触手可及、随需要而用的公共服务。

近年来，在千寻位置的推动之下，北斗高精度定位技术已在未来城市、自动驾驶、智能手机、共享单车及无人机应用等各领域广泛使用。据统计，已有 1 亿部手机接入了千寻位置的 FindNow 加速定位服务，相当于北京、上海、广州、深圳四大一线城市的居民人手一部；43 家整车厂商和解决方案提供商使用千寻位置提供的北斗高精度定位服务开展自动驾驶技术研发，占据了自动驾驶汽车行业超过 50% 的市场份额。在铁路、公路、桥梁、电力、航空等领域，也有数以万计的设备正在使用千寻位置的高精度定位服务，极大地提升了工作效率。

国家北斗地基增强系统总师蔡毅举例说，北斗高精度智能手机，可以用于汽车的驾驶定位导航。车道级导航可以用到大货车管理、约车，可用于穿戴式设备，精细农业，港口管理装卸，汽车智能的驾驶。更高精度毫米级的应用，可以用作建筑变形监测、地质灾害检测、泥石流滑坡监测、市政管理、智能旅行等。陈金培表示，千寻位置将把产业级市场上的北斗高精准定位服务引入消费级市场,预计未来 3 年,更多的手机、单车、可穿戴设备等终端都将可以使用北斗高精度定位服务,人们的生活将享受到更多便利。

五、GNSS 精密单点定位技术

(一) 精密单点定位的概念

GNSS 开发后,由于 C/A 码或 P 码单点定位精度不高,20 世纪 80 年代中期就有人探索采用原始相位观测数据进行精密单点定位,即非差相位单点定位。由于在定位估计模型中需要同时估计每一历元的卫星钟差、接收机钟差、对流层延迟、所见卫星的相位模糊度参数和测站三维坐标,待估参数太多,估计方程是秩亏的,基本无法提出解决方案,问题的高难度使得这一方法在 20 世纪 80 年代后期暂时搁置起来。90 年代中期,国际 GPS 地球动力学服务局 (International GNSS Service, IGS) 开始向全球提供精密星历和精密卫星钟差产品,随后,提供精度等级不同的事后、快速和预报三类精密星历和相应的 15min、5 间隔的精密卫星钟差产品,这就为非差相位精密单点定位提供了新的解决思路。1997 年,JPL 的研究人员 Zumberge 等提出了利用 GIPSY 软件和 IGS 精密星历,同时利用一个 GPS 跟踪网的数据确定 5s 间隔的卫星钟差,在单站定位方程式中,只估计测站对流层参数、接收机钟差和测站三维坐标的精密单点定位研究思路,进行了试验,取得了 24h 连续静态定位精度达 1~2cm、事后单历元动态定位精度达 2.3~3.5dm 的试验结果,用实测数据证明了利用非差相位观测值进行精密单点定位是完全可行的。Nrcan 的 Heroux 等也研究了非差精密单点定位方法,他们处理长时间静态观测数据的结果精度也达到厘米级。德国地学研究中心 (German Research Centre for Geosciences, GFZ) 和加拿大的大地测量局 (Geodetie Survey Division, GSD) 也开发了相应的精密单点定位软件系统,取得了同样精度的静态和动态定位结果。美国俄亥俄州立大学 (Ohio State University, OSU) 的 Han 等也进行过类似的研究,在固定卫星精密轨道的基础上,利用 IGS 站的观测资料先估计出 GPS 卫星的钟差,然后再利用估计出的精密钟差及已有的精密卫星轨道求解测站的绝对位置坐标。Calgary 大学的高扬博士先后带领了数名博士和硕士对精密单点定位的理论和算法进行深入研究,并开发了相应的精密单点定位解算软件。著名的 GPS 数据处理软件 BERNESE 4.2 版本中也增加了用非差相位观测值进行精密单点定位处理的功能。

利用 IGS 提供的或自己计算的 GPS 卫星精密星历和精密钟差,用户利用单台 GPS 双频双码接收机的观测数据在数千平方千米乃至全球范围内的任意位置都可以实现实时的或事后的高精度定位,这一定位方法称为精密单点定位 (Precise Point Positioning, PPP)。这一概念最初是由美国喷气推进实验室 (JPL) 的 Zumbeger 等提出并在他们开发的数据处理软件 GIPSY 上予以实现的。

在 GPS 定位中,主要的误差来源于轨道误差、卫星钟差和电离层延时等。采用双频接收机,可利用 LC 相位组合,消除电离层延时的影响,定位误差只有轨道误差和卫星钟差两类。再利用 IGS 提供精确的精密星历和卫星钟差,利用观测得到的相位观测值,就能精确地计算接收机位置和对流层延时等信息。

(二) 精密单点定位的数学模型

根据 GPS 的观测量,可得伪距及载波相位观测方程如下。

1. 伪距观测方程

伪距观测方程为

$$l_P = \sqrt{(X^i-X)^2+(Y^i-Y)^2+(Z^i-Z)^2} + c \cdot dT^i - c \cdot dt - d\rho_{ion}^i - d\rho_{tro}^i + d\rho_{orb} + d\rho_{mul} + \varepsilon_P^i \tag{4-29}$$

式中:l_P 为伪距观测值;(X^i,Y^i,Z^i) 为第 i 颗卫星的位置;(X,Y,Z) 为用户的位置;c 为光速;dT 为卫星钟差;dt 为接收机钟差;$d\rho_{ion}$ 为电离层延迟改正;$d\rho_{tro}$ 为对流层延迟改正;$d\rho_{orb}$ 为卫星星历误差在矢径方向的投影;$d\rho_{mul}$ 为测距多路径误差;ε_P 为测量噪声。

2. 载波相位观测方程

载波相位观测方程为

$$\varphi_i \cdot \lambda = \sqrt{(X^i-X)^2+(Y^i-Y)^2+(Z^i-Z)^2} + c \cdot dT^i - c \cdot dt - \lambda \cdot N_i - d\rho_{ion}^i - d\rho_{tro}^i + d\rho_{orb} + d\rho_{mul} + \varepsilon_\varphi^i \tag{4-30}$$

式中:N_i 为整周模糊度。

3. GPS 观测值的线性组合

为了消除或降低 GPS 测量误差的影响,提高整周模糊度解算的效率等,在 GPS 非差精密单点定位中,除直接采用原始的载波相位观测值 φ_1、φ_2 和伪距观测值 P_1、P_2 外,还大量使用了经线性组合后形成的虚拟观测值。主要根据以下准则对原始观测值进行组合:

准则 1:组合观测值应具有适当的波长,有利于解算整周模糊度。

准则 2:组合观测值应能消除或削弱某个因素的影响,如电离层、几何距离等。

准则 3:组合观测值具有较小的量测噪声,但是根据误差传播定律,线性组合观测值量测噪声总是比原始观测值的噪声大。

常用的几种线性组合的方式主要有宽巷组合、无电离层(Iono – Free)组合、无几何距离(Geometry – Free)组合、MW(Melbourne – Wübbena)组合等。这些组合观测值在定位、整周模糊度的解算、周跳的探测和修复中有重要作用。

(1) 宽巷组合观测值。宽巷组合观测值 φ_5 为 φ_1 与 φ_2 之差:

$$\varphi_5 = \varphi_1 - \varphi_2 \tag{4-31}$$

$$L_5 = \frac{1}{f_1 - f_2}(f_1 L_1 - f_2 L_2) \tag{4-32}$$

宽巷观测值具有较长的波长,其波长 λ_5 约为 0.86m,因而很容易准确确定其整周模糊度。但由于其量测噪声较大,所以宽巷观测值一般并不用于最终的定位,而是将其作为一种中间过程用于周跳探测与修复、初始整周模糊度的确定等。

(2) 无电离层组合观测值。无电离层组合观测值为

$$L_3 = \frac{1}{f_1^2 - f_2^2}(f_1^2 L_1 - f_2^2 L_2) \tag{4-33}$$

$$P_3 = \frac{1}{f_1^2 - f_2^2}(f_1^2 P_1 - f_2^2 P_2) \tag{4-34}$$

无电离层组合观测值的最大优点是消除了电离层的一阶项影响。

（3）无几何距离组合观测值。无几何距离组合观测值为

$$\varphi_3 = \lambda_1 \varphi_1 - \lambda_2 \varphi_2 \qquad (4-35)$$

$$L_I = L_1 - L_2 \qquad (4-36)$$

无几何距离组合观测值与几何距离无关，仅包含电离层和整周模糊度的贡献，由于电离层在一般情况下变化缓慢，因此，此组合观测值经常用于探测和修复周跳。

（4）MW 组合观测值。MW 组合观测值为

$$L_6 = \frac{1}{f_1 - f_2}(f_1 L_1 - f_2 L_2) - \frac{1}{f_1 + f_2}(f_1 P_1 + f_2 P_2) \qquad (4-37)$$

$$bw = L_6(f_1 - f_2)/C \qquad (4-38)$$

MW 组合观测值不仅消除了电离层延迟，也消除了卫星钟差、接收机钟差和卫星至接收机的几何距离，仅受测量噪声和多路径误差的影响。这些误差可通过多历元的观测来平滑、削弱。该组合观测值具有较长的波长，约为 86cm。如果 MW 组合观测值的均方根（Root Mean Square，RMS）误差小于 0.5 宽巷波长（43cm），利用它几乎可以确定所有的宽巷周跳，并且可利用它可确定初始整周模糊度。

（三）精密单点定位解算

在精密单点定位测量中，由于计算模型是非差的，数学模型非常复杂，因为无法像相对定位和差分定位一样消除共有误差，若要达到较高的精度，计算时必须顾及所有与测量相关的误差项，包括固体潮影响、海潮影响、天线相位中心改正、地球自转改正、相对论改正、弯曲改正等都需要用精确的数学模型加以改正，精密单点定位要达到厘米级的定位精度有以下两个前提。

（1）卫星轨道精度需达到厘米级水平。

（2）卫星钟差改正精度需达到亚纳秒量级。

目前的 GPS 精密星历主要有两种：由美国国防制图局（Defense Mapping Agency，DMA）生产的精密星历以及由国际 GNSS 服务组织（IGS）提供的精密星历。前者的星历精度约为 2m；后者的星历精度则优于 5cm。IGS 是一个非军方的国际协作组织，其开放度也较高。因此，精密单点定位中通常采用 IGS 提供的精密轨道和钟差产品。表 4-5 所列为不同 IGS 精密星历及钟差产品的精度指标。

表 4-5　不同 IGS 精密星历及钟差产品的精度指标

星历类型	精度	延迟时间	更新率	采样间隔
预报星历（P）	10cm/~5ns	实时	每天 4 次	15min
预报星历（O）	5cm/~0.2ns	3h	每天 4 次	15min
快速星历	5cm/0.1ns	17h	每天 1 次	15min/5min
事后星历	<5cm/~0.1ns	13 天	每周发布	15min/5min/30s/5s

由于实际作业时 GPS 观测值的采样率较高，而 IGS 发布的轨道和钟的采样率较低，这远远不能满足高动态精密定位用户的要求。在 PPP 定位处理过程中需要对精密卫星

轨道和卫星钟差进行内插处理,以得到观测历元时刻所需要的卫星位置和卫星钟差。要获取更加密集的高精度星历,最节约而有效的方法就是采用内插法。目前,精密星历的内插方法主要有插值型多项式,如拉格朗日(Lagrange)多项式法、牛顿(Newton)多项式法、Neville 逐次线性内插法以及拟合型多项式插值法,常见的有拉格朗日多项式插值、ChebyShev 多项式和三角多项式。

目前,对于后处理的精密动态单点定位的参数估计,主要有两种方法:一种是 Kalman 滤波;另一种是最小二乘法。如果先验信息给得不合适往往容易造成 Kalman 滤波发散,定位结果会严重偏离真值。这里采用最小二乘估计法。但又不能简单套用最小二乘法,因为即使是1h 的动态 GPS 数据(采样率为1Hz)进行单点定位解算,待估参数也将超过14400 个。

可以想象,使用常规的最小二乘法,用 PC 要完成如此大型的法方程组成并求解几乎无能为力。即使采用相当优化的矩阵存取和矩阵运算算法,耗时也会相当长,可能是以天来计算。若采用大型工作站计算就另当别论了。但是,大部分 GPS 用户还是习惯或喜欢使用 PC 来处理 GPS 数据。本书采用递归的最小二乘估计方法,其核心思想是分类处理不同的参数,流程如图4-28 所示。

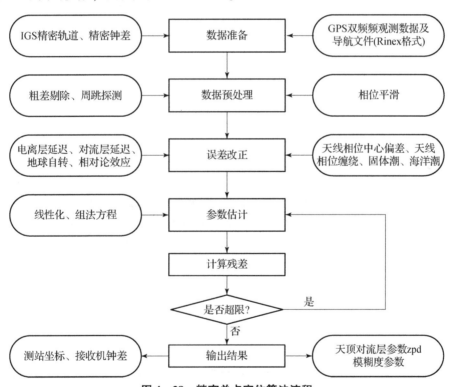

图4-28 精密单点定位算法流程

若将精密单点定位中所有的待估参数分为两类,设为向量 X 和 Y,其中向量 X 包含测站坐标、接收机钟差参数;向量 Y 包括模糊度参数以及天顶对流层延迟。P 为权矩阵。观测方程可重新描述为

$$AX + BY = L + V, P \qquad (4-39)$$

采用消参数法将 X 从观测方程式(4-39)中消去,到式(4-39)的法方程为

$$\begin{bmatrix} A^{\mathrm{T}}PA & A^{\mathrm{T}}PB \\ B^{\mathrm{T}}PA & B^{\mathrm{T}}PB \end{bmatrix} = \begin{bmatrix} N_{11} & N_{12} \\ N_{21} & N_{22} \end{bmatrix} = \begin{bmatrix} A^{\mathrm{T}}PL \\ B^{\mathrm{T}}PL \end{bmatrix} \qquad (4-40)$$

定义 $Z = N_{21}N_{11}^{-1}$，将式（4-40）进行变换可得

$$\begin{bmatrix} I & 0 \\ -Z & I \end{bmatrix} \begin{bmatrix} N_{11} & N_{12} \\ N_{21} & N_{22} \end{bmatrix} = \begin{bmatrix} N_{11} & N_{12} \\ 0 & \bar{N}_{22} \end{bmatrix} = \begin{bmatrix} A^{\mathrm{T}}PL \\ \bar{B}^{\mathrm{T}}PL \end{bmatrix} \qquad (4-41)$$

其中：

$$\bar{N}_{22} = B^{\mathrm{T}}PB - B^{\mathrm{T}}PAN_{11}^{-1}A^{\mathrm{T}}PB \qquad (4-42)$$

令

$$J = AN_{11}^{-1}A^{\mathrm{T}}P \qquad (4-43)$$

式（4-42）可表示为

$$\bar{N}_{22} = B^{\mathrm{T}}(I-J)^{\mathrm{T}}P(I-J)B \qquad (4-44)$$

令

$$\bar{B} = (I-J)B \qquad (4-45)$$

得到新的法方程为

$$B^{\mathrm{T}}P\bar{B}Y = \bar{B}^{\mathrm{T}}PL \qquad (4-46)$$

上述新的法方程等价于构成一个新的观测方程：

$$\bar{B}Y = L + U, P \qquad (4-47)$$

式（4-47）中只剩下向量 Y，即只包含了模糊度参数和对流层延迟改正参数，消除了包含测站坐标和卫星钟差的向量 X。同时，L 观测量及其权阵保持不变。因此，可以首先估计出向量 Y 后，再估计向量 X：

$$\bar{X} = N_{11}^{-1}(A^{\mathrm{T}}PL - N_{12}Y) \qquad (4-48)$$

因此，通过对上述这些不同的参数分类递归处理，可以大大提高数据处理的速度。采用这种优化的参数估计方法，对于数小时的 1s 采样率的动态 GPS 数据，使用 Pentium4 普通笔记本电脑，软件只需要 2~3min 就可以解算所有的待估参数。

六、网络 RTK 技术

（一）网络 RTK

RTK 利用 GPS 的载波相位观测量，并利用参考站和移动站之间观测误差的空间相关性，在 1~2s 的时间里得到厘米级的高定位精度。但是，RTK 误差的空间相关性随参考站和移动站距离（一般 10~15km）的增加而逐渐变得越来越差，因此在较长距离下定位精度显著降低。故此提出了网络 RTK 技术。

网络 RTK 是指通信网络将多个基准站数据传输到计算中心，联合多个基准站数据解算电离层、对流层，并用移动通信告知用户，以提高 RTK 定位的可靠性和高精度的服务范围。

如图 4-29 所示，网络 RTK 由参考站网、数据处理中心和数据通信线路组成。参考站的三维坐标精度应达到厘米级，配备双频 GPS 接收机、数据通信设备及气象仪器。

参考站按规定的采样率进行连续观测,并通过数据通信链实时将观测资料传送给数据处理中心。网络 RTK 技术依靠网络将基准站连接到计算中心,联合若干参考站数据解算消除电离层、对流层等影响,提高 RTK 定位可靠性和精度。

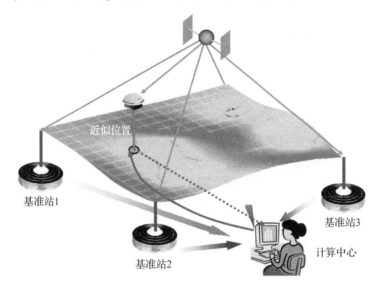

图 4-29 网络 RTK 组成示意图

目前,应用于网络 RTK 数据处理的方法有虚拟参考站法、偏导数法、线性内插法、条件平差法,其中虚拟参考站法(Virtual Reference Station,VRS)技术最为成熟。

(二) 虚拟参考站技术

VRS RTK 系统是集 Internet 技术、无线电通信技术、计算机网络管理和 GPS 定位技术于一身的系统。VRS RTK 的工作原理(图 4-29):在一个区域内建立若干个连续运行的 GPS 基准站、计算中心、数据发布中心组成的网络。

连续运行的 GPS 基准站连续进行 GPS 观测,并实时将观测值传输至计算中心。计算中心根据这些观测值计算区域电离层、对流层、卫星轨道误差改正模型,并实时地将各基准站的观测值减去其误差改正,得到"无误差"观测值,再结合移动站的观测值,计算在移动站附近(几米到几十米)虚拟参考站的相位差分改正,并实时地传给数据发布中心。数据发布中心实时接收计算中心的相位差分改正信息,并实时发布。用户站接收到数据发布中心发布的相位差分改正信息,结合自身 GPS 观测值,组成双差相位观测值,快速确定整周模糊度参数和位置信息,完成实时 RTK 定位。

由于其差分改正是经过多个基准站观测资料有效组合求出的,可以有效地消除电离层、对流层和卫星轨道等误差,哪怕用户站远离基准站,也能很快地确定自己的整周模糊度,实现厘米级的实时快速定位。

VRS RTK 的出现将一个地区的测绘所有的工作连成了一个有机的整体,结束了以前 GPS 作业单打独斗的局面,大大扩展了 RTK 的作业范围,使 GPS 的应用更为广泛,精度和可靠性进一步提高,建设成本大大降低。一般 RTK 参考站间距离为 50~75km,水平定位精度为 2cm,垂直精度为 4cm。而 VRS RTK 参考站间距离为 75~150km,水平定位精度为 2~5cm,垂直精度为 4~10cm。

(三) 连续运行参考站

1. 连续运行参考站概述

GNSS 定位技术是地理空间数据的重要来源，具有全球性的突出优势，为了应用高精度和实用性的应用，位置固定、不间断连续运行的 GNSS 参考站相继建成，并逐步覆盖成区域、广域甚至全球性的网络，这就是连续运行参考站网络。

澳大利亚于 1994 年开始建立了永久、连续运行的澳大利亚基准网（AFN）、整个澳大利亚地区的 GPS 网络（ARGN）和维多利亚地区的 GPS 永久、连续运行参考站网络（Victorian GPSnet）。加拿大将其已建立的 10 余个永久性 GPS 卫星跟踪站构成一个主动控制网（CACS），作为该国大地测量的动态参考框架；日本已建立由 1000 多个基准站组成的 GPS 连续应变监测系统（Continuous Strain Monitoring System，COSMOS）。

在我国，国家测绘局从 1993 年开始，先后建立了上海、武汉、拉萨、乌鲁木齐、北京和西安等永久性 GPS 跟踪站，主要用于定轨、精密定位和地球动力学研究。此后，国家地震局牵头建立了由 25 个 GPS 基准站组成的中国地壳运动观测网络，北京 GPS 服务网将在北京地区建立由 28 个 GPS 参考站组成的卫星连续观测网，结合用户应用，可以完成气象预报、地壳形变监测、城市基准控制、地面沉降监测、资源普查管理等功能。另外，深圳、香港等地也建立了 GPS 连续运行网络系统。

2. CORS 工作原理

CORS 是在一个较大的区域内均匀地布设多个永久性的连续运行 GPS 参考站，构成一个参考站网，各参考站按设定的采样率连续观测，通过数据通信系统实时地将观测数据传输给系统控制中心，系统控制中心首先对各个站的数据进行预处理和质量分析，然后对整个数据进行统一解算，实时估算网内的各种系统误差改正项（电离层、对流层、卫星轨道误差）获得本区域的误差改正模型，并后向用户实时发送 GPS 改正数据，用户只需要一台 GPS 接收机，便可实时或事后得到高精度的可靠的定位结果。CORS 目前主要的几种网络 RTK 技术有虚拟参考站（Virtual Reference Station，VRS）技术、主辅站技术（i - MAX）、区域改正参数（FKP）技术和综合误差内插法技术等。

3. CORS 系统构成

如图 4 - 30 所示，CORS 系统由若干个连续运行基准站、互联网、数据处理中心、GSM/通用分组无限服务（General Packet Radio Service，GPRS）网络、若干流动站等组成。

基准站一般采用高精度的大地测量型扼流圈天线，通过高速互联网来建立到数据处理中心的数据链路。由于基站点需要连续接收 GPS 信号，并将概略坐标传送到数据处理中心服务器，对互联网网络速度的要求较高。流动站一般采用普通的 RTK 双频天线，并配有 GSM/GPRS 数据处理模块，通过 GSM/GPRS 网络建立与数据处理中心的实时数据链路。CORS 系统由三个及以上基准站构成，基准站距离宜为 50km，最好为等边或等腰三角形。在建立 CORS 网时，应考虑覆盖全部贯通线和比较线，且留有富余，即所有测量的铁路线均在 CORS 网络覆盖范围以内。

4. CORS 系统优点

CORS 卫星定位系统具有如下优点。

（1）整个系统全自动，可全天候 24h 持续提供服务。

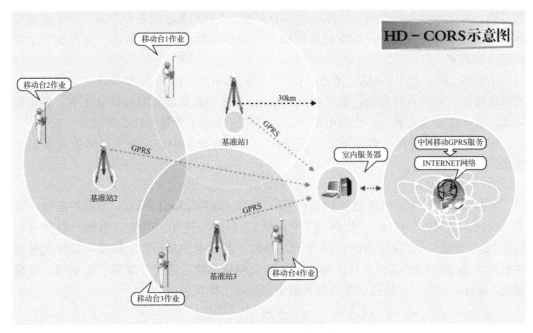

图 4-30 CORS 系统组成

(2) 不需要架设基准站,流动站可实现单人作业,从而大幅度提高劳动生产率。

(3) 引入实时 GNSS 测量和检测技术,从根本上避免重复设站和超限返工问题。

(4) 提供统一的、高精度的、实时动态的三维空间定位基准,避免控制网的重复建设、改造和维护。

(5) 具有统一的坐标系统,避免各个地方坐标系互不兼容的情况出现。

(6) 能同时满足各行各业不同用途、不同服务方式和不同精度层次的定位需求。

5. CORS 系统建设的目的和意义

连续运行参考站系统具有规模化、服务实时化和定位服务实时化的趋势特点,CORS 系统建设是国内乃至全世界 GPS 的最新技术和发展趋势,它不仅可以建立和维持城市测绘的基准框架,更可以全自动、全天候、实时提供高精度时间和空间信息,成为区域规划、管理和决策的基础,系统还能提供差分定位信息,开拓交通导航的新应用,并能提供高精度、高时空分辨率、全天候、尽实时、连续的可降水汽量变化序列,并由此逐渐形成地区灾害性天气监测预报系统。

6. 全球 GNSS 连续运行参考站

全球 GNSS 连续运行参考站主要用于确定和维持地球参考框架,卫星精确定规和地球物理应用。实现了 GNSS 原始观测数据的全球共享,并生成了精密卫星星历、精密卫星钟差、地球自转参数等用途广泛的产品。在大地测量和地球动力学领域发挥了巨大的作用,由 IGS 提供。

IGS 是国际大地测量协会 (International Association of Geodesy, IAG) 为支持大地测量和地球动力学研究于 1993 年组建的一个国际协作组织, 1994 年 1 月 1 日正式开始工作。1992 年 6 月至 9 月的全球 GPS 会战等试验为 IGS 的建立奠定了基础。此后,随着 GLONASS 等其他全球卫星导航定位系统的建成及投入工作,国际 GPS 服务也扩大了工作范围。其主要功能是提供各跟踪站的 GNSS 观测资料和 IGS 的各种产品,为大地测量和地球动力学研究服务,广泛支持各国政府和各单位组织的相关活动,研究制定必要的标准和细则。

IGS 中心的主要产品包括:GPS、GLONASS、GALILEO、北斗等全球卫星导航系统的精密星历;地球自转参数;极移和日长变化;IGS 跟踪站的坐标及其变化率;各跟踪站天顶方向的对流层延迟;全球电离层延迟信息(总电子含量 VTEC 图)。

IGS 由卫星跟踪网、数据中心、分析中心、综合分析中心、中央局和管理委员会组成。

1)卫星跟踪网

2009 年 4 月,IGS 的跟踪站数量已达 422 个,如图 4-31 所示。中国有武汉、北京、乌鲁木齐(2 个台站)、拉萨(2 个台站)、长春、昆明、西安、上海、新竹(台湾)(2 个台站)、桃园(台湾)13 个台站参加。各 GPS 卫星跟踪站均需用双频 GPS 接收机对视场中的 GPS 卫星进行连续的载波相位测量,然后通过互联网、电话线、海事卫星 Inmarsat、V-sat 等通信方式将观测资料运往工作资料中心。

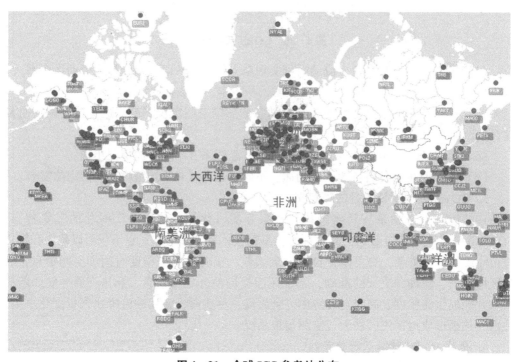

图 4-31 全球 IGS 参考站分布

2)数据中心

数据中心包括全球数据中心、区域数据中心、工作数据中心三类。

(1)全球数据中心:IGS 有 6 个全球数据中心(分别为美国 CDDIS、美国 SIO、法国 IGN、韩国 KASI、中国 WHU、欧洲 ESA),负责收集全球各 GNSS 跟踪站的观测资料以及分析中心所产生的 GNSS 产品。IGS 的分析中心可从全球资料中心获取所需的全球观测资料,还可获取自己所需的 IGS 产品,多个数据中心可以增强整个系统的可靠性,减少用户数据传输的路径长度。

(2) 区域数据中心：IGS 有 7 个区域数据中心，负责收集规定区域内的 GNSS 观测资料，然后传送给全球资料中心。进行局部区域研究工作的用户可从区域数据中心获取自己所需的资料。

(3) 工作数据中心：IGS 有 17 个工作数据中心，各工作数据中心负责收集其管理的 GNSS 跟踪站的观测资料，包括通过遥控方式收集一些遥远的无人值守的跟踪站的资料，并对观测的数量、观测的卫星数、观测的起始时刻和结束时刻等指标进行检验。将接收到的原始接收机格式转换为标准的 RINEX（Receiver Independent Exchange Format）格式，最后将合格的观测资料传送给区域数据中心。

3) 分析中心

分析中心从全球资料中心获取全球的观测资料，独立地进行计算以生成 GPS 卫星星历、地球自转参数、卫星钟差、跟踪站的站坐标、站坐标的变化率以及接收机钟差等 IGS 产品。IGS 共有 12 个分析中心。

4) 综合分析中心

根据各分析中心给出的结果取加权平均值，求得 IGS 各类官方产品，最后再将这些产品传送给全球资料中心和美国中央局的信息中心，免费地、公开地供用户使用。

5) 美国中央局和管理委员会

美国中央局（Central Bureau）负责协调整个系统的工作。此外，美国中央局还设有一个信息系统（CBIS），用户也可从 CBIS 获取所需的资料。管理委员会负责监督管理 IGS 的各项工作，确定 IGS 的发展方向。

7. 我国连续运行参考站

国家 GNSS 连续运行参考站是构成国家空间坐标基准框架的基础，是现代大地测量坐标基准框架的骨干和技术支撑。通过国家 GNSS 连续运行参考站与 IGS 联网，可以获得我国及邻区大范围地壳运动边界条件的变化信息，推进我国地球科学等基础性研究；通过独立自主的卫星定轨计算，可具备提供精密星历的能力，从而推动 GNSS 动态、实时、高精度的定位服务，促进空间定位技术应用的社会化、产业化进程。

我国的国家 GNSS 连续运行参考站包括国家 GNSS A 级网、国家 GNSS B 级网、地方 GNSS C 级网，如图 4-32 所示。

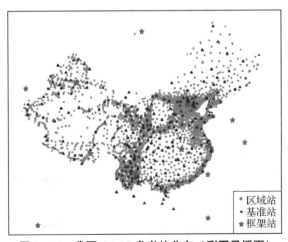

图 4-32　我国 CORS 参考站分布（彩图见插页）

第二节 水下声学导航定位技术

海水具有良好的导电性，电磁波在海水中传播衰减迅速，从而也限制了基于无线电的导航系统，如罗兰 C、GNSS 和雷达等常规导航定位技术在水下定位和导航中的应用。相对于无线电信号，声信号在海水中传播衰减很小，可以传播较远的距离。在非常低的频率（200Hz 以下）时，声波在海水中可以传播至几百千米，即使 20kHz 的声波在水中的传播衰减也只有 $2 \sim 3dB/km$，所以海洋中探测、导航、定位和通信主要采用声波。

水声定位系统是用于测定水下或水面运载工具位置的定位系统。水声定位系统利用超声波传播信号，具有方向性好、贯穿能力强的特点。水声定位系统有长基线系统（Long Base Line，LBL）、短基线系统（Short Base Line，SBL）和超短基线系统（Ultra Short Base Line，USBL）三种工作方式。此外，还可以将上述三种方式进行组合，如长基线与短基线（LBL/SBL）、长基线与超短基线（LBL/USBL）、短基线与超短基线（SBL/USBL）、长基线、短基线和超短基线（LBL/SBL/USBL）。多基线组合能发挥各种系统的优点，克服其不足增加位置的冗余，提高系统的定位精度和稳定性，为测量作业提供可靠的定位数据。在各种组合声学导航系统中，LBL/USBL 具有明显的优势，应用卡尔曼滤波技术来处理超短基线定位原始数据，并与长基线定位数据相结合，可以提高水下定位精度，取得良好的结果。另外，在符合精度要求的条件下，长基线和超短基线定位可以有多种组合方式，既可以工作于纯距离的长基线方式，也可以工作于纯超短基线的方式，又可以将长基线定位结果与超短基线结果相组合，还可以将超短基线与超短基线的定位导航结果相组合。水下声标定位技术目标在海洋工程、海洋大地测量、海洋资源矿产资源开发、军事探测、水下考古以及水下旅游开发等领域广泛应用。

一、水下声学定位基础

（一）水声定位设备

水声定位系统通常由船台设备和若干水下设备组成。船台设备包括一台具有发射、接收和测距功能的控制、显示设备和置于船底的换能器（也可放置于船后的"拖鱼"内）以及水听器阵。水下设备主要是声学应答器基阵。基阵是固设于海底的位置已准确测定的一组应答器阵列，水声定位系统中有关电子设备的电路工作原理与一般电子线路相同，在此不予赘述。

换能器（Transducer）是一种声电转换器，能根据需要使声振荡和电振荡相互转换。为发射（或接收）信号服务起着水声天线的作用，如经常使用的磁致伸缩换能器和电致伸缩换能器。磁致伸缩换能器的基本原理是当绕有线圈的镍棒（通电）在交变磁场作用下会产生形变（振动）从而产生声波，电能转变成声能；而磁化的镍棒在外力（声波）作用下产生形变（振动），从而使棒内的磁场也相应变化，产生电振荡，声能转变为电能。

询问器或问答机（Interogator）是安装在船上的发射器和接收器，它以一个频率发出询问信号，并以另一个频率接收回答信号。接收频率可以多个，对应于多个应答器，常常只间隔0.5kHz。它的发射换能器往往是半球形或无指向性的，接收水听器也是如此。

水听器（Hydrophone）本身不发射声信号，只是接收声信号，通过换能器将接收的声信号转主成电信号。输入船台或岸台的接收机中。

应答器（Transponder）是既能接收声信号，还能发射不同于所接收声信号频率的应答信号。它是水声定位系统的主要水下设备，也能作为海底控制点的照准标志（称为水声声标）。

响应器（Responder）是置于海底或装在水下载体上的发射器，它由外部硬件（如控制线）的控制信号触发，发出询问信号。问答机或其他水听器接收它的信号，响应器比较适合于噪声较强的场合。

声信标（Beacon或Pinger）是置于海底或装在水下载体上的发射器，它以特定频率周期地发出声脉冲。声信标分为同步或非同步式两种：同步是指信标的时钟与接收信号的接收装置的时钟同步，从而使接收装置这一端已知它的发射时刻；非同步信标的时钟与接收装置的时钟不同步，接收端不知道信号发射的时刻。

（二）水声定位系统的定位方式

1. 测距方式

水声测距定位原理如图4-33所示，它由船台发射机通过安置于船底的换能器 M 向水下应答器 P（位置已知）发射声脉冲信号（询问信号），应答器接收该信号后即发回一应答声脉冲信号，船台接收机记录发射询问信号和接收应答信号的时间间隔，即可算出船台至水下应答器之间的距离（斜距），计算公式为

$$D = \frac{1}{2}Ct \tag{4-49}$$

由于应答器的深度 Z 已知，则船台至应答器之间的水平距离 S 为

$$S = \sqrt{D^2 - Z^2} \tag{4-50}$$

当有两个水下应答器，则可获得两条距离，以双圆方式交会出船位。若对三个及以上水下应答器进行测距，就可采用最小二乘法计算船位的最或然值。

2. 测向方式

测向方式的工作原理如图4-34所示，船台上除安置换能器以外，还在船的两侧各安置一个水听器，即 a 和 b，P 为水下应答器。设 PM 方向与水听器 a、b 连线之间的夹角为 θ，a、b 之间距离为 d，且 $aM = BM = d/2$。

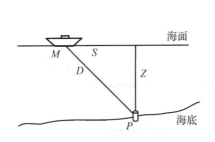

图4-33 测距方式工作原理

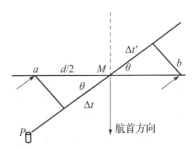

图4-34 测向方式工作原理

首先换能器 M 发射询问信号，水下应答器 P 接收后，发射应答信号，水听器 a、b 和换能器 M 均可收到应答信号，由于 a、b 之间距离与 P、M 间距离相比甚小，故可视发射与接收的声信号方向相互平行。但是，由于 a、M、b 距 P 的距离并不相等，若以 M 为中心，显然 a 接收到信号相位比 M 的要超前，而 b 接收到的信号相位比 M 的要滞后。设 Δt 和 $\Delta t'$ 分别为 a 和 b 相位超前和滞后的时延，那么由图 4-34，可写出 a 和 b 接收信号的相位分别为

$$\begin{cases} \varphi_a = \omega \Delta t = -\dfrac{\pi d}{\lambda}\cos\theta \\ \varphi_b = \omega \Delta t' = \dfrac{\pi d}{\lambda}\cos\theta \end{cases} \qquad (4-51)$$

于是，水听器 a 和 b 的相位差为

$$\Delta\varphi = \varphi_b - \varphi_a = \dfrac{2\pi d}{\lambda}\cos\theta \qquad (4-52)$$

显然当 $\theta = 90°$ 时，a 和 b 的相位差为零。这只有船首线在 P 的正上方才行。所以，只要在航行中使水听器 a 和 b 接收到的信号相位差为零，就能引导船至水下应答器的正上方。这种定位方式在海底控制点（网）的布设以及诸如钻井平台的复位等作业中经常用到。

（三）水声定位系统的工作方式

根据不同的水下定位需要，水声定位系统可采取许多不同的工作方式。例如，直接工作方式、中继工作方式、长基线工作方式、短基线工作方式、超短基线工作方式、双短基线工作方式等。不同的水声定位系统可以具有其中一种或多种工作方式。

二、长基线定位系统

（一）概述

长基线水声定位系统通常由基线长度为几千米的海底应答器阵（以一定图形组成海底基阵，如正三角形或正四边形等）和被定位载体上的问答机组成，如图 4-35 所示。定位精度可达到 6~10m。短基线和超短基线系统的水听器（或换能器）安装在载体（如水面舰船、海上作业平台）上。它们所要确定的目标是海底信标或应答器，得到的是信标或应答器相对于载体中心参考点的位置坐标，定位坐标轴则是相对于载体基准轴的笛卡儿坐标系。若载体上有罗经，则可知载体基准轴的真方位。通过简单的坐标变换可得到信标或应答器在大地北向坐标系中的位置，但此时坐标原点仍是载体的中心参考点。若利用短基线或超短基线系统对载体（如潜艇或水面船）进行导航，得到的载体位置则是它的中心点相对于信标（或应答器）的位置。如果要得到载体的地理坐标位置，则必须对信标（或应答器）的位置进行绝对校准。

长基线系统与短基线和超短基线系统不同，它是利用海底应答器阵来确定载体的位置。定出的位置坐标是相对于海底应答器阵的相对坐标。只有当已知海底应答器阵的绝对地理位置时，才能得到载体在大地坐标系中的绝对位置。

一般来说，长基线系统中各个应答器的回答频率不同。载体上的问答机接收不同频率的信号便可区分不同的应答器。进行定位作业时，在载体上记录询问时刻和各应

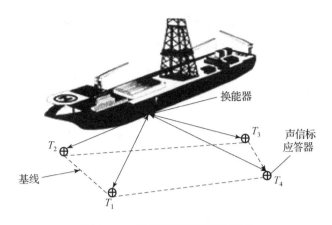

图 4-35 长基线定位系统的组成

答器应答信号到达时刻。利用声波到各应答器的往返时间确定各应答器与问答机的距离。根据这些距离,通过定位方程便可解算载体的位置坐标。通常应答器的应答距离为 10~20km。

长基线系统可在局部海域对水下或水面载体进行精确导航定位。在海洋开发诸如水下施工、海底电缆铺设、海上石油勘探和水下载体定位方面有广泛的应用。长基线系统还可与 GPS 一起,完成水下机器人的高精度绝对定位。

长基线系统的基元也可以是水面无线电浮标,此时定位的目标上装有同步或非同步声信标,诸基元接收的声信号需调制为无线电信号发到母船上进行处理,从而完成水下目标的定位。由于无线电浮标在海面上漂浮,因此必须利用装载其上的 GPS 接收机实时地测定自身位置,与定位信号一起发至母船。

长基线系统舰船导航模式、有缆潜器(Tethered Submersible, TTS)导航模式和无缆潜器(Free Swimming Submersible, FSS)导航模式。定位解算时,根据定位模式的不同获取水声传播距离的方式也有所不同。

长基线测量距离可采用两种方式:一种是单向测距,即采用声信标;另一种是双向测距,即采用应答器定位。

如图 4-36 所示。T_1、T_2、T_3、T_4 是设置在海底的应答器,其高斯坐标为 $T_i(x_i, y_i)$,z_i 为平均海面至 T_i 的深度。P 为测点,可用水声仪器测得 P 至 T_i 的距离 ρ_i(经声线弯曲改正),用距离空间交会法就能确定 P 点的坐标 (x, y, z)。

为提高定位精度,可进行多余观测,即由 4 个以上位置面误差方程,用平差方法求得最或然点位。下面讨论计算 P 点近似坐标 (x_p, y_p, z_p) 的方法。

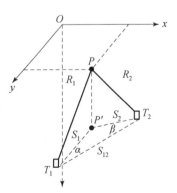

图 4-36 长基线舰船导航定位模式

(二)定位点近似坐标计算

当采用两距离方式定位时,如选用 ρ_1、ρ_2,则运载工具至 T_1、T_2 的平面距离 S_1、S_2 和 S_{12}^2 定义为

$$\begin{cases} S_1^2 = \rho_1^2 - (z_1 - z_p)^2 \\ S_2^2 = \rho_2^2 - (z_2 - z_p)^2 \\ S_{12}^2 = (x_1 - x_2)^2 + (y_1 - y_2)^2 \end{cases} \quad (4-53)$$

T_1、T_2 与 P 点在平面上的关系如图 4-36 所示,由图可知,由 S_1、S_2、S_{12} 可推算 α、β,进而求得 (x_p, y_p),则

$$z_p = 换能器吃水 + 水位改正$$

以上为两距离计算 P 点近似坐标的方法。

当采用三距离方式定位时,如选用 ρ_1、ρ_2、ρ_3,则运载工具至 T_1、T_2 和 T_3 的距离 $\rho_i, i = 1, 2, 3$ 为

$$\begin{aligned} \rho_i^2 &= (x_i - x_p)^2 + (y_i - y_p)^2 + (z_i - z_p)^2 \\ &= (x_i^2 + y_i^2 + z_i^2) + (x_p^2 + y_p^2 + z_p^2) - 2(x_i x_p + y_i y_p + z_i z_p) \end{aligned}$$

设

$$\eta_i = x_i^2 + y_i^2 + z_i^2 - \rho_i^2 + z_p^2 - 2z_i z_p, i = 1, 2, 3$$

则

$$\eta_1 = 2x_1 x_p - x_p^2 + 2y_1 y_p - y_p^2 \quad (4-54)$$

$$\eta_2 = 2x_2 x_p - x_p^2 + 2y_2 y_p - y_p^2 \quad (4-55)$$

$$\eta_3 = 2x_3 x_p - x_p^2 + 2y_3 y_p - y_p^2 \quad (4-56)$$

由式 (4-54) 减去式 (4-55) 可得

$$\eta_1 - \eta_2 = 2(x_1 - x_2)x_p + 2(y_1 - y_2)y_p \quad (4-57)$$

由式 (4-56) 减去式 (4-55) 可得

$$\eta_3 - \eta_2 = 2(x_3 - x_2)x_p + 2(y_3 - y_2)y_p \quad (4-58)$$

由式 (4-57) 可得

$$\begin{cases} y_p = \dfrac{\eta_1 - \eta_2 - 2(x_1 - x_2)x_p}{2(y_1 - y_2)} \\ x_p = \dfrac{\eta_1 - \eta_2 - 2(y_1 - y_2)y_p}{2(x_1 - x_2)} \end{cases} \quad (4-59)$$

将式 (4-59) 代入式 (4-58),可得

$$\begin{cases} x_p = \dfrac{\eta_1(y_3 - y_2) + \eta_2(y_1 - y_3) + \eta_3(y_2 - y_1)}{2[x_1(y_3 - y_2) + x_2(y_1 - y_3) + x_3(y_2 - y_1)]} \\ y_p = \dfrac{\eta_1(x_3 - x_2) + \eta_2(x_1 - x_3) + \eta_3(x_2 - x_1)}{2[y_1(x_3 - x_2) + y_2(x_1 - x_3) + y_3(x_2 - x_1)]} \end{cases}$$

当采用具有多余观测方式定位时,可采用下面平差的方法计算最或然点位坐标。

(三) 最或然点位坐标计算

首先根据第三章知识建立位置线误差方程式:

$$V = BX + L \quad (4-60)$$

式中:$V = (v_1, v_2, v_3, v_4)^T$ 为 $\rho_i, i = 1, 2, 3, 4$ 的改正数;L 可表示为

$$L = \begin{bmatrix} l_1 \\ l_2 \\ l_3 \\ l_4 \end{bmatrix} = \begin{bmatrix} R_1 - \rho_1 \\ R_2 - \rho_2 \\ R_3 - \rho_3 \\ R_4 - \rho_4 \end{bmatrix} \quad (4-61)$$

其中，R_1、R_2、R_3、R_4 分别表示由 P 点近似坐标 (x_p, y_p) 计算的与 T_1、T_2、T_3、T_4 之间的距离为

$$R_i = \sqrt{(x_p - x_i)^2 + (y_p - y_i) + (z_p - z_i)^2}$$

$$B = \begin{bmatrix} a_1 & b_1 & c_1 \\ a_2 & b_2 & c_2 \\ a_3 & b_3 & c_3 \\ a_4 & b_4 & c_4 \end{bmatrix}$$

其中，系数 a_i、b_i 可表示为

$$\begin{cases} a_i = \left(\dfrac{\partial R_i}{\partial x}\right)_P = \dfrac{x_p - x_i}{R_i} \\ b_i = \left(\dfrac{\partial R_i}{\partial y}\right)_P = \dfrac{y_p - y_i}{R_i}, \quad i = 1, 2, 3, 4 \\ b_i = \left(\dfrac{\partial R_i}{\partial z}\right)_P = \dfrac{z_p - z_i}{R_i} \end{cases}$$

$$X = (\Delta x, \Delta y, \Delta z)^T$$

解算上面位置线误差方程式可得

$$\begin{cases} x = x_p + \Delta x \\ y = y_p + \Delta y \\ z = z_p + \Delta z \end{cases} \quad (4-62)$$

如果只布设三个应答器 T_1、T_2、T_3，则把 z_p 视为精确值（已知值），平差计算测点坐标及其定位中误差。

（四）海底应答器阵的校准

为了能在各种模式下进行母船和潜器的定位导航作业，必须对海底应答器阵进行位置校准，即确定其相对位置或在大地坐标中的绝对位置。应答器可以是两个或三个甚至多个（如在给水下管线定位）。由水面船或潜器将这些应答器布放在海底，然后利用无线电定位或卫星导航设备定出它们的地理位置。影响导航精度的最重要因素是应答器间距及其深度测量误差。在导航作业前将应答器阵元的坐标作为已知数，预先储存在计算机内。

1. 两个应答器的情况

利用两个应答器进行定位导航时，需对两个应答器的位置进行校准。简单的方法是在应答器布放时利用无线电定位或 GPS 记下投放点的位置。也可利用船上问答机与应答器连续进行应答（图 4-37），测量问答机与两应答器的距离。当两距离之和达到最小时，此最小值即为两应答器间的距离。在水深不大的情况下，因基线长度总是远大于水深，应答器本身的深度可以不考虑，这个距离便可认为是两应答器的水平距离。

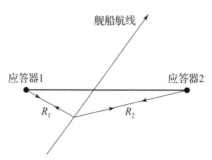

图 4-37　两个应答器的位置校准

2. 三个应答器的情况

在三个应答器的情况，因为被定位的载体位置处在三个球的交点上，将会有双解，因此需要知道应答器的深度。例如，若三个应答器间的水平距离为 H_1、H_2 和 H_3。方便的做法是令两个应答器的连线为 x 轴，选择 1 号应答器的坐标为 $(0,0)$，来确定出 2 号应答器的坐标 $(x_2,0)$ 和 3 号应答器的坐标 (x_3,y_3)。在定位时，只要得到被定位载体的换能器与各应答器的斜距 R_1、R_2 和 R_3，便可确定载体坐标 (x,y)。

然而，由于风、流的影响，在将应答器投放入水时测得的应答器地理坐标位置与其在海底的真实位置之间并不完全符合。误差一般为 $\pm 10 \sim \pm 50 \mathrm{m}$，这对于高精度导航的情况是不够精确的。因此，有必要对三个应答器进行测量，以确定海底应答器精确的海底位置。通常是用装有问答机的载体，在应答器阵附近来回航行，连续进行应答，在至少 6 个点上得到精确的测量值（图 4-38）。

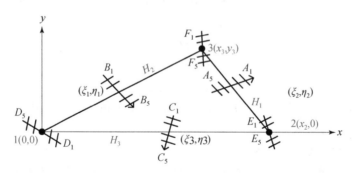

图 4-38　三个应答器位置校准

自然的选择是：直接在基元上取三个点，用来确定基元的深度；在穿越两两基元连线附近取三个点，用来估计基线的间距。图 4-38 中，A、B、C 分别为穿越基线 H_1、H_2 和 H_3 的航迹，D、E、F 分别为在基元 1、2、3 上方的航迹。观察这些数据，并剔除距离野值点，构成一组二次联立方程，解出应答器的坐标 (x_3,y_3,z_3)。

三、短基线系统

（一）概述

最早的短基线系统是 1963 年用于寻找失事潜艇的系统，当时使用一个潜器下海搜索，在潜器上安装了应答器。母船利用它上面的短基线系统测量潜器与母船之间的相对位置，以便了解潜器位置并对其进行引导。随着海洋开发事业的发展，短基线系统得到越来越多的应用,如石油钻井平台的定位。

如图 4-39 所示,短基线系统水下部分仅需要一个声信标(或应答器),而船上的接收基阵一般由三个换能器组成。基阵安装在船体的下方,为了提高定位精度,基线长度尽可能利用船体的长度和宽度,通常在 10m 以上。三个换能器构成互成正交的基阵,H_1 和 H_2 连线指向船首的方向定为 x 轴,基线 H_1H_2 的长度为 b_x。H_2 和 H_3 连线指向右舷的方向为 y 轴,基线 H_2H_3 的长度为 b_y。指向海底的方向为 z 轴。短基线系统有声信标、应答器和响应器三种工作方式,下面分别进行介绍。

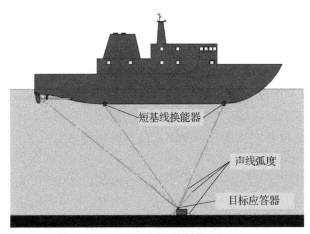

图 4-39 短基线系统组成

(二) 声信标工作方式

声信标工作方式是在海底设置声信标 T,由仪器测得 H_1、H_2 至 T 的时间差 Δt_1 ($\Delta t_1 = t_1 - t_2$),H_1、H_3 至 T 的时间差 Δt_2 ($\Delta t_2 = t_2 - t_3$),则可求得点位的坐标。

如图 4-40 所示,设 θ_x、θ_y 和 θ_z 分别为 PT 方向与 x、y、z 轴间的夹角,可得

$$\begin{cases} \cos\theta_x = \dfrac{\Delta R_1}{b_x} = \dfrac{V\Delta t_1}{b_x} \\ \cos\theta_y = \dfrac{\Delta R_2}{b_y} = \dfrac{V\Delta t_2}{b_y} \\ \cos\theta_z = \sqrt{1 - \cos^2\theta_x - \cos^2\theta_y} \end{cases}$$

式中:V 为声波在海水中的传播速度。

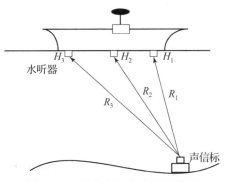

图 4-40 声信标工作方式示意图

声信标 T 相对于船位 P 的坐标 (x,y) 为

$$\begin{cases} x = \dfrac{\cos\theta_x}{\cos\theta_z}z \\ y = \dfrac{\cos\theta_y}{\cos\theta_z}z \end{cases} \quad (4-63)$$

式中：z 为定位时水听器 H 与声信标 T 的深度差。

这种系统主要用于深海采矿和钻井工程的动态定位。声信标常设置在井口旁边，用于保证钻井船只准确位于井口上方。因此，在水平位移较小时，θ_x、θ_y 接近 90°；而 θ_z 接近 0°，即 $\cos\theta_z \rightarrow 0$，则

$$\begin{cases} x = z\cos\theta_x = z\dfrac{V\Delta t_1}{b_x} \\ y = z\cos\theta_y = z\dfrac{V\Delta t_2}{b_y} \end{cases} \quad (4-64)$$

声信标相对于船位 P 在高斯投影平面上的坐标增量 ΔX、ΔY，由图 4-40 可以计算出：

$$\begin{cases} \Delta X = x\cos H_x - y\sin H_x \\ \Delta Y = x\sin H_x + y\cos H_x \end{cases} \quad (4-65)$$

式中：H_x 为定位瞬间，作业船只的坐标航向。H_x = 真航向 + 子午线收敛角。

船只的高斯坐标为

$$\begin{cases} X_P = X_T - \Delta X \\ Y_P = Y_T - \Delta Y \end{cases} \quad (4-66)$$

（三）应答器工作方式

应答器工作方式是把设置在海底的声信标改换为应答器，此时，在作业船上要相应增加主动询问应答器的系统和更加复杂的处理回答信号的设备。如图 4-41 所示，通过测量作业船只至应答器的距离和方位来确定船位：

$$\begin{cases} x = \rho\cos\theta_x \\ y = \rho\cos\theta_y \\ z = \rho\cos\theta_z \end{cases} \quad (4-67)$$

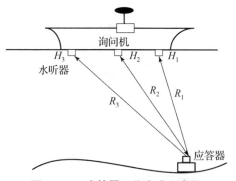

图 4-41 应答器工作方式示意图

应答器工作方式的主要优点如下。

(1) 可测出传播路径的绝对时间，因此应答器的三维空间坐标，在没有任何简化与假设的条件下，就能测得。从而使短基线系统有能力将工作距离延伸至几倍的水深，扩大了系统的应用范围。

(2) 在多个参考声源工作时，可按顺序进行询问，便于控制。

(3) 应答器未被询问时，不发射，可节约能源，有利于延长工作时间。

(4) 便于回收应答器。

(四) 响应器工作方式

响应器是通过电缆与作业船只相连的，响应器的发射是由船上的电信号控制的，触发一次才发射一次声脉冲，如图 4-42 所示。

响应器的工作方式与应答器的工作方式基本相同。不同之处，询问应答器是声路径；而询问响应器是电路径，因而计算作业船只至响应器的距离，仅使用单程传播时间。与应答器工作方式相比，该方式的优点在于用电路径询问干扰小，可靠性好，可用于海洋噪声影响大的海域作业；其缺点是需用电缆连接，活动范围受限。

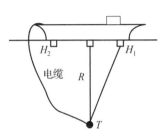

图 4-42 响应器工作方式示意图

四、超短基线系统

(一) 概述

短基线系统由安装在载体不同部位的多个水听器接收声脉冲定出应答器或声信标的位置，其适用于较大的船只、海上钻井平台等，基线安装的精度要求较高。而超短基线系统是短基线系统的一种变种，是 20 世纪 70 年代为简化水生定位系统而发展起来的。它的特点是基阵尺寸特别小，可以在较小的载体上使用。发射换能器和几种水听器可以组成一个整体，称为声头，其尺寸只有几厘米至几十厘米，声头可以安装在船体底部，也可以悬挂于小型水面船的一侧。其水听器阵是将三四个敏感元件集中安装在一只精密的容器内，敏感元件之间的间距仅为几个厘米。

容器内如安装三个敏感元件，可形成两个正交的基线 b_x、b_y，构成二维空间，如图 4-43 所示。如安装 4 个敏感元件，则可形成三个正交基线 b_x、b_y、b_z，构成三维空间。

通过测定 T 至 H_2 的距离 ρ，同时测定声波到达敏感元件 H_1、H_3、H_4 和 H_2 的相位差 $\Delta\varphi_x$、$\Delta\varphi_y$、$\Delta\varphi_z$，这样船位 P 至应答器 T 的方向余弦为

$$\begin{cases} \cos\theta_x = \dfrac{\Delta\varphi_x}{2\pi}\dfrac{\lambda}{b_x} \\ \cos\theta_y = \dfrac{\Delta\varphi_y}{2\pi}\dfrac{\lambda}{b_y} \\ \cos\theta_z = \dfrac{\Delta\varphi_z}{2\pi}\dfrac{\lambda}{b_z} \end{cases} \quad (4-68)$$

将式 (4-67) 代入式 (4-68) 即可求得应答器 T 相对于船位 P 的坐标 (x,y,z)。

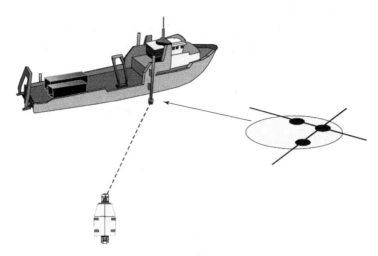

图4-43 超短基线系统示意图

正因为水听器阵的尺寸很小,不能利用短基线系统中的常规脉冲包络检波和相对到达时间测量方法。必须利用相位差或相位比较法,通过相位差测量,确定信标(或应答器)在基阵坐标系中的方位,从而进行定位解算。超短基线定位系统有声信标工作方式、应答器工作方式和响应器工作方式。

(二)工作方式

1. 声信标工作方式

图4-44所示为声信标工作方式,需在海底放置一个已知深度的信标,解算时需要测出声线的入射角。

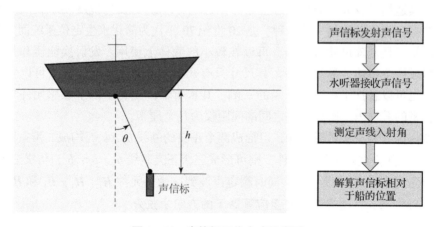

图4-44 声信标工作方式示意图

2. 应答器工作方式

图4-45所示为应答器工作方式,通过载体上的问答机与应答器进行应答,测出基阵与应答器的距离和声线入射角,因此无须已知应答器的深度。

第四章 海洋定位技术 145

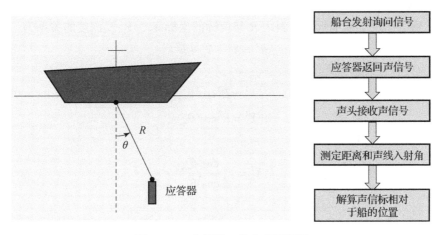

图 4-45 应答器工作方式示意图

3. 响应器工作方式

图 4-46 所示为响应器工作方式，由于响应器为有线控制发射（询问），信号发射时刻已知，可根据信号接收时刻测定单程的传播距离，在测得声线入射角后便可解算响应器的位置。

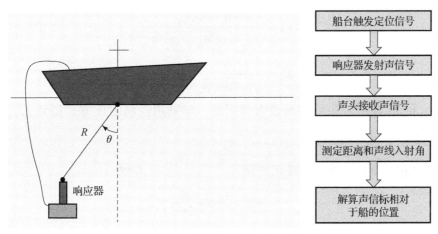

图 4-46 响应器工作方式示意图

（三）位置解算

1. 入射角和深度方式

如上所述，当采用声信标工作方式时，由于有已知深度的声信标，因此只要解算声线的入射角就可以计算得到声信标在基阵坐标系中的位置。

如图 4-47 所示，当系统工作时，声信标周期性地发射声脉冲信号，接收基阵一方的观测者并不知道信号发射时刻，只是已知其发射周期。若三个水听器位于两个互相垂直的基线上（即在 x 轴和 y 轴上），则声信标发出的信号到基阵原点的声线与 x 轴及 y 轴的

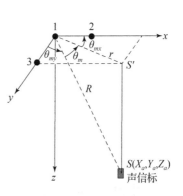

图 4-47 入射角和深度关系

夹角为 θ_{mx} 和 θ_{my}。

注意到信标距 1 号水听器的斜距 R 与信标的坐标 X_a、Y_a 及深度的关系为

$$R^2 = X_a^2 + Y_a^2 + h^2 \tag{4-69}$$

而

$$\begin{cases} X_a^2 = R^2 \cos^2 \theta_{mx} \\ Y_a^2 = R^2 \cos^2 \theta_{my} \end{cases} \tag{4-70}$$

由式（4-70）可得

$$X_a^2 = Y_a^2 \frac{\cos^2 \theta_{mx}}{\cos^2 \theta_{my}} \tag{4-71}$$

则

$$\begin{cases} X_a^2 = (X_a^2 + Y_a^2 + h^2) \cos^2 \theta_{mx} \\ Y_a^2 = (Y_a^2 + X_a^2 + h^2) \cos^2 \theta_{my} \end{cases} \tag{4-72}$$

将式（4-72）代入（4-70）可得

$$Y_a^2 = \left(Y_a^2 + Y_a^2 \frac{\cos^2 \theta_{mx}}{\cos^2 \theta_{my}} + h^2 \right) \cos^2 \theta_{my} \tag{4-73}$$

从而解算得到声信标在 x 轴和 y 轴上的位置为

$$\begin{cases} Y_a^2 = \dfrac{h \cdot \cos \theta_{my}}{\sqrt{1 - \cos^2 \theta_{mx} - \cos^2 \theta_{my}}} \\ X_a^2 = \dfrac{h \cdot \cos \theta_{mx}}{\sqrt{1 - \cos^2 \theta_{mx} - \cos^2 \theta_{my}}} \end{cases} \tag{4-74}$$

式中：θ_{mx} 和 θ_{my} 是通过相位差测量而得到的，即采用测向工作方式得到的，形式如式（4-52），$\varphi = \dfrac{2\pi d}{\lambda} \cos \theta_m$。

测出相位差 φ 后，便可求得 θ_m，则

$$\begin{cases} \theta_{mx} = \arccos \dfrac{\lambda \varphi_{12}}{2\pi d} \\ \theta_{my} = \arccos \dfrac{\lambda \varphi_{13}}{2\pi d} \end{cases} \tag{4-75}$$

2. 入射角与距离算法

如上所述，当使用应答器代替声信标时，则距离可通过询问方式和应答往返时间 $T_{T,R}$ 求得，即

$$R = \frac{1}{2} c T_{T,R} \tag{4-76}$$

当采用响应器代替应答器，则响应器触发发射时刻已知，容易通过单程传播时间 T_R 得到距离：

$$R = c T_R \tag{4-77}$$

入射角的解算与声信标工作方式相同，因而 X_a、Y_a 的解相同，但是在知道 R 后，可直接求得 X_a、Y_a，则

$$\begin{cases} X_a = R\cos\theta_{mx} \\ Y_a = R\cos\theta_{my} \end{cases} \quad (4-78)$$

进而即可求得应答器的深度 h，即

$$Z_a = R\sqrt{1 - \cos^2\theta_{mx} - \cos^2\theta_{my}} \quad (4-79)$$

超短基线定位系统在水下搜救、水下油气管线铺设及水下载体定位中具有广泛的应用，如海洋测量中的侧扫声纳拖鱼以及海洋磁力仪拖鱼的定位。如图 4-48 所示，在高精度的海洋磁力测量中，通常要在测船上安装超短基线定位系统，来实时跟踪和定位拖鱼的位置。

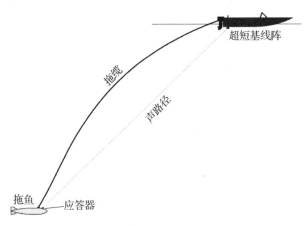

图 4-48　海洋磁力仪拖鱼定位

五、水下声学导航定位误差分析

水下声学导航定位系统是一个综合系统，其精度受 GPS RTK 定位系统、辅助传感器、声学定位系统精度以及数据融合方法影响。海洋噪声的存在、工作环境的变化以及设备安装等方面也会给声学导航定位系统带来误差。以超短基线定位系统为例，在其导航计算的过程中，若不考虑这些误差，导航定位误差随着作用距离的增大而迅速增大，导致有效定位距离不能太远，直接影响了超短基线在导航中的应用。为提高超短基线的导航定位精度和作业距离，就必须尽可能地减小各种误差对定位精度的影响。因此，下面对系统导航定位误差进行全面分析。

假设影响水下定位精度的各误差源是相互独立的，则整个系统的导航定位精度定义为

$$\sigma = \sqrt{\sigma_{USBL}^2 + \sigma_{Gyro}^2 + \sigma_{MRU}^2 + \sigma_{GPS}^2 + \sigma_{SVP}^2 + \sigma_{Cali}^2 + \sigma_i^2 + \sigma_{noise}^2} \quad (4-80)$$

式中：σ_{USBL} 为声学导航系统本身测量所引起的定位误差，由测距和测向误差引起；σ_{Gyro} 为电罗经测量航向误差引起的定位误差；σ_{MRU} 为运动传感器姿态测量误差引起的定位误差；σ_{GPS} 为 GPS 引起的定位误差；σ_{SVP} 为声速剖面测量误差引起的定位误差；σ_{Cali} 为安装校准补偿不彻底引起的定位误差；σ_i 为换能器到应答器不同入射角所引起的误差；σ_{noise} 为噪声所引起的误差。

为了便于分析，将 USBL、SVP、噪声和不同入射角所造成的误差统称为声学导航

系统自身误差；将补偿误差、Gyro 误差和 MRU 误差统称为补偿误差；将 GPS 单独列为 GPS 误差。其中，USBL 误差和补偿误差均与作用距离密切相关。

(一) 声学导航定位系统误差

1. 系统误差

系统误差是由固定或按一定规律变化的因素引起的，在相同的测量条件下，这一规律可重复地表现出来，原则上可以用函数或曲线加以表示。

一般认为声学导航系统的误差包括声速测量误差 Δc、基阵安装误差 Δd、声波波长误差 $\Delta \gamma$ 和声线弯曲导致的相位测量误差 $\Delta \varphi$。

其中，Δd 和 $\Delta \gamma$ 由声学导航系统设备本身的设计参数决定，在此不予以讨论。下面着重讨论由声速测量误差 Δc 和相位测量误差 $\Delta \varphi$ 所引起的定位误差。

目前，声速测量误差通常可以控制在 0.1% 距离以内，因而影响不大。但由声线弯曲引起的相位测量误差大小取决于作业区的声速结构，主要是由声传播路径中水体的温度和密度的变化引起的。一般情况下，在夏秋两季，声线存在明显弯曲，而且弯向海底并经海底反射，声能被大量损耗，传播条件很差；而在冬季，由于声速上下层相差不大，声线弯曲较小，而且弯向海面，海面反射的损耗远比海底小，声能传播较远，测量精度也较高。这类误差在夏季影响最严重时可达 2% 以上，而在冬季只有 0.2%。由于声速剖面在时间和空间上的可变性，为了保证精度，必须使用实地、实时的声速剖面，不能使用历史声速剖面资料。

声波在经过不同声速之间的界面时遵循斯涅尔 (Snell) 折射定律，入射角度越大，折射角越大，因此，只有水下目标在换能器阵的正下方即入射角为 0° 时才可以不考虑声线弯曲的影响，在工作过程中可以将船体引至水下应答器的正上方附近测量，减小声线弯曲造成的误差。随着入射角的增大，$\Delta \varphi$ 迅速增大，只有当入射角小于 30° 时才可用于高精度定位。

2. 随机误差

随机误差主要包括测时误差和测相误差。

测时误差由时钟误差和脉冲前沿测量误差组成。时钟误差非常小，可以不考虑；而脉冲前沿测量误差是由海洋光噪声引起的，与信噪比有关。受噪声影响的相位测量误差和时间测量误差，其测量值 φ_x、φ_y、φ_t 都服从正态分布，表现出随机特性。所以随机误差主要由噪声引起，其均方差用 $\sigma_{\varphi x}$、$\sigma_{\varphi y}$、$\sigma_{\varphi t}$ 表示。

Cramer - Rao 下界是离散随机信号处理理论中的重要方法，通过 Cramer - Rao 下界判断估计值的最优性，可得

$$\sigma_{\Delta t} = \frac{1}{B\sqrt{\text{SNR}}} \tag{4-81}$$

式中：B 为基阵可接收的信号带宽 (Hz)；SNR 为信噪比。

从式 (4-81) 可以看出，测时误差与信噪比的平方根和信号带宽成反比，提高信噪比和信号带宽能有效地减少海洋光噪声对测量结果的影响，利用匹配滤波技术可以达到最好的测时精度。

同样，通过 Cramer - Rao 下界判断估计值的最优性，可得

$$\begin{cases} \sigma_{\varphi x} = \dfrac{1}{\sqrt{\text{SNR}}} \\ \sigma_{\varphi y} = \dfrac{1}{\sqrt{\text{SNR}}} \end{cases} \tag{4-82}$$

由式（4-82）可以看出，测相误差也与信噪比的平方根成反比，改善测相精度的有效方法就是提高信噪比，采用较低的频率和采用宽带信号比较有利。因此，水声信号传播过程中噪声越大，测量的随机误差就越大。提高信噪比可有效地减少海洋噪声对测量结果的影响，提高整个系统的性能。

采用各种措施对噪声源进行抑制并降低噪声是提高信噪比的主要方法之一。

噪声根据来源可分为海洋光环境噪声和舰船噪声两种，海洋环境噪声来源主要是海面的波浪产生的空化噪声，舰船噪声来源主要是机械噪声、水动力噪声和螺旋桨噪声。选择流线型的测量船和换能器，选择低噪声的发动机，增大换能器吃水深度，在低风速时，采用较低的船速都可以有效地降低海洋噪声，提高信噪比。

3. 水声定位误差及其消除

根据测量误差理论，在测量中应该尽量消除或削弱系统误差的影响，使随机误差成为总误差的主要组成部分。但是，系统误差在实际测量过程中是普遍存在的，完全消除是不可能的，只能最大限度地削弱其影响。

根据系统误差和随机误差的分析，水声定位误差主要源于系统的测相、测时和声速测量。系统误差中的翔舞测量误差和声速测量误差，均是由于深水作业时不同区域、不同深度的声速曲线不同引起的，有必要根据声速剖面仪提供的声速变化对声速曲线进行修正，以减少声速测量带来的系统误差。随机误差中的测时误差和测相误差，主要受信噪比的影响，较高的信噪比能带来更好的测量精度，可直接提高整个系统的性能。

就水声定位系统中的超短基线定位系统而言，应通过声速校准补偿，尽量减少系统误差部分的影响，使噪声引起的随机误差成为整个水声定位误差的主要来源。一般认为，当系统误差小于随机误差的20%~30%时，则认为系统误差可以忽略不计。

（二）辅助设备精度

1. RTK定位精度

目前厘米级实时GPS RTK技术已经广泛应用，该技术动态模式下平面定位精度可达到1cm±1ppm，远高于声学定位系统0.2m的定位精度，完全可用于为船载声学单元提供地理坐标系下的、精确的绝对坐标，并用于潜航器在地理坐标系下位置的精确计算。

2. 光纤罗经/MRU测姿精度

光纤陀螺罗经与姿态参考系统是基于光学的萨格纳克（Sagnac）相移效应研制的，启动后，系统的稳定时间很短，动态精度高而且没有速度误差，大大提高了测量的精度和准确度。动态模式下航向角测量精度为0.1°，纵摇角和横摇角测量精度为0.01°。

3. 声速剖面仪测量精度

目前，声速剖面声速测量精度可达0.25m/s，约为海水平均声速的0.02%。

上述辅助设备的精度一般超过水声定位设备一个数量级以上，若这些辅助系统均能正常工作，可认为不是水下定位系统的主要误差源。

(三) 定位精度综合分析

根据前面论述，声学导航定位系统的误差是由声速、噪声和不同入射角造成的。

（1）声速的影响主要来源于声速值的误差和声线弯曲，而声速值的测量可以保证在 0.1% 误差以内，因此可以忽略。

（2）声线弯曲的影响主要来源于定位的目标与水平面的夹角和水平作业距离，夹角越小，距离越大，声线弯曲的影响越大，当夹角为 90°时，由于声线垂直入射没有弯曲，系统定位精度最高。

（3）噪声的影响主要源于船速和海面的波浪，随着作用距离的增加，声波能量逐渐衰减，会导致信噪比下降，测距和测量误差都会增大，进而降低定位精度。

（4）补偿误差是罗经与 MRU 姿态传感器测量误差和校准误差的综合。根据测量原理，当仅有航偏角（Yaw）存在时，只会对水平定位误差造成影响，而不会影响垂直定位精度；当仅有纵摇角（Pitch）存在时，机会产生水平定位误差，也会产生深度误差，它们都只与沿一定航迹方向的航行距离有关；当仅有横摇角（Roll）存在时，即会产生水平定位误差，也会产生深度误差，它们都只与航迹方向与应答器之间的水平距离有关。因此，水平作用距离越远，补偿误差影响就越大。

（5）如果使用 RTK GPS 为测量船定位，由于其精度可达厘米级，精度远高于其他设备，因此其误差影响可以忽略。如果使用 DGPS 为测量船定位，定位精度在 2m 以内，当声学导航定位系统在近距离工作时，声学导航系统自身误差和补偿误差影响很小，DGPS 的定位误对导航系统的导航精度影响显著；而随着作用距离的增加，DGPS 定位误差在整个定位误差中的比例随之下降，声学导航系统自身误差和补偿误差成为定位精度的主要影响因素。

第三节 惯性导航技术

一、概述

海洋测量中有时需要测船的姿态信息，用于消除因测量船左右摇摆和上下沉降造成的测深误差。惯性导航系统（Inertial Navigation System，INS）是一种自主式的导航方法。它完全依赖船载设备自主地完成导航任务，和外界不发生任何光、电联系。因此，隐蔽性好，工作条件不受气象条件的限制。惯性导航系统能够连续长时间地工作，可以提供多种导航信息（如位置、速度、航程、航向，还可以提供水平基准及方位基准）。但是，INS 的精度主要取决于惯性器件（陀螺仪和加速度计）的精度，其定位误差随时间积累，精度逐渐降低，这对于需要长时间工作的舰船来说极为不利。而且其初始对准时间长，必须利用其他定位手段作为参考信息源，定期或不定期地对 INS 进行综合校正和对惯性器件的漂移进行补偿。

GPS 具有定位精度高的特点，而且能够进行全球、全天候、全天时、多维连续定位，其精度不随时间变化。然而，GPS 是被动定位系统，不能提供诸如载体姿态等导航参数，运动载体上的接收机不易捕获和跟踪卫星信号，运动环境中信噪比的下降及其他原因，易产生周跳。而且由于 GPS 信号在传播途中的干扰，使得 INS 定位精度有所下降，定位结果离散度较大，不利于舰船航行的定位。

综上所述，GPS 和 INS 各有所长，具有互补的特点，两者的组合不仅具有两个独立系统各自的主要优点，而且随着组合水平的加深，它们之间互相传递、使用信息的加强，组合系统的整体性能要远优于任一独立系统。高精度 GPS 信息，作为外部测量输入，在运动中频繁修正 INS，以限制其误差随时间的积累；而短时间内高精度的 INS 定位结果，可以很好地解决 GPS 动态环境中的信号失锁和周跳问题。因此，GPS 与 INS 的组合是目前导航领域和大地测量领域最理想的组合定位方式。

二、惯性导航的工作原理及组成

惯性导航的基本工作原理是以牛顿力学定律为基础。在载体内部测量载体运动加速度，经积分运算得到载体速度和位置等导航信息。图 4-49 所示为惯性导航原理。

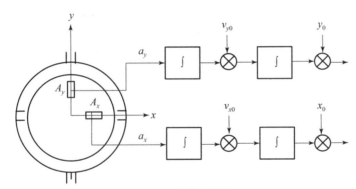

图 4-49　惯性导航原理

实际的惯性导航系统能完成空间三维导航（水下、航空、航天）或球面上二维导航（航海）。从图 4-49 可以看出，惯性导航系统由以下几个部分组成。

(1) 加速度计：用来测量载体运动的线加速度。

(2) 惯性导航平台：模拟一个导航坐标系，把加速度计的测量轴稳定在导航坐标系，并用模拟的方法给出载体的姿态和方位信息。为了克服作用在平台上的各种干扰力矩，平台必须以陀螺仪作为敏感元件的稳定回路。为了使平台能跟踪导航坐标系在惯性空间的转动，平台还必须有从加速度计到计算机再到陀螺仪并通过稳定回路形成跟踪回路。

(3) 导航计算机：完成导航计算和平台跟踪回路中指令角速度的计算。

(4) 控制显示器：给定初始参数及系统需要的其他参数，显示各种导航信息。

根据机械结构，惯性导航系统可分为平台式惯性导航系统（Gimbaled Inertial Navigation System，GINS）和捷联式惯性导航系统（Strapdown Inertial Navigation System，SINS）两大类。

三、平台式 INS 系统

图 4-50 所示为平台式惯性导航系统的各部分相互关系示意图，惯性元件都安装

在实体平台上,加速度计输出的信息送到计算机。计算机除计算载体运动速度、位置等导航参数外,还计算对陀螺的施矩信息。陀螺在施矩信息作用下,通过稳定回路,控制平台跟踪导航坐标系在惯性空间的角运动。而载体的姿态和方位信息可以从平台框架轴上直接测量得到。

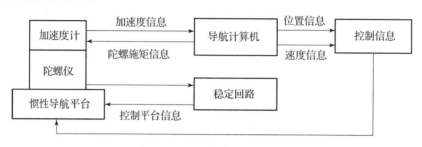

图 4-50　平台式 INS 原理

四、捷连式 INS

捷联式 INS 没有实体平台,直接把速度计和陀螺仪直接固联在载体上,由计算机来完成惯导平台的功能,有时也称为"数学平台"。捷联式 INS 原理如图 4-51 所示,惯性元件的敏感轴安置在载体坐标系两轴方向上。运动过程中,陀螺测定载体相对于惯性参照系的运动角速度,并由此计算载体坐标系至导航(计算)坐标系的坐标变换矩阵。通过此矩阵,把加速度计测得的加速度信息变换至导航(计算)坐标系,然后进行导航计算,得到所需要的导航参数。

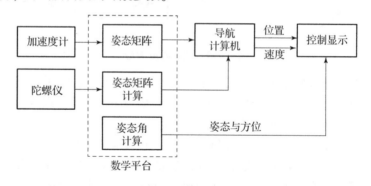

图 4-51　捷联式 INS 原理

与平台式 INS 相比,捷联式 INS 的优点如下:
(1) 省掉了机电式平台,体积、重量和成本都大大降低。
(2) 惯性元件可以直接接数字信号形式(不要 A/D 转换)输出并记录原始观测信息,包括飞行器的线运动加速度和角速度,而这些信息是飞行器控制系统所需要的。在采用平台式 INS 的飞行器上,控制系统所需要的这些量,必须由单独的加速度传感器和角速度传感器来提供;采用捷联式 INS,这些传感器可以省掉。
(3) 捷联式 INS 由于可以获得数字信号形式的原始观测量,所以可以进行测量后各类动态建模和最优数据处理;可以提取不同应用领域所需要的各类信息,因而大大拓宽了惯性系统的应用范围。例如,可以将 SINS 应用于不需要实时结果的大地测量高精度定位和地球重力场求定。

（4）捷联式 INS 可靠性高。

（5）捷联式 INS 初始对准快。

捷联式 INS 的主要缺点是其对惯性元件的性能有很高的要求。首先，陀螺和加速度计的动态工作范围要大，如陀螺仪测量角速度的范围应达 $0.01 \sim 400°/h$，即动态量程要大。相比而言，当地水平平台式 INS 的陀螺仪只是工作在"零值"附近。另外，要求惯性仪表耐冲击、振动，其性能和参数要有很高的稳定性。

五、INS 的应用

INS 在军事和民用方面均具有广泛的应用。

（一）军事应用

第二次世界大战期间，德国在 V2 导弹上采用两个双自由度陀螺仪和一个陀螺积分加速度计组成 INS，是惯性导航技术在导弹技术上的首次应用。近年来，由于惯性器件性能和制造水平的不断提高，INS 在军事上应用更加广泛，主要集中在潜艇导航、导弹制导、复杂条件下战斗机导航、高性能激光武器的瞄准、空间飞行器控制等领域。

（二）航海应用

自 1908 年 3 月世界上首套陀螺罗经在航海上应用以来，至今百余年，惯性技术在舰船导航方面的应用不断深入，并取得了巨大成功。精密可靠的 ESG 导航仪是满足潜艇自助式导航能力的一种高级舰船 INS，但系统的复杂性和自身的成本限制了其更广泛的应用。由于环形激光陀螺（Ring Laser Gyroscope，RLG）和光纤激光陀螺（Fiber Laser Gyroscope，FOG）在技术水平上取得的实质性进展，基于二者组合的 INS 正逐步取代转子陀螺，以满足航海精确导航要求。

（三）其他应用

另外，INS 的应用领域包括以下几点。

（1）航天：与星载敏感传感器结合，实现卫星姿态控制。

（2）航空：飞机等通用航空飞行器的定向和定姿。

（3）移动测图系统（Moving Measure System，MMS）：为定位定向系统（POS）的重要组成部分。

（4）导航仪（Portable Navigation Device，PND）：与 GPS 和计程仪结合形成导航仪。

（5）日常生活：现代手机、照相机、跑步计算器、遥控玩具、电子游戏等设备的重要组成部分。

第四节　海洋匹配导航技术

一、概述

海洋匹配导航是一种新型、自主海洋导航定位技术，借助于海洋几何要素（如海底地形、地貌）或海洋地球物理要素（海洋重力、海洋磁力），通过实测要素与背景场要素匹配，从背景场中获得载体当前位置，从而实现海洋导航定位。这种方法也称为数据库匹配导航定位（Database Matching Navigation），即利用预先测量的数据库或地图作为参考，与传感器测量的信息进行计算、比较和相关处理，来确定载体精确的定位信息的过程、方法和技术的总称。这些数据库或地图包括水下地形、海洋地球物理（包括重力和磁力）等，传感器则是用来测定某一要素的仪器，如测深仪、重力仪、磁力仪等。下面分别介绍基于水下地形的匹配导航技术和基于地球物理场的匹配导航技术。

如图4-52所示，海洋匹配导航是一种辅助导航，其组成包括实测要素序列、背景场和匹配算法三个基本单元。海洋匹配导航常与INS组合，形成组合导航系统。组合导航系统中匹配导航主要是用于削弱INS的积累误差，而INS则为匹配导航提供当前载体的概略位置和匹配搜索空间。

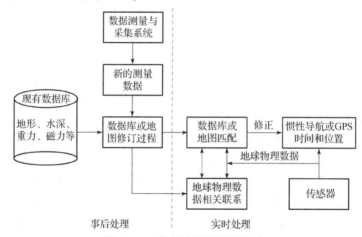

图4-52 数据库匹配导航组成

二、基于水下地形的匹配导航技术

随着海洋地理特征传感器测量技术的发展，进行水下地形匹配技术研究已成为可能。采用地形匹配技术进行辅助导航，水下自治机器人（Autonomous Underwater Vehicle，AUV）就无须露出水面进行惯性导航修正，因此利用地形匹配辅助导航（Terrain Aided Navigation，TAN）来提高AUV的INS导航精度是行之有效的技术途径之一。基于地形匹配的水下无源导航技术是为了解决AUV的INS修正而提出的一种新的导航技术方案。该方案的设计指导思想是将地形匹配技术应用于AUV的导航系统中，借助海底地理特征信息实时对AUV的INS进行校准，以克服INS误差随时间积累这一固有缺陷，从而保证实时向AUV提供精确的导航信息。

AUV地形匹配导航基本原理框图如图4-53所示。

从图4-53可知，水下无源导航就是通过水下地形特征传感器测量出AUV经过海底的地形特征，推算导航设备估算出地形特征的位置，数据处理装置以这个估算位置为基础，在数字海图存储装置中搜索出与测得的地形特征有最佳拟合的地形特征。该海洋地形特征在数字地形海图中所处的位置便是对AUV位置的最佳匹配点，利用最佳匹配位置对推算导航设备进行修正。如此不断循环，便可提高推算导航设备的精度，从而获得精确的导航信息。

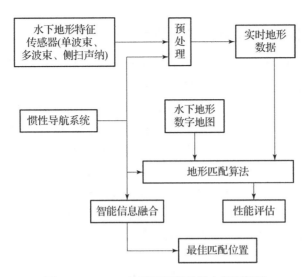

图 4–53　AUV 地形匹配导航基本原理框图

海底地形匹配解算方法对于长期水下航行的 AUV 而言，必须设法抑制 INS 的漂移误差，采用最优位置估算法对 INS 进行闭环校正，以提高系统精度。为了解决增大搜索范围与减轻计算负担之间的矛盾，采用变结构的并行卡尔曼（Kalman）滤波器阵或联邦滤波器阵的布局。AUV 地形匹配算法流程如图 4–54 所示。为了提高防止虚假定位的能力，在匹配解算中采用 M/N 决策。若要增强 AUV 仿真系统的真实性，首先必须选择符合海底地理特征的 AUV 航迹，优化的航迹数据分别送到地理特征（输出仿真）模块和 INS（输出仿真）模块，以便产生所需的海底地理特征数据和 INS 的输出数据。利用专用地理信息系统软件完成海底地形特征参数计算和地形筛选，并把得到的海底地理特征输出数据、INS 输出数据一起送至并行卡尔曼滤波器（或联邦滤波器），经过滤波处理后，得到位置状态的最优估计。

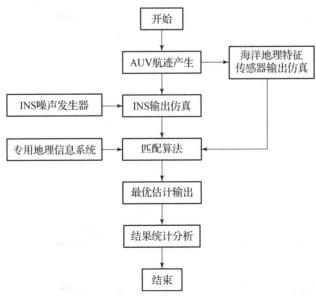

图 4–54　AUV 地形匹配算法流程

三、基于地球物理场的匹配导航技术

海洋地球物理导航是利用海洋磁场、重力场的时空分布特征,制作地球物理导航信标,实现水下精确定位的高新自主导航方法。

如图4-55所示,海洋地球物理导航的基本思想是先将预计航行的海域及其附近的地磁、重力的时空分布特征存入航行器的计算机中,航行器在航行过程中通过所载传感器采集其周围地球物理信息,并与体上计算机存储的信息相匹配,及时校正惯性导航系统的误差积累,从而连续、自主、隐蔽地获得水下机器人坐标,将水下机器人精确导航至预定海域。海洋地球物理导航可直接确定相对于基准参考坐标系的位置和速度,无须浮出水面或使用外部坐标,不需要来自地球的导航和通信信号,也不需要制作人工导航信标,隐蔽性强,军事价值尤其显著。

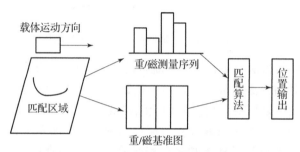

图4-55 基于海洋地球物理场匹配导航组成

采用地球物理场进行导航时,首先把预先测量好的海洋重/磁信息存储在计算机上,构成数字重/磁基准图。当载体运动到特定匹配区域时,由专用重/磁传感器测量所处位置的重力场/磁力场特征,经载体运动一段时间后,测量得到一系列实时重力场/磁力场特征值,简称测量序列。把测量序列与基准图进行相应的匹配,找出基准图中与测量序列最相匹配的位置序列,以此作为载体的位置估计信息。

以地磁匹配导航为例,1987年瑞典的NAV-MATE IDEON Research Park开始进行水下地磁导航的研究工作,其中1987年完成理论研究与试验尝试相结合的概念可行性评估,1988年提出专用传感器、电子硬件与软件的导航系统原型,1989年实现第一代地磁导航系统,为后来的水下地磁导航研究提供了基本的借鉴。20世纪90年代初,英国的Arthur公司、美国的Ultra电子有限公司和联邦航空局航空中心等相继针对水下地磁传感器的机理进行了研究;20世纪90年代末英国的Silsoe研究所、美国佛罗里达大西洋大学等开展了惯性导航信息和地磁数据融合改善导航的研究;21世纪初,美国海军水面战中心等在如何减少水下载体对安放其上的地磁传感器的测量噪声方面做了研究,表明研究重点已深入寻找地磁导航误差源的阶段。

地磁导航技术国外已经成功地应用于飞机的导航,20世纪80年代,从美国进口的波音飞机上全都配有地磁导航系统,其中包括非常好的全球地磁场模型软件。从俄罗斯进口的1276运输机都装备有磁通门传感器,不同于需要15min准备时间的陀螺惯性导航系统,开机即可起飞。

俄罗斯研究地磁匹配制导技术的时间较长,并且成立了专业研究所,曾以地磁场强度为特征量,采用磁通门传感器以地磁场等高线匹配制导方式,进行了大量试验。

俄罗斯在"安全-2004"演习中试射了携带机动变轨多弹头的SS-19洲际导弹,此种新弹头可不按抛物线而沿稠密大气层边缘近乎水平地飞行,使美国导弹防御系统无法准确预测来袭导弹的弹道,从而大大增强了导弹的突防能力,据报道采用了地磁场匹配制导技术。

地磁模型和地磁图是地磁匹配导航的基础,世界各国,如美国、英国、俄罗斯、日本、中国等都积极研制全球的、或感兴趣区域的地磁模型和地磁图。美国、英国等均定期重绘世界及本国的地磁图,重建全球及本国地磁场模型。目前,美国、英国联合研制世界地磁模型的主要目的在于实现空间和海洋磁自主导航,为本国国防部和北大西洋公约组织(North Atlantic Treaty Organization,NATO)的导航和定姿/定向参考系统提供标准模型。

我国从20世纪50年代开始每10年研制新一代中国地磁图和地磁场模型。国内针对地磁导航涉及的各个相关应用技术领域均进行了探索。杨新勇等对智能磁航向传感器进行了研制,分析了影响磁航向精度的误差来源,并在此基础上提出了基于反向传播(Back Propagation,BP)神经元网络、最小二乘和最佳椭圆拟合三种不同的磁航向误差补偿算法。赵敏华等针对卫星所带磁强计量测噪声为有色噪声伴常值干扰的特性,提出了一种基于扩维Kalman滤波算法的地磁导航算法,利用该算法可以获得国产磁强计的导航精度,其地心距模的估计误差为20km,速度模的估计误差为10m/s。王随平等针对海底采矿集矿车的导航控制进行了研究,采用检测弱地磁磁场的磁通门罗盘对航向角进行监测,数据处理后能较好地实现海底集矿车行走的导航。张学孚针对地磁精密自动航测系统进行了研究,提出由地磁-INS自动连续记录航迹磁场,精密自动快速完成大面积航空磁测。

国内水下地磁导航的研究始于21世纪初,主要有海军装备研究院、北京大学、中国航天科工集团公司三院、西安测绘研究所等,目前还处于原理探索和仿真研究阶段,其中,北京大学与海军装备研究院合作,开始从适用于地磁辅助导航的区域地磁场模型、地磁匹配特征量图的二维随机场差值理论和地磁特征匹配算法等方面进行系统化的研究;中国航天科工集团公司三院针对地磁场资源在匹配制导中的可行性进行了探索。综上所述,关于水下地磁导航技术的研究,众多专家学者都在探索。但是,由于地磁导航系统的复杂性,使其定位的实现过程困难重重。目前,在地磁匹配算法等关键技术方面的研究尚不成熟,尤其是在水下地磁匹配的特征量选取及算法方面。地磁导航技术已在许多领域得到了成功应用,并且在寻找铁磁性矿物、扫测沉船等铁质航行障碍物、探测海底管道和电缆,特别是侦察潜艇的潜航与隐蔽(反潜技术)和水雷的布设(水下探查技术)等水下活动时,地磁定位有着显著的优越性,但至今仍无地磁匹配在水下载体导航中应用的正式报道。

第五节 本章小结

海洋定位是海道测量的重要工作内容,为海洋环境地理信息各要素提供位置信息。本章介绍了现代海洋定位的4个主要方法:GNSS卫星定位技术、水下声学导航定位技术、惯性导航技术和海洋匹配导航技术。通过本章的学习，有助于学员构建完整的海洋定位知识体系结构，掌握现代海洋定位的技术与方法，为后续的海洋测深、海洋潮汐与水文观测、水下障碍物探测以及海底底质探测提供基础。

复习思考题

1. 阐述 GNSS 的定义。
2. GNSS 的组成包括哪些？
3. GNSS 的信号包括哪些部分？
4. 请比较 GPS 卫星信号中的 C/A 码和 P 码。
5. 请比较 GPS、GLONASS 及北斗系统卫星导航电文的结构。
6. GNSS 定位误差包括哪几部分？
7. GNSS 定位中，电离层延迟和对流层折射减弱的措施有哪些？
8. 请解释测码伪距单点定位和测相伪距单点定位的原理。
9. 解释 RTC、RTD 和 RTK。
10. 局域差分的系统组成和特点有哪些？
11. 广域差分的系统组成和特点有哪些？
12. 什么是星基增强系统？现有的星基增强系统有哪些？
13. GNSS 精密单点定位的定义是什么？
14. GNSS 精密单点定位的关键技术有哪些？
15. 解释水声定位的工作方式有哪几种？
16. 试分析比较长基线、短基线、超短基线定位系统的优缺点。
17. 长基线、短基线、超短基线定位系统的应用有哪些？
18. 影响水下声学导航定位系统的误差有哪些？
19. 简述惯性导航的组成和工作原理。
20. 惯性导航系统的应用有哪些？
21. 什么是海洋匹配导航？
22. 解释基于水下地形的匹配导航系统组成及工作原理。
23. 解释基于地球物理场的匹配导航系统组成及工作原理。
24. 基于地磁场匹配导航解决的关键技术有哪些？

第五章
海洋潮汐水文观测技术

海道测量除关注海底地形及毗邻陆地地形等几何信息场信息，以及海洋区域重力场、地磁场等地球物理场信息的精确测定、表达与应用服务外，还关注海洋潮汐、海洋中海水温度、密度、盐度和水流等物理特性的观测与分析，原因在于这些物理特性或为相关主要测量和表达内容提供必要的信息支撑，或本身是海道测量基本任务需要提供的基本属性信息。与其他水文要素相比，海洋潮汐在海道测量中具有更重要的地位和作用，故本章以海洋潮汐与海道测量水位控制相关知识的阐述为重点，一并介绍其他相关水文要素及其测量方法。

第一节 海洋潮汐现象及基本理论

一、海洋潮汐现象与基本概念

海洋潮汐是海面的一种周期性的周而复始的涨落和升降现象。当观测者驻留海边对海面观察适当长时间，就会发现海水在海岸附近的涨落性过程，海滩时而被海水淹没，时而随水的下降而露出，循环往复。古代劳动人民即认识到这种海水现象，并称为"潮汐"。

在大多数地点或海区，海面涨落变化呈现为半日变化特征，若早晨出现高潮，半天以后进入夜晚时，将同样出现高潮。这便是"潮汐"一词的由来。古代将早晨（朝或白天）的涨潮称为"潮"，而将晚上（夕或夜晚）的涨潮称为"汐"，故将海水面的涨落变化现象合称为"潮汐"。当然"潮汐"一词已扩展到固体地球和大气的类似周期性变化，相应地称为"固体潮"和"大气潮汐"，而将海水面发生的潮汐过程称为"海洋潮汐"，在本书中，潮汐特指海洋潮汐。

（一）一天时间尺度的潮汐变化

若在海岸某点竖直设立一个标尺，并记录不同时刻标尺所对应的海面高度，则可实现对该点海洋潮汐变化过程的量化认识，这就是最早且时至今日对海洋潮汐现象认识和研究的主要方法，称这种对海面变化过程的观测为水位观测、潮汐观测或验潮。

图 5-1 显示出某一地点观测一天海面涨落变化所绘制的过程曲线，称为该地点的水位变化曲线。

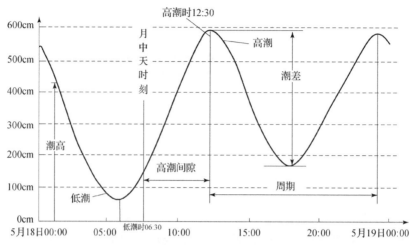

图 5-1　某地点潮汐水位变化曲线

该水位变化曲线表明：在大约一天的时间内，该地点的海面以大致相同的时间间隔交互出现两次最高和两次最低水位，表现为周期性的连续变化过程，这是该地点明显的海洋潮汐基本特征。为进一步描述这一现象，下面介绍几个与潮汐现象相关的基本概念。

（1）潮高与潮时：自某一参考基准量算至瞬时海面的高度称为潮高，参考基准选择不同，潮高则不同。以水尺为例，观测潮高记录的是水面在某时刻观测标尺（水尺）上对应的刻度值。水尺是按一定间隔（如1cm或2cm）等间隔刻划的刻度尺；该水尺的读数"0"，称水尺的"0"刻度或水尺零点。一般情况下，记录的潮高是从水尺零点起算的。显然，为了全程记录潮汐变化过程，水尺零点必须保证在观测期间置于潮高的最小值以下，否则会由于水面低于水尺零点而无法进行观测。在潮汐记录报表中，还需将潮高转换为某一应用或项目要求的基准的潮高，如深度基准面、国家高程基准、当地多年平均海面等。每一个潮高对应的时刻称为潮时。潮时通常采用当地标准时间，如我国通常采用北京时。

（2）高潮与低潮：海面上涨到一定高度后转而下降，出现海面的高度峰值，称此潮汐状态为高潮或满潮，发生高潮的中间时刻称为高潮时。海面下降到一定高度后转而上升时的潮汐状态称为低潮（或枯潮），发生低潮的中间时刻称为低潮时。如图 5-1 所示，该地的潮汐变化过程中包含了两个高潮和两个低潮。在更长的持续时间内，高潮和低潮将交替出现。而高潮和低潮时前后一段时间（各地不同），海面处于非涨非降的相对稳定的状态，这种潮汐状态又统称为平潮，有的文献又将平潮细分为对应高潮的平潮和对应低潮的停潮。

（3）涨潮与落潮：由低潮到后继高潮的时段内，海面将持续上升，这一过程称为涨潮，而由高潮到低潮的海面变化过程，相应地称为落潮或退潮。从低潮时至高潮时所经过的时间间隔，称为涨潮时间；从高潮时至低潮时所经过的时间间隔，称为落潮时间。

(4) 潮汐周期与潮汐类型：两个相邻高潮时或两个相邻低潮时之间的时间间隔，称为潮汐周期，简称周期。图 5-1 所示的潮汐周期约为半天，两相邻的高潮或低潮的潮高大致相等，该地点的潮汐类型称为半日潮或规则半日潮或正规半日潮。地球上大多数海区，大部分具有约半天潮汐周期的潮汐。但部分海域，一个月内大部分时间的潮汐周期约为一天，称这类地点的潮汐为全日潮或日潮或规则日潮。而在半日潮和全日潮的过渡海域，海面的涨落过程必然会更加复杂，将可能在一段时期内，呈现出接近半日潮特征，在另一段时期，表现为接近全日潮的特征，这种潮汐类型称为混合潮，据与半日潮或全日潮形态的接近程度，进一步区分为不规则半日潮和不规则日潮。将这种不同变化特征的潮汐形态分类称为潮汐类型。

(5) 潮汐不等与潮差：相继的两个高潮，或相继的两个低潮往往会存在潮高不相等的情况，称为潮高不等。另外，涨潮时间和落潮时间在部分地点也会存在不等现象。将这两种现象合称为潮汐不等。相邻高潮和低潮之间的潮高差称为潮差。因为潮高不等现象的存在，由潮汐观测记录算出的潮差显然是不稳定的。通常就更长时段的观测记录做出平均潮差，最大潮差和最小潮差等特征潮差统计。潮差也将随地而异，并反映着潮汐作用的强弱，如据有关文献记载，我国沿海的最大潮差发生在杭州湾海域，最大达 8m，而全球最大潮差记录发生在北美的芬地湾，有 18m 之多。

前文关于半日潮和全日潮海域的潮汐周期做了约为半天和一天的概略性说明。而对潮汐不等现象的描述究其原因可归结为潮汐变化与月球和地球之间的相对运动密切相关。因此，在此附带地对地月关系及相应的计时系统做简要说明。实际上，半日潮和全日潮的周期可进一步精确为 12h25min 和 24h50min，24h50min 这一时间长度对应于月球连续两次位于某一点正上方（严格地说，因地球自转，月球相对运行而处于观测地点同子午圈）的时间。在潮汐研究和应用中，通常将月球称为太阴，太阴连续两次处于某点同经度的时间间隔称为太阴日（太阴与观测地点同经度时，称为月球上中天，而经度相差 180°时，称为月球下中天），因此，严格而言，潮汐变化的半天周期和一天周期实质上是按太阴日和太阴时计时的半天和一天，因为一个太阴日和人们日常习惯采用的一个平太阳日计时习惯在数值上平均相差约 50min，故通常粗略地说，示例所对应的潮汐周期为半天。而不等现象主要是所处地点的纬度与太阴的纬度（赤纬）不同所致，将在潮汐理论阐述部分做进一步说明。

(二) 长时间尺度的潮汐变化现象

图 5-2 所示为我国沿岸 4 个典型的长期验潮站某月的实测水位变化曲线，潮汐类型分别为（规则）半日潮、混合潮——不规则半日潮、混合潮——不规则日潮与（规则）全日潮。因为理论研究表明，潮汐的变化与月球的位置变化有关，在图中标注了潮汐变化过程和月球位置的相对关系。这里的月球位置以月相，即以新月、上弦月、满月、下弦月等系列的月相表示。根据中国农历历法，新月对应于朔日，满月对应于望日。

尽管这种实际的水位观测数据所反映的水位高度除真正的潮汐变化过程外，还包含了气象等因素引起的变化，但对长期水位观测数据的研究表明，海面升降变化主要反映的是潮汐的规律性过程，可发现潮汐的长时间尺度变化特征。利用长期水位观测数据分析潮汐变化的基本特征，更好地保证潮高基准的一致性，反映潮汐的变化规律具有极其重要的作用和意义。

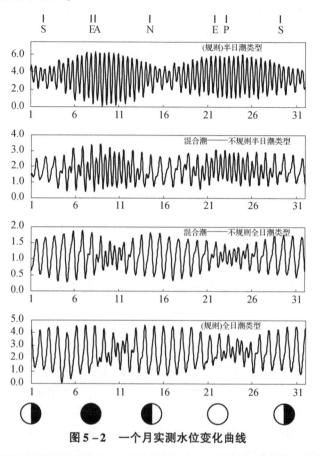

图 5-2　一个月实测水位变化曲线

不论潮汐呈现何种类型的特征，可以发现在一个月内，相邻高低潮之间的潮差呈现增大、减小、增大的总体规律性变化，潮汐曲线基本反映出物理学意义上的"拍"特征。就半日潮地点而言，大的潮差发生在朔、望日附近（一般略有延迟，延迟大小因地而异），而小潮差的发生与上弦和下弦月相相对应（一般略有延迟，延迟大小因地而异）。称潮差较大时的潮汐状态为大潮，相应地，潮差较小的潮汐状态称为小潮。大潮和小潮在一个月内各出现两次。在不规则半日潮地点，大潮和小潮存在与月相相类似的对应规律，但每天两次高（低）潮的潮高不等现象要比规则半日潮海区明显得多。在全日潮和不规则日潮海域，尽管也存在潮差大小的交替变化，且每月各出现两次，但所发生的日期并非与月相存在对应关系，而是决定于月球围绕地球公转所处的位置。月球绕地球公转一周的时间长度为一个回归月（约 27.32158 平太阳日），该类海域大的潮差出现在月球赤纬处于南北最高赤纬处（即月赤纬最大），即达到地球南北回归线时，相应发生的潮汐又专门称为回归潮。而潮差小的日期分布于月球赤纬为零处附近，月球分别上行或下行通过天赤道，相应发生的潮汐又专门称为分点潮。也就是说，具有日潮特征的海域对应的极值潮汐状态分别为回归潮和分点潮。为说明具有日潮特征海域的潮汐月变化特征，在图 5-2 中标注了月球处于南北纬最大和为零的对应日期。

关于潮差不等现象，自规则半日潮、不规则半日潮、不规则日潮和全日潮海域，每日两次特征（高、低）潮的不等（日不等）现象逐渐加剧，最终过渡到较小的高潮与低潮消失，呈现全日潮特征。

潮差大小及日不等现象的逐日变化，并且与月相或月球纬度（赤纬）存在关联，在全球海域具有普遍性，该现象可利用潮汐的基本理论进一步解释。在不同地点，潮汐变化主要表现为回归月的周期特征，而不同月的潮汐变化规律大体相同。

二、海洋潮汐基本理论

人类很早就了解到海洋潮汐和农历、月亮、太阳有关，但第一个给出科学解释的是著名科学家牛顿，他发现了万有引力定律，并用这个定律初步解释了地球的潮汐现象，提出了潮汐平衡潮理论，揭示了海洋潮汐变化的基本规律，奠定了经典海洋潮汐学科的科学基础。在牛顿研究的基础上，后来的科学家认识到，海面的高低起伏变化并非引力（与引力相关的引潮力）完全的直接作用，而且还与海洋水体在特定地理环境下的运动有关，是一个动力学过程，进而提出并发展了潮汐动力学理论，特别是近20多年来进一步丰富了潮汐动力学理论，取得了丰硕的成果，更加丰富和完善了人类对潮汐规律的理解和对潮汐现象的认识。

（一）引潮力

任何两个相距 r，质量分别为 m_1、m_2 的质点，相互之间存在相互吸引的作用力，即万有引力，描述该力的数学表达式即万有引力定律。

$$F = -G \frac{m_1 \cdot m_2}{r^2} \frac{\bm{r}}{r} \qquad (5-1)$$

式中：F 为两点之间的万有引力（矢量）；G 为万有引力常数；$\frac{\bm{r}}{r}$ 为两点连线方向的单位矢量。

不仅两个质点间存在相互吸引的万有引力，两个物体或天体之间同样存在这种作用力，只不过力的大小、方向的具体计算需要通过积分过程来完成。

宇宙中两个天体之间同样存在万有引力作用。在这种力的作用和维持下，相互邻近的天体处于相对平衡的运动状态，地球-月球绕太阳公转、月球绕地球公转都反映为这种力的作用。当两个相互吸引的邻近天体质量异常悬殊时，小天体绕大天体公转，因为相距的空间尺度一般要比天体本身的几何尺度大得多，引力的大小基本可将天体当作质点来考虑。

事实上，相互吸引的构成平衡运动系统的两个邻近天体是绕两天体的公共质心分别公转的，并产生公转离心力。在各天体质心，该公转离心力与相互吸引力相平衡（大小相等，方向相反），这样使得两天体在万有引力和离心力作用下既不会离得太近也不会离得太远。当然，万有引力本身比较微弱，只有质量较大的天体，并相距适当的距离，才会产生这种运动平衡。就研究地球上的潮汐现象而言，人们主要关注的是地、月平衡和日、地平衡系统，而其他较大的形体也分别围绕其所在的星系运动，相比前述两个平衡系统而言，其引力作用极小，与地球并不构成运动的平衡系统，在潮汐研究中也不做考虑。因月球质量比地球质量小得多，地月系统的公共质心与地心足够接近，远远小于二者之间的距离，因此，月球绕地球公转。同样地，对地球和月球而言，其质量远小于太阳质量，则日、地的公共质心足够接近太阳质心，其共同绕太阳按椭圆轨道循环往复地做公转运动。

天体绕公共质心的公转属于平动，所研究天体的各点具有相同的离心力，而在除地球质心之外的各点，存在引力和离心力的差异，这种顾及两种力的方向时的力的叠加，即称为引潮力。

就地球上非地心某点 P 的单位质点而言，将单个天体 X（太阴或太阳）的引力记为 $\boldsymbol{F}_g$，地球与该天体平衡系统的离心力记为 $\boldsymbol{F}_c$，两个力的合力即为引潮力 $\boldsymbol{F}_t$，则引潮力可表达为

$$\boldsymbol{F}_t(P) = \boldsymbol{F}_g(P) + \boldsymbol{F}_c(P) \tag{5-2}$$

由于地球上某点 P 所受离心力与地心处（以 O 标记）所受引力大小相等，方向相反，则有

$$\boldsymbol{F}_c(P) = \boldsymbol{F}_c(O) = -\frac{GM_X}{r^2}\frac{\boldsymbol{r}}{r} \tag{5-3}$$

同时，顾及地球上某点单位质点所受天体引力为

$$\boldsymbol{F}_g = \frac{GM_X}{L^2}\frac{\boldsymbol{L}}{L} \tag{5-4}$$

在上述表达式中：G 为万有引力常数；M_X 为天体 X 的质量；L、$\boldsymbol{L}$ 分别为 P 点至天体 X 中心的距离及距离矢量，且矢量 $\boldsymbol{L}$ 的正方向指向引潮天体；r、$\boldsymbol{r}$ 为地心至天体 X 中心的距离及距离矢量，$\boldsymbol{r}$ 的正向指向引潮天体的质心。

将式（5-3）和式（5-4）代入式（5-2），则得点 P 的引潮力表示式为

$$\boldsymbol{F}_t(P) = GM_X\left(\frac{1}{L^2}\frac{\boldsymbol{L}}{L} - \frac{1}{r^2}\frac{\boldsymbol{r}}{r}\right) \tag{5-5}$$

需要说明的是，在此的引潮力是指单位质点所受两种力的合力，因而含义为引潮力对应的加速度，与重力学研究时称重力实为重力加速度类似。同时，在地球地固坐标系中表示该引潮力，两个分力的方向以及大小随时因天体的相对公转和地球本身的自转而变化，也正是这种变化，诱发海洋对这种引潮力的响应和变化。

（二）引潮力位

根据前面的分析和讨论，引潮力是两种力的矢量叠加，其大小和方向随天体的相对运动而变化，若进行深入的定量分析较为困难（当然，也可以通过将两种力在研究点的水平方向和垂直方向分解、叠加而进一步分析，但是这个过程针对空间运动天体而言相当烦琐）。鉴于最后叠加的引力和离心力可等效为两个引力值的叠加，而引力属于保守力，这样对保守力的分析和研究就可转化为关于一个标量函数来进行，这样的标量函数即为势函数或位函数。一个标量函数可作为一个矢量函数的位的基本条件是该标量函数沿任一方向的导数为矢量在该对应方向的分量。事实上，引潮力是两个未知引力的和，每种引力均为保守力，这种合力也为保守力，即存在引潮力的位函数。为此将引潮力的位函数称为引潮力位或引潮力势，简称引潮位或引潮势。

在此不加推导地给出引潮势的表达式为

$$\Omega(P) = U(P) + Q(P) = GM_X\left(\frac{1}{L} - \frac{1}{r} - \frac{R}{r^2}\cos z\right) \tag{5-6}$$

式中：R 为 P 点的地心向径，近似可取为地球的平均半径；z 为研究点 P 和天体 X 的球面角距。括号中的整个第三项是因为引潮力位作为两个引力位的差，不在同一地点而施加的改正，即公转离心力由地心 O 到研究点 P 所做的功。

由大地测量学基本知识，非地心研究点 P 至地球外部一点 X 的距离之倒数 $1/L$ 可由勒让德尔函数级数表示，即

$$\frac{1}{L} = \frac{1}{r}\sum_{n=0}^{\infty} \left(\frac{R}{r}\right)^2 P_n(\cos z) \quad (5-7)$$

式中：n 为级数展开数的阶次；$P_n(x)$ 为勒让德尔函数，该级数 $0 \sim 3$ 阶展开式具体为 $P_0(x) = 1$，$P_1(x) = x$，$P_2(x) = \frac{3}{2}x^2 - \frac{1}{2}$，$P_3(x) = \frac{5}{2}x^3 - \frac{3}{2}x$。

将式（5-7）代入式（5-6），并顾及勒让德尔函数的一、二阶展开的具体形式，则天体引潮力位的勒让德尔函数表示为

$$\Omega(P) = GX \sum_{n=2}^{\infty} \frac{R^n}{r^{n+1}} P_n(\cos z) \quad (5-8)$$

可见，引潮力位与勒让德尔函数级数二阶以上展开项有关，随着展开项阶数的增加，其分量将按 R/r 指数衰减。根据引潮天体质量及与地心的距离量级分析，只有月球和太阳能够在海洋上产生可观测到的海面变化，且月球展开式中只需考虑两项（二阶和三阶），而太阳引潮力位以其第一项表示已经足够。其他天体产生的引潮力则微乎其微，而忽略不计。

若只考虑二阶项，则引潮力位可简单地表示为

$$\Omega_2(P) = GM_X \frac{R^2}{2r^3}(3\cos^2 z - 1) \quad (5-9)$$

因此，中外众多文献通常称引潮力位与引潮天体的质量成正比，而与地心到引潮天体距离的三次方成反比。

当然，公式中的天体与地面点的球面角距，以及地心到引潮天体（质心）的距离均是时间的函数，是随时间而变化的量。

（三）平衡潮理论及潮汐现象解释

1. 平衡潮基本理论

天体引潮力位附加在地球重力位之上，使地球产生形变或位移响应。特别注意的是海洋为流体，如果海水对引潮力位的变化立即响应，则会引起海面高度的变化。17 世纪，牛顿通过创立平衡潮理论，得出潮高与引潮力位的关系为

$$\bar{\zeta}_0 = \frac{\Omega}{g} \quad (5-10)$$

式中：g 为非地心研究点 P 的重力加速度，在海洋潮汐研究中，一般取地球表面的平均重力值 9.8m/s^2。

由此，在引潮力（或引潮力位）的作用下，海面将随着引潮位的变化而涨落，这便是牛顿所创立的平衡潮理论，也称为潮汐的静力学理论。

平衡潮理论还附带如下假设：①地球为圆球，其表面完全被等深的海水所覆盖，不考虑陆地的存在；②海水没有黏滞性，也没有惯性，海面能随时为等位面（重力位引潮力合力的等位面）；③海水不受地转偏向力和摩擦力的作用。在这些假设下，

由于地球自转和引潮天体（主要是月球）本身的运动，引潮力及引潮力位随时间发生变化，海面对其及时响应，不断形成新的平衡面，因而海面产生动态形变。也就是说，考虑引潮力作用后的海面由球形变为动态变化的椭球形，称这种椭球形态为潮汐椭球。由于该椭球是对引潮力的响应结果，椭球的长轴将恒指向引潮天体。由于引潮力的周期性变化，因而导致每一地点的海面发生周期性涨落，进而形成潮汐。

根据平衡潮理论和有关天文参数，通过对太阳和月球引潮力的理论计算结果表明：月球引潮力位及平衡潮潮高是太阳引潮力位及平衡潮高的 2.17 倍，因此，地球的海洋潮汐及其潮汐现象主要以太阴为主要外力驱动源。

根据计算，综合考虑太阴和太阳引潮力（位）的贡献，平衡潮的最大潮差约 0.9m，对于开阔大洋，该量值大体上和实际观测到的潮差是吻合的。而在边缘海及近岸海域，实际潮差往往比平衡潮的理论值大得多，这表明在潮汐信息的实际应用中，还不能仅依据平衡潮的计算结果。这种现象实际上可从平衡潮理论的三个假设前提可知：其与实际状况并不相符，如海水黏滞性、惯性、不等深、为陆地分割等。为此，1775 年拉普拉斯（Lalpace）提出了利用流体动力学研究海洋潮汐问题，构建了潮汐动力学基本理论，后经国内外学者进一步完善，构成目前海洋潮汐研究的两大理论之一。其主要思想是利用动力学理论来解释潮汐现象，其中考虑陆海的空间分布、海水的黏滞性、摩擦力等动力学效应。

尽管平衡潮理论所给出的潮高计算值与实际观测数据之间存在较大的偏差，但对于解释一些主要的潮汐现象已经足够。

2. 高低潮、潮汐周期与天体相对运动的关系

根据平衡理论计算表明，月球引起的潮高变化量要比太阳引潮作用引起的潮高变化量大一倍多，为此，本书关于高低潮及其变化周期现象主要解释和说明月球引潮作用。

如上所述，月球经过某地午半圈时刻的状态，称为当地月上中天（或太阴上中天，相反地，月球经过与该点相差 180°子半圈时刻的状态称为月下中天）。由于地球自转（自西向东）的平均周期为一个平太阳日，即 24h，而月球作为地球的卫星，绕地球（实质上为地月公共质心）自西向东运转，因此，对于地球表面上的任一地点，月球两次上中天的时间应在地球自转周期的基础上附加一段"追赶"月球的时间差，该时间差约 50min。换言之，地球表面上任一点相对月球旋转一周的时间为一太阴日，等效为 24h50min 的平太阳时。这便是平衡潮的潮汐椭球绕地球旋转一周的时间。在一个太阴日内，潮汐椭球的长轴和短轴分别两次通过地球表面上某固定点。因此，任一地点将发生两次高潮和两次低潮，且潮汐周期约为 12h25min。

图 5 – 3 所示为月中天时地球子午圈剖面上引潮力示意图。A、B 在月球中心与地心连线上，此时的 A 点为月上中天，B 点为月下中天。AB 方向也就是潮汐椭球的长轴方向，在 A、B 处发生高潮，而在与该方向垂直的潮汐椭球短轴方向发生低潮。潮汐椭球运转一周的过程中，A、B 随之转动，而对地球表面的固定点，则经历高潮、低潮、高潮、低潮的变化过程。

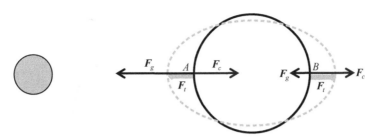

图 5-3　月中天时引潮力示意图

太阳的引潮力也产生相应的潮汐椭球，对海面具有同样的引潮作用，但该作用的贡献小于月球的贡献，因此，高低潮和潮汐周期主要受月球引潮力支配。

3. 大潮、小潮与月相的关系

海洋潮汐是月球和太阳两个天体引潮作用合成的结果，两个引潮天体产生的潮汐椭球将随地、月、日三者位置的相对变化，产生动态的叠加效果。对于地球上的点，两个潮汐椭球长轴方向一致或相近时，涨落幅度增强，形成大潮，而两个椭球长轴方向接近垂直时，叠加使得涨落幅度下降，形成小潮。

地、月、日三者位置的相对关系可通过月相说明。如图 5-4 所示，在朔（初一）望（十五）日期，日、月、地球成一直线（接近处于同一平面内），月球引潮力作用与太阳引潮力作用，即潮汐椭球叠加增强，便发生大潮；而在上弦（初八左右）与下弦（廿二、廿三）日期，日、地、月接近成直角，月球引潮力作用与太阳引潮力作用的互相削弱最为显著，发生小潮。月相从朔开始经过上弦、望、下弦再回到朔的时间长度称为 1 个朔望月（约为 29.53 个平太阳日）。

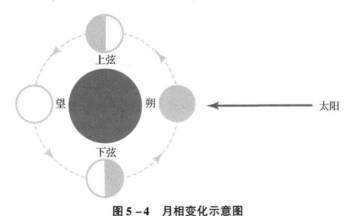

图 5-4　月相变化示意图

4. 潮汐不等与月球赤纬的关系

月球的运行轨道（白道）与地球的赤道并不在同一平面内，月球从白赤交点出发在白道上运行一周再回到白赤交点的时间长度称为 1 个回归月（约为 27.32 平太阳日）。因此，在一回归月中月球两次经过赤道，各一次达到南北赤纬最大。图 5-5 所示为月球分别经过赤道与达到最北时形成的潮汐椭球示意图，图中 A 与 A' 的纬度相同、经度相差 180°，月球经半个太阴日（约 12h25min）由 A 月上中天转至 A' 月上中天，即经过半个太阴日 A 点变为 A' 点，而 A' 点变为 A 点；B 点与 B' 点、C 点与 C' 点相似。

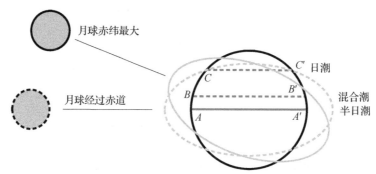

图 5-5 月球赤纬变化时潮汐椭球示意图

月球公转运行在赤道的一小段时间内,图中 A、B、C 处为月上中天,出现高潮,经过半个太阴日后为月下中天(而图中 A′、B′、C′ 为上中天),再出现高潮,而且因引潮力一致而使得两次高潮的高度相等,此时的潮汐即为分点潮。

月球公转运行至赤纬最大的一小段时间内,月上中天与月下中天的引潮力不一致,两次高潮的高度不相等,相应地,两次低潮的高度也不相等。较高的一次高潮称为高高潮,较低的一次高潮称为低高潮;较低的一次低潮称为低低潮,较高的一次低潮称为高低潮,此即潮汐日不等现象。潮汐不等主要是由月球赤纬不为零引起的,当月球至最北或最南附近时,所产生的日潮不等现象最显著,此时的潮汐即为回归潮。

日潮不等现象还与地理纬度有关,如图中 A、B、C 点处:①A 点处一个月内每天都有两次高潮或低潮,随着月球赤纬增大,日潮不等也相应增大,该类型变化规律的潮汐称为半日潮类型;②B 点处虽一太阴日内也出现两次高潮或低潮,但日潮不等现象比 A 点处显著,两相邻的高潮(低潮)的高度相差十分明显,该类型变化规律的潮汐称为混合潮类型;③C 点处,当月球经过赤道时,一太阴日内出现两次高潮和低潮,但潮差很小,可能完全消失;而当月球赤纬增大时,两个小的潮高(高低潮和低高潮)完全消失,每天只出现一次高潮与低潮,该类型变化规律的潮汐称为日潮类型。

5. 视差不等与月地距离的关系

由于月球绕地球运动的轨道为椭圆,月球从近地点出发,经过远地点又回到近地点的时间长度称为 1 个近点月(约 27.55 个平太阳日),从而月球对地球的引潮力也随之产生相应的周期变化。由这一原因所导致的潮差变化,称为潮汐的视差不等。

由于月球近地点和远地点的连线在 8.85 年内转动一周,且近地点移动方向与月球公转方向一致,因此近点月略长于回归月(约 27.32 个平太阳日)。

当然,因为引潮天体按椭圆轨道运行,距离变化引起的潮汐变化幅度较小,在前述的潮汐现象介绍中未做说明。

(四)引潮力位(平衡潮潮高)分解的基本知识

在平衡潮理论中,引潮力位(势)以及相对应的平衡潮高可以由地心对地面点和引潮天体的夹角余弦之勒让德尔函数的级数表示,并与地心到引潮天体距离的三次以上次方成反比,见式(5-8)。根据计算,只有该级数的低阶项才可能产生明显的潮汐现象。但是，由于引潮天体的运动和地球自转效应，这里用到的角度和距离均为随时间而变化的量。因此，需要将该角度表示为天体的赤经、赤纬函数，进一步根据天体运行规律，表示为时间的函数，地球与天体之间的距离也同样换算为时间的函数。这种引潮力位形式的变换实际为级数公式的分解及相应的变量代换，也称为引潮力位（势）的展开。

1. 引潮势初步展开

根据球函数的加法公式，式（5-8）中的 $P_n(\cos Z)$ 可表示为

$$P_n(\cos z) = P_n(\sin\varphi)P_n(\sin\varphi_X) + \sum_{k=1}^{n} 2\frac{(n-k)!}{(n+k)!}P_{nk}(\sin\varphi)P_{nk}(\sin\varphi_X)\cos(k(\lambda_X - \lambda))$$

(5-11)

式中：φ、φ_X 分别为研究点和引潮天体的纬度（赤纬）；λ、λ_X 分别为所研究点和天体的经度，在后续表示中，将天体经度 λ_X 改记为 δ_X，$P_n(\cdot) = P_{n0}(\cdot)$ 为前述勒让德尔函数，即 n 阶、0 次缔合勒让德尔函数，也称为球函数的带谐函数。而 $P_{nk}(\cdot)$ 为 n 阶、k 次缔合勒让德尔函数，且 $k=0,1,\cdots,n$，当 $k=0$ 时退化为带谐函数，$k=n$ 时过渡到扇谐函数，否则，称为田谐函数。低阶（1~3）缔合勒让德尔函数分别表示为 $P_{11}(x) = (1-x^2)^{\frac{1}{2}}$，$P_{21}(x) = 3x(1-x^2)^{\frac{1}{2}}$，$P_{22}(x) = 3(1-x^2)$，$P_{31}(x) = \frac{3}{2}(5x^2-1)(1-x^2)^{\frac{1}{2}}$，$P_{32}(x) = 15x(1-x^2)$，$P_{33}(x) = 15x(1-x^2)^{\frac{1}{2}}$。

研究地面点的潮汐规律时，采用地心地固坐标系以及相对应的地理坐标，因此，对固定的研究点而言，坐标 (φ,λ) 为固定量。而太阴和太阳两个引潮天体分别视为围绕地球沿白道和黄道公转（对太阳而言即视公转），因此，天体的经纬度为与公转规律相联系的动态变量。在这种表示中，天体与研究点的经差称为天体时角，并通常记为 $T = \lambda_X - \lambda$，并将最终转换为时间 t 的表示，若规定 24 天体时为 1 天体日，则天体时与时角的关系为 $T = 15t$。天体时间是按天体的平运动定义的，如平太阳日（时）和平太阴日（时）。

将有关球函数作具体展开后，引潮势的二阶展开式可表示为

$$\Omega_{X2}(P) = \frac{3}{4}\frac{GM_X}{r_X}\left(\frac{R}{r_X}\right)^2\left\{(1-3\sin^2\varphi)\left(\frac{1}{3}-\sin^2\delta_X\right) + \sin 2\varphi\sin 2\delta_X\cos T_X + \cos^2\varphi\cos^2\delta_X\cos 2T_X\right\}$$

(5-12)

式（5-12）便是引潮势的拉普拉斯展开式，也通常称为引潮势的第一展开式。它清楚地将引潮力位的二阶项表达为三部分，其中第一部分仅随引潮天体的赤纬而变化，反映出潮汐的长周期成分。后两部分则主要呈现为引潮天体时角的周期函数，因地球自转效应，这两部分的周期分别为一天、半天（根据引潮天体为太阴和太阳，分别为半个和一个太阴日或太阳日），对应地表现为日潮（全日潮）和半日潮成分。因为月球发挥主要的引潮作用，式（5-12）解释了地球表面大多数海域的潮汐具有半日周期特征。因为也存在日潮成分，联合考虑海洋的动力学特征，在某些地点，日潮成分可能占优，因此，存在半日潮海区，也存在两种主要周期的变化基本发挥相近作用的混合潮海区。

将式（5-12）中标记天体的下标 X 变换为分别表示太阴和太阳的符号 m 和 s，即

有对应的太阴和太阳引潮势展开式。

对太阳的作用,展开到引潮势的二阶项已经足够,而对太阴展开式,还需要用到三阶展开项,即

$$\Omega_{m3}(P) = \frac{3}{4}\frac{GM_m}{r_m}\left(\frac{R}{r_m}\right)^3 \left\{\frac{1}{3}\sin\varphi(3-5\sin^2\varphi)\sin\delta_m(3-5\sin^2\delta_m)\right.$$
$$+\frac{1}{2}\cos\varphi(1-5\sin^2\varphi)\cos\delta_m(1-5\sin^2\delta_m)\cos T_m$$
$$\left.+5\sin\varphi\cos^2\varphi\sin\delta_m\cos^2\delta_m\cos(2T_m)-\frac{5}{6}\cos^3\varphi\cos^3\delta_m\cos(3T_m)\right\} \quad (5-13)$$

显然,此时除包含二阶展开式的周期成分外,还包括1/3日周期的变化项。

2. 引潮势的调和展开

引潮势的第一展开式只反映了潮汐变化规律与引潮天体时角的变化关系,可以看出潮汐的基本周期性规律,尚未顾及引潮天体的纬度变化,以及与地心之间的距离变化。因此,需要对引潮势做进一步分解,揭示出潮汐变化规律与天体平运动和时间之间内在关系,给出潮汐变化的精细频谱。分解到这一程度时引潮势及相应的平衡潮高表达式称为调和展开式。

月球和太阳均按椭圆轨道运行,这样,太阴和太阳的时角、赤纬乃至到地心的距离均不是匀速的时间变量,因此,首先需要弄清这些天体运动参数与采用的时间系统之间的关系。为此,引入一系列随时间变化的天体运动变量,称为天文变量,相关说明如表5-1所示。

表 5-1 基本天文参数

参数	意义	角速率/(°/h)	周期
τ	平月球地方时	14.4920521	平太阴日
s	月球平经度	0.5490165	回归月
h	太阳平经度	0.0410686	回归年
p	月球近地点平经度	0.0046418	8.847 年
N'	$N=N'$月球升交点平经度	0.0022064	18.613 年
$p'(p_s)$	太阳近地点平经度	0.0000020	20940 年

上述各变量实际上是以地心为坐标原点,依据平太阳时间系统的时间 t 表示的月球和太阳轨道参数,利用这些参数可得到 t 时月球和太阳的平位置,进而得到其真位置。

根据平太阳时角、平太阳地方时、太阳的平赤经、春分点时角、地方恒星时的关系,世界时 t 时刻的平太阴(平月球)地方时(以角度表示)为

$$\tau = 15t - s + h + \lambda \quad (5-14)$$

式中:λ 为所研究点 P 的经度。在相关的潮汐计算中,λ 通常取为规定的区时对应的经度 λ_0 相应的平太阴时为区时。

Newcomb 于 1895 年根据当时已积累的 140 多年的 4 万余个天文观测数据给出了计

算太阳参数 h、p' 以及黄、赤交角和地球公转偏心率的公式。Brown 于 1919 年给出了计算月球轨道的有关参数 s、p、N' 以及月球轨道偏心率和黄、白交角的公式。这些公式及依据时间原点经变换后的公式在一般关于潮汐计算的教科书中均已列出。现给出表 5-1 中列出的天文变量的计算公式。

$$\begin{cases} s = 277°.02 + 129°.3848(Y-1900) + 13°.1764\left(n+i+\dfrac{t}{24}\right) \\ h' = 280°.19 - 0°.2387(Y-1900) + 0°.9857\left(n+i+\dfrac{t}{24}\right) \\ p = 334°.39 + 40°.6625(Y-1900) + 0°.1114\left(n+i+\dfrac{t}{24}\right) \\ N' = 100°.84 + 19°.3282(Y-1900) + 0°.0530\left(n+i+\dfrac{t}{24}\right) \\ p' = 281°.22 + 0°.0172(Y-1900) + 0°.00005\left(n+i+\dfrac{t}{24}\right) \end{cases} \quad (5-15)$$

式中：Y 为公历年号；i 为自 1900 年至 Y 年的闰年数；n 为自 Y 年 1 月 1 日开始计算的累积日期数；在此，时间 t 应取为格林威治平太阳时，即世界时。

式 (5-15) 中各参数是以 1900 年 1 月 1 日零时为基准而推算的，即将儒略日期表示的基本天文变量，并以公历日期表示。

在潮汐引潮力位展开式中需要太阴和太阳的真赤纬、时角和它们与地心的距离，而时角的计算要用到赤经，为此，如下导出太阴和太阳的坐标参数。

在月球的轨道运动中，可将月球假定为一质点，并略去太阳对月球轨道的影响，只考虑地球引力位球函数零阶项的作用，作为地球的卫星，月球的正常轨道将是一个以地心为焦点的椭圆，其方程为

$$\frac{1}{r_m} = \frac{1}{c_m}(1 + e_m \cos\nu) \quad (5-16)$$

式中：c_m 为月球椭圆轨道的平均半径；e_m 为月球轨道的偏心率；ν 为月球近地点角。

将 ν 近似写成平太阴的近点角 $s-p$，则月、地中心距离倒数表达为

$$\frac{c_m}{r_m} = 1 + e_m \cos(s-p) \quad (5-17)$$

根据开普勒（kepler）定律有 $r_m^2 \dot{\lambda}_m = c_m^2 \dot{s}$，于是

$$\dot{\lambda}_m = \left(\frac{c_m}{r_m}\right)^2 \dot{s} \quad (5-18)$$

顾及式 (5-17)，并略去轨道偏心率的非线性项，得

$$\dot{\lambda}_m = [1 + 2e_m \cos(s-p)]\dot{s} \quad (5-19)$$

积分后有

$$\lambda_m = s + \frac{2e_m \dot{s}}{\dot{s} - \dot{p}} \sin(s-p) \quad (5-20)$$

月球的黄纬 β_m 满足

$$\tan\beta_m = \sin(\lambda_m - N')\tan\varepsilon' \quad (5-21)$$

式中：ε' 为黄白交角，$\varepsilon' = 5°8'48''$。所以，近似有

$$\beta_m \approx \varepsilon' \sin(\lambda_m - N') \qquad (5-22)$$

以上所述为将月球在地心坐标系中的位置（距离、赤经和赤纬）由月球平运动参数表示的基本思路。因为在地月距离上，月球不能视为质点，同时也受到太阳的作用，所以真实的月球轨道运动仅用上面诸式描述是不够的。Brown 根据月球绕地球的轨道运动理论和长期观测结果，给出了与以上类似公式，是由更多关于月球和太阳平轨道参数表示的修正公式。

$$\frac{c_m}{r_m} = 1 + 0.054501\cos(s-p) + 0.010025\cos(s-2h+p) \\ + 0.008249\cos(2s-2h) + \cdots \qquad (5-23)$$

$$\lambda_m = s + 0.109760\sin(s-p) + 0.022236\sin(s-2h+p) + \cdots \\ + 0.011490\sin(2s-2h) + 0.003728\sin(2s-2h+N') \qquad (5-24)$$

$$\beta_m = 0.089504\sin(s+N') + 0.004897\sin(2s-p+N') \cdots \\ + 0.004847\sin(p-N') + 0.003024\sin(s-2h+N') + \cdots \qquad (5-25)$$

因为太阳在黄道面上，所以太阳的黄纬为零，太阳的黄经 λ_s 以及太阳与地心的距离 r_s 可以根据地球绕太阳运动的开普勒定律求出，Newcomb 给出的计算公式同样以 6 个基本天文参数表示，当然相对于月球基本天文参数的系数必为零，展开的基本形式为

$$\begin{cases} \frac{c_s}{r_s} = 1 + \left(e_s - \frac{1}{8}e_s^3\right)\cos(h-p') + e_s^2\cos2(h-p') + \frac{9}{8}e_s^3\cos3(h-p') \\ \lambda_s = h + \left(2e_s - \frac{1}{4}e_s^3\right)\sin(h-p') + \frac{5}{4}e_s^2\sin2(h-p') + \frac{13}{12}e_s^3\sin3(h-p') \end{cases} \qquad (5-26)$$

以地球公转轨道偏心率 $e_s = 0.01670911$ 代入，则有

$$\begin{cases} \frac{c_s}{r_s} = 1 + 0.016709\cos(h-p') + 0.000279\cos(2(h-p')) + 0.000005\cos(3(h-p')) \\ \lambda_s = h + 0.033417\sin(h-p') + 0.000349\sin(2(h-p')) + 0.000005\sin(3(h-p')) \end{cases}$$

$$(5-27)$$

在式（5-12）中，$\frac{3}{4}GM_X R^2$ 为引潮势的公共系数，引入地球质量 M_E，该公共系数可表示为 $\frac{3}{4}GM_X R^2 = \frac{3}{4}\frac{GM_E}{R^2} \cdot \frac{M_X}{M_E}R^4 = \frac{3}{4}g\frac{M_X}{M_E}R^4$，其中，$g = \frac{GM_E}{R^2}$ 为将地球视为圆球时的球面任一点的引力加速度，考虑实际地球的基本形状为椭球，可视为该量值即地球表面的重力加速度，取为 $g = 980 \text{ cm/s}^2$。而引潮天体与地球的质量比 $\frac{M_X}{M_E}$ 及地球在球近似下的平均半径 R 为常量。

进一步引入地月和地日之间的平均距离 c_m 和 c_s，则式（5-12）中

$$\frac{3}{4}\frac{GM_X}{r_X}\left(\frac{R}{r_X}\right)^2 = \frac{3}{4}g\frac{M_X}{M_E}R^4\frac{1}{r_X^3} = \frac{3}{4}g\frac{M_X}{M_E}R^4\frac{1}{c^3}\frac{c^3}{r_X^3} \qquad (5-28)$$

分别取月、日质量及运行轨道平均半径的相关参数，并定义如下常量：$D = D_m = \frac{3}{4}$

$g\dfrac{M_{\mathrm{m}}}{M_{\mathrm{E}}}\left(\dfrac{1}{c_{\mathrm{m}}}\right)^3 R^4$，$D' = D_{\mathrm{s}} = \dfrac{3}{4}g\dfrac{M_{\mathrm{S}}}{M_{\mathrm{E}}}\left(\dfrac{1}{c_{\mathrm{s}}}\right)^3 R^4$，利用相关参量计算可得 $D = 26277~\mathrm{cm}^2/\mathrm{s}^2$，且 $D_{\mathrm{s}} = \dfrac{M_{\mathrm{S}}}{M_{\mathrm{m}}}\left(\dfrac{c_{\mathrm{m}}}{c_{\mathrm{s}}}\right)^3 D = 0.49524 D$。于是，太阴和太阳二阶引潮势可简化表示为

$$\Omega_{\mathrm{m}2}(P) = D\left(\dfrac{c_{\mathrm{m}}}{r_{\mathrm{m}}}\right)^3 \left\{(1-3\sin^2\varphi)\left(\dfrac{1}{3}-\sin^2\delta_{\mathrm{m}}\right) + \sin2\varphi\sin2\delta_{\mathrm{m}}\cos T_{\mathrm{m}} + \cos^2\varphi\cos^2\delta_{\mathrm{m}}\cos(2T_{\mathrm{m}})\right\}$$
(5 − 29)

$$\Omega_{\mathrm{s}2}(P) = 0.49524 D\left(\dfrac{c_{\mathrm{s}}}{r_{\mathrm{s}}}\right)^3 \left\{(1-3\sin^2\varphi)\left(\dfrac{1}{3}-\sin^2\delta_{\mathrm{s}}\right) + \sin2\varphi\sin2\delta_{\mathrm{s}}\cos T_{\mathrm{s}} + \cos^2\varphi\cos^2\delta_{\mathrm{s}}\cos(2T_{\mathrm{s}})\right\}$$
(5 − 30)

而太阴引潮势三阶项的系数为 $D\left(\dfrac{c_{\mathrm{m}}}{r_{\mathrm{m}}}\right)^3 \dfrac{R}{r_{\mathrm{m}}}$。

将 β_{m} 变换为 δ_{m}，λ_{m} 和 λ_{s} 分别变换为天体时角 T_{m} 和 T_{s}，并将这些参量的三角函数技术展开式及 $\dfrac{c_{\mathrm{m}}}{r_{\mathrm{m}}}$ 和 $\dfrac{c_{\mathrm{s}}}{r_{\mathrm{s}}}$ 的表示式代入引潮势的拉普拉斯展开式，可将太阴和太阳的引潮势综合表达为一系列（无穷多个）三角函数级数和的形式：

$$\Omega = \sum_{i=1}^{\infty} \alpha_i D \cos\left[\boldsymbol{n}_i \cdot \boldsymbol{a}(t) + \mu_0\dfrac{\pi}{2}\right]$$
(5 − 31)

式中：$\alpha_i D$ 为引潮势第 i 个展开项的系数；$\boldsymbol{a}(t)$ 为 t 时的 6 个天文参数构成的向量，即 $\boldsymbol{a}(t) = [\tau, s, h, p, N', p']^{\mathrm{T}}$；$\boldsymbol{n}_i$ 为 6 个整数构成的向量，且

$$\boldsymbol{n}_i = [\mu_{i1}, \mu_{i2}, \mu_{i3}, \mu_{i4}, \mu_{i5}, \mu_{i6}] = [a_i, b_i - 5, c_i - 5, d_i - 5, e_i - 5, f_i - 5]$$，$\mu_{ij}, j = 0 \sim 6$ 称为第 i 项表达式的 Doodson 数，而 a_i，b_i，c_i，d_i，e_i，f_i 为该项的 Doodson 代码，采用一组 Doodson 代码记录每一展开项是因为它是一组非负整数。

因为 6 个基本天文变量随时间 t 匀速变化，故（5 − 31）表示的引潮势为若干简谐振动项的组合形式，且每一简谐振动项称为一个分潮。根据平衡潮理论，将每一引潮势分潮除以重力加速度，即得平衡潮分潮。这样的展开式即成为引潮势或平衡潮的调和展开式。$\alpha_i D$ 即引潮势分潮的振幅。每一展开式形式上表示为余弦函数，但注意到在余弦相角中存在 $\mu_0 \dfrac{\pi}{2}$ 的附加项，当 μ_0 为奇数时，所对应的实际为正弦项。

对引潮力位的这种纯调和展开首先是由 Doodson 于 1921 年完成的，将太阴的二阶和三阶及太阳的二阶勒让德尔展开式共展开为 386 个幅值大于 $0.0001D$ 的分潮，Cartwright 和 Taylor（1971）与 Cartwright 和 Edden（1973）将总引潮势展开为系数大于 $0.00001D$ 的 505 个分潮。我国郗钦文在潮汐调和展开方面做了大量工作，1987 年将引潮力位展开至 1178 项。

由于上述 6 个基本天文变量周期相差较大，这些基本天文变量以整数为系数的组合结果必然出现分潮在各短周期天文变量周围相对集中的情况，即分潮按族、群和亚群进行划分。第一个 Doodson 代码相同的分潮处于同一潮族；在同一族中，第二个 Doodson 代码相同的分潮处于同一群；而在同一群中，第三个 Doodson 代码相同的分潮处于同一亚群。$\mu_1 = 0$ 的一组分潮不随太阴时 τ 变化，分潮的变化周期将长于一个月，

甚至周期达到1年、数年或更长时间，称为长周期分潮。而 $\mu_1 = 1$ 的一组分潮，将呈现每太阴日一次的基本周期变化，称为日分潮族，而 $\mu_1 = 2$，$\mu_1 = 3$，…的分潮族分别称为半日潮族、1/3日潮族等。

在这些分潮中，只有较大的一些分潮对实际海洋潮汐贡献最大而具有实际应用意义，而其他一些分潮的影响在实际应用中忽略不计。在海道测量中主要关心几个主要的分潮，如表5-2所示。

表 5-2 主要分潮

分潮	Doodson 代码	相角	角速率/(°/h)	振幅/×10⁻⁵	来源（L：太阴；S：太阳）
S_a	056，554	$h - p_s$	0.041067	1176	S 椭圆波
S_{Sa}	057，555	$2h$	0.082137	7287	S 赤纬波
M_m	065，455	$s - p$	0.544375	8254	L 椭圆波
M_f	075，555	$2s$	1.098033	15642	L 赤纬波
Q_1	135，655	$\tau - 2s + p$	13.398661	7216	LO_1 的椭圆波
O_1	145，555	$\tau - s$	13.943036	37689	L 主太阴波
P_1	163，555	$\tau + s - 2h$	14.958931	17554	S 主太阳波
$^mK_1$	165，555	$\tau + s$	15.041069	36233	L 赤纬波
$^sK_1$	165，555	$\tau + s$	15.041069	16817	S 赤纬波
N_2	245，655	$2\tau - s + p$	28.439730	17387	LM_2 的大椭圆波
M_2	255，555	2τ	28.984104	90812	L 主太阴波
S_2	273，555	$2\tau + 2s - 2h$	30.000000	42286	S 主太阳波
$^mK_2$	275，555	$2\tau + 2s$	30.082137	7858	L 赤纬波
$^sK_2$	275，555	$2\tau + 2s$	30.082137	3648	S 赤纬波

在对引潮势做出纯调和展开之前，Darwin 于 1883 年曾作过引潮势的展开，并将太阴、太阳引潮力位的主要半日潮和日潮项命名为 M_2、S_2、K_1、O_1 等，并且这种命名沿用至今。其中，分潮名中的下标反映了分潮的周期。但 Darwin 所得分潮振幅仍与时间有关，原因在于将 $\frac{c_m}{r_m}$、λ_m、β_m、$\frac{c_s}{r_s}$、λ_s 等不是表示为6个基本天文变量的函数，而是采用了月球在白道的真实经度 λ、平太阳经度 h、白赤交点的赤经 v 和白赤交点在白道的经度 ξ 等几个变量，所以 Darwin 展开实质上并不是纯调和的，仅是将潮汐频率分解到亚群，并定义亚群为分潮。

潮汐的调和展开为潮汐的分析计算和预报提供了基本理论基础。在海洋学和海道测量应用中，通常把具体地点观测的水位序列表达成与平衡潮展开式相对应的三角函数项，并求得特定地点对应的具体参数，以描述潮汐规律。

(五) 潮汐动力学基本理论

潮汐静力学理论（平衡潮理论）认为，海水或海面对引潮力或引潮势具有直接及时响应，海面的涨落直接抵消引潮力在地点的垂直分量。根据平衡潮理论，在地球表面同一纬线上将存在相同的潮汐涨落规律，因而难以解释地球表面复杂的潮汐形态。

实际海面的升降，必然伴随海水的水平流动，因此，海水面的涨落主要是引潮力水平分量，而不是垂向分量的作用。在水平分量的作用下，海水的水平运动使得海面形态处于一种动态平衡中。海水的水平输运过程实际是潮波的传导过程，并受到海陆分布、海底地形（水深）、地转偏向力（科里奥利力，简称科氏力）以及海水与海底之间的摩擦力和海水内部的黏滞力等影响和制约。

根据潮汐动力学的思想，海面的周期性涨落伴随着海水周期性水平运动，这种水平运动称为潮流。

不论是潮高与潮流，还是稳态海面高度（海面与重力等位面的差异）与定常海流，都满足基本的水体动力学方程。

海洋水体的运动可由运动（动量）方程和连续性方程描述。运动方程系牛顿第二定律对海水微团的应用，而连续性方程则为海水质量守恒和在不可压缩假设下体积守恒定律的应用。

关于单位质量的海水运动方程，从原理上直接采用公式：

$$\frac{d\boldsymbol{V}}{dt} = \boldsymbol{F} \tag{5-32}$$

式中：右端所示的力是指以上分析各种力的合力，但需注意在左端的加速度表示中，对于流体有欧拉（Euler）方程和拉格朗日方程两种描述方式。一般采用欧拉方程描述海洋水体运动的分析，此时，速度对时间的导数为海水微团对时间的导数与随体导数之和。空间直角坐标系中，在三个坐标方向的加速度表示为

$$\begin{cases} \dfrac{du}{dt} = \dfrac{\partial u}{\partial t} + u\dfrac{\partial u}{\partial x} + v\dfrac{\partial u}{\partial y} + w\dfrac{\partial u}{\partial z} \\[4pt] \dfrac{dv}{dt} = \dfrac{\partial v}{\partial t} + u\dfrac{\partial v}{\partial x} + v\dfrac{\partial v}{\partial y} + w\dfrac{\partial v}{\partial z} \\[4pt] \dfrac{dw}{dt} = \dfrac{\partial w}{\partial t} + u\dfrac{\partial w}{\partial x} + v\dfrac{\partial w}{\partial y} + w\dfrac{\partial w}{\partial z} \end{cases} \tag{5-33}$$

在球坐标系中，则表示为

$$\begin{cases} \dfrac{du}{dt} = \dfrac{\partial u}{\partial t} + \dfrac{u}{R\cos\varphi}\dfrac{\partial u}{\partial \lambda} - \dfrac{uv}{R}\tan\varphi + \dfrac{v}{R}\dfrac{\partial u}{\partial \varphi} + \dfrac{wu}{R} + w\dfrac{\partial u}{\partial R} \\[4pt] \dfrac{dv}{dt} = \dfrac{\partial v}{\partial t} + \dfrac{u}{R\cos\varphi}\dfrac{\partial v}{\partial \lambda} - \dfrac{u^2}{R}\tan\varphi + \dfrac{v}{R}\dfrac{\partial v}{\partial \varphi} + \dfrac{wv}{R} + w\dfrac{\partial v}{\partial R} \\[4pt] \dfrac{dw}{dt} = \dfrac{\partial w}{\partial t} + \dfrac{u}{R\cos\varphi}\dfrac{\partial w}{\partial \lambda} + \dfrac{v}{R}\dfrac{\partial w}{\partial \varphi} + w\dfrac{\partial w}{\partial r} - \dfrac{u^2 + v^2}{R} \end{cases} \tag{5-34}$$

式中：R 仍取为地球平均半径，下同。

直角坐标系下的运动方程为

$$\begin{cases} \dfrac{\partial u}{\partial t} + u\dfrac{\partial u}{\partial x} + v\dfrac{\partial u}{\partial y} + w\dfrac{\partial u}{\partial z} = 2\omega\sin(\varphi v) - 2\omega\cos(\varphi w) - \dfrac{1}{\rho}\dfrac{\partial P}{\partial x} - \dfrac{\partial \Omega}{\partial x} + \dfrac{\mu}{\rho}\Delta u \\ \dfrac{\partial v}{\partial t} + u\dfrac{\partial v}{\partial x} + v\dfrac{\partial v}{\partial y} + w\dfrac{\partial v}{\partial z} = -2\omega\sin(\varphi u) - \dfrac{1}{\rho}\dfrac{\partial P}{\partial y} - \dfrac{\partial \Omega}{\partial y} + \dfrac{\mu}{\rho}\Delta v \\ \dfrac{\partial w}{\partial t} + u\dfrac{\partial w}{\partial x} + v\dfrac{\partial w}{\partial y} + w\dfrac{\partial w}{\partial z} = -2\omega\cos(\varphi u) - \dfrac{1}{\rho}\dfrac{\partial P}{\partial z} - \dfrac{\partial \Omega}{\partial z} - g + \dfrac{\mu}{\rho}\Delta w \end{cases} \quad (5-35)$$

在球坐标系下表示为

$$\dfrac{\mathrm{d}u}{\mathrm{d}t} = 2\omega\sin(\varphi v) - 2\omega\cos(\varphi w) - \dfrac{1}{\rho R\cos\varphi}\dfrac{\partial p}{\partial \lambda} - \dfrac{1}{R\cos\varphi}\dfrac{\partial \Omega}{\partial \lambda}$$
$$+ \dfrac{\mu}{\rho}\left(\Delta u - \dfrac{u}{R^2\cos^2\varphi} - \dfrac{2\tan\varphi}{R^2\cos\varphi}\dfrac{\partial v}{\partial \lambda} + \dfrac{2}{R^2\cos\varphi}\dfrac{\partial w}{\partial \lambda}\right) \quad (5-36)$$

$$\dfrac{\mathrm{d}v}{\mathrm{d}t} = -2\omega\sin(\varphi u) - \dfrac{1}{\rho R}\dfrac{\partial p}{\partial \varphi} - \dfrac{1}{R}\dfrac{\partial \Omega}{\partial \varphi} + \dfrac{\mu}{\rho}\left(\Delta v - \dfrac{v}{R^2\cos^2\varphi} + \dfrac{2\tan\varphi}{R^2\cos\varphi}\dfrac{\partial u}{\partial \lambda} + \dfrac{2}{R^2}\dfrac{\partial w}{\partial \varphi}\right)$$
$$(5-37)$$

$$\dfrac{\mathrm{d}w}{\mathrm{d}t} = 2\omega\cos(\varphi u) - \dfrac{1}{\rho}\dfrac{\partial p}{\partial R} - \dfrac{\partial \Omega}{\partial R} - g + \dfrac{\mu}{\rho}\left(\Delta w - \dfrac{2}{R^2}w + \dfrac{2\tan\varphi}{R^2}v - \dfrac{2}{R^2\cos\varphi}\dfrac{\partial u}{\partial \lambda} - \dfrac{2}{R^2}\dfrac{\partial v}{\partial \varphi}\right)$$
$$(5-38)$$

海水在运动过程中，其质量场随之重新分布，但这种因运动引起的质量分布的变化必须遵守质量守恒法则。通常情况下，总是认为海水是不可压缩的，质量守恒也就是体积守恒。对于流场中任意选定的固定几何空间而言，该空间既不可能构成海水的源，也不能是汇，因而满足散度为零的条件，在海面直角坐标系和球坐标系下分别表示为

$$\nabla \cdot V = \dfrac{\partial u}{\partial x} + \dfrac{\partial v}{\partial y} + \dfrac{\partial w}{\partial z} = 0 \quad (5-39)$$

和

$$\nabla \cdot V = \dfrac{1}{R\cos\varphi}\dfrac{\partial u}{\partial \lambda} + \dfrac{1}{R\cos\varphi}\dfrac{\partial(v\cos\varphi)}{\partial \varphi} + \dfrac{1}{R^2}\dfrac{\partial(R^2 w)}{\partial R} = 0 \quad (5-40)$$

事实上，海水通常处于湍流状态，海水质点的运动具有很强的不规则性，所以在正确认识和描述海水运动时要对上述方程及其在界面上的边界条件进行时间平均处理，这样平均之后速度分量的意义有所不同，但仍以原来的记号表示，最大的变化是海底摩擦效应要并入方程中。时间平均后的运动方程在海面直角坐标系中表示为

$$\dfrac{\partial u}{\partial t} + u\dfrac{\partial u}{\partial x} + v\dfrac{\partial u}{\partial y} + w\dfrac{\partial u}{\partial z} - 2\omega\sin(\varphi v) + 2\omega\cos(\varphi w)$$
$$= -\dfrac{1}{\rho}\dfrac{\partial p}{\partial x} - \dfrac{\partial \Omega}{\partial x} + \nu\Delta u + \dfrac{\partial}{\partial x}\left(A_{xx}\dfrac{\partial u}{\partial x}\right) + \dfrac{\partial}{\partial y}\left(A_{xy}\dfrac{\partial u}{\partial y}\right) + \dfrac{\partial}{\partial z}\left(A_{xz}\dfrac{\partial u}{\partial z}\right) \quad (5-41)$$

$$\dfrac{\partial v}{\partial t} + u\dfrac{\partial v}{\partial x} + v\dfrac{\partial v}{\partial y} + w\dfrac{\partial v}{\partial z} + 2\omega\sin(\varphi u)$$
$$= -\dfrac{1}{\rho}\dfrac{\partial p}{\partial y} - \dfrac{\partial \Omega}{\partial y} + \nu\Delta v + \dfrac{\partial}{\partial x}\left(A_{yx}\dfrac{\partial v}{\partial x}\right) + \dfrac{\partial}{\partial y}\left(A_{yy}\dfrac{\partial v}{\partial y}\right) + \dfrac{\partial}{\partial z}\left(A_{yz}\dfrac{\partial v}{\partial z}\right) \quad (5-42)$$

$$\dfrac{\partial w}{\partial t} + u\dfrac{\partial w}{\partial x} + v\dfrac{\partial w}{\partial y} + w\dfrac{\partial w}{\partial z} + 2\omega\cos(\varphi u)$$

$$= -\frac{1}{\rho}\frac{\partial p}{\partial z} - \frac{\partial \Omega}{\partial z} - g + \nu\Delta w + \frac{\partial}{\partial x}\left(A_{zx}\frac{\partial w}{\partial x}\right) + \frac{\partial}{\partial y}\left(A_{zy}\frac{\partial w}{\partial y}\right) + \frac{\partial}{\partial z}\left(A_{zz}\frac{\partial w}{\partial z}\right) \quad (5-43)$$

式中：A_{xx}、A_{xy}、A_{xz}、A_{yy}、A_{yz}、A_{zz}为海水涡动摩擦系数。在球坐标系下方程具有更复杂的形式。

由描述海水运动的方程可见，方程中包含着各种不同的因子，实际海洋中所发生的每一种具体运动形式及在不同地理环境中发生的同一种运动形式都主要受某些因子的影响，而其他次要因子可以忽略，于是实现方程的简化。不同因子的量级取决于运动的尺度。实际海洋的广度远大于其深度，相应地，其运动特征具有相当的量级比，因而水平流速远大于垂直流速，在大尺度海洋流体的分析和计算时，可以把三维流体当作二维流体处理，即作铅直向平均。

仍将平均后的水平流速分量记为 u、v，顾及海面与海底运动学边界条件后和铅直向平均后的二维流体连续性方程变为

$$\frac{\partial \zeta}{\partial t} + \frac{\partial[(H+\zeta)u]}{\partial x} + \frac{\partial[(H+\zeta)v]}{\partial y} = 0 \quad (5-44)$$

式中：ζ 为海面实际扰动；H 为静水深。

将运动方程和连续方程组合起来，并简化为海面的周期性涨落和二维水平运动，同时考虑引潮力的贡献，海洋潮汐的动力学方程为

$$\begin{cases}\dfrac{\partial u}{\partial t} + u\dfrac{\partial u}{\partial x} + v\dfrac{\partial u}{\partial y} - 2\omega\sin(\varphi v) + \dfrac{r(u^2+v^2)^{\frac{1}{2}}u}{h+\zeta} - A_l\left(\dfrac{\partial^2 u}{\partial x^2} + \dfrac{\partial^2 u}{\partial y^2}\right) = -g\dfrac{\partial(\zeta-\overline{\zeta})}{\partial x}\\[2mm] \dfrac{\partial v}{\partial t} + u\dfrac{\partial v}{\partial x} + v\dfrac{\partial v}{\partial y} + 2\omega\sin(\varphi u) + \dfrac{r(u^2+v^2)^{\frac{1}{2}}v}{h+\zeta} - A_l\left(\dfrac{\partial^2 v}{\partial x^2} + \dfrac{\partial^2 v}{\partial y^2}\right) = -g\dfrac{\partial(\zeta-\overline{\zeta})}{\partial y}\\[2mm] \dfrac{\partial \zeta}{\partial t} + \dfrac{\partial[(h+\zeta)u]}{\partial x} + \dfrac{\partial[(h+\zeta)v]}{\partial y} = 0\end{cases}$$

$$(5-45)$$

式中：$\overline{\zeta}$ 为平衡潮潮高，$\overline{\zeta} = -\Omega/g$。

由式（5-45）可见，海水运动，特别是潮波运动引起的海面扰动量（即潮高）不仅取决于引潮力位，更主要地取决于压强梯度力，即海面扰动的差异，这正是近海强迫潮波的基本特点。同时，潮汐运动还受制于海底地形的影响。鉴于以上原因，在动力作用驱使下的海洋潮汐具有极为复杂的运动规律，精确的解析求解几乎是不可能的，在试图解算潮波方程时还必须给定合适的边界条件，以获得符合实际的数值解。

海洋学家曾将所研究的海域简化为短边与海洋连通的矩形区域（海峡的近似）、半封闭矩形海域等理想化形态，解算潮波方程用以研究区域潮波运动的基本规律。对于半封闭海域研究的基本结论是方程的解满足：

$$\begin{aligned}\zeta &= a\sin(2\pi x/\lambda + 2\pi t/T) + a\sin(2\pi x/\lambda - 2\pi t/T)\\ &= A\sin(2\pi x/\lambda)\cos(2\pi t/T)\end{aligned} \quad (5-46)$$

式（5-46）表明，理想环境条件下的海面涨落表现为波的传播过程，在此特例下潮波传播具体地表现为驻波形式。其中，$A=2a$ 为驻波的振动幅度，x 为矩形长边方向的坐标，λ 为潮波传播的波长，T 为特定分潮的变化周期。

事实上，在任一形态下的实际海洋，潮汐与潮流作为海水周期运动的基本表现形式，都以波的形式传导，称为潮波。通常在开阔海域，潮波主要以前进波形式传导，波长可达数千千米。而在海湾和陆架上的海域，摩擦作用加剧，海岸与海底地形约束使得潮波的波长变短，可降为数百千米，并且某些周期成分（对应于振动的频率）的潮波甚至以驻波形式传播，形成幅度减弱到极小情况，构成分潮潮波的无潮点。在部分海湾区域，因为由外海传来的潮波能量无法释放，动能将转换为势能，使得潮差剧烈增大，形成强潮区。而由于科氏力的作用，在北半球海水运动会存在向右偏转的趋势，且潮波向半封闭海输运的过程中，涨潮和落潮时这种偏向趋势相反，因此，出现右岸潮差大于左岸潮差的情况。

不仅不同频率的分潮潮波在传播过程中会存在潮波的变形，而且在海底摩擦等作用下，主要分潮潮波将相互耦合，产生新的频率成分。例如，最大的半日分潮 M_2 在传播过程中，将产生其2倍频和3倍频的潮汐成分，形成新的分潮 M_4 和 M_6，这一类型的分潮称为倍潮。两个最大的分潮波 M_2 和 S_2 将在耦合作用下形成和频潮 MS_4，这一形式的分潮称为复合潮。另外，还存在主要频率分潮的差频潮等。因此，实际海洋潮汐所考虑的分潮比引潮势展开中所具有的频率成分要更加丰富。

实际海洋潮汐除受海洋动力学因素的影响和制约外，低频振动成分还受气象因素的影响，如年周期和半年周期的振动项将比引潮势展开项对应的幅度要大得多，这是天文和气象因素共同作用的结果，且主要取决于气象影响，为此，称此类分潮为气象分潮。

第二节 水位观测与潮汐分析计算

实际的海洋潮汐状态千差万别，要掌握具体地点的潮汐变化规律，最可靠的方法是进行现场观测，或利用现代对地观测技术进行海面升降过程的测量。根据观测结果，进行相应的分析计算，求得相应地点的潮汐规律性参数，进而实现预报和相关特征信息的计算。该项工作即为水位观测和潮汐分析计算。

一、验潮站及水位观测

（一）水位观测

利用特定的设施或装置观测水面变化的过程称为水位观测，包括对海洋表面涨落过程和江河湖泊水面的观测。海洋表面的升降变化既包括天体相互作用的影响，也包括气象因素等对海面的影响，但主要来源于潮汐的变化，因此海洋的水位观测又通常称为验潮，验潮的具体地点连同相关的水位观测设施和设备称为验潮站。水位观测及其数据后处理是海道测量中必不可少的重要工作内容之一。

1. 验潮站类型

在一个固定地点对海面的观测时间越长，对该地点的潮汐变化规律的认识把握也越准确。而观测时段越长则意味着越需要更为专业的观测设施和更大的观测投入，因此，通常根据观测水位工作服务内容和要求，对验潮站和水位观测方法有不同的选择。

通常根据连续观测时段的长短，将验潮站划分为长期验潮站、短期验潮站和临时验潮站。

长期验潮站的作用是在足够长的时间内连续观测海面的变化。这一足够长的观测时间在现代海道测量中通常是指长于 18.61 年或取整为 19 年的连续观测时间。这一规定的时间长度与月球运动的一个特定周期相对应，等于月球升交点在进动作用下的变化周期，称为升交点周期，即引潮势调和展开式中天文参数 N' 的周期。实践表明：利用这样长时间观测数据计算的潮汐规律性参数具有良好的可再现性和较高的精度。

长期验潮站的水位观测结果将主要用于精确确定平均海面的高度和验潮站深度基准面，确定和维持国家或地区高程基准，解算稳定的潮汐规律性参数，实施潮汐业务化预报服务等。对海道测量而言，这类验潮站将是海道测量垂直基准维持的基本设施，为其他类型验潮站数据的分析和处理提供比对参考基准、验潮站垂直基准和海道测量水位改正值。通常而言，长期验潮站作为海洋学研究和服务，海道测量应用的基础设施，由专业的海洋观测部门建设、观测和维护。当然，前述关于观测时段的基本要求是一种国际公认的规定，而在我国的海道测量实践中，对这一要求做了适当放宽，规定连续观测达到 2 年以上的验潮站即称为长期验潮站。

短期验潮站是指具有连续观测时长达到一个月以上的验潮站。一个月的时间长度也对应一个重要的天文周期，即大约为月球公转一周的时间长度，区分为回归月、近点月和不同历法规定的月长有所不同，通常规定的连续观测时间为 30 天或 29 天。

短期验潮站的作用是根据对水位观测数据的处理，分析和掌握地点的基本潮汐规律，特别是在海道测量中，与长期验潮站共同为相关的测量工作提供水位变化归算的基准，并提供水位改正信息。根据海道测量的任务，短期验潮站将具有更大的布设密度，多个验潮站可以监测海面变化的具体形态。保证根据多个验潮站的数据，以一定的精度限差要求提供观测区内任一地点在所需时刻的水位高度。

临时验潮站开展水位连续观测的时间长度短于一个月，通常的时间长度要求为半个月，或根据需求的更短时间。对海洋测绘而言，临时验潮站的主要作用是补充长期和短期验潮站对水位观测的空间分辨率不足。同样用于确定测区的参考基准，提供水深测量和相关测量任务所需的水位归算数据。

海道测量作业所布设的验潮站基本为短期站和临时站。当达到规定的时间长度，满足基准确定要求后，可在测量任务开展的同时实施水位观测，提供水位归算数据，而在测量项目实施过程中临时性中断期间可不进行观测。

另外，不管何种类型的验潮站，连续观测是指按规定的时间间隔观测水位数据，不能有超出规定间隔的更长时间间隙。常规的长期验潮站观测数据的时间间隔不大于 1h（实际上，目前的长期验潮站设备的水位观测能力可以实现秒级甚至是连续观测，只不过其最终取水位数据 1h 时间间隔足以满足其主要的任务）。海道测量短期站和临时站的水位观测间隔在其作业规范中有明确要求，一般间隔小于 30min，高低潮要求为 10min。除水尺观测外，当今水位观测设备的自动化观测水平较高，观测时间间隔只是一个设定问题，如通常设定为 10min、6min、5min 或更短。

以上是按验潮站观测时段长短所做的类型划分。对于海道测量应用而言，在国际上，根据验潮站基准确定和提供水位改正数用途，还将验潮站划分为基本站（对应于长期验潮站)、控制站（基本对应于短期验潮站）和加密站（基本对应于临时验潮站）。

为了建站和水位观测方便，历史上，验潮站主要依托陆地海岸和岛礁而建立的，因此，又可分为陆基站和海岛站。而随着新技术在水位观测中的应用，已经实现在海底布设水位观测设备以及在开阔海面观测水位的变化，因此扩展地派生出海底验潮站和海面观测站（如 GNSS 浮标验潮站）。

2. 验潮站基本设施与水位观测基本模式

在海洋潮汐现象认识部分，已经提及在海中垂直设立标尺，通过人工读数可以观测海面变化。水尺是最古老和最基本的水位观测设备。

水尺是一种类似于水准标尺的水位量测刻度尺，可以根据实际需要制作，尺上所标定的基本刻度（分画）一般为厘米，尺长为 3~5m，如图 5-6 所示。

水尺一般固定安置在码头壁、岩壁、海滩上。安置的基本条件是保证水尺竖直和固定。在海滩上布设时，一般固定在打入海底的立柱上，并拉钢索固定。以人工读数方法在任意时刻读取水位数据即可实施水位观测。水尺的刻度自"0"值开始向上均匀刻画，因此，所观测和记录的水位数据以该水尺零点或水位零点为参考。水尺验潮具有工具简单、机动性较强、易操作、技术含量低、造价低的特点。其缺点是因受风、浪等因素的影响，水位观测的精度较低。

只有水尺的量程超过潮汐垂直涨落范围，方可观测到完整的水位变化过程。对大多数区域，一根水尺可以覆盖水位变化范围。在潮差

图 5-6 水尺

大的水域，为完整记录水位变化，需设复合水尺，即设立水尺组。以位置最低的水尺为基尺，当海水将淹没位置较低的水尺时，在相邻的水尺同时读取水位数据，即可获得相邻水尺的基点（零点）差，并可将位置较高水尺的读数画算至基尺零点上。

用水尺观测水位的精度，实际上是读取和记录水位的分辨率，与水尺的分画相对应。实际上，受风浪等因素的影响，水尺附近的海面变化具有较大的易变性。在海道测量中，水位观测精度 1cm 的精度要求是无法真正从理论和技术上予以保证的。水位观测质量的好坏在很大程度上依赖于观测者的经验，也受到天气和海况条件的制约。水尺通常用于为海道测量任务而布设的短期和临时验潮站，也作为长期验潮站必备的校准设备。

在长期验潮站，为有效避免海浪等海面扰动因素的影响，一般设置验潮井，验潮井是为观测水位专门修建的竖井，接近井底并在井底处与海水连通，确保对海面风浪变化的滤波作用。井内设水位观测设备。用于验潮井的典型水位观测设备是浮子和滚筒自动记录装置，浮子上系有绳索并连接于滚筒，滚筒随水面升降变化而转动，记录指针与时间成正比在滚筒转动的过程中移动，在记录纸上自动绘制出水位变化曲线。对水位曲线进行滤波和采样，可以得到水位观测序列。因为验潮井本身对海浪等作用的海面由良好的物理滤波作用，并可以通过人工手段或数字滤波对水位变化过程进一步平滑处理，因此，长期验潮站所观测的水位具有很高的质量。图 5-7 所示为验潮站及其基本观测设备示意图。

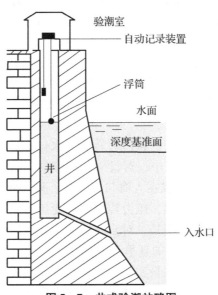

图 5-7 井式验潮站略图

长期验潮站的验潮井通常设在观测站房内,站房内设有全套观测和记录设备以及供电系统。目前,长期验潮站的观测设备除浮子式水位观测系统和水尺外,至少还配备 1 套其他类型的水位观测设备(如声学验潮仪、雷达验潮仪、压力验潮仪等)同时工作,以做备份观测和观测数据的相互检核用,当今,受限于海岸和海底地形,许多验潮站多设为栈桥式,其基本设施如图 5-8 所示。

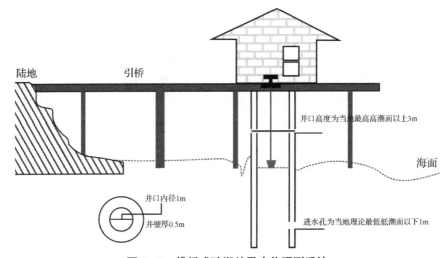

图 5-8 栈桥式验潮站及水位观测系统

目前,压力式验潮仪(又称压力式水位计)在各类验潮站中广泛采用。因为其工作可靠,自动化程度高,可用于长期、短期和临时各类验潮站的水位观测。压力式验潮仪的核心部件是压力传感器,工作原理是在某一深度处的压力传感器受到其上水压的作用,且上层水体引起的静压力为水层的厚度(即潮高)与海水密度的乘积,因此,其记录的是压力的变化,经转换为水位的变化。

压力式验潮仪可足够小型化以便于布设，在一定深度处的水压计受到的压力是其上水柱的积分效果，因此，在物理机制上本身具有良好的滤波性能，相较水尺传统观测技术而言，具有更好的观测精度。自动化观测和记录，促进了水位观测的自动化和智能化，与遥报设备相结合，在海道测量中能够将不同验潮站的实时水位观测数据通过有线和无线网络传输至数据处理中心，对整个验潮站网的观测数据进行比较和统一的分析处理，提供测量期间所需的水位数据，便于测量作业其他项目的组织与调控。

压力式验潮仪观测水位数据需要将压力转换为水位。水密度变化是影响观测精度的因素之一。在海道测量实施过程中，对设立的验潮站而言，水密度已经测量，一般可认为是固定值，但长时间观测或在入海口处观测，则必须顾及水密度变化的影响，适时进行必要的水密度测量。当然，压力传感器所受压力除水的静压力外，还包括水面的大气压力及其变化影响。特别是，对自容式压力式验潮仪而言，气压变化是影响水位观测精度的最大因素，在我国的夏季有时影响可能达到 50cm 左右，在观测期间必须进行相应的气压修正。在海道测量实践中，可以在自然的空气状态下，在验潮站附近安置同样类型的水位计或气压计，记录大气的压力变化，将水下和水上水位计记录的压力数据做差分处理，即可消除气压影响，得到所在点纯净的海水静压力，进一步通过密度信息变换为水位值。因为大气压力在一定的空间区域具有良好的一致性，在海道测量实践中，根据测区范围（一般小于 100km）仅需布设一个气压监测站，就可满足气压修正要求。

压力式验潮仪可固定安装于码头壁，验潮井壁，也可布设于海域水底，以及水中潜标。不同安装方式的压力式验潮仪有不同的类型。当安置于水底时，应保证验潮仪不受海流影响而移动，特别是垂直运动，需要有将仪器固设于水底的相应手段。压力式验潮仪的水位记录零点处于传感器的感应元件处，对于岸基布设的压力式验潮仪，需要辅助安装校核水尺，通过水位计与校核水尺的定期比测数据，监测验潮零点的变化，并将水位数据纳入国家高程基准或水深测量的深度基准。

除前述水位观测设备类型和相应的水位观测方式外，还有声学验潮仪（水位计）和雷达验潮仪，通常安置于水面上方，通过空中声波垂直测距，观测和记录水位变化。

传统海道测量实践中，为了解较开阔海域的潮汐状态，也曾采用测量船定点抛锚，按一定时间间隔利用回声测深仪测量水深变化的潮汐观测技术，称为定点验潮，就现场观测技术而言，这种方法已基本被海底压力式水位计和 GNSS 浮标验潮仪观测所取代，特别是 1 天或断续多天（如 3 天）的定点测深水位观测数据由连续更长时间的水位数据所取代。

GNSS 定位技术的成熟发展也为水位观测提供了新手段，最典型的观测手段是 GNSS 浮标用于水位观测。GNSS 浮标验潮的基本原理是，将卫星精密定位设备安装在浮标或其他水面载体上，通过测量一段时间内浮标的系列高程，推算出潮位、平均海面和其他海浪参数。这种验潮技术布设灵活，不但适合近岸海域，而且可胜任远离岸边及较深海域的验潮。GNSS 浮标验潮技术可改善现有地面验潮站布设不均匀的状况，能同时监测多种海况信息，对提高区域潮汐信息获取极具潜力。

传统的水位观测基本采用现场观测方式，这样的离散化观测主要用于沿岸和近海的水位观测和后续的潮汐分析，而对开阔大洋的潮汐观测几乎只能望洋兴叹。卫星雷达测高技术则提供了观测全球海洋潮汐的全新手段。卫星雷达测高技术是20世纪70年代发展起来的一项空间测量技术，它利用卫星携带的雷达高度计，测定卫星到瞬时海面的垂直距离，从而实现高精度的海面测量。卫星测高能在全球范围内全天候地重复精确地进行海面观测，为研究全球海平面变化、地球重力场、海洋动力学等提供了丰富的信息。卫星测高技术的出现，开启了大地测量和海洋物理的新纪元。Topex/Poseidon系列特别适合海洋潮汐观测，其后续卫星Jason系列及其变轨观测资料已成为全球海潮模型建立和区域海潮模型改善不可或缺的重要观测资源。

（二）验潮站的基准与转换

不论是采用何种现场观测技术，每一验潮站所测定的水位均以本站的零点为观测和记录的参考。对于岸基站，这一零点可统一划算至校核水尺的零点。故可称每站的水位记录零点为水尺零点。因此，水尺零点即是水位数据的基准，这种基准就观测地点和观测仪器的布设，具有明显的随机性。

为监测水尺零点的变化，对于岸基验潮站，通常需要在验潮站附近布设水准点，并在水尺和水准点之间开展水准联测。通常，需要布设两个或多个这样的水准点。国际上，有的国家的长期验潮站要求至少布设10个水准点，而我国用于海道测量乃至海洋学研究与业务化服务的验潮站通常规定布设2个。在验潮装置附近的水准点称为工作水准点，主要用于设备观测数据的检核；按较高等级埋设的水准点称为主要水准点，用于验潮站基准的检核和基准关系的保存。

工作水准点和验潮水尺（或等效设备）之间的定期水准联测可以确定水尺零点的高程，对水尺的沉降变化进行检测和水位记录修正。经过修正后，水尺零点的高程为

$$H_0 = H_{Mk} - h_{0-Mk} \tag{5-47}$$

式中：H_{Mk} 为水准点高程；h_{0-Mk} 为水尺零点与水准点之间的高差。

式（5-47）中的水准点高程至与水尺联测的工作水准点高程。而工作水准点与主要水准点之间，还应在主要水准点与国家高等级水准网之间开展水准联测，从而保证各验潮站的水尺零点联系于国家高程基准，达到基准维持的目的。

水准观测结果无法反映陆海垂直运动，因此，为研究海面趋势性上升等科学问题，这种传统的验潮站基准维持是不够的，当今国际上通常在水准点上要实施精密GNSS观测，以求得水准点的大地高。若记水准点的大地高为 h_{Mk}，则有水尺零点的大地高为

$$h_0 = h_{Mk} - h_{0-Mk} \tag{5-48}$$

在长期验潮站，实施这种精密大地联测，有助于分析和研究绝对海平面变化，用于有关科学研究。在大地测量意义上，可用于分析和评判用卫星测高技术测定平均海面的精度。

用于海道测量的验潮站多以控制和提供测区的水位数据为主要服务目标，涉及自身独特的基准面。这些基准面包括平均海面和深度基准面，关于这些特征基准面的计算和确定将在下文论述，在此仅论述相关的基本概念。

由验潮站一定观测时间的水位观测数据，将某一时刻 t 的水位描述为 $h(t)$，取等

间隔的水位观测序列，考虑海面涨落的周期性特点，当对适当长时间的水位取平均，即可确定自水位零点起算的平均水位 $\bar{h}$。平均计算所用时间越长，这样的平均水位就会越加稳定。因为这种平均水位在海洋中各点具有相同的含义，即为潮汐振动的平衡位置。它往往被当作水位的基本参照基准。无论对海上站，还是沿岸站，这样的平均水位都具有重要意义。在海洋测绘应用中通常也称其为平均海面。

用于海道测量的多个验潮站构成的水位观测网，各站的平均水位通过协调确定，即由长期验潮站的平均水位作为控制数据，认为相同时段的同步观测水位平均值与长期平均值的差异相等，进而通过归算得到短期和临时验潮站的平均水位。这样，不仅在平均海面意义上实现验潮站网的基准统一，还可用于海中各站水位零点变化的检测与修复。另外，对于海岛验潮站，还可用于传递高程基准。

在水深测量中，总是选取一个特定的低潮面作为水深数据归算的基准面。该最低潮面取决于当地的潮差，这一基准面由其与平均海面的差异（记为 L）来表示，称为深度基准值或 L 值。因此，在确定出各站平均水位和 L 值后，可得各验潮站的深度基准在水位零点上的表示值（深度基准对应的刻度值）h_L。

$$h_L = \bar{h} - L \tag{5-49}$$

而任一时刻的水位可划算到本站的深度基准体系之中。

$$h_L(t) = h(t) - h_L \tag{5-50}$$

这样就实现了水位在本站深度基准中的表示和维持，直接对应于海道测量的水位观测与改正服务。

根据水准联测信息，验潮站处平均海面的高程为 H_0，则所在点的海面地形为

$$h_{Msl} = \xi = H_0 + \bar{h} \tag{5-51}$$

海面地形是海洋大地测量涉及的一个基础信息。利用该信息和深度基准值，可进一步获得深度基准面在国家高程基准中的高程。

$$H_{CD} = L_0 = \xi - L \tag{5-52}$$

该数值可用于将沿岸滩涂的水深测量成果转换为与地形测量一致的高程成果。

二、潮汐分析计算

对一定时间跨度的长时间连续水位观测序列进行分析计算，获得潮汐规律性参数的过程称为潮汐分析。根据平衡潮理论，将海面的潮汐变化分解为若干频率的简谐振动项。尽管由潮汐动力学理论的观点，潮汐的变化主要取决于动力学因素，任一点所观测的潮汐实际上是对潮波在一些特定地点的采样，但潮波在具体地点体现的海面潮汐变化仍然含有与引潮势展开式相同的频率成分，只是在不同地点，不同频率成分的大小随动力学作用而存在显著差异。依据潮汐的简谐振动叠加表达式，求解每一频率成分的相关参数（即振动幅值及相对平衡潮的相角延迟）的方法即调和分析。其中，每一振动项称为分潮，而引潮势展开项称为平衡潮分潮。当然，由于动力学作用，所分析的分潮不仅包括与平衡潮对应的分潮（称为天文潮），还包括因动力学影响而派生的浅水分潮和气象因素主导的气象分潮。

在进行潮汐调和分析后，可利用潮汐参数进一步计算得到平均水位、深度基准面

等潮汐特征面，还可以得到潮汐规律的相关统计值——潮汐特征值。

(一) 潮汐调和分析的基本原理和方法

1. 水位的表示

因为实际的海面周期性涨落与引潮势展开式具有相同的频率构成，因此，潮高也可写为一系列频率的振动项之和的形式

$$T(t) = \sum_{i=1}^{m} H_i \cos(V_i(t) - g_i) \quad (5-53)$$

式中：t 为时刻；$T(t)$ 为潮高；m 为分析计算所考虑的分潮个数；$V_i(t)$ 为引潮力（位）分潮天文相角（随时间变化）；H_i、g_i 为分潮调和常数，H_i 的具体含义为分潮振动的幅值，而 g_i 反映为在海洋动力学作用下，特定频率振动与对应平衡潮项的惯性相应迟后。各分潮的调和常数对是待求量，对其求解正是潮汐调和分析的目的。

每一分潮 i 的相角 $V_i(t)$ 可改写为

$$v_i(t) = \sigma_i(t - t_0) = 2\pi f_i(t - t_0) = \frac{2\pi}{T_i}(t - t_0) \quad (5-54)$$

式中：σ_i 为分潮 i 的相角变化角速率，且 $\sigma_i = 2\pi f_i = 2\pi/T_i$；$f_i$ 和 T_i 分别对应为分潮 i 的频率和周期；t_0 为参考时刻，通常将 $\Delta t = t - t_0$ 简单地记为 t。

如上所述，实际上 $V_i(t) = V_{0i} + \sigma_i(t - t_0)$，并简记为 $V_i(t) = V_i + \sigma_i t$，$V_{0i}$ 为参考时刻的平衡潮相角。

参考时刻平衡潮分潮的相角计算公式为

$$V_{0i} = \mu_{i1}\tau + \mu_{i2}s + \mu_{i3}h' + \mu_{i4}p + \mu_{i5}N' + \mu_{i6}p' + \mu_{i0} \cdot 90° \quad (5-55)$$

而分潮角速率的计算公式为

$$\sigma_i = \mu_{i1}\dot{\tau} + \mu_{i2}\dot{s} + \mu_{i3}\dot{h}' + \mu_{i4}\dot{p} + \mu_{i5}\dot{N}' + \mu_{i6}\dot{p}' \quad (5-56)$$

在式（5-55）和式（5-56）中，Doodson 数的第二个下标数值对应于每个分潮 Doodson 数的排列次序。基本天文变量按式（5-14）和式（5-15）进行计算，而基本天文变量的角速率分别为

$$\begin{cases} \dot{\tau} = 14°.49205211/\text{平太阳时} \\ \dot{s} = 0°.54901653/\text{平太阳时} \\ \dot{h}' = 0°.04106864/\text{平太阳时} \\ \dot{p} = 0°.00464183/\text{平太阳时} \\ \dot{N}' = 0°.00220641/\text{平太阳时} \\ \dot{p}' = 0°.00000196/\text{平太阳时} \end{cases} \quad (5-57)$$

各频率分潮叠加的潮高可进一步表示为

$$T(t) = \sum_{i=1}^{m} H_i \cos(\sigma_i t + V_{0i} - g_i) \quad (5-58)$$

如上所述，引潮势可展开为数百乃至上千个分潮，但在我国的海道测量中主要关注的是其中较大的 13 个分潮。它们分别为：8 个天文分潮 Q_1、O_1、P_1、K_1、N_2、M_2、S_2、K_2；2 个气象和天文耦合的长周期分潮 S_a、S_{Sa}；3 个浅水分潮 M_4、MS_4、M_6。其中，O_1、K_1、M_2、S_2 是正常情况下量值最大的 4 个分潮。

海道测量中常用的 13 个主要分潮的有关信息列于表 5-3。

表 5-3　海道测量中常用的主要分潮

类型	分潮	Doodson 代码	角速率/(°/h)	周期/平太阳时
长周期	S_a	056,554	0.041067	8766.163
	S_{Sa}	057,555	0.082137	4382.921
全日	Q_1	135,655	13.398661	26.868
	O_1	145,555	13.943036	25.819
	P_1	163,555	14.958931	24.066
	K_1	165,555	15.041069	23.934
半日	N_2	245,655	28.439730	12.658
	M_2	255,555	28.984104	12.421
	S_2	273,555	30.000000	12.000
	K_2	275,555	30.082137	11.967
浅水	M_4	455,555	57.968208	6.210
	MS_4	473,555	58.984104	6.103
	M_6	655,555	86.952312	4.140

在验潮站所观测的水位 $h(t)$ 实际上包括作为主体成分的潮汐 $T(t)$，也包括气象等非潮汐作用引起的水位变化（也称增减水）$R(t)$。若水位基于水尺零点，并顾及观测误差 $\Delta(t)$ 的影响，那么基于平均水位 $\bar{h}$ 的水位变化过程可表示为

$$h(t) = \bar{h} + T(t) + R(t) + \Delta(t) = \bar{h} + \sum_{i=1}^{m} H_i \cos(\sigma_i t + V_{0i} - g_i) + R(t) + \Delta(t) \tag{5-59}$$

从式（5-59）可以看出，称验潮为水位观测是不够准确的。事实上，在各种因素的影响下，真实的潮位 $T(t)$ 是难以观测的。但由于海面水位变化的主体为是潮汐变化，因而在相关海洋学和海洋测绘文献中常惯用潮位观测或验潮这一术语。

2. 潮汐调和分析基本原理

利用水位观测序列 $h(t_j), j = 1, 2, \cdots, n$，通过分析计算得到各分潮的调和常数，并求得平均水位的方法，称为潮汐分析法。潮汐分析的方法有多种，本书主要介绍目前最为常用的潮汐最小二乘分析法。该法针对一段时间的水位观测序列，引入最小二乘原则为约束，以分潮的调和常数和平均水位为未知参数进行求解。潮汐最小二乘分析法已经成为潮汐调和分析的标准方法。

根据观测的对应时刻 j，将式（5-59）的水位观测方程可写为离散化的形式

$$h(t_j) = \bar{h} + \sum_{i=1}^{m} H_i \cos(\sigma_i t_j + V_{0i} - g_i) + \Delta'(t_j) \tag{5-60}$$

式（5-60）中，将非潮汐水位 $R(t)$ 和观测噪声 $\Delta(t)$ 整合为误差项 $\Delta'(t)$，则可

利用对其估值的平方和为最小这一最小二乘准则实施各分潮参数和平均水位的估计。

对式（5-60）所描述的简谐振动组合形式这一特定形态的非线性观测方程，进行线性化变换，令

$$\begin{cases} x_i = H_i\cos(g_i - V_{0i}) \\ y_i = H_i\sin(g_i - V_{0i}) \end{cases} \quad (5-61)$$

式中：x_i、y_i 分别为 i 分潮的余弦分量和正弦分量。

将代换的变量代入离散化观测方程，将误差方程改写为

$$v(t_j) = \bar{h} + \sum_{i=1}^{m}(x_i\cos(\sigma_i t_j) + y_i\sin(\sigma_i t_j)) - h(t_j) \quad (5-62)$$

式中：$v(t_j)$ 为 t_j 时刻水位观测量的改正数，或称模型残差，其他符号同上。

对多个（n 个）时刻的水位序列，将水位观测量和改正数写为向量形式：

$$\boldsymbol{h} = [h_1 \quad h_2 \quad \cdots \quad h_n]^T = [h(t_1) \quad h(t_2) \quad \cdots \quad h(t_n)]^T$$

$$\boldsymbol{V} = [V_1 \quad V_2 \quad \cdots \quad V_n]^T = [v(t_1) \quad v(t_2) \quad \cdots \quad v(t_n)]^T$$

并将平均水位和各分潮调和常数的转换参数的估值整合为向量

$$\hat{\boldsymbol{Z}} = [\hat{\bar{h}} \quad \hat{X}^T \quad \hat{Y}^T]^T = [\hat{\bar{h}} \quad \hat{x}_1 \quad \hat{x}_2 \quad \cdots \quad \hat{x}_m \quad \hat{y}_1 \quad \hat{y}_2 \quad \cdots \quad \hat{y}_m]^T$$

则得矩阵形式的误差方程为

$$\boldsymbol{V} = \boldsymbol{B}\hat{\boldsymbol{Z}} - \boldsymbol{h} \quad (5-63)$$

式中：系数矩阵 $\boldsymbol{B}$ 为

$$\boldsymbol{B} = \begin{bmatrix} 1 & \cos(\sigma_1 t_1) & \cos(\sigma_2 t_1) & \cdots & \cos(\sigma_m t_1) & \sin(\sigma_1 t_1) & \sin(\sigma_2 t_1) & \cdots & \sin(\sigma_m t_1) \\ 1 & \cos(\sigma_1 t_2) & \cos(\sigma_2 t_2) & \cdots & \cos(\sigma_m t_2) & \sin(\sigma_1 t_2) & \sin(\sigma_2 t_2) & \cdots & \sin(\sigma_m t_2) \\ \vdots & \vdots & \vdots & & \vdots & \vdots & \vdots & & \vdots \\ 1 & \cos(\sigma_1 t_n) & \cos(\sigma_2 t_n) & \cdots & \cos(\sigma_m t_n) & \sin(\sigma_1 t_n) & \sin(\sigma_2 t_n) & \cdots & \sin(\sigma_m t_n) \end{bmatrix}$$

在各离散时刻水位观测量的误差（实际为非潮汐水位和观测噪声组合后视为的误差）视为独立等精度的假设下，根据最小二乘准则 $\boldsymbol{V}^T\boldsymbol{V} = \min$，可以得到参数估计解为

$$\hat{\boldsymbol{Z}} = (\boldsymbol{B}^T\boldsymbol{B})^{-1}\boldsymbol{B}^T\boldsymbol{h} \quad (5-64)$$

从向量中提取相应分潮的余弦分量和正弦分量，即可获得以振幅和迟角表示的分潮调和常数。

$$\begin{cases} \hat{H}_i = \sqrt{\hat{x}_i^2 + \hat{y}_i^2} \\ \hat{g}_i = \arctan\dfrac{\hat{y}_i}{\hat{x}_i} + V_{0i} \end{cases} \quad (5-65)$$

与传统上经常采用的分潮分离思想相比，潮汐最小二乘分析方法的优势在于实现多分潮参数的整体求解，特别是不受数据是否存在间断等情况的影响。此外，还可以估计获得改正数向量的单位权中误差（即非潮汐水位和观测噪声的联合作用量级），以及分析解的协因数阵和协方差阵，进而根据误差传播律，利用式（5-65）对求解的分潮调和常数实施精度估计。

当然，利用等间隔序列，特别是1h间隔数据，参数求解的法方程具有更简单的形

式,可直接列立和求解法方程,得到分潮参数。这里所论潮汐分析的基本原理主要适用于长期验潮站观测数据的分析。此外,尽管水位观测序列的误差独立等精度实际上并不成立,但对长期数据的分析影响较小,故一般认可这样的假设。在这种假设前提下,可将改正数视为非潮汐水位,即余水位。

3. 潮汐调和分析的模型和方法改进

利用参数估计的最小二乘原理形式上只要求观测数据的个数多于模型中未知参数的个数,即可得到计算结果。但对潮汐分析问题而言,该规定却不具备充分性。事实上,不管采用何种分析方法,不同分潮可相互分离(精确求解参数)的条件是必须考虑两个分潮相互分离所满足的汇合周期这一关键因素。

设某两个分潮的角速率分别为 σ_1 与 σ_2,则定义时间长度 $360°/|\sigma_1 - \sigma_2|$ 为这两个分潮的汇合周期。在一汇合周期内,这两个分潮的相位差变化了 2π。为了能准确地估计所选分潮的调和常数,观测时段的长度要大于其中任何两个分潮相互分离的汇合周期。这是基于滤波思想对分潮分离提出的要求,对于最小二乘法分析这一潮汐参数整体求解的情形,虽可略有放宽观测时长,如达到汇合周期的 80%。这是因为在远不满足汇合周期时,观测方程的系数矩阵具有复共线性,会导致解算结果不稳定。

表 5-4 所示为 13 个主要分潮相互间的汇合周期,单位为平太阳日。

表 5-4 主要分潮间的汇合周期

分潮	S_{sa}	Q_1	O_1	P_1	K_1	N_2	M_2	S_2	K_2	M_4	MS_4	M_6
S_a	365.2	1.1	1.1	1.0	1.0	0.5	0.5	0.5	0.5	0.3	0.3	0.2
S_{sa}		1.1	1.1	1.0	1.0	0.5	0.5	0.5	0.5	0.3	0.3	0.2
Q_1			27.6	9.6	9.1	1.0	1.0	0.9	0.9	0.3	0.3	0.2
O_1				14.8	13.7	1.0	1.0	0.9	0.9	0.3	0.3	0.2
P_1					182.6	1.1	1.1	1.0	1.0	0.3	0.3	0.2
K_1						1.1	1.1	1.0	1.0	0.3	0.3	0.2
N_2							27.6	9.6	6.1	0.5	0.5	0.3
M_2								14.8	13.7	0.5	0.5	0.3
S_2									182.6	0.5	0.5	0.3
K_2										0.5	0.5	0.3
M_4											14.8	0.5
MS_4												0.5

由表 5-4 知,不同潮族分潮间因周期相差越大而汇合周期越短,一般都在 1 天左右。同一潮族分潮间的汇合周期相对较长,潮族 0(长周期)的分潮 S_a 与 S_{sa} 间达 365.2 天,与 S_a 的周期相近,但提取某分潮调和常数的基本要求是观测时长达到其周期,当时观测长达到 S_a 分潮周期时相应也就达到了 S_a 与 S_{sa} 间汇合周期。因此,分潮周

期较短的潮族1（全日）与潮族2（半日）的汇合周期更有意义。

因为只有所要分离的分潮达到或基本接近汇合周期时才可实施分潮参数的精确估计，为此只有观测时段达到月球升交点周期（18.61年，即基本天文变量N'的变化周期）时才可应用前述潮汐分析的基本原理分析计算次亚群级的分潮。而当仅有1年的观测数据时，同亚群的分潮将调制在其中的最大分潮上，因此，由不同年份观测数据求解的畸变是每亚群的最大分潮，其调和常数也将是可变的，而不具有常数的稳定特性。而对于1年或更短时段的观测数据，不论在海洋学研究和海道测量实践中均是常见的。为此，常采用观测模型修正的方法，即考虑同一亚群分潮参数之间的相互关系（对引潮势的响应一致性），直接将这种调整作用表示出来，以达到消除其影响的目的。也就是对潮高表示模型实施交点因子和交点订正角改正。其基本原理是将频率差比亚群频率差更小的分潮（角速率差别在$\dot{p}$、$\dot{N}$和$\dot{p}'$量级上）进行合并，以体现同一亚群内小分潮的贡献以及对最大分潮的扰动。

实质上，交点因子和交点订正角的引入借用了频率邻近分潮之间响应规律性的假设，即认为分潮的实际振幅之间的比值与平衡潮响应分量的振幅比值相等，分潮迟角均相等。若选取同亚群中大分潮为主分潮，其振幅为H_M，迟角为g_M，其余n个分潮视为随从分潮，则每个随从分潮的振幅和迟角分别表示为

$$\begin{cases} H_r = \rho_r H_M \\ g_r = g_M \end{cases} \quad (5-66)$$

式中：ρ_r为相应的随从分潮与主分潮平衡潮系数之比。

于是，所有同一亚群的各分潮围绕主分潮而合成为

$$\sum_{r=1}^{n} H_r \cos(\nu_r(t) - g_r) = f H_M \cos(\nu_M(t) + u - g_M) \quad (5-67)$$

式中：f、u分别为主分潮的交点因子和交点订正角。

而f、u计算得出公式为

$$\begin{cases} f\cos u = \sum_{i=1}^{n} \rho^i \cos\left(\Delta\mu_4^i p + \Delta\mu_5^i N' + \Delta\mu_6^i p' + \Delta\mu_0^i \frac{\pi}{2}\right) \\ f\sin u = \sum_{i=1}^{n} \rho^i \sin\left(\Delta\mu_4^i p + \Delta\mu_5^i N' + \Delta\mu_6^i p' + \Delta\mu_0^i \frac{\pi}{2}\right) \end{cases} \quad (5-68)$$

以往的文献只给出10组基本的交点因子和交点订正角计算式，陈宗镛等（1990）则推出59组表达式，并称为f、u改正模型。浅水分潮的交点因子和交点改正角则由其源分潮导出。

引入交点因子和交点订正角后，实际的潮位表达式变为

$$T(t) = \sum_{i=1}^{m} f_i H_i \cos(V_i(t) + u_i - g_i) = \sum_{i=1}^{m} f_i H_i \cos(\sigma_i t + V_{0i} + u_i - g_i) \quad (5-69)$$

式（5-69）中的每个余弦项严格来说已不是调和分潮，而是代表了一个亚群所有调和分潮的综合分潮。振幅fH不是常量；相角中u值在0°附近摆动，既不是常量也不随时间作均匀变化。但f、u主要与天文参数N有关，变化十分缓慢，因而式（5-69）中所代表的余弦项习惯上仍称为调和分潮。

对于1年和数年观测数据的潮汐调和分析，在严格采用最小二乘法时，只需改变

观测方程的系数矩阵 B 中的元素，即将 $\cos\sigma_i t_j$ 变换为 $f_i\cos(\sigma_i t_j + u_i)$，$\sin\sigma_i t_j$ 变换为 $f_i\sin(\sigma_i t_j + u_i)$ 而其他计算过程不变。

对年观测时间尺度的数据处理，也可采用一种略近似的处理方式，即选取观测中间时刻的交点因子和交点订正角作为分析期间的代表值，并设求解参数为

$$\begin{cases} x_i = f_i H_i \cos(g_i - V_{0i} - u_i) \\ y_i = f_i H_i \sin(g_i - V_{0i} - u_i) \end{cases} \quad (5-70)$$

分析中的观测方程系数无须改变，求解过程一致，只需将求得的参数进行变换，即

$$\begin{cases} \hat{H}_i = \dfrac{\sqrt{\hat{x}_i^2 + \hat{y}_i^2}}{f_i} \\ \hat{g}_i = \arctan\dfrac{\hat{y}_i}{\hat{x}_i} + V_{0i} + u_i \end{cases} \quad (5-71)$$

当观测时间长度远小于 1 年时，如一个月或半个月观测数据，同群而不同亚群，甚至同族而不同群的分潮之间仍不可分，需进一步合并，但因频率差增大，不能按 f、u 订正方法实现。在此情况下，按最小二乘法处理时，则经常通过附加参数间的限制条件，采用约束平差法实现参数估计，基本做法是对难以分辨的分潮间再次选取主分潮和随从分潮，分别将随从分潮与主分潮的标号记作 q、p，约束关系采用两者的振幅比和迟角差，称为差比关系，即

$$\begin{cases} k = H_q / H_p \\ \varphi = g_q - g_p \end{cases} \quad (5-72)$$

于是，随从分潮和主分潮之间的参数关系写为

$$\begin{cases} k\cos\varphi\, x_p - k\sin\varphi\, y_p - x_q = 0 \\ k\sin\varphi\, x_p + k\cos\varphi\, y_p - y_q = 0 \end{cases} \quad (5-73)$$

实质上，附加约束关系相当于减少法方程的未知数个数，实现随从分潮与主分潮的融合，或参数求解的消元处理，从而得到稳定的可靠解。从方程的制约性方面，增加约束方程强化了法方程系数矩阵的结构。

在海道测量潮汐分析中，当观测时长短于半年时，根据表 5-4，需要在引入交点因子和交点订正角修正的观测方程基础上，需附加 K_1 分潮与 P_1 分潮以及 S_2 分潮与分潮参数之间的约束关系。而当观测时段短于一个月时，需要进一步附加 Q_1 分潮与 O_1 分潮，以及 N_2 与 M_2 分潮间分潮参数的约束关系。这些成对分潮之间的参数约束关系通常由邻近长期验潮站的长期观测数据分析结果计算求得。此种分析方法称为引入差比关系法调和分析。对于短于 1 年的观测，1 年周期的 S_a 分潮，而短于半年观测时，半年周期的 S_{sa} 分潮都不应纳入水位表达式中，因而求得的平均水位项是观测期间的平均水位，受到这些长周期分潮的影响，而不具有长期平均水位的稳定特性。

观测时长只有数天时，需采用准调和分析方法，将潮高模型用准调和模型表示。准调和分潮的构造思想与引入 f、u 时的分潮合并类似，但必须顾及频率相差较大分潮之间的迟角差。因准调和分析方法获得的分潮数少且精度低，通常不能满足潮汐预报与深度基准面 L 值计算等应用的需求，只能大致了解基本潮汐信息，故在海道测量中

应用日渐减少，这里不再赘述。

(二) 特征潮面

平均水位、深度基准面以及平均大潮高潮面（位）在海道测量中具有重要作用，主要用于确定或作为海道测量信息的基准，分别由水位观测数据和潮汐参数计算确定，称此类参考面为特征潮面。

1. 平均水位的确定

平均水位（平均海面）是指一段时间内的水位平均值，根据式（5-58）关于水位的叙述，通过足够长时间的平均作用，基本可以认为完全消除潮汐振动成分；就长时间而言，气象因素影响的随机性，也可得以消除，并且验潮站观测的水位噪声在平均作用下可以忽略不计。因此，若不存在观测设备的垂直沉降，也不考虑海平面的长期趋势性变化，则随着平均时间的增长，平均水位趋近于稳定值。在观测设施无沉降的情况下，不同时段平均值的变化则反映为陆海相对运动，如在大多数地点，海平面有持续上升的趋势。

假如将水位看作连续曲线的变化过程 $h(t)$，则在一定的时间段 T 内，平均水位可由数学意义的函数中值表示为

$$\bar{h}_T = \frac{1}{T}\int_0^T h(t)\,\mathrm{d}t \tag{5-74}$$

上述定义只有数学上的意义而无实际应用意义。实际上，实践中只能获得离散的水位观测数据。为此，平均水位定义为一定时间长度内离散水位观测的算术平均值，即

$$\bar{h}_T = \frac{1}{N}\sum_{i=1}^{N} h_i \tag{5-75}$$

式中：N 为观测时段内水位观测的总数量；h_i 为水位观测值序列。

潮汐的分潮具有日、月、年的主要变化周期，而计算平均水位的时间长度也相应地分为日、月和年，所得的平均水位（平均海面）分别称为日平均海面、月平均海面和年平均海面。通常月平均海面是对日平均海面进行的平均，而年平均海面是对年内各月平均海面进行的平均。当然，在年平均海面基础上，还有多个年平均海面的平均值，称为多年平均海面。

在应用算术平均法计算平均水位时，一般要求水位序列为等间隔水位观测序列，通常取逐时的整时数据。当今各类验潮站主要采用自记方式验潮，并且有高采样率的数据输出，因此，可以很容易取更短间隔的等间隔数据。

在由算术平均法计算平均水位时，日平均水位是最基本的计算任务。有文献认为，宜采用 25h 的平均值取代 24h 的平均值，是因为理论潮汐贡献最大的分潮 M_2 的变化周期接近于 25h。事实上，在观测时间间隔为 1h 的情况下，取 24h 的平均，对该主分潮的相位具有更好的遍历而不重复的特性，每天整时观测数据的平均更为合理。当然，在 10min 或 5min 间隔观测序列而言，则可另行处理。

应用最小二乘法实施潮汐调和分析时，同样计算平均水位，实际上是指零频项分潮的参数估计。

无论采用何种方法计算平均水位，当数据达到一定时间长度，如一个月，不同方

法的计算结果的差异已非常小。

随着取平均时段的增长，所求的平均海面将更加稳定。特别是达到19年时，将消除所有分潮的振动影响。通常将超过1年（1年或多年）的平均水位称为长期平均海面。而将1天、数天、一个月和数月的平均水位称为短期平均海面。短期平均海面与长期平均海面的差异称为短期距平，相应地有日距平、月距平等。

在海洋学中，通常根据某地点不同时间周期平均海面高度的最大互差统计平均海面的稳定性，而最大互差即统计学中的极差，若认定平均海面序列服从特定概率分布，可建立极差与中误差的关系。据方国洪等（1986），在中国近海不同时间长度平均海面与多年平均海面的最大偏差如表5-5所示。

表5-5 中国海区不同时间尺度平均海面变化量

观测时间	1个月	3个月	6个月	1年	2年	5年
平均海面与多年平均海面的最大偏差	60cm	40cm	25cm	10cm	8cm	5cm

由于所取的观测时间长度不能刚好为各分潮的整周期，因此，由算术平均法计算的较短时间平均水位受剩余潮汐成分的影响，如长周期分潮的影响。另外，非潮汐因素（主要由气象原因引起）在不同的时间长度内表现为不同的性质，在足够长的时间内可视为噪声，而短时间内则表现为信号，具有一定的规律性，特别是在台风和大尺度的气压变化的时段内。这使得不同时间长度的平均海面稳定性也不同。由于日平均海面易受到如上各种因素的影响，导致不同日期的日平均水位数值会有较大抖动。因气象因素存在年周期及半年变化，表现为年和半年周期海面振动的较大变动量值（根据海区不同，振幅从几十厘米到约30cm不等），1年内各月平均海面仍有可观的变化幅度。因此，短期平均水位会出现一定规律性的变化，并且这种规律性具有较大的空间尺度，如在大约100km的范围内的各点认为其变化趋势与量值接近一致。

年平均水位也受到一定规律性因素的影响，主要是周期长于1年的分潮的规则变化作用，如8.6年周期分潮和周期为18.61年的月球交点潮，但这些分潮的量值很小，即年平均水位的周期性变化并不明显。其他如气象等因素的影响或具有年周期性，或具有随机特性，因此，年平均水位变化可近似视为随机变化，并近似认为特定验潮站的年平均水位服从正态分布。根据相关计算表明，年平均水位的精度可以优于±1.7cm的中误差，而多年（3年以上）平均水位的中误差可以达到优于1cm的精度，多年平均水位用于确定海道测量的垂直基准已经足够精确。

在海道测量中，主要是根据短期和临时验潮站与邻近长期验潮站的同步水位观测数据或同步平均水位，确定本站等效的多年平均水位。这种等效的多年平均水位的确定方法通常有水准联测法和平均水位传递法，其中平均水位传递法又可分为同步改正法（季节改正数法）、线性关系最小二乘拟合法和回归分析法。

水准联测法的基本原理已隐含在本节验潮站的基准与转换部分。基本假设是在一定的沿海范围内，海面地形可视为相等，或海面地形的高度差异满足传递的精度要求。确定的基本思路是短期（及临时）验潮站的平均水位与邻近的长期验潮站平均水位高程相等。为此,可以在两站间直接进行水准联测,显然,该方法仅能应用于沿岸的陆基验潮站。

同步改正法的基本原理是在同一段时间内两验潮站短期平均海面与长期平均海面的差距,即短期距平一致,其依据是两验潮站的水位对气象作用的平均效应及长周期分潮贡献相同,一定时间长度的平均海面已基本消除了主要潮汐成分的作用,所以潮汐性质的不同对传递精度的影响不大。

在长期验潮站 A,以水尺零点为基准的长期平均水位 $\bar{h}_{AL}$,同时通过观测获得两站同步期间的平均水位 $\bar{h}_{AS}$,则得短期距平公式为

$$\Delta \bar{h}_A = \bar{h}_{AS} - \bar{h}_{AL} \tag{5-76}$$

在短期验潮站 B,可写出相同的距平公式为

$$\Delta \bar{h}_B = \bar{h}_{BS} - \bar{h}_{BL} \tag{5-77}$$

在两站短期距平相等 $\Delta \bar{h}_B = \Delta \bar{h}_A$ 的假设下,求得短期站的长期平均海面(相对与本验潮站水尺零点)的高度为

$$\bar{h}_{BL} = \bar{h}_{BS} - \bar{h}_{AS} + \bar{h}_{AL} \tag{5-78}$$

利用该方法实施平均海面传递的可靠性取决于其假设条件的可靠性和同步时间长度。同步改正法在对两站距离不太远的条件下对验潮站潮汐性质没有一致的要求,即可以传递沿岸、岛屿验潮站以及海底验潮站的等效多年平均水位。实践表明,在 100km 左右的范围内,等效多年平均水位的传递精度可优于 ±5cm。

同步改正法假定两验潮站的平均海面短期距平相等,在此,将该假设放宽,认为两站的平均海面短期距平具有比例关系为

$$\Delta \bar{h}_B = k \Delta \bar{h}_A \tag{5-79}$$

这样的假设与实际情况更为接近,因为,这种比例关系实质上考虑了两站间天文、气象效应在不同的水深和岸形作用下表现的量值不同。

将距平表达式展开,则有

$$\bar{h}_{BS} = k\bar{h}_{AS} + \bar{h}_{BL} - k\bar{h}_{AL} \tag{5-80}$$

令

$$\bar{h}_{BL} = k\bar{h}_{AL} + C \tag{5-81}$$

则短期平均海面有关系为

$$\bar{h}_{BS} = k\bar{h}_{AS} + C \tag{5-82}$$

对比式(5-81)和式(5-82)可知,两站的长期平均水位与短期平均水位有相同的线性关系,常数 C 的意义是两站水尺零点偏差。

将同步期间两站的平均水位细分为若干个子序列,如取日平均水位序列,通过式(5-82)构建回归方程组,在最小二乘准则下,求解参数 k、C 后,利用长期验潮站的多年平均水位 $\bar{h}_{AL}$,则可算得短期站的等效多年平均水位 $\bar{h}_{BL}$。这样作为参数估计问题,可以根据平差理论对两个参数的精度进行估计,并根据误差传播律对获得的短

期站等效长期平均水位进行精度评定。

在海道测量实践中，有时会有两个以上同步观测的长期验潮站可用于平均水位传递，此时可用每个长期验潮站实现短期站等效多年平均水位的传递，并通过比较互差确定传递的可靠性，然后根据短期站与长期站的空间分布或单纯以距离倒数加权得最后传递结果。

2. 深度基准面的确定

深度基准面是一种潮汐基准面，深度基准面 L 值与潮汐的强弱即潮差的大小有着密切的联系。确定的基本原则是：既要考虑舰船航行的安全，又要照顾航道的使用率。通常以"保证率"来表达这一原则。深度基准面的保证率是指高于深度基准面的低潮次数与低潮总次数之比。我国以 95% 为标准，国际海道测量组织（IHO）要求水位很少会低于这个面，即在正常的天气情况下，水位都会高于深度基准面，只有在特殊地点和遇到特殊天气时水位才低于该面。基于该原则，世界各地据潮汐性质的特点定义了多种深度基准面的算法，甚至有些国家在其不同的海域不同时期采用了不同的算法。常用的有平均大潮低潮面、最低低潮面、平均低潮面、平均低低潮面、略最低低潮面、平均海面、理论最低潮面和最低天文潮面等，如表 5-6 所示。

表 5-6　世界一些国家和地区采用的深度基准面

序号	海图深度基准面	国家与地区
1	平均大潮低潮面 (Mean Low Water Springs)	意大利、巴拿马（太平洋）、哥伦比亚（太平洋）、希腊、埃及（地中海）、土耳其（地中海）、委内瑞拉、秘鲁、厄瓜多尔、丹麦（北海）
2	最低低潮面 (Lower Low Water)	摩洛哥、阿尔及利亚、西班牙、葡萄牙
3	平均低潮面 (Mean Low Water)	古巴、多米尼加、墨西哥（大西洋）、巴拿马（大西洋）、哥伦比亚（大西洋）、哥斯达黎加（大西洋）、海地
4	平均低低潮面 (Mean Lower Low Water)	美国、菲律宾、洪都拉斯（大西洋）、墨西哥（太平洋）
5	略最低低潮面 (Indian Spring Low Water)	巴西、埃及、苏丹、印度、伊朗、伊拉克、日本、朝鲜、肯尼亚
6	平均海面 (Mean Sea Level)	罗马尼亚、保加利亚、芬兰、瑞典、土耳其（黑海）、俄罗斯（波罗的海）、丹麦（波罗的海）、德国（波罗的海）、波兰、爱沙尼亚、乌克兰
7	理论最低潮面 (Lowest Normal Low Water)	中国、俄罗斯、智利、印度尼西亚、巴基斯坦、缅甸、马来西亚
8	最低天文潮面	英国、澳大利亚、新西兰、法国、挪威、德国（北海）

表 5-6 中的理论最低潮面是我国目前法定的深度基准面，最低天文潮面是国际海道测量组织（IHO）于 1995 年推荐其会员国采用的深度基准面。

最低天文潮面（Lowest Astronomical Tide，LAT）最初是由英国海军部提出的，其定义是在平均气象条件下和在结合任何天文条件下，可以预报出的最低潮位值（同理，最高天文潮面（Highest Astronomical Tide，HAT）定义为可以预报出的最高潮位值）。1995 年，国际海道测量组织（IHO）推荐其会员国采用最低天文潮面为航海图深度基准面。现在，越来越多的国家开始采用最低天文潮面作为本国的航海图深度基准面。例如，德国的北海海域，截至 2004 年年底，一直使用平均大潮低潮面作为海图深度基准面，但从 2005 年起，该海域开始启用最低天文潮面作为海图深度基准面。

理论最低潮面，又称可能最低潮面，在我国也曾称为理论深度基准面。自 1956 年起，我国将深度基准面统一于理论最低潮面，采用弗拉基米尔斯基算法，由 M_2、S_2、N_2、K_2、K_1、O_1、P_1、Q_1 这 8 个分潮叠加计算可能出现的最低水位。基本原理是依据分潮间的平衡潮理论关系引入近似假设，将多变量函数简化为 K_1 分潮相角 φ_{K_1} 的单变量函数，对 φ_{K_1} 以适当间隔对自变量离散化，获得一组函数值，取最小值（符号为负），则该值的绝对值即为相对于平均海面的理论上可能最低潮面。在此基础上，叠加 M_4、MS_4、M_6 的浅水改正和 S_a、S_{sa} 的长周期改正。详细推导过程请参阅方国洪等的专著（方国洪等，1986）。目前的算法是直接由 13 个主分潮叠加计算可能出现的最低潮位。

$$L = L_8 + L_{\text{shallow}} + L_{\text{long}} \tag{5-83}$$

式中：L_8、L_{shallow}、L_{long} 分别为上述 8 个天文主分潮、浅水分潮与长周期分潮的作用，具体分别为

$$\begin{aligned} L_8 = & R_{K_1}\cos\varphi_{K_1} + R_{K_2}\cos(2\varphi_{K_1} + 2g_{K_1} - 180° - g_{K_2}) - \\ & \sqrt{(R_{M_2})^2 + (R_{O_1})^2 + 2R_{M_2}R_{O_1}\cos(\varphi_{K_1} + \alpha_1)} - \\ & \sqrt{(R_{S_2})^2 + (R_{P_1})^2 + 2R_{S_2}R_{P_1}\cos(\varphi_{K_1} + \alpha_2)} - \\ & \sqrt{(R_{N_2})^2 + (R_{Q_1})^2 + 2R_{N_2}R_{Q_1}\cos(\varphi_{K_1} + \alpha_3)} \end{aligned} \tag{5-84}$$

$$L_{\text{shallow}} = R_{M_4}\cos\varphi_{M_4} + R_{MS_4}\cos\varphi_{MS_4} + R_{M_6}\cos\varphi_{M_6} \tag{5-85}$$

$$L_{\text{long}} = -R_{S_a}|\cos\varphi_{S_a}| + R_{S_{sa}}\cos\varphi_{S_{sa}} \tag{5-86}$$

以上诸式中：$R = fH$，H、g 和 f 为下标所标注分潮的调和常数和交点因子；φ_{K_1} 为 K_1 分潮相角的函数；其他变量由分潮的调和常数计算为

$$\alpha_1 = g_{K_1} + g_{O_1} - g_{M_2}$$
$$\alpha_2 = g_{K_1} + g_{P_1} - g_{S_2}$$
$$\alpha_3 = g_{K_1} + g_{Q_1} - g_{N_2}$$
$$\varphi_{M_4} = 2\varphi_{M_2} + 2g_{M_2} - g_{M_4}$$
$$\varphi_{MS_4} = \varphi_{M_2} + \varphi_{S_2} + g_{M_2} + g_{S_2} - g_{MS_4}$$
$$\varphi_{M_6} = 3\varphi_{M_2} + 3g_{M_2} - g_{M_6}$$
$$\varphi_{S_a} = \varphi_{K_1} - \frac{1}{2}\varepsilon_2 + g_{K_1} - \frac{1}{2}g_{S_2} - 180° - g_{S_a}$$
$$\varphi_{S_{sa}} = 2\varphi_{K_1} - \varepsilon_2 + 2g_{K_1} - g_{S_2} - g_{S_{sa}}$$
$$\varepsilon_2 = \varphi_{S_2} - 180°$$

φ_{M_2} 的计算分为以下两种情况：

当 $R_{M_2} \geqslant R_{O_1}$ 时，$\varphi_{M_2} = \arctan\left[\dfrac{R_{O_1}\sin(\varphi_{K_1}+\alpha_1)}{R_{M_2}+R_{O_1}\cos(\varphi_{K_1}+\alpha_1)}\right] + 180°$；

当 $R_{M_2} < R_{O_1}$ 时，$\varphi_{M_2} = \varphi_{K_1} + \alpha_1 - \arctan\left[\dfrac{R_{M_2}\sin(\varphi_{K_1}+\alpha_1)}{R_{O_1}+R_{M_2}\cos(\varphi_{K_1}+\alpha_1)}\right] + 180°$。

φ_{S_2} 的计算公式分为以下两种情况：

当 $R_{S_2} \geqslant R_{P_1}$ 时，$\varphi_{S_2} = \arctan\left[\dfrac{R_{P_1}\sin(\varphi_{K_1}+\alpha_2)}{R_{S_2}+R_{P_1}\cos(\varphi_{K_1}+\alpha_2)}\right] + 180°$；

当 $R_{S_2} < R_{P_1}$ 时，$\varphi_{S_2} = \varphi_{K_1} + \alpha_2 - \arctan\left[\dfrac{R_{S_2}\sin(\varphi_{K_1}+\alpha_2)}{R_{P_1}+R_{S_2}\cos(\varphi_{K_1}+\alpha_2)}\right] + 180°$。

由 13 个分潮的调和常数及以上诸式，将求解平均海面下理论最低潮位的式（5-83）简化为 K_1 分潮相角 φ_{K_1} 的单自变量函数。将 φ_{K_1} 从 0° 至 360° 变化取值，可求得 L 的最小值，其绝对值即为深度基准面 L 值。

上述式中交点因子 f 也是变量，依月球的升交点经度 N 而定，变化周期约为 18.61 年。在求潮位极小值时，必须选择起很大作用的 f 值，由表 5-7 查出。

表 5-7 交点因子数值

潮汐类型	S_a	S_{sa}	Q_1	O_1	P_1	K_1	N_2	M_2	S_2	K_2	M_4	MS_4	M_6
半日潮	1.000	1.000	0.807	0.806	1.000	0.882	1.038	1.038	1.000	0.748	1.077	1.038	1.118
日潮	1.000	1.000	1.183	1.183	1.000	1.113	0.963	0.963	1.000	1.317	0.928	0.963	0.894

混合潮海区，分别根据半日潮类型与日潮类型两组交点因子数值，依理论最低潮位计算公式计算深度基准值的两组结果，取其绝对值大者为最终结果。

利用上述公式，通过 13 个分潮的调和常数计算和确定理论最低潮面这一方法适用条件是从验潮站水位观测数据可分析获得所需的分潮，鉴于周期最长的 S_a 分潮的周期为 1 年，所以该计算方法应对应于具有 1 年以上连续水位观测的验潮站，基本上适用于长期验潮站。而在实践中基本不遵守这样的规定，当观测时段较短（如一个月）时也通常采用这样的公式计算，而所需的两个长周期分潮用邻近的长期验潮站的长周期分潮调和常数代替，或根据邻近长期验潮站月平均海面的最大负距平代替。对于所关心的沿岸海域，具有各地长期验潮站月平均海面多年的逐月统计信息表可以参考应用。

在理论最低潮面算法引进及其后的相当长时间，深度基准面的计算通常是仅利用 8 个天文分潮计算相对应的理论最低潮位值 L_8，当 3 个浅水分潮的振幅之和超过 20cm 时附加浅水分潮改正。当具有本站或邻近站的长周期分潮调和常数时，施加长周期分潮改正。而不存在长周期分潮调和常数，但存在月平均海面最大负距平改正数时，用以替代长周期分潮的贡献对理论最低潮面进行修正。在海道测量实践中，关于深度基准面的采用要求是一旦应用，原则上不得改动。因此，我国沿岸各验潮站，以及不同海图图幅所采用的深度基准面存在多种情形。部分长期验潮站或部分新近开展水深测量的海域（且采用新布设的验潮站实施水位控制），采用了 13 个分潮计算的理论最低潮面作为深度基准面。在观测时间较短、浅水分潮作用较弱的区域，采用最大月距平改进的基准面相当于估计 9 个分潮的贡献，确定深度基准面，若采用长周期分潮调和常数修正，则深度基准面相当于由 10 个分潮确定的理论最低潮面。同样，不管浅水分潮是否综合达到一定量值，不考虑长周期分潮贡献的情况下，有利用 11 个分潮计算的深度基准面，在 11 个分潮算得的深度基准面基础上，利用月距平改正方法时，则相当于 12 个分潮确定深度基准面。

总体而言，尽管我国的海道测量工作规定采用理论最低潮面作为深度基准面，但在不同站点的实现方式并不一致，表现出各地理论最低潮面的含义不统一。综合利用验潮站的水位观测数据及潮汐分析结果，可以发现，实质上我国的验潮站尚未建立统一的标准的深度基准面。

尽管关于深度基准面（L 值）的确定精度还缺乏系统性分析论证，但相关的数据验证表明：由 1 年水位观测数据分析的潮汐参数确定的基准面（13 个分潮组合的最低潮面）值具有较高的稳定性，这种稳定性指标可由多个年观测序列的调和分析结果计算的理论最低潮面序列值做统计验证，若将统计的中误差作为 1 年数据计算的深度基准面的中误差，则可推算长期验潮站多年观测数据综合确定深度基准面的精度。验证结果表明，在长期验潮站，深度基准面的确定可以达到与平均水位基本相一致的精度水平。因此，利用长期验潮站较为可靠的潮汐分析结果，重新确定这些验潮站的深度基准面，作为我国深度基准面体系的基本维持框架是可行的。

就大量短期和临时验潮站而言，通过调和分析所获得的调和常数本身的可靠性或精度较低。实践表明：月时间尺度计算的潮汐调和常数具有一定的趋势性变化。另外，在这些站点，也缺乏长周期分潮的调和常数。因此，不宜用前述理论最低潮面的计算方法确定深度基准面，而在长期验潮站的控制下，通过同步观测数据，传递其深度基准面更为合理。

短期和临时验潮站深度基准面传递确定方法最主要的是潮差比法和主要分潮振幅比值法。

因为深度基准面反映为理论最低潮面与平均海面之间的垂直偏差，其取决于当地最大潮差。对于相邻的长期验潮站 A 和短期（临时）验潮站 B，深度基准值 L 和最大潮差 R 基于以下假定：

$$\frac{R_B}{R_A} = \frac{L_B}{L_A} = r \quad (5-87)$$

则由同步观测时间的潮差比 r 可以获得短期（临时）站深度基准值为

$$L_B = rL_A \quad (5-88)$$

因为理论最低潮面的含义是多个分潮组合的最低潮，只有大潮（含日潮回归潮）期间各分潮采用叠加作用，为此潮差比传递法显然应该采用大潮期间的潮差计算。在一个月内的时间尺度内，可以根据两次大潮的潮差比值传递计算深度基准面，比较两次结果传递的差异，达到设定的误差限差时取均值使用。

主要分潮振幅比值法的基本假设在相邻的长期站和短期（含临时）站，4 个最大分潮的振幅和之比等于深度基准值之比，即

$$\frac{(H_{M_2} + H_{S_2} + H_{K_1} + H_{O_1})_B}{(H_{M_2} + H_{S_2} + H_{K_1} + H_{O_1})_A} = \frac{L_B}{L_A} = r \quad (5-89)$$

根据同步水位观测数据的调和分析结果求得该比值后，同样利用式（5-88）可以确定短期（临时）验潮站的深度基准值。这种方法需要的是同步期间短期调和分析结果，因为即便所用的调和常数未必足够精确，但在相邻的验潮站，基本受到相同或相近的扰动因素影响。尽管最低潮面不是主要分潮直接叠加，而是一定程度上耦合的结果，但总体上可以是最低潮的近似。事实上，4个最大分潮振幅之和正是一种特定深度基准面——略最低低潮面的基本定义。相比潮差比法，主要分潮振幅比值法具有更高的数据利用效率，而且适用于测区潮汐类型存在变异的情况。而潮差比法应用的基本条件应该是测区的潮汐类型一致或相近，而且潮波均匀传播。

用两种比值法确定的深度基准值可相互验证。这种传递方法在以根据长期验潮站采用相同的计算模型确定深度基准面，构成维持框架的基础上，利用短期和临时验潮站对离散的深度基准值进行空间加密。因此，在注记控制的深度基准网体系下表示和维持深度基准面。在当今可依据的长期验潮站深度基准存在系统不一致的情况下，应用这类方法至少可以保证短期和临时站的深度基准纳入邻近长期站的深度基准体系，以保证相邻测区深度基准的体系或含义的一致性。

此外，式（5-89）可改写为

$$\frac{(H_{M_2}+H_{S_2}+H_{K_1}+H_{O_1})_B}{L_B}=\frac{(H_{M_2}+H_{S_2}+H_{K_1}+H_{O_1})_A}{L_A}=r' \qquad (5-90)$$

有关研究表明：在一定大小的测区，主要分潮的振幅和与深度基准值（理论最低大潮面值）的比值基本为常量，而由不同时段数据潮汐调和分析所得的调和常数具有相应的精度指标，因此，可以根据调和常数振幅的精度指标及比值 r' 实施所确定深度基准面的精度估计。

3. 平均大潮高潮面

在海道测量中，平均大潮高潮面是灯塔光心、明礁、水上桥梁底面及悬空线缆高度的参考面，也称为净空基准面，其与海岸线的定义相关。

平均大潮高潮面是一种潮汐基准面，由相对于平均海面的垂直差距来确定其在垂直方向中的位置，该垂直差距与潮汐的强弱即潮差的大小有着密切的关系。在海洋潮汐学中，平均大潮高潮面是指半日潮大潮期间高潮位的平均值，即定义限制于半日潮类型海域，这与大潮概念只存在于半日潮类型有关。在日潮类型海域，回归潮与半日潮类型的大潮具有相似的极值意义，但日潮类型海域回归潮时日潮不等现象十分明显，故在日潮类型海域可采用平均回归潮高高潮面。对于混合潮类型海域，依据不规则半日潮类型与不规则日潮类型对应选择。因此，平均大潮高潮面的定义依据潮汐类型而本质上代表的特征潮位面并不相同，这与美国海岸线定义中的平均高潮面相似，其在日潮类型海域实质是平均高高潮面。

由平均大潮高潮面定义可知，其计算采用实测水位数据或预报潮位的统计算法。算法的关键是推算或判断大潮或回归潮的出现日期。推算是指首先由潮汐类型决定采用大潮或回归潮，进而分别依朔望（或阴历）或月球赤纬推算日期。判断是指直接由潮差大小判断大潮或回归潮的出现日期。可作为所有潮汐类型统一的统计算法。每次大潮或回归潮应选取前后共3天的高潮或高高潮，取19年的平均值，即为平均大潮高潮面。

在此，平均大潮面自平均海面起算，归算至国家高程基准只需做海面地形改正，可用于海道测量的岸线高度、灯塔和悬空线缆高度等计算与归算，海道测量实践中多从深度基准面起算，并称为平均大潮升。在半日潮海区，由调和常数根据相应公式计算。平均大潮升及其他一些潮汐统计信息称为潮汐特征值。

三、潮汐模型与水位归算

（一）海洋潮汐模型

在固定地点设置验潮设备，通过一定时长的水位观测，由潮汐分析方法获得主要分潮的调和常数，这是对潮汐变化规律最准确的获取方式，但缺点是验潮时间长、离散的有限点模式且大多分布于沿岸或岛屿上。海洋潮汐模型是指通过一定技术手段或方法构建的全球或局部区域内的潮汐参数集合，通常以一定空间分辨率的调和常数格网来表示，也称为数值潮汐场模型（或简称为潮汐模型）。随着基础数据的积累与技术的发展，潮汐模型的分辨率与精度逐渐提高，其作用已从对大洋潮汐分布规律的基本了解发展至对全球或局部海域潮汐分布的精细刻画，在一些应用领域已起到代替验潮站的作用。

潮汐模型的构建方法可分为经验法、纯动力学法和同化法三类。经验法是指由验潮站与卫星测高数据进行综合计算，采用拟合插值方法构建网格化模型。经验模型只建立在观测数据上，能在观测点上保证具有较高的精度，但受限于验潮站和卫星轨迹的地面分布影响。

纯动力学法即根据潮汐动力学理论，在一定的边值和初值条件约束下解算潮波方程。描述潮波运动的基础是运动方程和连续方程，合称为潮波运动学基本方程。运动方程为牛顿第二定律在海洋潮汐现象中的具体应用，连续方程给出潮波运动过程应遵循的质量守恒定律。随着对海水运动研究的深入，海水运动的描述更加全面，如热传导方程、盐量扩散方程、湍流方程等，已发展为流体动力学，潮波运动只是流体动力学的一个应用领域。目前，世界上存在多个海洋模式，即包含较全面流体动力方程的程序包，可作为潮波数值模拟的基础，如 POM、MOM 等。

根据纯动力学方法理论上可以建立任意网格密度的模型，这有益于研究波长较小的浅水区域的潮汐分布，而实际上摩擦系数、黏性系数与开边界条件的不准确使得模型在浅水区域的精度并不理想。同化法将观测数据与理论模型进行相互融合，观测数据对模型的"拉动"作用，可进一步改善模型的质量，结合了经验法的真实性与动力学的规律性，是解决浅水区域潮汐复杂性的最好方法。目前，得到广泛采用的全球潮汐模型大多是同化模型，通常同化了 T/P 测高卫星的反演结果，在大洋（深度大于 1000m）的精度都较高，每个分潮的差异都在 1cm 内，而在浅水区域差异较大，中国的渤海、黄海、东海是典型的区域。

同化方法从本质上可分为两类：一是将实测调和常数作为"控制点"，对潮波模型直接起订正作用，如 blending 同化法；二是通过最优化策略优化模式的关键参数，实现模式与实测调和常数的最佳拟合，如伴随同化法。

潮汐模型的精度取决于多种因素，如水深模型的分辨率与精度、实测调和常数的精度与分布、开边界条件的精度、摩擦系数等关键参数的选取、动力学方程或模式、同化方法等。中国近海潮汐模型数值模拟研究取得了较丰富的成果,目前部分潮汐模型作为水位控制与深度基准面模型构建的基础,能满足特定的海道测量的应用需要。图5-9所示为根据暴景阳等(2013)构建的中国近海1.2′×1.2′的潮汐模型绘制的两个主要分潮的潮汐参数分布。

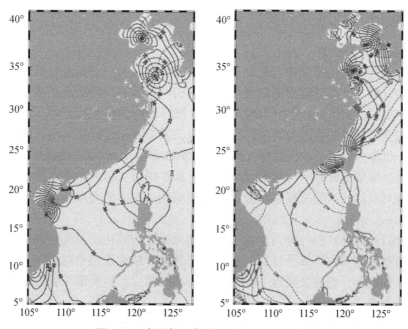

图 5-9 中国邻近海域 K_1 与 M_2 分潮潮波

(二) 水位归算原理与方法

在海道测量中,海底地形是最主要的测量内容,不论以测量船只在海面利用声纳技术测定的深度,还是以机载激光测量方法获得的深度都是测量的瞬时海面到海底的垂直距离,即瞬时水深。为处理、管理和表达及应用的方便,需要将瞬时水深画算至以某一非时变基面为起算面(基准)的可再现深度。深度基准面从科学意义上有多种选择,但习惯上特指低潮意义的特征潮面,如我国采用的理论最低潮面。将瞬时深度通过施加一个改正量,归算至深度基准面以下的深度的过程即水深测量的水位归算,而更习惯地称为水位改正。随着海道测量技术的发展,海岸带地形及岸线这一重要的地形要素可以由遥感(摄影测量或微型遥感)技术测定,此时,瞬时海面将是遥感影像上的重要参照面,可以作为高程控制的重要信息,也需要将瞬时水位归算至高程起算面,也属水位归算问题。另外,水下测量平台通过观测到水底和水面的垂直距离测定瞬时深度,所需的水位归算与海面船载测深原理相同。这一切都属于水位归算或改正技术。在此,仅以最常规的海面船载测深技术阐述水位归算的基本原理和方法。

1. 水位归算的基本技术和要求

因不能在测区内任一点(或十分密集地)设立验潮站,而只能在测区内或周边设立有限的离散的验潮站,由这些验潮站内插测区内任一测深点在测深时刻的瞬时水位,即获得水位改正数,对所测瞬时深度实施改正,便获得自深度基准面起算的深度。因此,对水位表示的基本要求是瞬时水位均自深度基准面起算。其中,对验潮站观测的水位数据则需要进行自水尺零点到本站深度基准面的换算。

因为海面变化因地、因时而异,即自深度基准面起算的高度为时空变量,因此,解决水位控制问题的关键是构建任一待定内插点水位(改正数)与验潮站观测水位的时空变化关系。顾及水位是较小观测噪声干扰下的潮波高度与非潮汐水位高度的合成,而正常情况下,潮波高度是海面变化的主体部分,具有明显的波动传播特征,而非潮汐水位具有区域一致性或相似性的特点,任一点的水位内插均可基本按波的内插方法实施,在这一意义上,水位改正常称为潮位改正。

在浅海水域水深测量时,测深精度要求高,水位的量值远大于测深误差,水位改正误差也必须和深度测定的精度指标相匹配,进而要求通过布设验潮站,以水位实测方法为测区各点提供水位改正数,且水位改正的误差(限差)应优于0.1m。在近海水域水深测量时,由于深度加深,水位改正的误差在总误差的贡献中份额逐渐减小,可用潮汐预报方法预报潮位代替水位。显然,若潮汐参数准确,这种代表误差即非潮汐水位的量级,在中国近海,该量值的中误差在0.1~0.3m,即这种预报法的水位改正值获取的精度量级。因为海上测量通常在气象条件良好的情况下实施,而上述非潮汐水位包括异常天气及海洋环境因素(如台风等过程的影响),所以在近海水深测量时,用这种预报法是可以接受的,且较难用其他传统技术替代。当然,也可以通过水面船只定点抛锚以观测水深变化的方式获得水位观测序列,通过准调和分析求得主要分潮调和常数,这种潮汐信息的获取方法在历史上称为定点验潮。而在当今技术条件下,基本以设定短期验潮站,布设海底水位计方式观测水位,通过调和分析获取调和常数的方法所取代,或利用卫星测高数据求解潮汐参数构建的潮汐模型代替,较之传统方法,都将提高潮汐预报的可靠性和精度。而在深于200m的深海,潮汐量值将明显小于水深观测误差,同时水深对于航行的安全威胁极大减小,国际和国内均提出可不做水位改正,当然,随着精确海底地形测绘需求的兴起,水位改正仍将是必要的,而潮汐模型所提供的潮位足以代替水位,应是实施该水域水位改正的首选方法。

一般文献中所论水位改正方法基本是指沿岸水深测量的布设验潮站观测的实测水位内插法。当测区范围较小,水位变化量小于给定的水位改正误差指标(0.1m)时,以测区内或附近的单一验潮站提供整个测区的水位改正数,此即单站水位改正法,含义是用以点带面的方式由验潮站观测获取整个测区近似认为一致的水位变化过程。上述精度指标即是单站控制范围的指标要求,而验潮站的具体控制范围根据测区内验潮站与邻近验潮站同时刻水位的最大差值按最大潮差与距离成比例的准则获取。两站间的最大潮差也可根据相邻验潮站的历史观测数据,通过选取大潮期间的观测数据进行计算求得。在具有潮汐模型的现代条件下,甚至可以以拟布设的验潮站为中心,取测量期间的大潮时段,计算该点与周边各网格点的最大水位差,以限差要求停止向周边扩展,获得单站水位的代表范围。

而当测区超出单站作用范围时,必须布设多个验潮站,构成验潮站网,再计算各验潮站平均水位、深度基准面,将观测水位画算到深度基准面后,由多站水位数据的组合内插任一测点所需时刻的水位值,实施瞬时水深数据的水位归算。具体方法由以下部分单独说明。

2. 验潮站间水位时空内插基本原理和方法

潮波在海面上以波动形式传播，假设海面仅存在单频率波动，将验潮站 A 和 B 处的水位变化过程分别记为 $T_A(t)$、$T_B(t)$，并假定海岸形状和海底地形的作用使得潮波按空间线性变化。记 A 点的水位变化过程为 $T_A(t) = H_A \cos(\sigma t + \theta_A)$，则潮波在由 A 到 B 的传播过程中，路径上任一点 $P \in [A, B]$ 的水位变化可描述为

$$T_P(t) = T(P, t) = H_P \cos(\sigma t + \theta_P) = H_P \cos\left(\sigma t + \theta_A - \frac{2\pi}{\lambda} S_{AP}\right) \tag{5-91}$$

式中：σ 为振动的角速率；H 为振幅；θ 为参考时刻相角；λ 为潮波波长；S_{AP} 为 A 点到 P 点的距离。

即有 A 点传播至 P 点后，潮高的相位差具有变化量 $\theta_P - \theta_A = -\frac{2\pi}{\lambda} S_{AP}$，同理，传播至 B 点后，振动信号的相位变化为 $\theta_B - \theta_A = -\frac{2\pi}{\lambda} S_{AB}$，据此匀速传播规律有

$$\theta_P = \theta_A + \Delta\theta_{AP} = \theta_A + \frac{S_{AP} \cdot (\theta_B - \theta_A)}{S_{AB}} = \theta_A + \sigma\tau_{AP} \tag{5-92}$$

式中：$\Delta\theta_{AP}$ 为 P 点与 A 点之间潮汐振动的相位差，且 $\Delta\theta_{AP} = S_{AP} \cdot (\theta_B - \theta_A)/S_{AB}$，$\tau_{AB}$ 为潮波传播的时间差，且 $\tau_{AB} = \Delta\theta_{AP}/\sigma$，$\sigma$ 为分潮波的角速率。

则 P 点的潮位可写为

$$T_P(t) = H_P \cos[\sigma(t - \tau_{AP}) + \theta_A] \tag{5-93}$$

而根据潮差的线性变化规律，P 点的潮汐振幅满足线性内插规律

$$H_P = \frac{S_{PB} \cdot H_A + S_{AP} H_B}{S_{AB}} \tag{5-94}$$

将式（5-94）代入式（5-93），得

$$T_P(t) = \frac{S_{PB}}{S_{AB}} H_A \cos[\sigma(t - \tau_{AP}) + \theta_A] + \frac{S_{AP}}{S_{AB}} H_B \cos[\sigma(t - \tau_{AP}) + \theta_A] \tag{5-95}$$

顾及潮波由 P 点传播至 B 点经历的时间为 τ_{PB}，且 $\tau_{AP} + \tau_{PB} = \tau_{AB}$，有

$$\sigma(t - \tau_{AP}) + \theta_A = \sigma(t - \tau_{AB}) + \theta_A + \sigma\tau_{BP} = \theta_B + \sigma(t + \tau_{BP})$$

则得

$$T_P(t) = \frac{S_{PB}}{S_{AB}} H_A \cos[\sigma(t - \tau_{AP}) + \theta_A] + \frac{S_{AP}}{S_{AB}} H_B \cos[\sigma(t + \tau_{BP}) + \theta_B] \tag{5-96}$$

即任一时刻，内插点的潮位是两个验潮站同相潮位的依距离加权平均值。

实际的潮汐具有多种频率成分，而在潮汐类型一致的海域，潮汐的频谱基本一致，较小振幅的分潮波将视为对最主要分潮（半日潮海区，最大分潮为 M_2，全日潮海区最大潮波是 K_1 和 O_1 的组合）波的调制。附加相近的非潮汐水位贡献和深度基准面值，式（5-94）中的单频分潮波可近似由相应点的水位代替，有

$$h_P(t) = \frac{PB}{AB} h_A(t - \tau_{AP}) + \frac{AP}{AB} h_B(t + \tau_{PB}) \tag{5-97}$$

此即水位在验潮站间时空内插的基本原理。需要注意的是，在验潮站的连线方向未必是潮波传播方向，实际反映的是潮波传播在该方向的投影。

根据验潮站的实测水位可计算两站间的最大同步潮高差,按水位差分割步长(通常 0.1m)与最大水位差的比例,可将线型区域划分为若干线段,每一线段取中间点,通过式(5-97)即得这些离散点的水位变化过程,相当于在两站之间增设若干虚拟的验潮站,每相邻两个虚拟(及实际)验潮站的水位在本区段内的代表误差将小于水位分割所对应的步长(精度要求)。因此,每一区段可由这些实际和虚拟验潮站按单站方式提供水位改正数,这便是潮汐分带的基本原理。由实际验潮站水位过程内插出若干个虚拟站水位曲线的思想如图 5-10 所示。

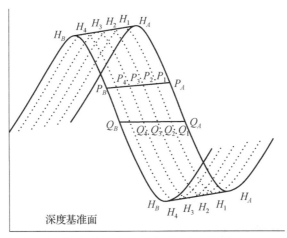

图 5-10　水位分带法内插示意图

图 5-10 中的中间虚拟站水位的图解内插过程是:在曲线的高(低)潮处,将两站高(低)潮连成直线,平分 4 等份,如图中 H_A、H_B 间等分为 H_1、H_2、H_3 与 H_4;在高潮与低潮的中间,绘平行于深度基准面的短线,平分 4 等份,如图中 Q_A、Q_B 间等分为 Q_1、Q_2、Q_3 与 Q_4;而在两短线的中间,等分线从与高(低)潮连线接近平行逐渐过渡至与深度基准面平行,如图中 P_A、P_B 间等分为 P_1、P_2、P_3 与 P_4。

这种分带法适用于传统的手工绘图作业,数值计算则可方便地给出虚拟站的水位过程。应用现代计算技术可直接根据式(5-96)计算任一内插点任一时刻的水位,此即国际上统称的连续分带法,在我国则称为时差法。

内插点 P 的潮位还可以用另一形式表示,由式(5-94)得

$$H_P = \frac{(S_{AB} - S_{AP}) \cdot H_A + S_{AP} H_B}{S_{AB}} = H_A + \frac{S_{AP}}{S_{AB}}(H_B - H_A)$$

令

$$k = \frac{S_{AP}}{S_{AB}} \frac{(H_B - H_A)}{H_A}, \gamma_{AP} = 1 + k_{AP}$$

则 $H_P = \gamma_{AP} H_A$,代入式(5-93),则有

$$T_P(t) = \gamma_{AP} H_A \cos[\sigma(t - \tau_{AP}) + \theta_A] = \gamma_{AP} T_A(t - \tau_{AP}) \tag{5-98}$$

同样,考虑实际水位为多分潮的叠加,较小分潮叠加在主要分潮上传播,附加上基准项,以及包含非潮汐水位贡献,代换式(5-98)的有关信息,并略加改正,得水位的模型表示为

$$h_P(t) = \varepsilon_{AP} + \gamma_{AP} h_A(t - \tau_{AP}) \tag{5-99}$$

式中:ε_{AP} 为基准项的内插参数;γ_{AP} 和 τ_{AP} 相应地为水位的幅度调整和平移参数。

该模型描述的是基准站潮汐变化到内插点的映射关系,通过观测数据的水位位移、幅度调整获得内插点的水位数据。而根据以上所述,两种水位表示模型在原理上具有天然的联系。

因为 B 点的水位在理论上也可做相同的表达,即

$$h_B(t) = \varepsilon_{AB} + \gamma_{AB} h_A(t - \tau_{AB}) \tag{5-100}$$

由此,可通过两站的实测水位序列的配准,求得参数 ε_{AB}、γ_{AB} 和 τ_{AB}。

因为最小二乘法是这种配准的基本工具,所以,这一方法称为最小二乘曲线比较法。在比较得到参数 ε_{AB}、γ_{AB} 和 τ_{AB} 后,可改算为内插点的水位比较参数。

$$\begin{cases} \tau_{AP} = \dfrac{S_{AP}}{S_{AB}} \tau_{AB} \\ \gamma_{AP} = 1 + \dfrac{S_{AP}}{S_{AB}}(\gamma_{AB} - 1) \\ \varepsilon_{AP} = \dfrac{S_{AP}}{S_{AB}} \varepsilon_{AB} \end{cases} \tag{5-101}$$

因为以上两种水位内插方法均有效地实现了水位在验潮站间的连续内插,避免了传统分带法造成的基准跳变和水位改正数断续现象。但都需要依据潮波线性传播的假设,在潮波变化剧烈,或潮汐类型过渡的海区,必须依据更周密的验潮站实施观测,内插所需点水位。

曲线比较法的优势在于两站水位可相互表达,而这种表达或配准可以给出精度估计指标,便于对水位改正实施有效的质量评判。当然,水位的比较参数具有时效性,应该采用包括水位内插时刻的一段水位数据求取比较参数。通过时间移动方式的模型表达构造参数求解动态参数,实施动态内插。而时差法也必须有效估计两站水位的唯一参数,即时差,时差的求取方法通常是水位曲线的极值时刻比较法和水位序列的相关分析法。当求得时差参数后,再按距离进行比例内插。

3. 多站水位改正技术

根据两个验潮站的水位改正只能获得验潮站连线上的水位改正数,而对其垂直方向的潮汐变化无法实施有效控制。因此,其主要适用于航道、沿岸条带区域的水位改正。对于较大的测区范围,通常需布设多个验潮站,控制水位在各方向的变化,并实施有效的水位内插。

在布设多个验潮站的情况下,可根据验潮站对测量区域进行三角剖分,能够实施以三个验潮站为顶点的每个三角形内实施水位内插,便可获得整个测区任一点的水位。

在三个验潮站控制的三角形范围内,传统的方法主要是分区改正,如图 5-11 所示。

基本方法是在两两验潮站的连线,即图中三角形的边线上根据验潮站的水位数据进行分带。潮波振幅变化梯度方向相近的边线所分带数必然等于另两边所分带数之和。图 5-11 中 AB 边即为接近潮差梯度方向的边线。将主方向各分带边界点与另两边的分带边界点相连,将三角形划分为若干条形区域,此即初步分区(如图 5-11 中的分区编号Ⅰ、Ⅱ、Ⅲ、Ⅳ、Ⅴ)初步分区,对每一条形区边线的中点由分带法内插水位曲线。在每一条状区域内,根据其两端的内插水位曲线,获得最大潮差,做第二次分带。

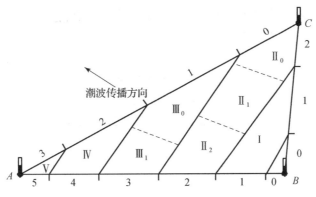

图 5-11　水位分区改正分区示意图

于是，两次分带的边缘线将三角形区域划分为若干小区块，每一区块内的水位变化行为视为一致，即满足单站水位改正的控制范围。应用第二次分带获得的各区块水位曲线实施各区块内测点的水位改正。这种方法即顾及潮波在不同方向传播的时空离散内插方法，称为分区法。

在传统水位改正作业中，曾采用不计三角分区内潮波传播形态的同步水位空间内插法。基本做法是按一定的空间尺度比，在投影模式下，按坐标布设三个验潮站的模拟水尺。模拟水尺与真实水尺同样按比例设计。根据三角形内的特定测深点的坐标，设定模拟的读数标尺，根据测深时刻，读取三个验潮站的同步水位，通过模拟水尺上的对应水位高度，用线绳固定一个空间平面三角形，另一线绳在该三角形平面上移动，读取与测深点处的模拟标尺交点的水位高度，即该点的水位改正数，此即模拟法水位改正。显然，这种方法没有考虑潮波的波动行为，水位内插是不准确的。而且，根据简单的几何原理，在计算机技术下，很容易利用同步水位的空间线性内插原理求解测深点的改正数。

现代方法则主要是利用数值计算技术，很容易将连续分带的时空内插法或最小二乘曲线比较法获取三角形区域内任一点任一时刻的水位改正数。目前，已有相应的专业软件实现这种功能。

另一现代水位改正方法则是基于水位的构成要素，利用式 (5-58)，根据潮汐模型或验潮站调和常数，获取验潮站及测深点处的潮汐调和常数。在深度基准数据的支持下，进行验潮站和测深点的潮汐预报获得相应潮高。在验潮站处比较实测水位与预报潮位的差异，获得余水位。因为余水位在一定的空间区域内具有相同或相近的数值，将验潮站处获得的测深时刻余水位附加于该时刻的预报潮位，实现测点水位恢复。此即余水位法或差分订正法。若采用多站监测余水位，对测点的余水位也可以采用适当的空间内插方式提供。

第三节　海洋水文测量

除海洋潮汐外，海流也是海洋中的主要动力要素，是影响海道测量的主要环境因素，需要对其进行观测分析，并将其处理成果纳入海道测量信息服务体系。发生在海洋中的许多自然现象和过程往往还与一些海水的物理性质（如海水温度、密度和盐度等）密切相关，也影响和制约着以海底地形测量为主的海道测量的信息获取、处理和表达。海洋中海水温度、密度、盐度和海流等现象的观测是海道测量的传统工作内容之一。对于广阔的海洋而言，要全面掌握海量海洋环境参数在时间和空间上的变化特征是一项十分艰巨而又复杂的工作。随着新技术在海洋水文测量中的应用，对这些现象或过程的认识正逐步深化。本节根据当前海道测量的实际需求，在此仅介绍与海道测量密切相关的几种物理参数测量方法。

一、海流及其观测与分析

（一）海流现象简介

海流是海上活动所关注的重要因素，在海道测量数据采集和信息产品开发等方面得到越来越多的重视。海流是海洋中的主要动力要素，是海洋中物质和能量交换与输运的主要驱动力，从海表面到海底都存在海水流动。风、密度差、地球自转，以及引潮力的水平分力等因素是引起海水流动的主要原因。海水不仅存在水平流动，还存在垂直流动，但相对而言，垂直流动较为微弱。

海流本身为矢量，即描述为海水流动的速率和方向，通常称海流速率为流速，即对固定地点而言，海流是用流速和流向两个参量描述，对海流的观测也是对这两个参量的测定。

海流可分为两大类：一是比较规则的流动，如各种不同尺度的环流、涡流、潮流、湾流、潜流。西北太平洋的黑潮、南海的环流、赤道潜流以及环南极流都属于这一类海流。其特点是流迹比较固定，闭合或不闭合，而潮流还存在周期性特点。二是不规则流动，风生海流基本属于这一类，大风过程及大风过后的风生流是不规则的。风生流是在风应力作用下的海水受迫运动，依据风的作用而生成和演变，而且从海表到海底具有逐渐的流向偏转现象。

根据参照系，对海流的描述和观测有拉格朗日法和欧拉法两种。拉格朗日法测流是将测流仪器设备当作随海流运动的质点，以随波逐流的模式，观测海流随时间和空间的变化，从而确定流速和流向。欧拉法是对流场的描述，在固定的空间位置利用特定仪器和方法观测水质点（海水微团）随时间的变化，通过数据处理，确定流速流向及时空变化。

规则海流又可根据流态是否随时间变化而做进一步的划分。将固定流速和流径的海流称为稳恒流，在海道测量中，作为一种关注信息，甚至直接称为海流，以区分随时间周期性变化的潮流。在具体地点观测的流既包括稳恒海流（定常流），也包括潮流的贡献，并受到非规则海流的影响，需要根据一定时间长度的观测数据，将不同来源的海流，特别是定常流和潮流进行分解，以满足不同的应用服务和规律分析。

（二）海流的观测

这里的海流观测特指对应于欧拉流描述的观测方法。其主要测流方法有机械转子式海流计测流、声学海流计测流、电磁海流计测流。其他还有照相观测方法、卡门涡街式海流计测流方法等。另外，电磁波也可用于测流，如用高频地波雷达探测海表面流场。用观测仪器测流通常也称为验流。这里主要介绍机械转子式海流计和声学海流计两类仪器的测流原理和基本方法。

1. 机械转子式海流计测流

机械转子式海流计是最经典、最简单而实用的海流测量仪器。它通过机械转子（转子、旋杯、旋浆）将海流的动能转换为转子转动的机械能，通过测量转子的转速测量流速，流向则通过磁罗盘测定。流速和转子转速的换算关系需要事先标定，建立二者的对应关系，通常是线性或近似线性的函数关系。被测流速是测定地点在设定时间段的流速平均值，而非瞬时值。

中国自20世纪60年代初至90年代初，主要生产和使用厄克曼直读式海流计、印刷海流计、萨沃纽斯转子式海流计。目前常用的是SLC-2型直读式海流计和进口安德拉RCM系列转子式海流计。

SLC-2型直读式海流计是一种轻便、廉价、低功耗的海流测量仪器，由水下机、水上数据终端和三芯信号传输电缆构成观测系统。可在船只或平台上使用，具有通用接口，便于构成测量系统的一个积木化单元。仪器体积小，便于携带。水下机具有良好的水密特性和抗干扰特性，观测数据可采用多种现实和记录方式。使用水域不受限制，特别适用于在浅水海域使用。流速的测量范围为0.03～3.50m/s，准确度优于1.5%；流向全方位测量，准确度优于4°。

仪器的工作原理是水下机和尾翼随海流改变走向，罗盘指示沿地磁磁力线走向。流速由旋浆感受，旋浆的转速正比于流速，比例系数约为2.5r/min。将这些相关传感器传输至现实记录装置，获得海流观测数据。仪器输出的为3min流速、流向的平均值。

安德拉RCM型转子式海流计使用磁耦合转子和磁罗盘对海流参数实施有效测量，可观测的参数有流速、流向、温度、电导率（可选）、深度（可选）。仪器主要以锚系固定方式工作，即应用水面浮标或水下潜标锚系固定，且方便安装与拆卸。

安德拉RCM型转子式海流计的观测参数及技术指标如下。通道1：一个固有常数值，用于检测仪器性能和具体仪器识别；通道2：测定温度，采用热敏电阻式温度传感器，分辨率为选择量程的0.1%，温度测量的精确度为±0.05℃，响应时间为12s（63%），并有三种温度可选范围；通道3：测定电导率，传感器类型为感应线圈，两种可选量程，分别是0～74mS/cm和24～38mS/cm，分辨率为量程范围的0.1%，精确度对应于两个量程分别为0.2%和0.8%；通道4：测定压力，传感器类型为硅电阻桥，可测范围具有多个选项，分辨率为量程范围的0.1%，精确度为量程范围的0.5%；通道5：测定流向，采用霍尔效应磁罗盘作为传感器，分辨率0.35°，仪器在0°～15°倾斜时，方向精度为±5°，15°～35°倾斜时为±7.5°；通道6：测定流速：传感器类型为磁耦合转子，量程为0～295cm/s，启动速度2cm/s，分辨率1cm/s。显然，该类仪器以测定流速为主，兼有测定多种物理海洋要素的功能。整台仪器由5V电脉冲出发一个测量周期，记录间隔有1min、2min、5min、10min、20min、30min、50min、120min可选。在10min间隔采样率的设定下，根据存储设备的选型不同可存储2个月和8个月数据，按10min观测周期，所附带的电池可工作214天。RCM7型仪器的工作深度为2000m，RCM8型为6000m，仪器的外形尺寸，高513mm，外径213mm。

2. 海流的 ADCP 观测

声学多普勒流速剖面仪（Acoustic Doppler Current Profiler，ADCP），是利用声学多普勒原理，测量分层水介质散射信号的频移信息，并利用矢量合成方法获取海流垂直剖面水流速度，即水流的垂直剖面分布。它的特点是能一次测得一个剖面上若干层流速的三维分量和真北方向，且该测量方式不干扰被测流场。

ADCP 测流依据的是多普勒原理，即波源和观察者具有相对运动时，观察者接收到波的频率与波源发出的频率并不相同，即存在波动频率的变化。

水体中的散射体（如浮游生物、气泡等）随水体而流动，与水体融为一体，其速度即代表水流速度。当 ADCP 向水体中发射声波脉冲信号时，这些声波脉冲信号碰到散射体后产生反射，ADCP 接收和处理回波信号。根据多普勒原理，发射声波与散射回波频率之间就存在多普勒频率，这种频率的变化取决于反射体的运动速度和运动方向。通过测量多普勒频移就能解算 ADCP 和散射体的相对速度。ADCP 换能器既是发射器又是接收器，它从根本上摆脱了机械式仪器的测验原理。

根据多普勒原理，流速的计算公式为

$$V = \frac{c \times F_d}{2F_S} \quad (5-102)$$

式中：V 为相对于 ADCP 发射换能器的水体流速；F_d 为声学多普勒频移；F_S 为发射声波信号频率；c 为水下声速。

ADCP 的每个换能器轴线组成一个波束坐标，每个换能器观测的流速是沿其波束坐标方向的流速，任意三个换能器轴线组成一组相互独立的空间波束坐标系。ADCP 有其自身的坐标系（局部坐标系）$X-Y-Z$。Z 方向同 ADCP 轴线方向一致。ADCP 先测出沿每一波束坐标的流速分量；再把波束坐标系的流速转换为验流仪局部坐标系的三维流速；最后利用同步观测的船上定位系统、罗经和姿态仪测量信息把局部坐标系的流速转换为地球坐标系的流速。

当 ADCP 发射换能器处于静止状态时，所测流速记为绝对流速，而在处于运动状态下，则获得载体与水流的相对速度，扣除载体速度，即获得水流的绝对速度。

目前，测流仪器种类繁多，依其原理可分为机械式、压力式、电磁式、声学海流计等。按数据读取方式，ADCP 可分为直读式和自容式两种；按其工作方式又可分为自容式 ADCP、直读式 ADCP 和船用式（走航式）ADCP 三种。按多普勒测流现有发射信号模糊函数，多普勒流速测量可分为非相干（也称窄带方式，用于层厚要求不高、作用距离远的测区）、相干（用于浅水高分辨的测流环境）和宽带（集合了前两者的优点，是二者的融合体）三种方式。

与传统流速仪相比，ADCP 数据采集方法在自然环境复杂、宽断面、大流量的数据采集作业中尤能显示其优越性，减轻了传统工作的劳动强度，增加了数据的安全性。

（三）海流数据分析计算

在海道测量中，海流数据的分析计算主要是根据海流观测序列将定常流与潮汐相分离，作为海道测量信息保障的重要内容。这种方法主要适用于定点测流效果，而走航式测流数据实现这种要求的分析则较为复杂，主要是海流测验专业人员正在研究和发展的内容。

根据观测获得的流速 V 和流向 θ（方位）可将流速矢量分解为北向流速分量 V_N 和东向流速分量 V_E，即

$$\begin{cases} V_N = V\cos\theta \\ V_E = V\sin\theta \end{cases} \qquad (5-103)$$

并将两个垂直方向的流速分量进一步分解为定常流和潮流的组合（准）调和形式：

$$\begin{cases} V_N = \bar{V}_N + \sum_{i=1}^{m} DU_{Ni}\cos(\sigma_i t + v_{0i} + d_i - \xi_i) + \Delta V_N \\ V_E = \bar{V}_E + \sum_{i=1}^{m} DU_{Ei}\cos(\sigma_i t + v_{0i} + d_i - \eta_i) + \Delta V_E \end{cases} \qquad (5-104)$$

式中：V_N 和 V_E 分别为经观测流速和流向转换的北向和东向流速分量；$\bar{V}_N$ 和 $\bar{V}_E$ 分别为北向和东向流速分量的平均值，即定常流速在两个垂直方向的分量；m 为分析所选取的分潮流数，且每一分潮流以下标 i 标记；每一分潮流的角速率与所对应的分潮相同，记为 σ；相应地，v_0 为平衡潮展开式对应于参考时刻的分潮相角，为区别流速符号，以小写表示；U_N，ξ 和 U_E，η 分别为对应下标的分潮流北、东分量调和常数；D 和 d 为考虑同族较大分潮流合并的变振幅和变迟角修正系数，由邻近验潮站潮汐调和常数的某种关系构成，此时，所表示的模型为准调和模型，当观测时段延长到验潮站短期观测的同等时段时，这两个系数可由交点因子和交点订正代替，演化为调和分析模型；ΔV_N 和 ΔV_E 分别为流的北、东分量误差，主要是难以模型化的风声流的贡献以及观测噪声的影响。

当观测时间长度达到所选分潮流的分辨条件（若不能满足条件，则需进一步引入假设约束，如一天观测情形），在将观测方程与潮汐分析一样做参数的线性化转换，根据观测序列，可通过最小二乘法或滤波方法估计或分离模型中的参数。

求得参数后，各分潮流参数（分潮流速和迟角以及定常流的流速、流向）同样根据余弦分量和正弦分量的平方和的平方根及反正切求得。

流向将沿海水的能量输运方向，且正常情况下，与海岸方向平行。关于潮流，存在往复流和旋转流之分，其取决于特定地理条件下的海洋动力学情况。不同水声层次的海流参数也存在差异。

二、海水温度测量

（一）海水采样

从海洋中不同深度处，采集海水样品的过程称为海水采样。海水采样主要目的是利用物理和化学的方法测定海水的温度、盐度、密度等海水物理参数。海水采样常需要使用特殊设计的仪器——采水瓶获取不同深度的海水样品。自从 1611 年 Hooke 发明第一个采水瓶以后，采水瓶的类型已出现数十种。其中，最为常用的是 19 世纪由南森（Nansen）发明且以其名字命名的采水瓶，如图 5-12 所示。

南森瓶能够很好地避免不同水层水样的混合以及防止海水的化学反应。其主要采用铜质结构，外层度铬，内层度银或锡。瓶的外壳上装有可装卸的支架，可安置两个水温计。这样，在海水采样的同时也可进行水温的测定。

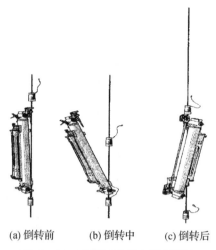

(a) 倒转前　　(b) 倒转中　　(c) 倒转后

图 5-12　南森瓶及采水规程倒转

在利用南森瓶进行海水采样时，一般将若干个采水瓶固定在钢缆上，采水瓶两两之间的间隔根据深度和需求设定。采水瓶随钢缆下放到预定的深度时（图 5-12），放下转动锤，打击瓶上端连接钢缆的解脱杆，使得南森瓶的上端脱离钢缆而自行反转。瓶的下端仍固定在钢缆上。反转时由一拉杆使得瓶的两端开口关闭，使得内部的海水密封保存在瓶内。转动锤继续下滑，再次击打瓶的另一端的解脱杆使之释放另一个转动锤，此转动锤下滑又击打第二个南森瓶，重复上述过程，使得钢缆上的南森瓶全部反转后，回收并对获得的样品逐一标记。

海水采样不仅用于水温测量，也用于下文的盐度和水密度测量。

（二）海洋水温及其分布

海水温度是海洋的基本物理要素之一，很多海洋现象乃至地球现象都与海水温度有关。地球获得的能量主要来自太阳，而海洋约占地球表面积的71%。海水的热容量大大超过陆地和空气的热容量，因此，海洋对整个地球的气候起着关键性的调节作用。地球每年从太阳吸收和释放的总热量总体保持平衡。

由于各海洋区域所处的地理位置不同，受到其他物理因素的影响各异，主要是在太阳总辐射和海流输运两个重要因子的作用下，海洋水温呈现明显的区域分布特征。海洋温度的基本分布规律是：随着纬度增高，温度逐渐下降；等温线大体呈带状分布；在寒暖流交汇处，等温线密集，温度梯度最大；由于海流的作用，在北半球大洋西部的等温线密集，而东部则稀疏。在中国海域，海水温度总体上呈现自北向南逐渐增高的趋势。

由于太阳辐射的影响以及海洋垂直环流的作用，水温的垂直分布也是比较复杂的。就大洋而言，从南纬45°到北纬45°的大洋海水的垂直结构大体上可分为两层，上层自表面至600~1000m，称为海洋中的对流层，这一层的最上部（0~100m），直接受到大气影响，对流旺盛，风和波浪的作用也较强烈，因此称为表面扰动层。在扰动层中，温度较均匀，垂直梯度小。在扰动层与其下层的海水之间，温度产生一个明显的跃变，出现一个相对活跃的亚对流层，然后随深度的增加水温迅速降低，垂直梯度加大。在低纬度和中纬度区域，随着水深的加大，通常又会存在另一个温度跃层。在对流层之下直至海底是海洋中的平流层，温度的水平和垂直差异均较小。在沿岸和近海，受多变的地理条件、气象、径流等多种因素的影响，水温的垂直分布情况要更为复杂。

在我国沿海，由于海区冬夏气候条件差异明显，海水的总体分布基本上具备冬夏两种类型。在冬季，整个海区受大陆气团控制，强劲的偏北风连续吹刮海面，使海水冷却，蒸发旺盛，涡动混合及对流强烈的混合作用，使得许多浅水海区自海面至海底温度较为均匀。在深水区域也可形成 75～150m 深的较均匀温度层，鉴于水深、纬度以及深入大陆的程度不同，水温的区域分布也有差异，大体上北部海区同性成层或均匀层出现早，持续时间长，而南部海区则出现晚，持续时间短。

冬季过后，随着太阳辐射增强，表层水温逐渐升高，同性成层或均匀层消失，开始出现微弱的水温垂直梯度，随着时间的推移，梯度不断增大，直至盛夏，出现强大的温度跃层，在温跃层之上，混合的结果形成一个薄的高温上均匀层，跃层之下，由于跃层的屏障作用，使得海水在很大程度上保留着冬天时的特性，温度较低。夏季过后，海面开始降温，海水密度有所增加，对流混合开始出现，使得上均匀层厚度加大，温跃层强度减弱并下沉，出现同性成层，并逐渐过渡到冬季类型。

海水温度对海洋测深也有很大影响，因声波的应用是探测海底几何形态的最基本手段，所以海水温度的分布、主要是垂直分布及其这种分布随时间的变化将直接影响声波的传播速度和路径。

（三）海水温度测量方法

测定海洋表层水温一般利用海水表面温度计等测温仪器，其构造与普通水银温度计基本相同，不过装在特制的圆筒内，并采用现场采样、记录方式。

深层水温的测定，主要采用常规的颠倒温度计（图 5-13）、深度温度计、自容式温盐深自记仪器（如 STD、CTD）、电子温深仪（Electronic Bathy Thermograph，EBT）、投弃式温深仪（Expendable Bathy Thermograph，XBT）等。可以直接从这些仪器上测得铅直断面上各个水层的海水温度。

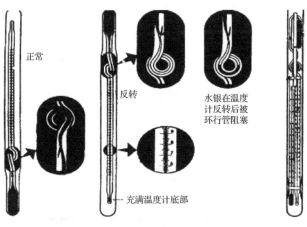

图 5-13 颠倒温度计

在海流观测部分已经说明，如利用安德拉 RCM 型海流计也可以直接根据热敏传感器进行不同深度探测点的温度测量。

温度的计量以国际温标为依据,国际符号为 T(热力学温度)或 t(摄氏温度℃);一般以摄氏温度表示。国际度量衡委员会在 1989 年 9 月采纳了 ITS - 90 温标,并决定自 1990 年 1 月 1 日起以 ITS - 90 温标取代 1968 年国际实用温标(ITS - 68)。ITS - 90 更接近于热力学温标,对 ITS - 90,水的三相点仍然规定 273.16K,保持不变,但在标准大气压下,水的沸点定义为 99.974℃。虽然新温标对海洋温度的测量影响很微弱,但对于盐度和海水的其他状态特性的计算产生影响。

有关海洋卫星上通常载有红外辐射计,可用于快速大范围测量海水表面水温,形成服务产品。

三、海水盐度测量

(一)盐度的定义

1. 海水盐度及分布特点

海水盐度是单位质量海水中所溶解盐类物质的总量。海水中的盐类主要是指氯合物,海水的化学元素主要包括氯、钠、镁、硫、钙、钾、溴、碳、锶、硼、硅、氟 12 种。这些元素的含量占海水化学元素的比例达 99.8% ~ 99.9%。溶解在海水中的元素绝大部分以离子形式存在,但各种化学元素的比例构成具有很强的守恒特性。氯合物盐类含量最高,约为 88.6%,其他以硫酸盐为主的盐类约占 10.8%。世界大洋平均盐度值为 35‰,通常也将千分比的分母简称为盐度,记为 S。

但根据 Marcet(1819)的海水组成恒定性原理,可以用海水中一种主要成分的含量来推算其他成分的含量。因此,1902 年将海水的盐度首次定义如下:在 1kg 海水中,所有碳酸盐转化为氧化物,溴、碘 - 氯置换,而且有机物全部氧化后所含所有固体物质的总克数。单位是 g/kg,符号 S‰,也就是说盐度是以千分比来表示的,又称绝对盐度。但绝对盐度不能直接测量,所以又定义了实用盐度。

海水固体溶解物中氯离子约占 55%,可用硝酸银滴定法准确地测定这种离子(氯)的含量,从而推算盐度(氯度),因此可以通过氯度的测量来实施盐度测定。单位是 g/kg,符号 Cl‰。

根据 1902 年国际海洋考察理事会下属专门委员会的研究,大洋盐度和氯度的经验关系式为

$$S‰ = 0.030 + 1.8050 \times Cl‰ \qquad (5 - 105)$$

盐度的时空变化取决于相关的环境因素与过程(降水、蒸发等),这些因素和过程在不同地理区域的表现特征也有所差别。在低纬度地区,降水、蒸发、洋流和海水的涡动以及混合是盐度变化的主导因素和过程,如降水量大于蒸发量时,海水冲淡,盐度降低,反之则相反变化。在高纬度地区,除受前述因素影响外,结冰和融冰也能影响盐度,特别是近岸海域,另一影响海水盐度的重要因素为入海河流的径流对海水的冲淡作用。盐度在世界大洋的总体分布规律是:自亚热带海域向高纬度海域递减,当然,在寒流与暖流交汇处水平变化梯度大。大洋中盐度比近岸高,近岸由于冲淡水、海冰等影响,盐度往往减小,且有大的变化范围。世界大洋绝大部分海域,盐度的范围在 33‰ ~ 37‰,海水含盐量最高的红海,盐度值可达 40‰以上,而在含盐量最低的波罗的海,盐度值在 3‰ ~ 10‰。当然,在陆地部分湖泊中,湖水也有一定的盐度。

2. 1969 年电导盐度定义和盐度测定方法

上述盐标所反映具有局限性，其依据的海水组成恒定性理论并不十分可靠，所以氯度滴定测定海水盐度的方法不准确，现场测量也不方便，不能满足现代海洋调查和测量的要求，因此，1966 年海洋学常用表和标准联合专家小组（JPOTS），基于海水的导电这一物理特性，又根据一些海洋工作者的测定与研究结果，在上述氯度定义的基础上，重新定义了海水的盐度，并于 1969 年开始正式使用此定义。

海水的电导率随海水温度、压力、盐度的改变而改变，在相同温度和压力下，相同离子组成的海水的电导率仅与盐度有关，据此，对盐度定义为 $1m^2$ 海水的电导，单位是西（门子）每米（S/m），计算公式为

$$S‰ = -0.08996 + 28.2972R_{15} + 12.80832R_{15}^2 - 10.67869R_{15}^3 + 5.98624R_{15}^4 - 1.32311R_{15}^5 \tag{5-106}$$

式中：R_{15} 为一个标准大气压（101325Pa）和 15℃恒温水的条件下，海水样品与盐度为 35.000 的标准海水的电导率比值，称为相对电导率或电导比，由此便可根据电导率的大小求出盐度值。

在重新定义盐度的同时，提出了盐度与氯度新关系为

$$S‰ = 1.80655Cl‰ \tag{5-107}$$

对于盐度为 35‰的海水，上述两种方法的计算值相同，而在 2‰~38‰，式（5-106）和式（5-107）所算得的盐度值相差小于 0.0026‰，一般已满足要求；但电导测盐方法提高了测定海水盐度的准确度，简化了操作程序，缩短了测量时间。

式（5-106）是在温度为 15℃的恒温水域下求得的，因此，如果海水的采样样品的相对电导率也是在 15℃时测定的，那么就可以直接来由它求盐度。如果海水的采样样品的电导率 R_t 是在任意温度 t℃下测定的，则需进行温度订正，订正公式为

$$\Delta_{15}(t) = R_{15} - R = 10^{-5}R_t(R_t-1)(t-15)[96.7 - 720R_t + 37.3R_t^2 - (0.63 + 0.21R_t^2)(t-15)] \tag{5-108}$$

以前曾根据上述公式，专门制作的 R_{15}——$S‰$ 对应表可供查取；现在利用计算机编程计算则相当方便。例如，温度为 24℃时实测的相对电导率为 0.86541，则经式（5-108）算得 $\Delta_{15}(24) = -58$，$R_{15} = 0.86483$，由公式计算的盐度为 $S=29.763$。

3. 1978 年实用盐度标度

电导测盐方法具有精度高，简便、快速和能进行现场测量等优点，它相比氯度滴定法测定海水盐度而言是一大进步，然而 1969 年的盐度定义也存在几个问题。

（1）缺乏严格的 35‰盐度标准。1969 年，电导盐度定义实际上是以哥本哈根标准海水的氯度盐度作为相对标准的，但是，实验研究已经表明哥本哈根的标准氯度盐度不能为电导盐度提供可靠的 35‰的盐度标准，其误差可能超过电导测盐仪器本身的误差。

（2）1969 年，电导盐度定义是利用世界各地区自然海水样品氯度与相对电导率资料求得的大洋海水盐度的一种平均关系，因此，按此定义只能确定具有大洋海水平均离子组成的海水样品电导盐度，当待测海水样品离子组成与大洋海水平均离子组成有明显差异时，根据此定义确定的电导盐度及其计算密度的结果将产生不能忽视的偏差。

(3) 1969 年,电导盐度定义的适应温度范围为 10~31℃,当测得的现场实际温度超出此范围时,计算的结果会产生偏差。

基于上述原因,经过国际海洋学表和标准联合专家小组及其所属电导小组的努力,提出了 1976 年实用盐度标度的定义。1978 年 9 月在法国巴黎召开的 JPOTS 第九次会议通过了如下有关推荐。

考虑新定义尽量与原定义一致以保持历史资料连续性,定义氯度 19.3740‰ 的国际标准海水(从北大西洋采样)为实用盐度的 35‰ 点。海水样品的实用盐度(符号为 S)是根据电导率比值 R_{15} 确定的,而 R_{15} 是氯度为 19.3740‰ 的国际标准海水,在温度为 15℃,压力为一个标准大气压下的电导率与用一高纯度的 KCl 试剂用重量法配置成一定浓度溶液在相同温度和压力下的电导率(C)的比值,或者说其固定电导比(R_{15})为 1,这种 KCl 溶液就作为实用盐度标度为 35.000(实用盐度规定省去‰符号)。

重新定义的实用盐度 R_{15},在 t 温度下测得海水电导比为 R_t 时的计算公式为

$$S = a_0 + a_1 R_t^{\frac{1}{2}} + a_2 R_t + a_3 R_t^{\frac{3}{2}} + a_4 R_t^2 + a_5 R_t^{\frac{5}{2}}$$
$$+ \frac{(t-15)}{1 + A(t-15)}(b_0 + b_1 R_t^{\frac{1}{2}} + b_2 R_t + b_3 R_t^{\frac{3}{2}} + b_4 R_t^2 + b_5 R_t^{\frac{5}{2}}) \quad (5-109)$$

式中:$a_0 = 0.0080$;$a_1 = -0.1692$;$a_2 = 25.3851$;$a_3 = 14.0941$;$a_4 = -7.0261$;$a_5 = 2.7081$;$\Sigma a_i = 35.0000$;$b_0 = 0.0080$;$b_1 = -0.1692$;$b_2 = 25.3851$;$b_3 = 14.0941$;$b_4 = -7.0261$;$b_5 = 2.7081$;$\Sigma b_i = 0.0000$;$A = 0.0162$;$R_t = C_{(s,t,0)}/C_{(35,t,0)}$;适用温度范围为 $-2 \sim 35$℃(1968 年国际温标)。

盐度最初定义的是绝对盐度,1978 年定义的为实用盐度,两者概念上有严格的区别。实用盐度完全是为了实际应用而提出来的,它摆脱了与氯度的关系,只存在盐度与电导率之间的关系,实现了电导率法测盐。

另外,相应的现场 CTD(温度、盐度、深度)测量资料求解 R_t 的有关公式可以参照海洋学的有关书籍进行换算。

(二) 盐度的测量方法

盐度的测量方法分为电导率测定法、光学测定法、比重测定法和声学测定法,其中电导率测定盐度法在盐度定义时已做说明,在此介绍其他三种方法。

1. 光学测定法

光学测定法是利用光的折射原理测定海水盐度。不同盐度和不同温度的海水折射率是不同的。1967 年,Rusby 发表的折射率差值和盐度关系式为

$$S = 35.000 + 5.3302 \times 10^3 \Delta n + 2.274 \times 10^5 \Delta n^2 + 3.9 \times 10^6 \Delta n^3$$
$$+ 10.59 \Delta n(t-20) + 2.5 \times 10^2 \Delta n^2 (t-20) \quad (5-110)$$

式中:S 为盐度;t 为温度(℃);$\Delta n = n_t - n_{35}$;光的波长 $\lambda = 5462.27$。

公式的使用范围:$\Delta n = -8.000 \times 10^{-4} \sim 7.000 \times 10^{-4}$;$S$ 为 30.9~38.8;t 为 17~30℃。

目前使用的仪器有通用的阿贝折射仪、多棱镜差式折射仪、现场折射仪等,虽然利用此种仪器可以测定盐度,但是精度折合成盐度最高也仅为 0.001(不能满足现代海洋资料精度要求),而且精度很难有所突破。

2. 比重测定法

比重测定法的理论依据是国际海水状态方程，当测得海水的密度、温度和深度时，就可以反算出海水盐度，其主要工具如比重计。虽然现场测定理论上可行，但现场测定其他参数的精度不高，所以现场测定的盐度精度也不高，一般仅在室内测定用此方法。当然在一些盐度精度要求不高的场合，可以采用此法进行盐度测定，如制盐场和渔业系统。

3. 声学测定法

声学测定法的理论依据是利用声速与海水盐度、温度和压力的关系；利用声速仪测得声速，并测出海水温度和深度来反算盐度，其精度也不高。常用的经验公式为

$$c = 1449.2 + 4.6t - 0.055t^2 + 0.00029t^3 + (1.34 - 0.010t)(S - 35) + 0.016D$$

(5-111)

式中：t 为温度（℃）；S 为盐度；D 为深度（m）；c 为海水声速（m/s）；公式的使用范围为 $0℃ \leq t \leq 35℃$；$0 \leq S \leq 45$；$0 \leq D \leq 1000$。

上述方法以电导率测定盐度法为主要测定方法，其他方法在有些场合（如精确度要求不高，或电导率测定盐度法不便使用等）可作为辅助方法。

近年来，我国一些从事海洋研究、调查和开发的单位引进和研制的主要现场盐度测量仪器有国产现场盐度计、美国 Plssey 公司的 9050 型多要素剖面仪（可测海水盐度、温度、深度、溶解氧、电导率等要素）、IO 公司的 513D（可测海水盐度、温度、深度、溶解氧、pH、浊度等要素）、布朗公司的 CTD 系统、日本鹤见精株式会社的 M-3 测量仪等，其中以布朗公司的 CTD 系统测量精度为最高。

四、海水密度测量

(一) 海水密度的定义

海水密度也是海水的基本物理要素之一。海洋学上定义海水的密度是指单位体积海水的质量，单位是 kg/m³，符号为 ρ。海水密度曾经定义为在 101325Pa（1 个大气压）下，温度是 4℃时，海水密度与蒸馏水密度之比，是相对密度；此时，蒸馏水密度为 1g/cm³，海水密度一般为 1.01~1.03g/cm³，然而在现代海洋学国际单位制中建议永远取消相对密度的概念，并建议采用第一种概念。海水的密度是海水温度、盐度和压力的函数，所以在物理海洋学中一般以 $\rho(S,t,P)$ 表示在盐度 S、温度 t 和压力 P 时的海水密度，又称现场密度（当场密度）。

(二) 海水密度的特点及其分布

一切影响温度和盐度的因子都会影响海水的密度。海水的密度随地理位置、海洋深度都有复杂的分布，并随时间而变化。海水的密度与温度和盐度也存在着必然的联系，盐度高则密度大，温度高则密度小。

密度随地理位置的变化主要表现在，由于太阳辐射和蒸发作用的影响，赤道地区密度低，向两极则逐渐增大，表层海水密度的水平分布受海流的影响较大，在有海流存在的地方，密度的水平差异总是比较大的。

在垂直方向上，密度向下递增，在海洋的上层，密度垂直梯度较大；约从 1500m 开始，密度的垂直梯度便很小；在深层，密度几乎不随深度而变化。

密度随时间的变化主要是表面海水密度的日变化，另外，还有年变化。如前所述，海水的密度与温度和盐度及压力有关。在海面，密度的分布和变化仅取决于温度和盐度。在盐度变化较小的海区，海水的密度主要取决于温度，在温度变化较小的海区，则主要取决于盐度的状况。在中国海近岸地区，特别是河口地区，海水的盐度变化较大，因而其密度分布和变化主要由盐度来支配，而在近岸和离河口较远的海区，则主要由温度来支配。中国近海表层海水密度分布的一般规律是：冬季普遍较高，夏季普遍降低，春秋季介于二者之间，而且随纬度增高而增大。

（三）海水密度测量方法

1. 海洋表层密度的测定

国际海洋协会曾提供下列方法：在一个大气压下，温度为0℃海水密度 σ_0 为盐度的函数，有

$$\sigma_0 = -0.093 + 0.8149S - 0.000482S^2 + 0.0000068S^2 \quad (5-112)$$

一般采用采样的方法，由密度的定义直接测定样品的质量和体积计算求得。

2. 海洋表层以下密度的测定

由于海水的密度是海水温度、盐度和压力的函数，将表层以下海水取至海面时，其因绝热膨胀而降低，压力减小，所以直接测定现场密度比较困难。在海洋学中，一般采用数值计算的方法求得不同深度的海水密度。

F. J. Millero 等于1980年提出了一个与1978年实用盐标相一致的海水状态方程，反映海水密度与温度、实用盐度和压强的关系，用于计算海水密度。

$$\rho(S,t,P) = \frac{\rho(S,t,0)}{1 - 10\dfrac{P}{K(S,t,P)}} \quad (5-113)$$

式中：$\rho(S,t,0)$ 为一个标准大气压（$P=0$）下的海水密度。

五、海水声速测量

在人们所知的各种水下辐射形式中，以声波在海水中的传播为最远。由于声波的这一特点，在海洋开发和军事方面，特别是在海洋探测方面，水声技术得以广泛应用。就目前海道测量而言，可以说，当前提高海洋测深精度问题实际上是解决声波在海洋中传输速度的精度确定问题。因此，海水声速不仅是反映海水介质的一个极为重要的海洋物理参数，更是海洋探测所需的主要参数。

关于声波的相关描述已在水深（海底地形）测量部分进行了阐述和说明，在此，仅简要介绍声速的测定方法。

1826年，瑞士物理学家Colladen和法国数学家Sturm在瑞士日内瓦湖首次开展水中声速测量，它们在一艘船上将一只高70cm，重65kg的教堂用钟悬吊于水下3m处，通过杠杆作用以一水下重锤敲击钟，在发出钟声的同时引爆炸药点燃烛光，在相距13487m外的另一艘船上，用开口约2000cm^{2}的薄壁声管听测水下钟声。听测员记录下自观察到烛光至用声管听到水下钟声的时间，根据已知的距离和测得的时间测定了声音传播速度，这就是根据声波传播时间和距离测定声传播速度的基本原理。经多次测量得到时间观测值的平均值为9.4s，于是得出这段距离上的平均声速为1435m/s。当时

湖水温度为8℃，若与淡水同一温度下近代声速标准相比，其测量精度高达2‰。但直到20世纪战争的需要，水下声纳的发明，声速测量才受到重视，人们开始对水中声速展开研究和测量。

经过研究，科学家认识到声在海水中的传播速度与海水的温度、盐度和压力（深度和密度的函数）有关，并总结出声速的经验公式。在海道测量中，通常可根据温度、盐度和深度的观测结果计算声速，这就是声测确定的间接测量方法。

目前，已有较多描述有关参数和海水声速关系的经验公式，如威尔逊声速经验公式：

$$c = 1449.22 + \Delta c_t + \Delta c_P + \Delta c_S + \Delta c_{StP} \quad (5-114)$$

式中：温度修正项 $\Delta c_t = 4.6233t - 5.4585 \times 10^{-2}t^2 + 2.822 \times 10^{-4}t^3$；压力修正项 $\Delta c_P = 0.160518P + 1.0279 \times 10^{-5}P^2 + 3.451 \times 10^{-9}P^3$；盐度修正项 $\Delta c_S = 1.391(S-35) - 7.8 \times 10^{-2}(S-35)^2$；综合修正项 $\Delta c_{StP} = -1.2 \times 10^{-2}(S-35)t - 2.391 \times 10^{-7}tP^2 + 1.3302 \times 10^{-5}t^2P$。

早期人们采用颠倒温度计采样测量不同深度上的海水温度，该设备虽然使用不方便，但性能颇为稳定，因此至今还在有的场所使用。从第二次世界大战到20世纪50年代，抛弃式温度深度计广泛用于海洋水温测量。温度深度计的工作深度一般为300m，测温精度约0.1℃，它可连续记录深度范围内水温的变化梯度。

综合式电子温度、盐度、深度自记测量装置问世以后，参数测量的自动化程度大大提高。近代温度、盐度、深度测量装置中，温度传感采用了铂或其他热敏电阻，盐度则基于感应式电导率测量，深度测量则以压敏传感元件来完成。其测温精度可达0.02℃，盐度测量精度达0.02‰，测深精度达$(0.25 \pm 1)\%D$。目前，采用的各种温度、盐度、深度测量装置，就其精度而言，基本满足声速计算的要求。由经验公式可见，若要求声速误差不超过0.5m/s，测温精度控制在0.1℃，已经足够。

目前，声速测量更多地采用直接法。凡通过测量声速在某一固定距离上传播的时间或相位，从而直接计算海水声速的方法均属于直接声速测量的范围。具体的声速测量仪所依据的原理有脉冲时间法、干涉法、相位法和脉冲循环法等。

脉冲时间法是原理上非常简单的一种声速测量方法，在海水介质中放设一组发射和接收换能器，在它们之间的距离 L 已知的情况下，测得声脉冲的传播时间 τ，即可求得的声速为

$$c = \frac{L}{\tau} \quad (5-115)$$

干涉法声速测量基于被测海水介质中连续干涉声波效应引起的驻波声场。在驻波声场中两个相邻波峰或波谷之间的距离即为一个声波波长。若声波频率 f 已知，则被测声速为

$$c = f \cdot \lambda \quad (5-116)$$

式中：λ 为波长。在发射换能器固定的情况下，移动接收换能器记下最大输出（波峰）时的距离即为波长或波长的整数倍，为了减少实际测量的误差，常常进行若干次测量后取平均。这种测量方法的误差在很大程度上取决于距离测量的精度。

相位法测量声速的原理示意图如图5-14所示。

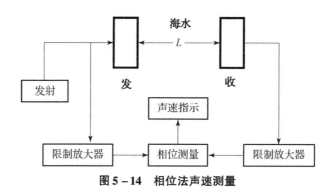

图 5-14 相位法声速测量

当发射换能器发射的声波,经过时间 τ 传播了距离 L 后被接收换能器收到,它们之间的相移为 $\Phi = 2\pi f \tau$,$\tau = L/c$,则

$$c = 2\pi f L \frac{1}{\Phi} \qquad (5-117)$$

当发射频率和收、发换能器之间距离 L 已知时,则利用式(5-117)可确定声速 c。

脉冲循环法声速测量仪是 20 世纪 50 年代中期发展起来的一种现场测量声速的仪器。这种仪器的特点是结构紧凑,使用方便,刻度线性,且直接提供声速输出,便于数字显示和记录,因此它是目前应用最广的一种声速测量仪。

脉冲循环法声速测量仪的工作原理:首先多谐振荡器产生一个触发脉冲,触发发射电路工作,并形成前沿陡峭的电脉冲去激励发射换能器,换能器受激励便在其自身固有谐振频率上产生声脉冲振荡。高频声脉冲由换能器向被测海水辐射出去,被相距 L 处的接收换能器收到,接收到的信号经放大整形后随即触发多谐振荡器,使其产生新的触发脉冲触发发射电路工作,与此同步地辐射出下一个声脉冲,这一声脉冲传播 L 距离后又被接收换能器接收,这一过程不断循环进行。循环脉冲的重复周期(其倒数即是循环频率)就是声脉冲传播距离 L 所历经的时间 T,即

$$T = \frac{L}{c}, \quad f = \frac{1}{T} \Rightarrow c = \frac{L}{T} \qquad (5-118)$$

船用声速测量仪分吊放式和消耗式两种。吊放测量时,测量船处于锚泊或漂泊状态。消耗式适用于航行时使用,因而有利于测量船机动。抛弃式声速测量探头投放到水下便自由下沉,深度剖面上测得的循环频率通过电缆传输到船上的接收记录设备。

第四节 本章小结

海洋潮汐水文观测是海道测量的一项重要内容,其中海洋潮汐信息为水深测量提供水位改正信息,并为构建海洋垂直基准提供数据基础,而海洋水文信息可以为水深测量提供声速改正信息。同时,海洋潮汐水文要素也是海图及航海图书资料中的重要信息。本章阐述了海洋潮汐的基本理论,重点介绍了水位观测与潮汐分析计算、海洋水文要素及海水声速测量的方法。通过本章的学习,学员可以了解海洋潮汐水文测量

的原理，熟悉海洋潮汐和水文要素测量的技术与方法。

复习思考题

1. 什么是海洋潮汐，海洋潮汐的类型有哪些？
2. 什么是引潮力？
3. 平衡潮理论的三个假设前提是什么？其推出的潮高与引潮力位的关系是什么？
4. 阐述潮汐动力学理论的基本原理。
5. 简述水位观测手段及其原理。
6. 简述水位归算的原理与方法。
7. 简述水流观测的原理与方法。
8. 简述海洋水温及其分布规律。
9. 什么是盐度？
10. 简述海水密度的特点与分布规律。
11. 简述海水声速测量方法与测量原理。

第六章
海洋测深技术

定位和测深是海道测量的主要工作。从定位方面看,尽管海道测量存在着明显的动态效应,但几乎大部分陆地定位的原理及方法都可以推广到海上定位。然而,在测深方面,与陆地的高程测量差别甚大。通常的光学及电磁波测高差原理,由于海水的特性,一般不能用于海洋测深,海洋测深主要采用水下声学原理。测深与定位比较而言,由于涉及的海洋界面较多,空间结构要复杂得多。其数据处理涉及的内容远比定位要多,并且从海洋界面测量模式来看,若把各种界面之间的差距也看作一种深度,那么,可以说,海道测量的主题就是测深。本章首先介绍了海洋测深的空间结构和水深测量的声学及光学原理,在此基础上,重点阐述了单波束测深技术、多波束测深技术和机载激光测深技术。

第一节 水深测量原理

水深测量的基本原理如图 6-1 所示。在测船上安装 GPS 定位设备,利用测深仪换能器向海底发射声波,记录声波的发射角 θ 和声波往返时间 $2t$,进而推算声波到达海底点的平面坐标 (x,y) 和水深 h。

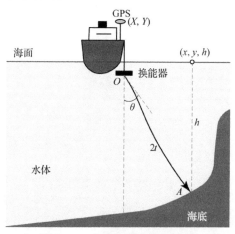

图 6-1 水深测量的基本原理

水深测量的基本原理比较简单,但由于海上测量环境的动态性、海水介质的非均匀性和海底的不可见性均导致水深测量的复杂性。首先,测量的水深 h 是海底到瞬时海面的距离,由于瞬时海面的时变性,它不能作为海底水深的起算面,要想连续地表示海底地貌的起伏,需将测量的水深归算到稳态的深度基准面上,这涉及海洋测深的空间结构。其次,声波在海水中传播,它的传播路径会发生变化、能量会衰减,这涉及海水声学特性信息。最后,声波到达海底后,它的穿透性和返回能量会发生变化,这涉及海底底质特性信息。本节重点介绍这些原理性知识,为水深测量体系的建立提供理论基础。

一、水深测量空间结构

测深仪测量的水深为瞬时海面至海底的深度(瞬时水深),由于瞬时海面的时变性,为了连续表示海底地貌的变化,需将其归算到稳态深度基准面上。目前,常用的稳态基准面有深度基准面、平均大潮高潮面、平均海面、大地水准面和参考椭球面。深度基准面和平均大潮高潮面是以平均海面为基准,按当地潮汐性质确定的一种特定深度基准面;大地水准面和参考椭球面都可以通过平均海面进行标定;因此,平均海面是各个基准面相互联系的桥梁与纽带。本节重点介绍以平均海面为基准的海洋测深空间结构,如果已知平均海面与其他基准面之间的关系,即可将测量的水深归算到任意基准面上。

参见图 6-2,以平均海面为基准的深度为

$$D(x,y) = h(x,y,t) - T(x,y,t) \quad (6-1)$$

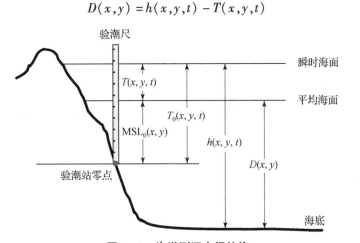

图 6-2 海洋测深空间结构

式中:x, y 为平面位置坐标;t 为时间参数;$D(x,y)$ 为从平均海面起算的深度值;$h(x,y,t)$ 为瞬时测深值;$T(x,y,t)$ 为瞬时水位高度值,即瞬时海面与平均海面的差距。$h(x,y,t)$ 通常由海上船只用水声学原理获取,为直接观测值。$T(x,y,t)$ 由验潮站的水位(潮位)观测来获得,通常验潮站给出的瞬时海面水位高度值以验潮站零点为基准,故需转化到以平均海面为基准:

$$T(x,y,t) = T_0(x,y,t) - MSL_0(x,y) \quad (6-2)$$

式中:$T_0(x,y,t)$ 为以验潮站零点为基准的水位观测值;$MSL_0(x,y)$ 为从验潮站零点起

算的平均海面高度值,即平均海面与验潮站零点的差值;$MSL_0(x,y)$通常由验潮站多年水位观测数据取平均获得,如果当地没有多年水位观测数据,需采用平均海面传递技术推算当地平均海面高。

二、水深测量水声学原理

声学方法是获取瞬时水深的主要技术手段。其基本原理是:换能器向海底发射声波,声波在海水中传播,到达海底后形成反向散射信号由接收换能器接收,记录声波的往返时间和声波发射的角度,推算海底作用点相对换能器的横向距离和垂向距离。基于此,声波的发射与接收、声纳系统参数、声波传播的能量转换过程和折射影响是海底水深测量的基本声学原理。

(一)声波的发射与接收

换能器是回声测深仪的一个主要部件,用于发射和接收声波脉冲。换能器的特性决定了回声测深仪的一些工作特征和性能指标。换能器实现电声能量转换,受空化现象(发射功率增大时引起发射换能器表面附近声场中的负压增大,当负压增大到一定值时,溶解和悬浮在海水中的极其微小的气体从海水中溢出形成气泡,气泡附着在换能器表面形成气泡层,这就是空化现象)限制,不能单纯地依靠增大发射声功率来提高声纳的探测距离。方向特性是换能器的重要性能指标。发射换能器具有方向特性,可以将声波能量集中在某个所需要的方向上,从而增加声波的有效作用距离;接收换能器具有方向特性,可以避免方向性角度范围以外的其他方向上的噪声进入接收机,即压制了其他方向上的噪声,提高了接收信噪比;另外,可以利用接收方向特性进行目标方向的定向。方向特性仅在远场条件下有效,仪器标称的最浅测量水深通常是指远场条件距离。换能器基阵方向性图中除主瓣外,还有一系列旁瓣。旁瓣是测深仪器工作的不利因素,需采取一定的技术手段对其抑制。

(二)声学参数

(1)频率。声波频率是回波测深仪的主要参数,它是影响仪器探测距离和沉积物穿透能力的主要因素。声波在水中的衰减与频率成正比,频率越高衰减越大,相应地,在水中的传播距离和穿透海底的能力越弱。波束宽度依赖于声波的波长和换能器的大小,对于同样的波束宽度,低频信号需要更大的换能器尺寸。

(2)带宽。带宽是指信号有功率的频率范围。对于大多数压电换能器,在接近它的谐振频率f_c时激发基元(或阵列),设f_1和f_2为半功率点对应的频率,带宽为这两个频率的差值(图6-3),也就是

$$W = f_2 - f_1 \tag{6-3}$$

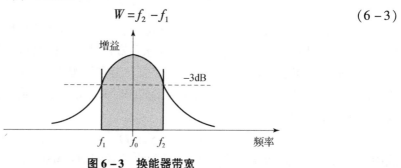

图6-3 换能器带宽

换能器的质量因子 Q 为

$$Q = \frac{f_c}{W} \quad (6-4)$$

从式（6-4）中可以看出，Q 和 W 为互逆变量。因此，为了使换能器的发射功率最优化，换能器的发射频率应接近谐振频率，因此要减小带宽。

在接收时，为了从其他信号中分辨有用的回波信号，必须定义接收频率的范围，换能器的接收带宽应满足

$$W \geqslant \frac{1}{\tau} \quad (6-5)$$

式中：τ 为脉冲长度。

（3）脉冲长度。脉冲长度决定了发射到水中的能量，同样的发射功率，脉冲长度越长，发射到水中的能量越高，回声测深仪的探测距离越远。为了利用换能器的混响频率，换能器脉冲长度应至少为声波周期的一半。脉冲长度越长，两个邻近目标的距离分辨率越低。

（三）声波在海水中的传播

声纳方程从能量角度较好地解释了声波在水下的传播过程，即

$$SN = SL - 2TL + BS - NL + DI_R \quad (6-6)$$

式中：SN 为信噪比，即信号与噪声的比值，回波信号级大于噪声级可检测信号；SL 为声源级，描述主动声纳发射声信号的强弱；2TL 为传播损失，定量描述了声波传播一定距离后声强度的衰减变化，与声波频率、介质特性和传播距离有关；BS 为海底反向散射强度，定量描述目标反向散射强度的大小，与海底特性和声波在海底的瞬时散射面积相关；NL 为噪声级，描述环境噪声强弱；DI_R 为接收指向性指数，用于抑制噪声。

（四）声波在海水中的折射

已知测区声速随深度的变化（声速剖面），发射角 θ 和声波往返时间 $2t$，如何追踪声波到达海底点的坐标 P 是海底地形声学测量的关键（图6-4）。这涉及声速剖面随时间和空间的变化及 P 点坐标的追踪算法。

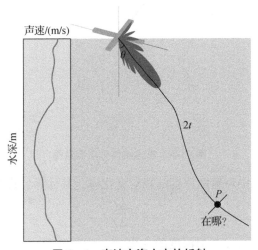

图6-4 声波在海水中的折射

声速剖面测量既可采用声速剖面仪直接测量，也可根据测量的海水温度、盐度和压力采用声速经验公式计算获取。对于单波束测深仪，由于声波垂直海底入射，可不考虑折射对声波传播路径的影响，采用声速剖面的平均声速计算深度测量值；对于多波束测深仪，声波的折射改正是主要问题，需要根据发射角 θ 和声波往返时间 $2t$ 建立严密的声线跟踪模型。

（1）声波的折射。由于海水声速结构并不均匀，需要根据积分理论将声速结构进行分层。相邻水层由于声速的不同，声波传播方向将在分层表面发生折射（图6-5），斯涅尔法则揭示了声波传播方向在不同介质表面的变化规律。

$$\frac{\sin\theta_i}{C_i} = \frac{\sin\theta_{i+1}}{C_{i+1}} = p \qquad (6-7)$$

式中：θ_i 为声波在不同介质表面（水层）的入射角；θ_{i+1} 为折射角；C_i 和 C_{i+1} 分别为不同介质内的声速；p 为斯涅尔常数。

入射角 $\theta \neq 0$ 时，波束在不同介质的界面处发生折射，若经历水柱中有 $N+1$ 个不同介质层，则产生 N 次折射，波束的实际传播路径为一个折线。斯涅尔法则不但解释了波束在水中的传播特性，还给定了求解声线轨迹的算法。

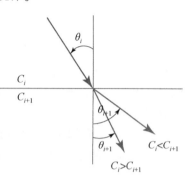

图6-5 折射原理

（2）海水声速结构的分层。海水的声速结构是一个复杂的结构，声速沿深度方向的分布并不均匀。在进行声线跟踪时，需要根据积分原理对声速结构进行分层。在对声线进行跟踪的过程中，对声速结构的分层主要依赖于声速剖面采样的分层间隔。在水层中，一种是以常声速分层，认为层间声速为常声速变化；另一种是以常梯度分层，认为层间声速为常梯度变化。常声速分层与常梯度分层比较如图6-6所示。

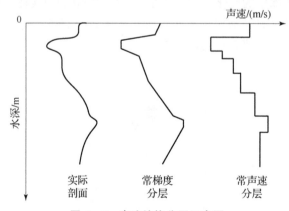

图6-6 声速结构分层示意图

声速梯度 g 是海水中声速随深度的相对变化率，其计算公式为

$$g = \frac{\Delta C}{\Delta Z} \qquad (6-8)$$

式中：ΔC 为声速的变化；ΔZ 为深度的变化。

（3）声线跟踪。依据声速剖面对声线进行跟踪的算法主要分为两类：一类是对声速剖面进行等效归算，使用一种较简单的声速剖面等效替代复杂的声速剖面，这类算法具有流程简单、计算快速的优点，但改正的精度不高，主要包括相对面积差法和等效声速剖面法；另一类是声线跟踪法，这类算法采用测量的声速剖面分层，逐层跟踪声线计算声线的位置，这类算法流程复杂，考虑情况多，但改正的精度高，主要包括常声速声线跟踪法和常梯度声线跟踪法。在上述声速效应的改正方法中，常梯度声线跟踪法是公认的最为精确的跟踪方法，也是目前多波束声速效应改正的主要方法。本节以常梯度声线跟踪法为例，来说明声线跟踪的过程。

常梯度声线跟踪法认为水层中的声速为常梯度变化，是建立在声速剖面采样基础上的声线跟踪方法，如图6-7所示。已知声速剖面、声波在水中的入射角为θ_0，声波的往返时间为$2t$，计算海底点Z相对于声波入射点的水平距离Δx和垂向距离Δz。其计算方法是：逐层计算声波在层内的传播时间t_i和水平位移Δx_i，当累加各水层的传播时间和声纳记录的时间t相等，即时间耗尽时，累加各水层的水平位移Δx_i和水层厚度Δz_i，得到水平距离Δx和垂向距离Δz。每水层声波传播时间和水平位移计算公式如下：

$$p = \frac{\sin\theta_0}{C_0} \quad (6-9)$$

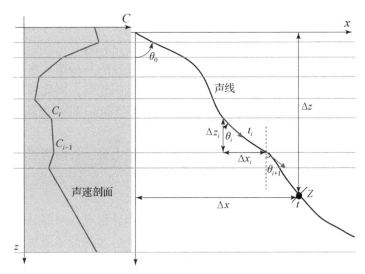

图6-7 声线跟踪示意图

$$R_i = -\frac{1}{pg_i} \quad (6-10)$$

$$g_i = \frac{C_{i+1} - C_i}{\Delta z_i} \quad (6-11)$$

$$t_i = \frac{R_i(\theta_i - \theta_{i+1})}{C_{Hi}} = \frac{\theta_{i+1} - \theta_i}{pg_i^2 \Delta z_i}\ln\left[\frac{C_{i+1}}{C_i}\right] \quad (6-12)$$

$$\Delta x_i = R_i(\cos\theta_{i+1} - \cos\theta_i) = \frac{\cos\theta_i - \cos\theta_{i+1}}{pg_i} \quad (6-13)$$

由式（6-9）~式（6-13），可得常梯度分层时间和水平位移计算公式为

$$t_i = \frac{a\sin[p(C_i + g_i\Delta z_i)] - a\sin[pC_i]}{pg_i^2 \Delta z_i} \ln\left[1 + \frac{g_i \Delta z_i}{C_i}\right] \qquad (6-14)$$

$$\Delta x_i = \frac{\sqrt{1-(pC_i)^2} - \sqrt{1-(p(C_i + g_i\Delta z_i))^2}}{pg_i} \qquad (6-15)$$

在垂直方向上分层时间计算公式为

$$t_i = \frac{1}{g_i} \ln \frac{C_{i+1}}{C_i} \qquad (6-16)$$

式中：p 为 Snell 常数；θ_0 为波束的发射角；C_0 为换能器表面声速；C_i 为第 i 层的初始声速；C_{i+1} 为第 i 层最终声速；Δz_i 为第 i 层的厚度；t_i 为声波在水层中的传播时间；Δx_i 为声波在第 i 层传播的水平位移；θ_i 为第 i 层的初始入射角；θ_{i+1} 为第 i 层最终的折射角；g_i 为第 i 层中的声速梯度；C_{Hi} 是第 i 层间的平均声速。

三、水深测量光学原理

(一) 海水的光吸收特性

海水光吸收表现为入射到海水中的部分光子能量转化为其他形式的能量，如热动能、化学势能等，所以海水的光吸收表现出的是衰减机制。可以把海水看作一种混浊的介质，海水的吸收特性与海水中所含物质的成分密切相关，即海水中所含成分的吸收特性决定着海水的吸收特性。

水分子是极化的，水分子在紫外和红外谱带上强烈的共振造成水对光谱中的这部分光表现出强烈的吸收。水分子在可见光谱产生的共振较弱，因此纯水在可见光范围的吸收要较紫外和红外小得多，而在可见光范围 450~580nm 的吸收最小，吸收系数在 $0.02 \sim 0.05 \mathrm{m}^{-1}$，在蓝绿波段吸收系数约为 $0.04\mathrm{m}^{-1}$。

与纯水相比，海水物质成分复杂，对光的吸收能力强。近海海水的吸收系数在蓝绿波段一般约为 $0.1\mathrm{m}^{-1}$，而大洋水约为 $0.06\mathrm{m}^{-1}$。

(二) 海水的光散射特性

海水对光的散射比较复杂，可以认为主要由两部分组成：一部分是由介质本身引起的，即水分子以及比光波波长小得多的无吸收粒子引起的分子散射，它可以用瑞利 (Rayleigh) 分布理论进行描述；另一部分是由大小接近入射光波长的悬浮粒子引起的，属于米氏 (Mie) 散射范畴。

(三) 海水中光传输的总衰减特性

光在海水中的衰减来自吸收和散射：两种不同的过程。吸收是一种光能转换成其他形式能量的过程，而散射是使光在传播中被发散而使传输方向的光能不断减少的过程。这两者共同作用的结果使光在传输过程中不断地减弱。对于大洋型海水，透射率的峰值位于 460nm 波长处，衰减系数约为 $0.05\mathrm{m}^{-1}$。随着浑浊度的增加，透射率的最大值向长波方向移动。这主要是由于海水中黄色物质等因素的选择性吸收的结果。近海海水的透射峰值波长位于 550nm 左右，衰减系数约为 $0.2\mathrm{m}^{-1}$。海水的衰减系数与水中的浮游生物浓度、水中的悬浮粒子、盐分及温度有关。因此，不同海域、不同气候特征，衰减系数值就有可能不同。

第二节 水深测量工序

水深测量是利用单波束、多波束和机载激光等测深技术,获取海底地貌或水深数据。不管采用哪种测量技术,数据获取的工序是一致的,主要包括海区技术设计、仪器安装校准、数据采集、数据处理和数据质量评估5个方面。

一、海区技术设计

海区技术设计贯穿于测量的全程,它是保证测量有计划、有目的地进行的重要内容。技术设计应满足定位精度、全覆盖测量、目标探测和测深精度要求,其作业流程一般分为准备工作、初步设计、实地勘察和编制技术设计书,如图6-8所示。

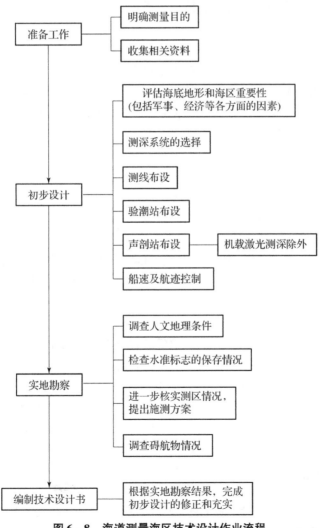

图6-8 海道测量海区技术设计作业流程

二、仪器安装校准

由于定位和测深系统相分离，实施测量前应安装校准传感器，明确各传感器的相互位置关系及测量精度，以保证测量结果真实可靠。传感器一般安装在船舶或飞机等测量载体上，对测量载体尺寸和动态参数的准确测定是获取高质量海底地形测量数据所必不可少的组成部分。

(一) 测量载体参数测定

要明确表达各传感器在测量载体上的安装位置与方位，需对测量载体测定或估计以下参数：

(1) 基准点。在测量载体上建立足够数量的基准点，位置精确，能维持载体坐标系。

(2) 参考点 (Reference Point)。测量载体上应设立一个参考点，并精确确定其位置。该点作为连接所有测量设备的载体坐标系的原点。推荐选取测量载体近似运动中心作为测量载体参考点。

(3) 传感器位置偏移量。在载体坐标系下，测量各传感器 (GPS 天线、姿态传感器、声纳换能器、激光发射器) 相对参考点的位置偏移量。

当测量载体为船舶时，还需测量换能器相对参考点的垂直距离和瞬时海面相对参考点的垂直距离，以期将换能器测量的水深转换为相对瞬时海面的瞬时水深。

(二) 仪器安装校准

(1) 定位和姿态传感器。海底地形测量一般采用差分 GPS (DGPS) 技术进行测量载体的定位。姿态传感器常用于测定测量载体参考点 (Reference Point, RP) 的横摇和纵摇以及测量载体的垂向运动。航向传感器或陀螺罗经一般用于测定测量载体的方位角。姿态和航向数据主要用于测深数据后处理。上述测量设备安装完成后，一般连续测量 24h，以检验设备的稳定性。

(2) 测深设备。在测前准备期间，应验证测深数据的测量精度以及测深系统是否处于正常工作状态。对于单波束测深仪而言，可直接利用测深绳 (比对板) 校准。对于多波束测深仪，应测定出换能器的安装偏差 (横摇、纵摇和艏摇) 及 GPS 定位与测深的延时偏差。

(3) 辅助设备。声速剖面仪和验潮仪等辅助设备应定期检查。若测量船配备了表层声速测量仪器 (一般安装在多波束换能器头上)，应在每天开始工作前将表层声速测量仪测量结果与声速剖面仪的表层测量结果进行一次比对。若两者的差异大于 1m/s，则应分析说明仪器是否需要进行维修或重新校准。在每个工作周内，每台声速剖面仪应至少进行一次全水深剖面的比较检查。该项比较检查一般采用两台声速剖面仪在同一地点同步分别测定一组声速剖面数据进行比较计算。

三、数据采集

海底地形测量时，应同时采集 GPS 定位数据、姿态传感器数据、罗经数据、测深数据、声速剖面数据和验潮数据。

单波束测量一般不采集姿态传感器和罗经数据，如果测船的横摇和纵摇小于波束宽度（3°~8°），则换能器姿态变化不会影响测深精度。但是，当测船横、纵摇角超过声纳的波束宽度时，为了保证数据质量，建议使用姿态传感器记录升沉数据用于测深数据的后处理改正。如果没有安装姿态传感器，单波束测深系统只能在升沉最小偏差的状态下使用，并且在数据后处理中应仔细检查是否存在升沉误差。如果能确定为升沉误差，可通过手动的方式剔除其对深度的影响。在没有使用升沉传感器且升沉超过 0.5m 的情况下，应停止采集测深数据。单波束测深应每周采集一次声速剖面。

多波束测量时应实时监控数据记录状况和设备的状态。同时，要求有较高的姿态测量精度和声速剖面密度。一般要求姿态传感器的角度（横摇、纵摇和艏摇）测量精度优于 0.05°。一般在测区最深的地方投放声速剖面仪采集声速数据，且每天至少采集三次（早、中、晚）声速剖面，在潮汐运动显著或淡水流入或流出较大的水域，一天应进行多次声速剖面测量。

四、数据处理

水深数据处理是指对各传感器的测量数据进行粗差检测剔除、时间配准、位置水深归算、数据融合，最终获取地理坐标框架下的水深数据。

五、数据质量评估

数据质量评估主要是利用已有的海图信息和其他可用的支撑数据对测量水深和图像数据进行检验，利用主、副测线交叉点不符值对测量数据精度进行评估。检验过程包括对测量范围内图载特征物的充分验证、碍航物的数据检查以及覆盖率是否满足规范要求等。如果测量深度比图载特征物的水深深，需要加密测量来验证图载水深是否正确。利用交叉点不符值进行测深数据精度估算的公式为

$$\sigma = \pm \sqrt{\frac{\sum_{i=1}^{M} \Delta_i}{2M}} \tag{6-17}$$

式中：Δ_i 为交叉点水深不符值；M 为交叉点个数。

第三节 单波束测深技术

一、单波束测深模式

单波束测深采用的是船载走航式线状测深模式（图 6-9）。在测船上安装 GPS 和单波束测深仪，随着测船前进，记录平面地理坐标和水深，生成水深测量图板（图 6-10）。

单波束测深模式原理简单，易于计算，由于测深仪波束宽度较宽，一般海况条件下都能保证有垂直向下的发射声波，因此测量中可不安装姿态传感器监测船只的姿态变化。单波束测深模式的问题在于只能获得测线上的水深数据，对于测线间的空白区只能通过内插测线上的水深数据来获取。

图6-9 单波束测深模式　　　　　图6-10 水深测量图板

二、单波束测深仪工作原理

单波束测深仪是一种应用回声测深原理测量水深的仪器。其工作原理如图6-11所示：换能器向海底发射一定波束宽度 θ（一般为 $5°\sim15°$）的短脉冲声波信号（脉冲宽度一般为 $10^{-4}\sim10^{-3}\mathrm{s}$），声波发射时间为 t_t，声波到达海底后发生反射和散射，换能器接收反射和散射回波，并记录回波的到达时间 t_r，如果已知声波沿传播路径上的每一点声速 $C(t)$，则确定深度的公式为

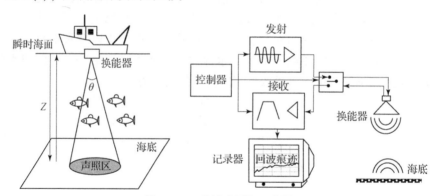

图6-11 单波束测深示意图

$$Z = \frac{1}{2}\int_{t_\mathrm{t}}^{t_\mathrm{r}} C(t)\,\mathrm{d}t \tag{6-18}$$

在实际作业中，由于不可能知道沿声波传播路径上每一点的声速 $C(t)$，通常用平均声速 C_m 来代替，即

$$Z = \frac{1}{2}C_\mathrm{m}(t_\mathrm{r}-t_\mathrm{t}) \tag{6-19}$$

在仪器设计时，取声速为一定值 C_0，称为仪器的设计声速，则由仪器上记录的深度值为

$$Z = \frac{1}{2}C_0(t_\mathrm{r}-t_\mathrm{t}) \tag{6-20}$$

式（6-19）和式（6-20）之间深度的差异值，称为声速改正。在实际作业中，采用实测声速或校对的方法加以改正。

三、单波束测深仪安装校准

(一) 单波束测深仪安装

由于航行引起的气泡和涡流,会严重地影响声波探测能力。因此,舷挂式换能器安装部位应选择在距船艏 1/3～2/5 船长处的舷侧;舷侧附近没有进、出水管和凸起物,船壳附近水流平缓,不受气泡、涡流影响的部位;因远离船艉避免螺旋桨的干扰。

换能器入水深度,在不超过船的吃水和连接杆长度的前提下,尽可能入水深一些,一般可在 0.6～1.2m 范围内选择。换能器导流罩圆的一端向船艏,尖的一端向船艉,导流罩的轴线应平行于船艏艉线。换能器辐射面法线与静止水面法线的夹角应控制在 ±1°以内。

安装换能器时,先将带插头的换能器电缆穿过安装连接圆管,并用螺钉将带导流罩的换能器与连接管紧密固连起来。根据换能器的入水深度,将连接管插入已在船舷固定的两个固定夹内并夹紧。用索具将连接圆管前后拉紧并绑在舷侧船沿上,如图 6-12 所示。

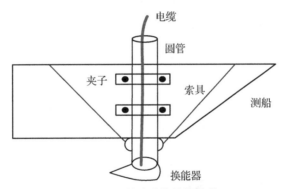

图 6-12 单波束换能器安装

(二) 单波束测深仪测深校准

(1) 测深校准。通常要进行回声测深仪校准,包括调整装备确保正确的深度测量。校准可以采用检查板,目的是设置声速参数以调整机械和电子组件,也可以使用声速剖面仪在后处理时改正测量的深度。在浅水中,为了得到水体中的平均声速,回声测深仪的校准可以采用检查板法操作。

该方法是利用测深绳悬挂金属水砣或检查板等,以不同的深度(如每隔 2m)置于换能器下方;记录测深仪测量的水深与测深绳实际水深的差值,将其作为测深数据后处理时的深度改正值或通过调整测深仪声速参数使其记录正确的深度(图 6-13)。该方法获取的深度改正值为不同深度的平均改正值,一般适用于 0～20m 的浅水海区。

(2) 定位与测深的延时校准。定位系统和测深仪时间不同步将产生系统性延时。表现在图上为测深值的移位。校正方法是:选择一条地形变化剧烈的测深线进行往返测量(图 6-14),测船速度相同,两次测量水深的偏移量为 Δ,则时间延迟 Δt 为

$$\Delta t = \Delta / 2v \qquad (6-21)$$

式中:v 为测量船校准时的航速。

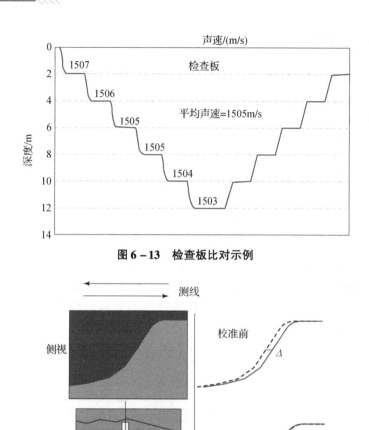

图6-13 检查板比对示例

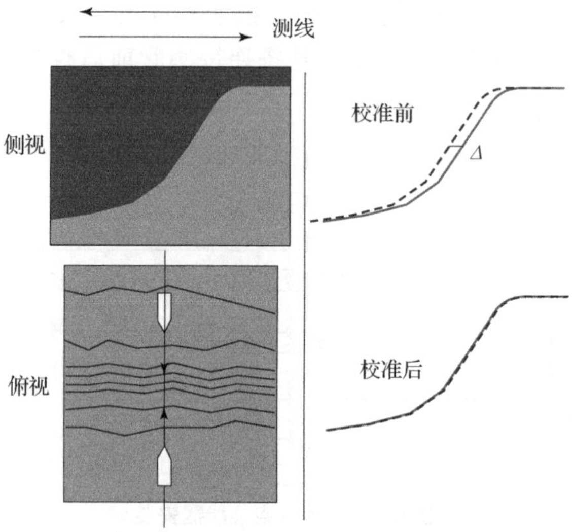

图6-14 定位与测深时间延迟校准

四、单波束测深值归算

如图6-15所示,图载水深为测船位置处的瞬时海面(滤除短周期波浪变化影响的海面)和水位改正的差值,用公式表示为

$$D(x,y) = h(x,y,t) - T(x,y,t) \tag{6-22}$$

单波束测量深度归算的目的就是确定 h 值,h 可以表示为测深仪测量水深、船舶吃水与船舶升沉的代数和。

$$h = h_S + h_D + h_H \tag{6-23}$$

影响测深仪测量水深精度的因素主要包括测深仪波束宽度、声速改正、测船姿态等;影响测船吃水变化的因素主要包括船舶上水和燃料的消耗、静态吃水、船体下沉、船艉下坐或船艏上抬等;船舶的升沉改正除了随船垂向的平移升沉,还包括船舶受风、浪、流等因素产生的旋转升沉。

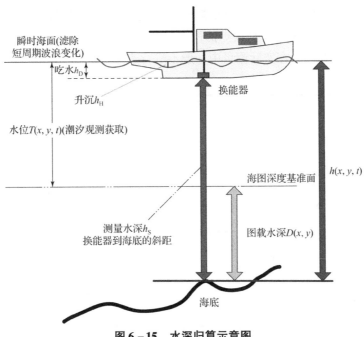

图 6-15 水深归算示意图

五、单波束测深误差源和质量控制技术

(一) 海底倾角对单波束测深的影响

图 6-16 考虑不同的海底倾角对深度测量的影响,Z_m 为测深仪测量的水深,Z_N 为实际水深,θ 为波束宽度,α 为海底倾角,如果已知海底倾角,Z 和 X 分别为单波束测量的海底点的实际水深和位置沿海底倾角方向的偏移量。若不进行该项改正,则水深测量误差为

$$\mathrm{d}z = \begin{cases} Z_m(\sec(\alpha) - 1), \alpha < \dfrac{\theta}{2} \\ Z_m\left(\sec\left(\dfrac{\theta}{2}\right) - 1\right), \alpha > \dfrac{\theta}{2} \end{cases} \tag{6-24}$$

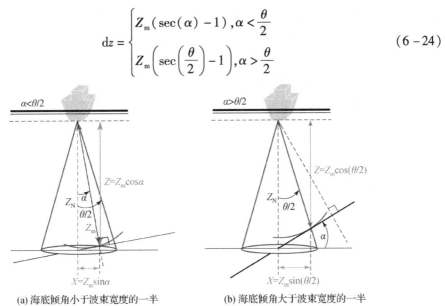

(a) 海底倾角小于波束宽度的一半   (b) 海底倾角大于波束宽度的一半

图 6-16 波束宽度和海底倾角对水深测量和定位的影响

波束宽度 θ 和海底倾角 α 对测深的影响使测量的水深变浅（图 6-17），因此该项误差并不影响航海图水深测量对浅点的探测要求；同时，该项误差量级较小，海底倾角只能近似获取等原因，在实际测量中一般不进行改正。

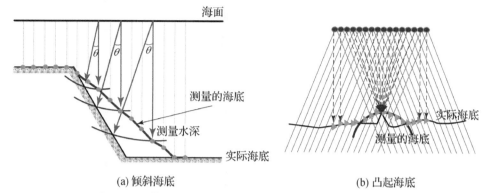

图 6-17　波束宽度和海底倾角引起的海底地形测量失真

（二）声速误差

声速变化很难监控，对于单波束水深测量，声速引起的测深偏差 dz_C 与平均声速偏差 dC 成正比，即

$$dz_C = \frac{1}{2} \cdot t \cdot dC = z \cdot \frac{dC}{C} \tag{6-25}$$

声速误差由三部分构成：①声速的测量误差；②声速的时间变化；③声速的空间变化。

根据误差传播率，声速引起的测深误差的方差为

$$\sigma_{zC}^2 = \left(\frac{z}{C}\right)^2 (\sigma_{Cm}^2 + \sigma_C^2) \tag{6-26}$$

式中：σ_{Cm}^2 为声速测量误差；σ_C^2 为时空变化引起的声速误差。

声速的时空变化误差是水深测量的主要误差，因此，在测量时，应布设一定数量的声剖站位以满足水深测量的精度要求。

（三）横摇、纵摇引起的测量误差

当横摇和纵摇角大于单波束波束宽度一半时将对测量结果产生影响，图 6-18 描述了由于横摇角 ω_R 对深度测量和定位的结果的影响，纵摇角影响结果与横摇类似。

宽波束回声测深仪通常不受横纵摇角的影响，当波束宽度较窄时，测量深度的横摇改正公式如下：

$$dz_{roll} = \begin{cases} Z_m\left(1 - \cos\left(\omega_R - \frac{\theta}{2}\right)\right), & \omega_R > \frac{\theta}{2} \\ 0, & \omega_R < \frac{\theta}{2} \end{cases} \tag{6-27}$$

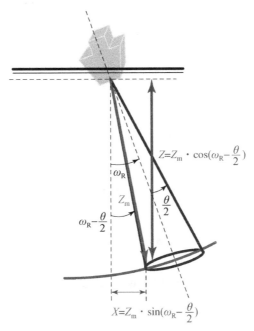

图 6-18 波束宽度和横摇角对水深测量和定位的影响

(四) 吃水改正

换能器吃水是指测量船航行时换能器至瞬时海面的距离，通常由静态吃水、船体下沉、船尾下坐或船艏上抬组成。用公式表示为

$$h_D = h_J + \Delta h \tag{6-28}$$

式中：h_D 为换能器动态吃水；h_J 为换能器静态吃水；Δh 为换能器动（航行）、静（抛锚）态吃水差。

静态吃水在船舶抛锚时直接量取，GB 12327—1998《海道测量规范》给出了 Δh 的精确测定方法。

(五) 升沉的影响

由于测船在海上受风、浪、流等因素的摇摆作用，测深仪换能器中心的升沉（以下简称为总升沉）包含了随船垂向的平移升沉和旋转升沉两部分。

$$h_H = h_M + h_I \tag{6-29}$$

式中：h_H 为换能器总升沉；h_M 为平移升沉，由姿态传感器直接测量获得；h_I 为诱导升沉（图 6-19），需根据姿态角和杠杆臂等因素相应计算得到。

诱导升沉为有横纵摇情况下换能器相对于姿态传感器的动态垂向高差与无横纵摇情况下换能器相对姿态传感器垂向高差的差异，相当于换能器在当地水平坐标系和测船坐标系中的垂向高差，用公式表示为

$$h_I = (\Delta z)_{LLS} - (\Delta z)_{VFS} = -\Delta x \sin\omega_P + \Delta y \cos\omega_P \sin\omega_R + \Delta z(\cos\omega_P \cos\omega_R - 1) \tag{6-30}$$

式中：ω_R 和 ω_P 分别为横、纵摇角；$(\Delta x, \Delta y, \Delta z)$ 为在测船坐标系下换能器相对姿态传感器的偏移量，可以通过直接测量获取。

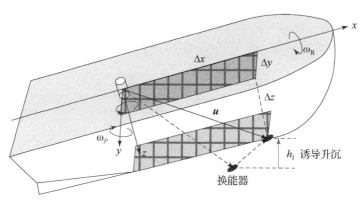

图 6-19 诱导升沉

因此,由于升沉引起的深度测量误差为

$$dh = dh_M + dh_I \tag{6-31}$$

式中:dh_M 为姿态传感器测量升沉误差;dh_I 为诱导升沉确定误差。诱导升沉的测量误差依赖于换能器相对于姿态传感器的偏移量测量精度和姿态传感器测量的横、纵摇角精度。

(六) 滤波处理

如果没有测量船只的升沉信息,需采用人工或自动滤波方式滤除升沉影响(图 6-20)。一般情况下,取测深记录线波峰与波谷的中值线。

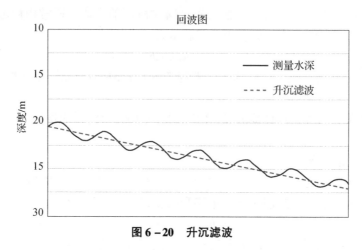

图 6-20 升沉滤波

第四节 多波束测深技术

一、多波束测深模式

多波束为面状全覆盖测深模式。在一次发射和接收过程中(1ping),能给出与航向垂直的垂面内几十个甚至上百个海底被测点的水深值,随着测船的前进,形成测量条带(图 6-21)。

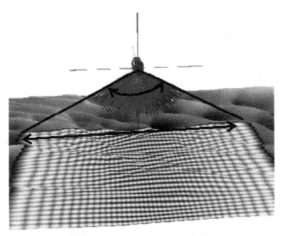

图 6 –21 多波束测量模式

为了更好理解多波束全覆盖测深模式,这里给出常用于描述海底覆盖的基本单元:波束脚印(Footprint)、波束扇区(Ping Coverage)和条带覆盖宽度(Wwath Coverage)。

（一）波束脚印

波束脚印是多波束海底表面声学覆盖的最小单元。在海洋水深测量中,声纳信号在水中的发射和传播一般是按波束来进行描述的,即声纳信号从换能器发射装置发出后,在海水中逐渐扩散形成类似手电筒光束的波束,就是我们常说的测深波束(Beam)。波束向下传播,到达海底后,与海底表面相交区域称为该波束的波束脚印。从换能器到波束脚印的整个声纳信号传播区域称为该波束的声照区(Sonarified Area),在声照区内,声纳信号接触海底某点后返回形成回波(即海底声照射区回波)。换能器接收装置收到该回波即确认测量了该波束脚印内的深度。这种"以点代面"的测量方式决定了波束脚印是海底表面的最小覆盖单元。

脚印形状与条带测深仪换能器的发射接收装置模式和海底地形有关,等角度发射接收模式获得的脚印是中央波束向边缘波束加大,而等面积发射接收装置,中央波束脚印与边缘波束相近或相同。

波束脚印的大小主要与发射波束的宽度、姿态和海水深度有关。同一深度下,波束宽度越宽,波束脚印越大;同样波束宽度下,竖直向下的波束脚印越小,倾斜发射的波束脚印越大;海水深度越大,波束脚印越大。

（二）波束扇区

在条带测深中,因条带测深仪的发射装置向海底发射一个广角扇区信号(即发射波束,用 ping 表示),信号经海底发射后由接收装置分割多个前后相连的接收波束,由于 1ping 内各个波束前后相连,按线状排列,形成了整个发射波束覆盖,如图 6 –22 所示。

(a) RESON 9001(60波束1.5°×1.5°)　　(b) RESON 9001 (60波束10°×1.5°)

图 6 –22 扇区覆盖示意图

扇区的广角和厚度决定了扇区覆盖范围的大小,扇区的厚度和接收波束的分割数量决定了波束脚印的大小。图 6-22 表明,RESON 9001 的波束脚印是相对发射装置的中心角为 $10° \times 1.5°$ 的四边形。

(三) 条带覆盖宽度

将广角发射波束的回波分割成线状排列的多个波束,得到了扇区全覆盖。但为了保证航迹方向上的分辨率,必须控制扇区厚度。因此,需要边航行边发射广角波束,获得前后相连的多个扇区来覆盖航迹下能覆盖到的区域,即在条带内保证前后扇区相连,形成条带覆盖,如图 6-23 所示。

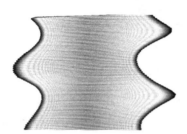
Simrad EM3000 的条带覆盖

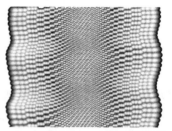
ELAC BottomChart Mk II 的条带覆盖

图 6-23 条带覆盖示意图

实际测量过程中,由于动态的海面环境影响,很难保证船体完全平稳,但通过充分的技术设计和严格的测量程序是可以保证的。事实上,在测量过程中,通过姿态传感器的姿态补偿,大部分姿态对测深的影响基本上都消除了。测量是在一定分辨率条件下对海底的采样,因此,在测量过程中船速和发射波束采样率必须保证在探测航行障碍物的系统分辨率要求内拥有足够的采样。

一般而言,全覆盖测量要求条带之间不遗留缝隙。而实际作业过程中,顾及边缘波束精度和检核数据质量等情况,还要求条带之间具有一定重叠区域,如图 6-24 所示,以方便在后续处理中进行条带拼接和质量评估。而且,由于边缘波束的波束宽度远大于中央波束,对于海底目标的探测分辨率是完全不同的,在各测线拼接时应考虑中央与边缘分辨率的不同。

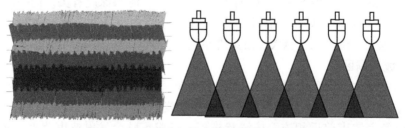

图 6-24 条带之间的全覆盖俯视图和后视图

二、多波束测深仪工作原理

多波束系统采用发射、接收指向性正交的两组换能器阵获取一系列垂直航向分布的窄波束(Mills Cross 原理),如图 6-25 所示。发射阵平行船纵向(龙骨)排列,并以一定频率向海底发射沿船纵向开角窄(θ_T)而横向开角宽(θ_W)的扇形脉冲声波,在海底形成发射声照区。接收阵平行船横向（垂直龙骨）排列，采用一定的束控技术，形成 N 个沿船横向开角窄（θ_R）而纵向开角宽（θ_L）的接收波束，接收发射声照区内的反射和散射信号。接收指向性和发射指向性叠加后，形成 N 个波束宽度为 $\theta_T \times \theta_R$ 的窄波束。

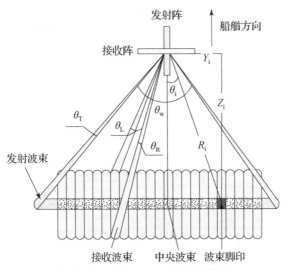

图 6 – 25 Mills Cross 原理示意图

多波束记录每一个波束的入射角 θ_i 和波束的往返时间 t_i，测量的距离为 R_i，若声速为常值 C，则该波束测量的水深值 Z_i 和波束相对于换能器中心的横向距离 Y_i 分别为

$$\begin{cases} Y_i = R_i \sin\theta_i = \dfrac{1}{2} C t_i \sin\theta_i \\ Z_i = R_i \cos\theta_i = \dfrac{1}{2} C t_i \cos\theta_i \end{cases} \quad (6-32)$$

多波束每完成一次发射接收过程，就会获取沿航迹正横方向一系列水深值，随着测船前进，获取条带连续的水深测量值，实现海底的全覆盖。

三、多波束测深仪安装校准

多波束测深仪换能器安装时，换能器安装的方向可能与测船方向不一致，导致姿态传感器测量的船舶姿态参数与换能器的姿态不一致，两者不一致的差值称为换能器安装偏差，按照姿态测量参数的定义，分别为横摇、纵摇和艏摇偏差；另外，多波束测深仪与定位仪之间存在时间延迟。换能器安装偏差和时间延迟不能直接获取，需要设计多波束测量海上试验获取，具体的校准方法如下：

（一）定位时间延迟

定位时间延迟（Positioning Time Delay）是指深度测量和定位间的时间偏移量。要确定时间延迟，首先选择倾斜的海底区域，测船以不同的船速通过倾斜海底上方，海底坡度越大，参数获取的分辨率越高。海底倾角应是连续的且有足够的长度保证有足够的采样。图 6 – 26 显示了时间延迟校准，图 6 – 26（a）为俯视图，图 6 – 26（b）为与实际海底分离的两个测深剖面的纵向断面。

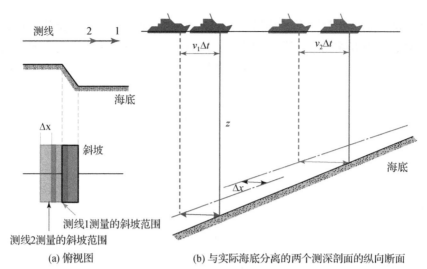

(a) 俯视图　　　　(b) 与实际海底分离的两个测深剖面的纵向断面

图 6−26　时间延迟校准

通过测量由于不同船速引起的测深值沿坡度方向的纵向偏移量来获取时间延迟值。为了避免纵摇偏移的影响，测线的方向需一致。

时间延迟 Δt 的计算公式为

$$\Delta t = \frac{\Delta x}{v_2 - v_1} \tag{6-33}$$

式中：Δx 为两个测深剖面在中央波束附近分离的水平距离；v_1 和 v_2 分别为测线 1 和 2 对应的船速。

（二）纵摇校准

换能器纵向安装角度存在偏差也会引起测点位置沿航迹发生前后方向的位移。为评估纵摇偏差，用方向相反、相同速度测量的两条测线数据，如果在水深 z 处，两次测量的斜坡地形特征沿航迹方向偏移量是 Δx，则纵摇 $\Delta\theta_p$ 为（图 6−27）

$$\Delta\theta_p = \arctan\left(\frac{\Delta x}{2z}\right) \tag{6-34}$$

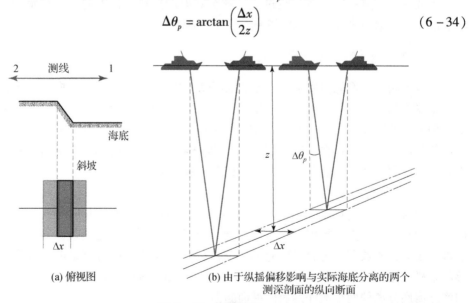

(a) 俯视图　　　　(b) 由于纵摇偏移影响与实际海底分离的两个测深剖面的纵向断面

图 6−27　纵摇校准

图 6-27 (a) 为俯视图, 图 6-27 (b) 为由于纵摇偏移影响与实际海底分离的两个测深剖面的纵向断面。

(三) 艏摇校准

艏摇偏差的存在将会造成测点位置以中央波束为原点的旋转位移, 中心波束位移为零, 边缘波束位移最大。根据这一特点, 在校准目标的选择上, 最好选择线性目标如管道线或线性陡坎等。如果测区没有线性目标, 也可以选择一个海底孤立目标, 以孤立目标为中心布设两条平行测线, 线间距约为最大覆盖宽度的 2/3, 然后同向匀速测量。如图 6-28 所示, 两次测量孤立目标测线方向上的水平位移差为 Δx, 两测线间距为 ΔL, 则换能器安装艏摇偏差 $\Delta \alpha$ 为

$$\Delta \alpha = \arctan\left(\frac{\Delta x}{\Delta L}\right) \tag{6-35}$$

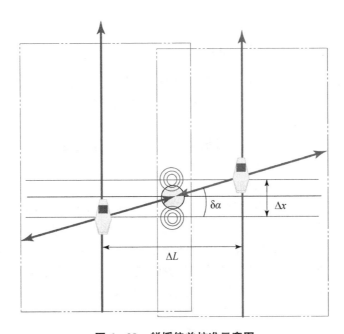

图 6-28 艏摇偏差校准示意图

为了避免时间延迟和纵摇偏差对艏摇校准的影响, 艏摇校准需在时间延迟和纵摇偏差校准改正后进行。

(四) 横摇校准

横摇校准是针对多波束测深系统的换能器在安装过程中可能存在的横向角度误差而采取的一种校正方法。首先要选择一块海底地形较为平坦的海域, 测船同速、反向经过同一测线 (图 6-29)。如果多波束边缘波束测量的深度误差为 Δz, 边缘波束与中央波束的水平距离为 Δy, 则横摇偏差 $\Delta \theta_R$ 为

$$\Delta \theta_R = \arctan\left(\frac{\Delta z}{2\Delta y}\right) \tag{6-36}$$

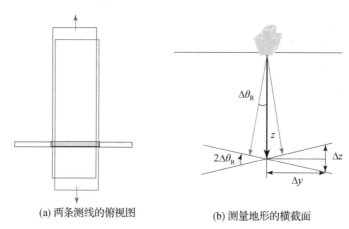

(a) 两条测线的俯视图　　(b) 测量地形的横截面

图 6-29　横摇偏差校准示意图

四、多波束测深位置和水深归算

多波束测深位置和水深归算是多波束水深测量数据处理的核心内容，即综合利用姿态传感器测量的姿态数据、GPS 测量数据、多波束测深校准数据、声速剖面数据和各传感器（姿态传感器、换能器、GPS）在测船坐标系下相互关系数据，计算波束脚印在地理坐标系下的平面坐标和瞬时水深。为了研究问题方便，首先引入测船坐标系、当地水平坐标系和测深中心坐标系。

(一) 坐标系建立与参数说明

(1) 坐标系建立。多波束测深点位置归算涉及很多参数，包括测船姿态、换能器安装校准参数、定位和航向数据等。为了正确描述这些参数及相互关系，首先引入测船坐标系、当地水平坐标系和测深中心坐标系。测船坐标系的原点 o 为测船的参考点（一般选择测船的质心），x 轴平行于测量船龙骨线方向，指向船艏为正，y 轴指向右舷为正，z 轴垂直于 oxy 平面并构成右手坐标系。当地水平坐标系原点 O 与测船坐标系一致，X 轴指北，Y 轴指东，Z 轴垂直于 OXY 平面并构成右手正交坐标系（图 6-30）。测深中心坐标系原点 o' 为接收换能器几何中心，x' 轴为发射换能器中心线，指向船艏方向为正，y' 轴为接收换能器中心线，指向右舷方向为正，z' 轴和换能器平面垂直且与 x' 轴和 y' 轴构成右手正交坐标系。

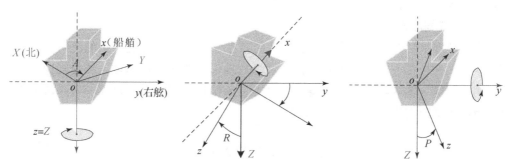

图 6-30　测船坐标系、当地水平坐标系及其姿态变化示意图

(2) 参数说明。多波束测量时，需在测船坐标系下量取各传感器相对于参考点的相对位置，GPS 天线和换能器在测船坐标系下的坐标分别为 (x_G, y_G, z_G) 和 (x_S, y_S, z_S)。测船姿态角是指测船坐标系相对当地水平坐标系的旋转角，如图 6–31 所示，船体的航向角 A 是指船舶绕 z 轴的旋转，它是瞬时船艏与坐标北方向的夹角，由船上罗经测量获取；横摇角 R 为船舶绕 x 轴的旋转，右舷向下时为正，纵摇角 P 是指船舶绕 y 轴的旋转，船艏上仰时为正；升沉 h_m 为姿态传感器处船舶在 Z 轴上的垂直运动，以上数据由姿态传感器测量提供。换能器安装的横摇偏差、纵摇偏差和艏摇偏差是指测深中心坐标系相对测船坐标系的旋转角，分别用 α、β 和 γ 表示，角度方向与测船坐标系相对于当地水平坐标系的旋转定义一致。多波束测深仪记录任意波束的发射角 θ_s 和声波的往返传播时间为 $2t$，θ_s 是指发射波束在 $o'y'z'$ 平面内与 z' 轴的夹角（图 6–31）；由于海水密度的非均匀性，声波在水下传播时还会产生折射，为了跟踪声波的传播路径，还需测量声速剖面数据 $C(Z)$（参见声线跟踪部分）。

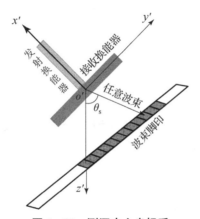

图 6–31　测深中心坐标系

(二) 平面位置归算

海底测深点平面位置归算可分解为两部分：一部分是测深中心相对 GPS 天线在当地水平坐标系下的偏移量 $(\Delta X_S, \Delta Y_S, \Delta Z_S)$，另一部分是海底测深点相对测深中心在当地水平坐标系下的偏移量 $(\Delta X_T, \Delta Y_T, \Delta Z_T)$。

(1) 测深中心在当地水平坐标系下的坐标。测深中心相对参考点在当地水平坐标系下的偏移量主要由测船姿态、定位和测深的时间延迟引起，根据相关研究成果并结合本书参数定义，直接给出转换模型。

$$\begin{bmatrix} \Delta X_S \\ \Delta Y_S \\ \Delta Z_S \end{bmatrix} = \begin{bmatrix} \cos A & -\sin A & 0 \\ \sin A & \cos A & 0 \\ 0 & 0 & 1 \end{bmatrix} \begin{bmatrix} \cos P & 0 & \sin P \\ 0 & 1 & 0 \\ \sin P & 0 & \cos P \end{bmatrix} \begin{bmatrix} 1 & 0 & 0 \\ 0 & \cos R & -\sin R \\ 0 & \sin R & \cos R \end{bmatrix} \begin{bmatrix} (x_s + v \cdot \Delta t) - x_G \\ y_s - y_G \\ z_s - z_G \end{bmatrix}$$

(6–37)

(2) 海底测深点相对测深中心在当地水平坐标系下的偏移量。如图 6–32 所示，多波束测深仪记录的波束发射角为 θ_s，即测深中心坐标系下波束与 z' 轴的夹角，该波束采用向量的形式表示为 $(0, \sin\theta_s, \cos\theta_s)$，测深中心坐标系相对当地水平坐标系绕 x'、y' 和 z' 轴的旋转角分别为 $\alpha + R$、$\beta + P$ 和 $A + \gamma$。注意，这里的旋转角为测船旋转角和换

能器安装偏差角的和。按坐标旋转，在当地水平坐标系下的波束向量为

$$\begin{bmatrix} a \\ b \\ c \end{bmatrix} = \begin{bmatrix} \cos(A+\gamma) & -\sin(A+\gamma) & 0 \\ \sin(A+\gamma) & \cos(A+\gamma) & 0 \\ 0 & 0 & 1 \end{bmatrix} \begin{bmatrix} \cos(\beta+P) & 0 & \sin(\beta+P) \\ 0 & 1 & 0 \\ \sin(\beta+P) & 0 & \cos(\beta+P) \end{bmatrix}$$

$$\begin{bmatrix} 1 & 0 & 0 \\ 0 & \cos(\alpha+R) & -\sin(\alpha+R) \\ 0 & \sin(\alpha+R) & \cos(\alpha+R) \end{bmatrix} \begin{bmatrix} 0 \\ \sin\theta_s \\ \cos\theta_s \end{bmatrix} \tag{6-38}$$

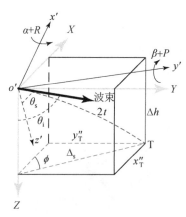

图 6-32　测深点位置归算示意图

$$\begin{bmatrix} a \\ b \\ c \end{bmatrix} = \begin{bmatrix} \cos(A+\gamma) & -\sin(A+\gamma) & 0 \\ \sin(A+\gamma) & \cos(A+\gamma) & 0 \\ 0 & 0 & 1 \end{bmatrix}$$

$$\begin{bmatrix} \sin(\beta+P)\sin(\alpha+R)\sin\theta_s + \sin(\beta+P)\cos(\alpha+R)\cos\theta_s \\ \cos(\alpha+R)\sin\theta_s - \sin(\alpha+R)\cos\theta_s \\ \sin(\alpha+R)\cos(\beta+P)\sin\theta_s + \cos(\alpha+R)\cos(\beta+P)\cos\theta_s \end{bmatrix} \tag{6-39}$$

波束相对于 Z 轴的夹角 θ_i 为

$$\theta_i = \arccos(c) \tag{6-40}$$

利用入射角 θ_i、波束的往返传播时间 $2t$ 和声速剖面 $C(Z)$ 数据可进行声线跟踪（通常采用常梯度声线跟踪法），可归算波束在海底投射点 T 相对于测深中心的水平距离 Δs 和垂直距离 Δh。则海底测深点在当地水平坐标系下的平面坐标为

$$\begin{bmatrix} \Delta X_T \\ \Delta Y_T \end{bmatrix} = \Delta s \begin{bmatrix} \cos\phi \\ \sin\phi \end{bmatrix} \tag{6-41}$$

式中：ϕ 为波束向量在水平面内的投影向量与 X 轴的夹角，其数值为 $\phi = \arctan(b/a)$。

（3）海底测深点在 WGS84 坐标系下的平面坐标。GPS 测量的数据为 WGS84 坐标系下的坐标 (B_G, L_G, H_G)，测深点相对 GPS 天线在当地水平坐标系下的偏移量为 $(\Delta X_S + \Delta X_T, \Delta Y_S + \Delta Y_T, \Delta Z_S + \Delta Z_T)$，则任一测深点 T 的大地坐标可表示为

$$\begin{cases} B_T = B_G + \dfrac{1}{M} \cdot (\Delta X_S + \Delta X_T) \\ L_T = L_G + \dfrac{1}{N \cdot \cos B_G} \cdot (\Delta Y_S + \Delta Y_T) \end{cases} \tag{6-42}$$

式中：M 和 N 分别为子午圈和卯酉圈曲率半径。

(三) 海底测深点水深归算

海底测深点水深归算。对于多波束测深数据的升沉改正，需考虑姿态对其影响。多波束测量时，姿态传感器监测的仅仅是其安装位置在一定时间周期内的垂向变化，即姿态传感器直接测量得到的仅为平移升沉，通常又称为测量升沉 h_m（measured heave）。对于安装在船舷的多波束换能器（测深中心）而言，它的升沉除了平移升沉，还有测船摇摆产生的诱导升沉 h_i（图 6-33）。在多波束数据处理时，应采用测深中心升沉 h_s 对数据进行改正。假设姿态传感器安装在测船质心，测深中心相对于姿态传感器的坐标偏移量为 $(\Delta x_a, \Delta y_a, \Delta z_a)$，参照式（6-39），则诱导升沉 h_i 为

$$h_i = \Delta Z_a - \Delta z_a = \Delta x_a \sin P + \Delta y_a \cos P \sin R + \Delta z_a (\cos P \cos R - 1) \quad (6-43)$$

$$h_s = h_m + h_i \quad (6-44)$$

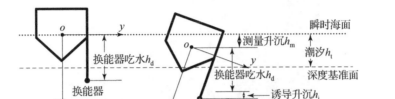

图 6-33 测深点水深归算原理

则海底测深点瞬时水深 h 为姿态传感测量的升沉、诱导升沉、换能器吃水和测量水深的代数和。

$$h = h_m + h_i + h_d + \Delta h \quad (6-45)$$

结合潮汐观测数据，可将瞬时水深归算到任意海域垂直基准参考面（深度基准面、平均海面等）上。

五、多波束测深误差源和质量控制技术

(一) 声速误差对多波束测深的影响及改正

（1）表层声速对多波束测深的影响。多波束的接收换能器基阵由并列的水听器基元组成。通过对水听器基元入射的声信号进行延时处理，从而得到在波束方向上的最大振幅输出。在波束形成的过程中，换能器表层声速直接影响波束角的精度。表层声速的获取具有不可重获的特性，表层声速的测量误差将直接导致回波图象的失真。在多波束测量过程中，表层声速可根据测区的温度、盐度、密度通过声速公式设定或从表层声速剖面仪实时获取。

（2）声速误差引起的海底地形失真。由于海水介质各层的温度、盐度和压力的不同导致了海水中各层声速的变化，进而引起声线传播方向不断地偏折和弯曲。如果采用了平均声速剖面或不正确的声速剖面对测深数据进行声线跟踪，声速剖面的差异将通过声线弯曲直接影响海底探测精度，导致海底形态的失真。当测得的表层声速数据较实际声速数据偏小，而下部数据偏大，声速改正后的水深数据会在水深条带横向剖面上出现对称上翘的形态，即呈现虚假的凹形地形；若表层测量的声速偏大，下部偏

小则表现为对称下弯的形态,即凸形地形。如果相邻两个测深条带同时出现地形畸变,则在两个测深条带的重叠区域就会出现沿着航迹方向呈系统性的"沟垄"或"脊背"地形异常。如图 6-34 所示,由于声速误差的影响,两个测深条带都出现了因声速误差引起的典型的凹形地形("笑脸"),在条带重叠处出现了明显的"脊背"地形隆起。

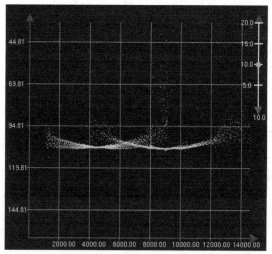

图 6-34 声速误差引起的地形畸变(彩图见插页)

(3)声速误差改正。声速剖面站的布设时间通常在一天内水温变化的极值点附近,即其时间上具有间断性,空间上具有离散性,因此可以采用时间就近或空间就近的原则对测深数据进行声速剖面改正。一般而言,声速随时间的变化较随空间的变化剧烈,因此,通常采用时间就近原则对测深数据进行声速剖面改正。对于声速变化复杂的海区,有限的声速剖面数据有时不能满足对所有测深数据进行声速改正的精度要求,即产生了因声速误差引起的测深误差,导致海底地形的扭曲,产生地形失真;CARIS HIPS 软件系统进行水深数据处理过程中,可以通过调整 Refraction 选项卡的 Coefficients 参数,以人工干预的方式来削弱声速误差对水深数据带来的影响。

(二)测船姿态对多波束测深的影响

测船姿态数据可能存在假信号,如在数据传送或记录中出现中断,横摇、纵摇和艏摇等校准试验不准确,数据采集存在时延。图 6-35 显示了姿态时间序列记录中的一次中断。

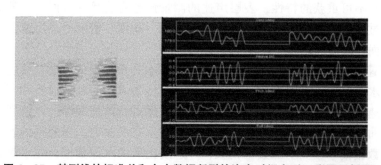

图 6-35 某测线的标准差和存在数据断裂的姿态时间序列(彩图见插页)

如果能够确定出导致测船姿态的特定原因，就可以对数据进行修复。例如，重新进行一次校准试验，或者顾及已知延时的数据重新处理。对其他情况，可能需要对数据进行平滑来减少假信号或者全部剔除。

（三）定位数据对多波束测深的影响

差分 GPS 信号丢失将产生较大的位置偏移，如图 6-36 所示。在 GPS 信号丢失期间，惯性导航系统将会进行大约 30s 的船位推算。同时，导航软件会警示用户暂缓数据采集。当坡度较大时，水平定位误差会产生较大的水深测量误差，导致条带与条带重叠处水深值不符。

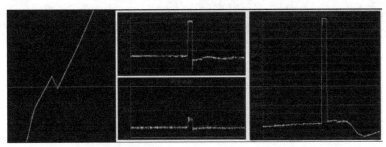

图 6-36　差分信号短暂丢失导致的导航时间序列信号变化

（四）航向对多波束测深的影响

航向误差主要由罗经故障或航向校准误差引起。该问题可以从一个条带到另一个条带线性特征的不连续性进行识别。

（五）海洋环境对多波束测深的影响

环境引起的数据问题是由水中的物体或干扰造成的，如海洋生物、船舶在水中产生的气泡、恶劣海况或大雨产生的干扰等。图 6-37 显示了换能器表面产生的环境噪声。对于所有环境引起的数据问题，在数据采集阶段处理要比数据处理阶段处理更为有效。根据数据问题的严重性，有时需要在环境条件改善前暂停数据采集。

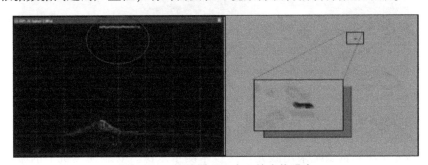

图 6-37　换能器附近出现的水体噪声

（六）潮汐误差对多波束测深的影响

潮汐误差主要是由于在垂直基准转换中采用了不准确的数据源造成的，如水位观测数据不准确、潮汐分区模型不准确以及导航不准确等。该种类型的误差可通过浏览数据在垂直于航迹线方向上出现的垂向偏移量识别，如图 6-38 所示。如果发现潮汐误差，测量人员应对可疑的水位数据修改并输入正确的水位数据。切记预报潮汐文件没有考虑非天文因素造成的水位效应。

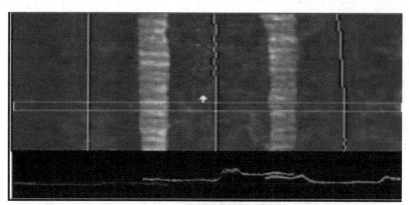

图 6-38 水位误差导致的海底地形误差

第五节 机载激光测深技术

一、机载激光测深模式

机载激光为面状的测深模式。利用激光点圆锥扫描的方式获取一定半径范围内的多个水深值,随着飞机的前进,形成测量的条带(图 6-39)。

图 6-39 机载激光测深模式

二、机载激光测深仪工作原理

机载激光水深测量系统采用激光雷达技术测量水深。安装在飞机上的激光器向海面同时发射两种波段的激光脉冲:一种为波长 1064nm 的红外光,另一种为波长 532nm 的绿光,激光脉冲到达海面后,红外光因无法穿透海水而被海面反射回来,通过测定红外光的往返时间可确定飞机的航高。而(蓝)绿光(一小部分被海面反射回来)穿透海面向海底传播,在海底被反射,再次穿过海面回到接收窗口。通过测量红外光与(蓝)绿光在海面和海底的往返时间差 Δt,再按式(6-47),即可计算海面至海底的瞬时水深,如图 6-40 所示。

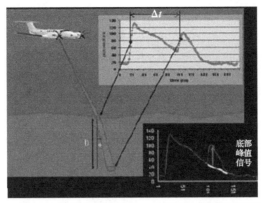

图 6-40 机载激光测深仪工作原理（彩图见插页）

在探测器允许的时间范围内，激光脉冲越窄，回波信号也越窄；而时间分割就越准确，测量精度也就越高。目前，我国自主研制的激光测深系统的精度可达到 0.3m。当（蓝）绿激光垂直入射海面，测量的瞬时水深为

$$D = \frac{C\Delta t}{2n} \tag{6-46}$$

式中：D 为激光束照射点的垂直水深；Δt 为激光在水中往返的时间；C 为光速，$C = 3 \times 10^8 \text{m/s}$；$n$ 为海水的折射率，$n = 1.33$。当绿光以扫描角 ϕ 入射海面时，测量的瞬时水深为

$$D = C\frac{\Delta t}{2n}\cos\phi \tag{6-47}$$

三、机载激光测深位置和水深归算

如图 6-41 所示，激光脉冲的海表入射点和实测的海底位置并不在同一个垂直线上，海面激光入射点在海底的投影位置随着激光的入射角和海底深度不同而不同，同时也可以预测海底探测位置的定位误差，以及该点的实际水深与海水折射率及海表的平静程度有关。假设海面为理想的平面，S 为激光在海面的入射点，F 为该点的实际海底点，P 为 F 点在海表的投影点，也就是海图成图时的海面测点位置。H、d、h 分别为飞机的飞行高度、C 点的海水深度和激光海水中传播的路径长度。

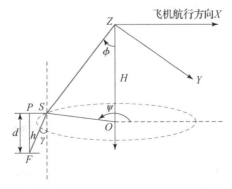

图 6-41 实际测点与激光海面入射点的关系

令海水的折射率为 n_W，则有

$$\gamma = \arcsin\left(\frac{\sin\phi}{n_W}\right) \qquad (6-48)$$

$$d = h \cdot \sin\gamma \qquad (6-49)$$

$$\begin{cases} x_F(i) = (h \cdot \sin\gamma + \sqrt{x_S^2 + y_S^2})\sin\psi \\ y_F(i) = (h \cdot \sin\gamma + \sqrt{x_S^2 + y_S^2})\cos\psi \\ z_F(i) = H + d \end{cases} \qquad (6-50)$$

式中：

$$\psi = \arctan\left(\frac{y_S}{x_S}\right) \qquad (6-51)$$

四、机载激光测深误差源和质量控制

机载激光水深测量系统利用蓝绿激光雷达装置对海底进行逐点扫描，其主要目的是确定这些点的三维坐标，包括深度和平面位置。影响三维坐标量测精度的因素很多，如测距精度，海底回波信号上升沿的确定精度，发射激光束时激光器的定位精度和激光束方位计算精度等。由于各种传感器都拥有自身的观测坐标系统，如 GPS 所测的结果数据为 WGS84 坐标系，而惯导系统输出的结果为局部坐标系，在数据后处理时，需要将这两种坐标系进行转换，因此坐标转换精度也将对海底点三维坐标的确定精度产生影响。同时，潮汐和波浪的改正模型精确度对最终计算结果精度的影响也是十分显著的。在激光扫描点坐标换算过程中，主要依据波形数据（即测距数据）、激光器定位数据和激光束方向数据，而这些数据是由不同的仪器进行量测的，它们在时间上的配准是一个关键环节，配准误差直接影响海底测点三维坐标的计算。

（一）测距误差分析

就脉冲式激光测距系统而言，其测距精度主要取决于以下几个方面：

（1）激光器收发时间量测起点的确定（目的是能更好地计算时间间隔）。这方面主要受信号强度、噪声、阈值检测器的灵敏度、发射脉冲短且高重复发射等因素的影响，其中主要是接收信号的"陡度"（Steepness），即要考虑脉冲的触发时间（Rise Time）。对于检测器而言，脉冲发生时间主要取决于入射波长与载波阻尼，而与脉冲信号的宽度是无关的，但脉冲陡度是随接收带宽的增加而增加，而这又会导致信噪比的降低。

（2）海底回波信号上升沿的确定精度。

（3）计时器不稳定导致的系统误差，即系统的固定时间延迟精度。

（4）时间间隔计时精度。这要求有较高的时间分辨率，同时，计时的抖动要求控制在一定范围内。因为，稍许的抖动都会产生较大的随机误差。

如果发射的是连续波激光，测距精度主要与光波频率或调制频率、相位量测精度（与信号强度、噪声有关）、调制振荡器稳定性、激光照射面内各点上测量的信号周数（其平均值确定量测出的距离数值）和折射率扰动变化等因素有关。无论是连续波激光还是脉冲式激光，光学元件（如反射镜、光学窗口）都会影响测距精度，主要体现在：光反射作用，如太阳光辐射进入传感器（特别是海面的镜面反射），还有刚发射出的激

光束就被反射回来的一小部分（如大气中的水蒸气、尘埃的反射等）；经光学窗口或被反射镜反射后光的衰减；由光学窗口或反射镜造成的散射，这主要是由灰尘和光学元件表面或内部的问题造成的，经过光学窗口后光速减慢；光学窗口的曲度造成发射和接收光束散焦。

对于探测器来说，应要求被探测的光波波长具有最大的响应值和最快的响应速度，而由其自身造成的噪声应尽可能小。探测器中的噪声除了信号的出射噪声（Shot Noise）与暗流（Dark Current）噪声，还有热噪声等。一般热噪声与采样量测速的平方根成正比。另外，被称为 $1/f$ 噪声的，在频率较低时，超过了出射噪声。

除噪声外，还有一些影响测距的其他因素。其中最显著的是接收信号的幅度，它取决于目标的反射特性和局部表面法线方向（如波浪的倾斜面），还有，由于水质的浑浊等形成多重回波及伪信号的干扰。

（二）时间偏差分析

为实现海底点目标的三维定位，机载激光测深系统的测距、定位、定向都必须在同一时刻进行。如果存在时间偏差，或者这一偏差不能精确确定，最终就会造成位置的偏差，而这种误差是随时间变化的。这种误差的影响同时随相关量测变化的增加而增加，当飞机处于平稳飞行时，姿态角与测距量测之间的时间偏差的影响就非常小，这时姿态角一般保持不变，或变化很小。而当飞机飞行不平稳时，时间偏差就会对三维量测精度造成很大的影响。

（三）定位误差分析

飞行平台和传感器位置偏移量可在地面上利用常规的经纬仪和测距仪通过测边测角的方法来测定，也可以直接测量。直接测定安置偏差角相对较困难，通常都是利用飞机在行自检校技术（Self - Calibration Technique）间接从机载激光雷达测量数据中估计得到的。采用常规测边测角方法测出的位置偏移误差对海底目标点三维坐标精度的影响非常有限，而飞行和传感器的位置可通过 GPS 数据确定，其定位精度主要取决于差分 GPS 的后处理质量，其他的因素包括 GPS 接收机工作稳定性，飞机飞行期间的卫星状况，如卫星的数目、精度衰减因子（Dilution of Precision，DOP）值等。

GPS 的测量误差是随时间变化的，从数学角度可知这个变化是有界的，除非 GPS 接收不到信号。采用 GPS 与惯导系统集成的方式可消除随时间变化的测量误差。目前，采用差分 GPS 后处理方法获取的定位精度一般在 5~15cm，而通过 PPP 后处理方法获取的定位精度一般优于 25cm（RMS）。

（四）姿态误差分析

由于 GPS 天线安装在机舱外部，与激光测深仪的中心不可能一致。因此，GPS 定位点不是激光测深仪的中心点，用定位数据计算的坐标、速度及加速度都要归算到激光测深仪的中心，当飞机飞行处于不匀速状态时，由于 GPS 天线与激光测深仪之间存在科氏加速度，姿态角的变化会影响归心改正的精度。当姿态角为零或不变化时，尽管 GPS 天线与激光测深仪中心不重合，但两者的速度和加速度是相同的，或者当 GPS 天线中心与激光测深仪中心重合，并与飞机中心重合，即使存在姿态角变化，也不需要进行姿态改正。

姿态参数的测定精度取决于惯导输出数据的频率（影响内插的精度）和精度。此外，不同的纬度对姿态精度也有一定的影响，一般来说，姿态参数对目标点三维定位精度的影响表现为随飞行高度和扫描角度的增加，姿态测量误差的影响会有所增加。

本章小结

一直以来，海洋测深是海道测量的主题，其他的海道测量工作都是围绕为海洋测深提供基准和辅助信息开展的。本章从海洋测深的空间结构出发，介绍了海洋测深的声学及光学原理，重点介绍了现代海洋测深的三个关键技术：单波束测深技术、多波束测深技术和机载激光测深技术。通过本章的学习，学员可以系统全面地熟悉海洋测深各种技术原理、测量实施、数据处理等技术。

复习思考题

1. 绘图解释海洋测深空间结构，并说明如何将瞬时水深转换为以平均海面为基准的深度值？
2. 脉冲长度是否越长越好？为什么？
3. 单波束测深受哪些因素的影响，如何控制其结果质量？
4. 简述多波束测深波束形成原理。
5. 多波束测深仪安装偏差校准包括哪几个方面，简述校准方法。
6. 如何控制声速误差对多波束测深质量的影响？
7. 简述机载激光测深位置和水深归算原理。

第七章
水下障碍物探测技术

水下障碍物通常简称碍航物，又称航行危险物，是指水中一切天然的或人为的有碍舰船航行安全的物体。水下障碍物是舰船航行、训练、演习、反恐、锚泊等一切海上军事活动安全的首要制约因素。海图上航行障碍物表示得是否准确、清晰，直接影响了海图的使用价值，在舰船航道上漏绘或错绘了一个障碍物，都会给舰船带来重大损失，甚至舰毁人亡。所以详细、准确、清晰的记录并表示各类航行障碍物的属性信息，满足舰船的航行和安全，是海洋测绘人员的一个重要任务，也是提高海图产品使用价值的一个重要方面。

海图上表示的礁石、浅滩、沉船、钻井遗弃的钢管、战时布设的水雷等都是航行障碍物。水下障碍物按照成因可分为自然形成的和人为形成的两种，自然形成的如暗礁、浅地等，人为形成的如沉船、人工桩柱和抛弃物等；按照物质性质，又可分为金属的和非金属的。水下障碍物探测就是要探明这些障碍物的准确位置、最浅水深、性质和延伸范围。随着多波束、侧扫声纳、海洋磁力仪等设备的广泛使用，在水下障碍物探测时，可根据障碍物物质性质的不同，在综合使用多波束、单波束加密、侧扫声纳、磁力仪等探测手段，以弥补单项测量手段的不足，保证了障碍物探测信息的准确性、完整性和可靠性。

考虑单波束和多波束测深技术在第六章已经介绍，本章将重点介绍利用侧扫声纳和海洋磁力测量进行障碍物探测的理论、技术和方法。

第一节 海底障碍物探测原理

目前，海底障碍物探测主要分为声学和非声学两种。对于声学探测系统主要有多波束和侧扫声纳两种。多波束通过测量海底深度绘出海底三维地形或等深线图，进而发现海底障碍物。侧扫声纳根据回波强度数值形成的灰度图像识别目标。非声学探测手段主要包括遥感探测、蓝绿激光探测以及磁探测等，特别是磁探测技术，随着磁测传感器精度的逐渐提高和磁探测模式的不断优化，兼有成本低、快速高效等优点，已成为水下磁性地物探测的主要技术手段。

一、目标探测声学原理

水体作为侧扫声纳发射声脉冲的传播介质，当水体中存在目标（鱼群、气泡等）时，声脉冲碰撞到这些目标并沿反向返回发射脉冲一定比例的能量；当水体中不存在目标时，声脉冲到达海底，与海底底质或海底目标作用，形成反向散射回波。根据反射回波强弱，形成声纳图像上纹理或目标形状。

（一）目标的反向散射强度

目标反向散射强度（或称为目标强度 TS）定义为反射声强与入射声强比值的分贝数（dB），即

$$\mathrm{BS} = 10\log\left(\frac{I_{bs}}{I_i}\right) = 20\log\left(\frac{P_{bs}}{P_i}\right) \tag{7-1}$$

式中：I_{bs}、I_i 分别为反射声强与入射声强；P_{bs}、P_i 分别为反射声波声幅与入射声波声幅。

目标反向散射强度反映了目标对入射声波在入射声波方向的反射能力，它与目标的物理属性、入射声波特性相关。表 7-1 从统计意义上给出几种目标的反向散射强度值。

表 7-1 目标的反向散射强度

目标	方位角	BS/dB
潜艇	正横	+25
	艇首尾	+10
	正横与首尾之间	+15
水雷	正横	+10
	非正横	+10 ~ +15
鱼雷	头	-20
长度为 L 的鱼	背向	$-54 + 19\lg L$

（二）海底声纳图像的对比度

海底反向散射强度与波束到达海底的入射角相关。声纳图像表示的海底反向散射强度大小可能由目标特性或目标几何形状引起的入射角变化引起。声纳图像质量主要与图像灰度的对比度相关，对比度越大，图像质量越好。假设目标反向散射强度变化遵从 Lambert 法则，即

$$\mathrm{BS}(\theta) = \mathrm{BS}_0 + 20\log\cos\theta \tag{7-2}$$

假设声波的入射角均为 θ，对于平面和倾角为 α 的海底地形（图 7-1），两者反向散射强度的差值为

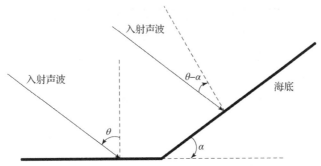

图 7-1　不同海底倾角声波入射角的变化

$$\Delta BS(\theta) = \left| 20\log \frac{\cos(\theta - \alpha)}{\cos\theta} \right| \qquad (7-3)$$

如果 $\alpha > 0$，则 $\Delta\sigma = \dfrac{\cos(\theta - \alpha)}{\cos\theta}$ 对 θ 的导数为

$$\frac{d(\Delta\sigma)}{d\theta} = \frac{d}{d\theta}\left(\frac{\cos(\theta-\alpha)}{\cos\theta}\right) = \frac{\sin\alpha}{\cos^2\theta} \qquad (7-4)$$

该值越大，说明相同的海底倾角在声纳图像上表现的对比度越大。也就是说，对比度 $\Delta BS(\theta)$ 随着 θ 角的增加而增加，最大值为入射角 $(\theta \to \pi/2)$。可以证明，当 $\alpha < 0$ 时，结果一致。考虑声纳的作用距离，声纳离海底越低，声纳图像质量越高。事实上，侧扫声纳采用拖鱼进行测量正是因为拖鱼可以离海底较近以便提供高质量的声纳图像。

二、磁异常正反演原理

海底磁性目标探测的任务是：根据采集的海洋磁力测量磁异常数据来研究判断引起该磁异常的磁性目标的几何参数与磁性参数。根据静磁场理论，运用数学工具由已知的磁性目标的几何参数与磁性参数求出其磁场分布的过程称为正演；而由磁异常的空间分布特征求取磁性目标的几何参数和磁性参数的过程称为反演。显然，只有求出不同磁性军事目标磁场的分布，并总结出磁场特征与磁性军事目标几何参数及磁性参数之间的相互联系和内在规律，才能运用数学方法对磁性目标特征做出正确的解释判断。特别是在进行反演求解时，必须建立在正演给出场的数学表达式基础上才能进行，故"正演"是"反演"的前提和条件。只有解决了正演，才有可能利用一定的解析或数值方法来实现反演。

（一）磁异常正演的基本理论

研究正演问题，首先应求解最为简单的均匀磁化（指磁性目标内磁化强度大小和方向都保持恒定）、规则形状磁性目标的正演问题，如球体、水平圆柱体、长方体和板状体等。在这种理想条件下，磁性目标的正演问题可大大简化。

（二）磁异常反演的基本理论

磁异常的反演，一般分定性分析和定量计算两步来进行。前者根据实测磁异常的形态特征，推测磁性体的形状和产状，而后者是在前者的基础上，从实测磁场数据计算磁性体的几何参数和磁性参数。

（1）磁异常反演的定性分析。定性分析的基本方法是用正演结果与实测异常等值线图（或磁异常剖面）相比较。

(2) 磁异常反演的定量计算。正演结果和反演的定性分析为反演定量计算提供了基础。定性分析提供了诸如磁化体的形状、大小、延伸、埋深等信息，而正演的磁场等值线图或剖面图，特别是图上的一些特征点，可以直接用于磁体参数的计算。一般的反演采用迭代方法。从一个初始模型出发，计算其理论磁场分布，然后与实测值比较，得到残差。逐次修改模型参数，使残差逐次减小，理论异常逐次逼近实测值，直到满意为止。拟合的好坏既可以用残差来衡量，也可以用一些简便的方法确定磁性体的某些参数，以减少反演的未知数，或为初始模型的选择提供依据。

第二节 海底障碍物探测工序

如图 7-2 所示，海底障碍物探测的工序主要分为海区技术设计、外业测量、数据处理和目标核实 4 个方面。

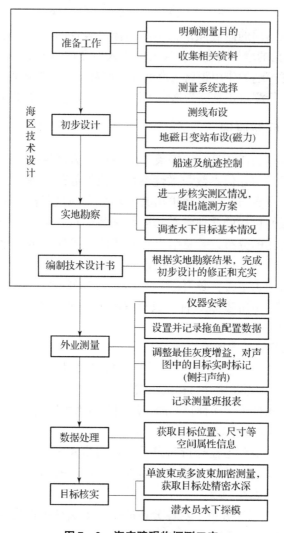

图 7-2 海底障碍物探测工序

一、海区技术设计

海区技术设计内容与水深测量基本一致,也分为准备工作、初步设计、实地勘察和编制技术设计书 4 项内容。

与水深测量不同,侧扫声纳和海洋磁力仪都采用测船拖曳式测量,对于侧扫声纳,应根据系统性能选择最佳拖曳深度,在兼顾作业效率的同时,提高声纳图像质量。对于海洋磁力仪,应重点计算拖鱼的最佳拖曳距离,在保证海洋磁力测量精度的前提下,尽量减小拖鱼的拖曳距离,以利于测船的操作。海洋磁力测量时,还应考虑合理布设地磁日变站。

二、外业测量

无论是侧扫声纳还是海洋磁力仪,一般都采用拖曳式安装。因此,在测船上应精确测量拖曳点的位置。拖曳点的位置是指拖缆与测量船的最后接触点,一般在拖曳滑轮的顶端,拖缆从该点输出到船外。如果声纳是采用可移动点拖曳(J 形臂、A 型构架等)电缆,则应在其完全展开后测定拖曳点。

侧扫声纳外业测量时,应正确设置拖鱼信息,调整最佳灰度增益,并对声图中的目标进行实时标记。

海上磁性目标测量时,应采集定位数据、水深数据、地磁日变数据和磁力测量数据。

三、数据处理

(一)侧扫声纳扫海测量数据处理

一般采用 Caris HIPS & SIPS 软件进行侧扫声纳数据处理,其基本流程如图 7-3 所示。主要数据处理内容包括数据转换、滤波、拖鱼位置重新计算、斜距改正和声纳图像镶嵌。

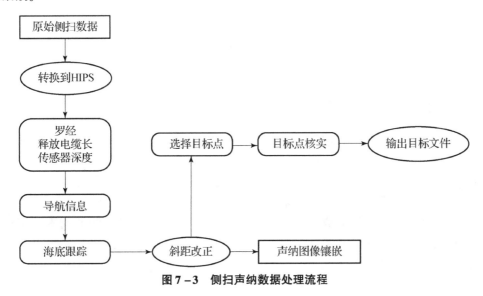

图 7-3 侧扫声纳数据处理流程

(二) 磁性地物探测数据处理

利用磁力仪进行海底磁性地物探测的数据处理流程如图 7-4 所示。首先利用罗经、释放电缆长度、拖鱼入水深度和导航数据，进行测点位置归算，然后对磁力仪测量的数据进行船磁校正、正常场校正和地磁日变改正，生成磁异常图。在磁异常图上分析、选择目标点，经核实为磁性地物后，输出目标文件。

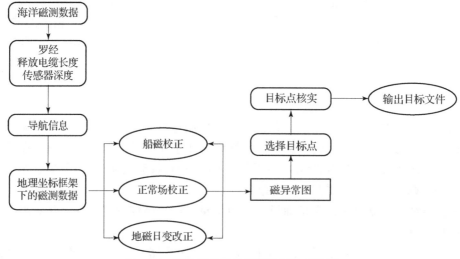

图 7-4 海底磁性地物探测数据处理流程

四、目标核实

不管从侧扫声纳图像判读的目标点还是磁力异常图上选择的目标点，都应进行核实以确定地物是否真正存在。一般利用多波束加密探测声纳图像目标点，并确定其最浅水深。也可采用单波束测量其最浅水深。对于裸露在海底表面的磁性目标（如沉船、飞机残骸等），也可利用多波束加密探测的方法进行目标核实。

第三节 侧扫声纳探测技术

一、侧扫声纳工作原理

侧扫声纳是通过回声测深原理进行水下目标探测的。通过系统的换能器基阵以一定的倾斜角度、发射频率向海底发射具有指向性的宽垂直波束角（θ_v）和窄水平波束角（θ_h）的脉冲超声波，如图 7-5 所示。声波传播至海底或海底目标后发生反射和散射，又经过换能器的接收基阵接收海底的反射和散射波，按照回波的到达时间记录回波强度数据，换能器完成一次发射接收过程称为 1ping，随着测船前进，侧扫声纳系统接收多 ping 回波强度数据，将回波强度数据以灰度值连续表示在图上，形成声纳图像（图 7-6）。

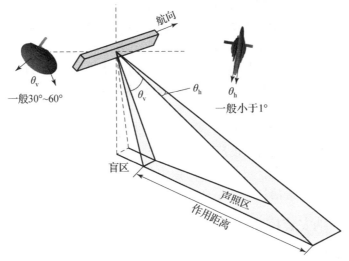

图 7–5　发射波束几何示意图

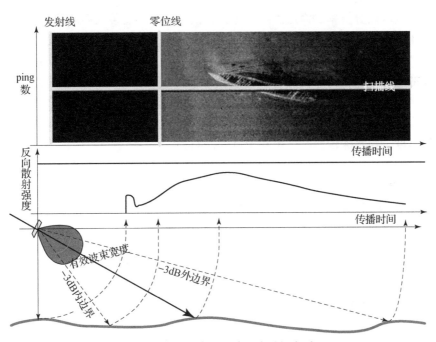

图 7–6　侧扫声纳回波强度时间序列

由声纳方程知,换能器接收的回波信号强度不但与海底地形起伏和海底底质特征有关,还与声波的传播距离有关。当海底底质相同且海底平坦时,为了使声纳图像的灰度一致,仪器需附加对信号的时间增益和自动增益控制电路补偿,消除传播距离对回波强度的影响。有的仪器还增加了匹配滤波数字信号技术（chirp 技术）和图像处理技术,以增强信号的抗干扰、滤波和视觉效果,便于海底地形的识别和判定。

声纳图像是侧扫声纳系统结果图,测量者通过判读声纳图像,获取图中目标和海底地貌。声纳图像结构主要由以下三部分组成（图 7–6）：

（1）发射线：也称为零位线,是换能器基阵起始发射声脉冲信号在图中的记录,也是拖鱼运动轨迹。因此，零位线的作用是量取拖鱼至目标斜距的基准线。

（2）海底线：提供计算海底目标高度所需要拖鱼距离海底的高度，为声纳图像提供判读、改正及增益处理的基准；提供拖鱼垂直下方海底隆起脊状及凹盆状微地貌形态高度变化；使声纳图像显示具有三维空间形态的立体线，依据海底线起伏或平直形态，判读对应横向带状较强灰度图像是脊状突起或是沙砾带粗糙海底图像，可以提高判读声纳图像的正确率。

（3）扫描线：以二维方式形成声纳图像，其图像色调随接收信号强弱变化而产生灰度强弱变化，从而反映具有灰度反差的目标或地貌图像。

基于声纳图像以上信息，可从声纳图像中判读出目标沿迹方向长度、垂直沿迹方向上宽度、高度和形状等信息。

二、侧扫声纳安装校准

（一）侧扫声纳安装

侧扫声纳换能器安装平台主要：船体、水下拖鱼、水下机器人（ROV 或 AOV）有三种。为了获取高分辨率的海底声纳图像，其换能器大多安装在后两种平台上。

（1）船体安装。侧扫声纳可固定安装在测船上（图 7-7）。这种安装方式的优点是：侧扫声纳与船体一致，定位和定向精度较高，确定障碍物的位置相对容易。由于不用考虑拖鱼的状态，测船的运动相对自由。船体安装的缺点是：①测船运动将影响侧扫声纳声照区的位置和性能；②侧扫声纳海底目标的判读主要依赖阴影区的长短，离目标高度越小，阴影越长，越便于目标识别。固定安装方式不能调节侧扫声纳拖鱼离海底的高度，当水深较深时，不利于目标探测。

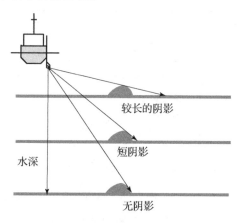

图 7-7　侧扫声纳的固定安装

（2）拖曳式安装。用拖曳式电缆换能器拖鱼拖曳在船尾一定距离，一定深度下随测船航行（图 7-8）。拖曳式安装的优点是：①换能器阵可以远离本船噪声的干扰，有利于微弱回波信号的检测；②通过改变拖缆长度和测船的航速可以改变拖鱼潜入水中的深度，从而获得较接近海底的回波，提高对海底目标的分辨率；③由于拖鱼在水下一定深度航行，风浪及测船姿态对拖鱼影响较小，即便在较差海况下也可施测。

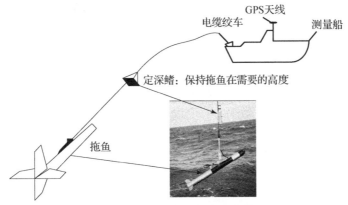

图 7-8 侧扫声纳拖曳式安装

拖曳式安装的缺点是：①给测量船的机动操作带来困难，在港湾、狭窄海区、捕捞区、航道等环境下使用受到限制，当测船减速、停倒车、转向时应及时调整拖缆长度，防止拖鱼与海底、船舷碰撞；②由于电磁波在水中衰减很快，仅仅穿透数米即消耗所有能量，因此，传统的陆上和海上的定位导航技术无法在水中使用，即拖鱼在水下进行测量时无法直接采用 RTK 等技术测定水下的三维坐标，因此拖鱼位置归算是侧扫声纳测量需解决的主要问题。

（二）侧扫声纳校准

为了验证侧扫声纳系统两通道在其量程内具有探测目标并准确对目标进行定位的能力，外业单位每年需实施一次侧扫声纳校准试验。侧扫声纳校准应至少布设 10 条测线，每条测线的半条带应扫过大约 1m×1m×1m 的海底目标。海底目标应以不同的量程、方向、船速、水深和一般测量气象条件下实现成像。尽管校准一般采用特制的海底目标，但也可选用像浮标沉块、捕虾笼和类似大小的礁石等作为海底校准目标。测量人员应采用其他更准确测定海底目标位置的测深设备测定目标，并与侧扫声纳测量结果进行比较。

图 7-9 所示为侧扫声纳校准测线布设。该测线布设考虑了左右通道的声覆盖范围，顾及了探测量程、探测目标的不同侧面和不同的探测方向等因素，有助于测量人员区分目标探测和定位中的系统误差和偶然误差。校准完成后，应将探测得到的平均位置与目标的准确位置进行比较，计算系统的 95% 置信半径。该半径对船体安装方式不应超过 5m，而对拖曳方式不应超过 10m。有多种估计 95% 置信半径的方法。其中一种简单估计方法是：在 MapInfo 中将探测目标进行展点，然后利用"计算统计"函数（"Compute Statistics" function）计算探测目标位置 x、y 分量的样本标准差（利用东向和北向距离值进行统计计算）。假设其服从正态分布，则 95% 的样本落在均值的 1.96 倍标准差之内。若目标探测分布与 x、y 分布类似，那么 95% 置信半径大约为探测位置 x 和 y 标准差的平方和平方根的 1.96 倍：

$$95\% \text{置信半径} = 1.96\sqrt{\sigma_x^2 + \sigma_y^2} \tag{7-5}$$

若 x 和 y 的分布不一致，这很可能是利用多量程和多个测线方向声覆盖海底目标时没有消除存在的系统误差造成的。

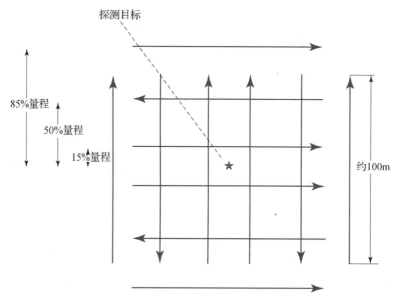

图 7-9 侧扫声纳校准试验推荐测线布设设计

同样，可通过测量每次探测的差异（精确位置与侧扫声纳探测位置之间的距离），计算样本平均值和差异标准差。95% 置信半径为样本均值减去 1.96 倍的标准差。

三、侧扫声纳图像失真分析及改正

声纳图像有瀑布图和地理编码图两种形式，其中瀑布图主要用于海底地貌实时显示，地理编码图则主要用于声纳图像后处理，如声纳图像镶嵌、声纳图像中目标定位等。因此，声纳图像是否准确直接决定了侧扫声纳对水下目标的探测效果。事实上，外业测量中常遇到声纳图像失真的情况。失真类型主要有两种：一是声纳图像中回波点间相对位置与海底点间相对位置不符，使声图中目标扭曲的现象，引起这类现象的原因很多，如斜距效应、声线效应、拖鱼运动不稳引起的失真等，该类失真称为几何失真；二是声纳图像中灰度分布不均，出现近距离强远距离弱的现象，这类现象是声能随距离大小而变化引起的，该类失真称为声幅失真。

（1）在声纳图像几何失真现象中，瀑布图纵向变形主要来源于拖曳体速度和升沉，速度造成垂向变形量值较小，可忽略不计；横向变形主要来源于拖曳体姿态、速度及升沉、声速剖面，所产生纵向变形量级依次增大。当采用小量程进行海底目标扫测时，拖鱼速度和姿态引起的几何失真可不改正，声速剖面和拖鱼速度、升沉产生的横向形变可达数十米，需进行改正；地理编码图中几何失真主要是拖体纵摇、艏摇和测区声速变化引起的，其中纵摇引起回波点斜距及入射角度变化，艏摇引起拖鱼航向变化，从而造成海底回波点归位不准确的现象。

（2）海水中声衰减是声幅失真的主要原因。其中，声波在海底的瞬时照射面积和声线在海底的掠射角均与海底声线入射角直接相关，而拖体的纵摇与测区的声速变化均对海底声线入射角产生影响，拖体的纵摇主要对小入射角声线影响大，测区声速主要对大入射角声线影响大。经过海水声衰减、海底声照射面积和掠射角三方面的改正，改正后回波信号可形成灰度均匀的声纳图像。

四、侧扫声纳目标判读

图 7-10 给出含有目标反射信号的侧扫声纳发射波束信号（单侧）示意图，一般地，海底目标反向散射强度为正值，故信号中目标反射回波幅值大于邻域内海底回波信号幅值。图 7-10 中拖鱼距离海底高度为 H，海底目标第一个回波时刻为 t_1，最后一个回波时刻为 t_2，此后第一个海底回波时刻为 t_3，各时刻对应斜距分别为 R_1、R_2 和 R_3，则 $R_i = cT_i/2, i = 1, 2, 3$。

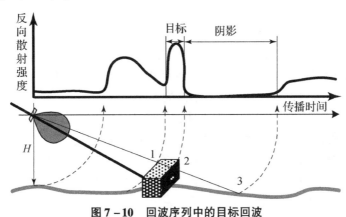

图 7-10 回波序列中的目标回波

目标在该发射波束中的边缘点相对于拖鱼的平面坐标分别为 $(y_1, 0)$、$(y_2, 0)$，目标高出海底高度为 h_{12}，则各量可表示为

$$\begin{cases} y_1 = \sqrt{R_1^2 - H^2} \\ y_2 = \sqrt{R_2^2 - H^2} \\ h_{12} = H \dfrac{\sqrt{R_3^2 - H^2} - \sqrt{R_2^2 - H^2}}{\sqrt{R_3^2 - H^2}} \end{cases} \quad (7-6)$$

联合相邻发射波束中目标相对于拖鱼的平面坐标及目标高出海底高度 (y_1^i, x^i)、(y_2^i, x^i) 和 h_{12}^i，得声纳图像中目标边缘坐标及目标高出海底高度。

第四节 海洋磁力探测技术

一、海洋磁力测量模式特点

如图 7-11 所示，由于船磁的影响，海洋磁力测量一般采用拖曳的方式进行。随着测船在海上航行，获取连续的海洋磁场强度数据。与单波束测深一致，海洋磁力测量也属于线状测量模式。

海洋磁力测量的船载走航式线（网）状测量模式决定了海洋磁力测量存在如下特点。

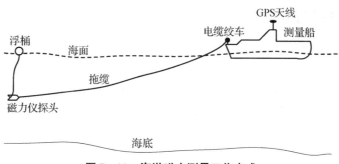

图 7-11 海洋磁力测量工作方式

(1) 动态性。受海流、海风和海浪的影响，浩瀚的海面时时处于动态变化中，测船和拖鱼受到不稳定海面的影响，其动态性使得磁测数据具有时变特性，即使在同一位置，不同时刻获得的磁测值也可能是不同的。

(2) 船磁效应。测量船本身由铁磁性物质建造，测量船本身存在磁性对磁测有一定的影响，而且船磁也会随着测船空间位置的变化而改变。

(3) 日变化复杂性。海洋磁力测量中地磁日变化又是一个严重的干扰场，海岸效应及海岛效应的影响使得海洋区域的地磁日变化更加复杂，怎样消除和减弱地磁日变化的影响是海洋磁力测量的重点和难点问题。

(4) 特殊的 2+1 模式。海洋磁力测量测得的是海上空间位置某点的磁异常。磁测点的空间位置由船载 GPS 定位系统确定，而磁测值则由拖曳式海洋磁力仪系统完成。为了将空间位置信息和磁测信息融合，将会导致位置归算问题。

(5) 无控制特性。和其他海道测量一样，海洋磁力测量属于开放式测量。动态的海面上难以构建像陆地磁测那样稳定的基点网，难以建立稳定的检核条件。因此，为了保证磁测的精度只能通过测前测后严格的仪器稳定性试验来初步控制仪器误差，然后利用网状测量模式的交叉点信息对磁测数据的可靠性进行检测。

(6) 时效性。地磁场的时变特点使得海洋磁力测量的最终结果（磁异常等值线图）具有一定的时效性，即其反映的是某一共同年代磁异常的空间分布。因此，海洋磁力测量必须设立地磁日变站或利用地磁台数据来消除地球时变的影响，将不同年代、不同时间测量资料归化所要反映的年代。

二、海洋磁力测量原理

按照物理原理和测量参数的不同，海洋磁力仪的种类较多。目前，海洋磁力测量工作中使用的磁力仪为光泵磁力仪，这类磁力仪的特点是灵敏度高，可达 ±0.01nT，可以测定总磁场强度的绝对值，没有零点掉格及温度影响，工作时不需要定向，适用于运动条件下进行高精度快速连续测量。

光泵磁力仪所利用的元素是氦、汞、氮、氢以及碱金属铷、铯等，由于这些元素在特定条件下，能发生磁共振吸收现象（或称为光泵吸收），而发生这些现象时的电磁场频率与样品所在地磁场强度成比例关系。只要能准确测定这个频率，就可以得到地磁场强度。

图 7-12 所示为氦光泵磁力仪结构，氦灯内充有较高气压的氦原子，受高频电场

激发后，发出波长为 1083.075nm 的单色光，它透过凸镜、偏振片及 1/4 波长片，形成 1.08μm 的圆偏振光照射到吸收室。光学的系统光轴与地磁场方向一致。吸收室内充有较低气压的氦气，经高频电场激发，其氦原子变为亚稳态正氦作用，产生原子跃迁。对于氦其跃迁频率 f 与地磁场的关系为

$$f = \frac{\gamma_P}{2\pi} = (28.02356 \pm 0.0003) T \tag{7-7}$$

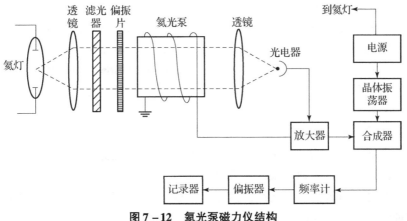

图 7-12 氦光泵磁力仪结构

就是说，圆偏振光使吸收室内原子磁矩定向排列。此后由氦灯发出的光，可穿过吸收室，经透镜聚焦，照射到光敏元件上，形成光电流。

在垂直光轴方向外加射频电磁场（调制场），其频率等于原子跃迁频率 f。由于射频磁场与定向排列原子磁矩的相互作用，从而打乱了吸收室内原子磁矩的排列（磁共振）。这时，由氦灯射来的圆偏振光又会与杂乱排列的原子磁矩作用，不能穿透吸收室，光电流最弱；测定此时的射频 f，就可得到地磁场 T 的值。当地磁场发生变化时，相应改变了射频场的频率，使其保持透过吸收室的光线最弱，也就是使射频场的频率自动跟踪地磁场变化，实现对总磁场强度 T 量值的连续自动测量。

由于电子的能量是质子能量的 1/1836，因此其旋进频率更高，在地球表面其频率为 15Hz~325kHz。铷原子的 $\gamma_P/2\pi$ 是 4.67Hz/nT。

光泵磁力仪可以用来测量几纳特斯拉的外界磁场，而质子磁力仪则需要至少 20000nT 的外界磁场，且要求记录稳定，因此，光泵磁力仪更适合于在动态的平台上测量。当有更高的旋进频率时，光泵磁力仪的测量精度更高，可以感应到 0.01nT 的变化。高旋进频率的光泵磁力仪允许高频率地计数，计数间隔可小于 1s。

三、海洋磁力测量数据改正及精度评估

（一）地磁日变改正

地球周围的磁场是变化的，其中地磁日变化是影响海洋磁力测量的主要因素，通常，地磁日变化可分为静日变化和扰日变化。磁扰变化幅度低于 100nT 的变化为静日变化，相应日期称为磁静日，一般磁静日变化范围在 10~40nT，而磁扰日变化可达 1000nT，远高于目前的磁测仪器测量误差，必须进行有效改正。在测区或附近设立日变监测站获取测区地磁日变化信息并进行改正是消除地磁日变的基本途径。

1. 地磁日变改正的理论和模式

地磁日变站的地磁场总强度观测结果表现为时间序列,记为关于时间的连续函数:

$$T(t) = \bar{T} + S(t) = \bar{T} + S_Q(t) + D(t) + \Delta \qquad (7-8)$$

式中:$T(t)$ 为 t 时刻的观测总强度;$\bar{T}$ 为日变站点地磁场总强度的(似)稳态成分,称为日变基值;$S_Q(t)$ 为规则变化或称静日变化量;$D(t)$ 为非规则变化量,即各种扰动变化的总和;Δ 为观测噪声。

目前,地磁日变观测采用的日变仪器精度可达 0.01nT 量级,远高于一般的磁测精度要求,因此观测噪声可以忽略不计,或通过数据的平滑与滤波予以消除或削弱。

太阳和日变站地点相对变化的日周期决定了规则变化的日周期特性,当然由于太阳对电离层的电离作用与太阳的照射角度有关,这种周期变化一般并不呈现规则的波动形式。

地磁扰动具有极强的不规则性,难以在较长的时间尺度内描述为确定的函数关系。以我国海域的磁力测量为研究对象,所涉及的扰动主要包括磁暴、干扰和地磁脉动。而且,在海洋磁力测量中通常要求:磁暴发生期间,必须准确记录初动、持续、消失的时间,并及时通知测船重测该时段数据。所以,磁暴期间的日变站监测数据主要用于标定这种强烈干扰的过程,不用于地磁改正。

由于地磁扰动难以由理论给出其变化的描述,作为应用研究,将所有扰动变化视为一个综合过程 $S(t)$ 看待。

2. 地磁日变改正机理

地磁日变改正的机理是将地磁变化视为时空分布的函数,属于地磁观测量中的系统误差,通过观测的方法对系统误差实施固定点监测,并推算该系统差的时空分布规律,修正于所有测点的地磁观测值。在不顾及地磁日变观测噪声的前提下,将日变改正的过程描述为

(1) 在日变观测数据中扣除日变基值,提取地磁变化量为

$$S_0(t) = T(t) - \bar{T} \qquad (7-9)$$

(2) 根据变化量随时间和空间的变化,由单一或多个地磁日变站的监测数据经过映射或数学变换得到海上动态磁测点 X 的变化量为

$$S(X,t) = f[\ \|X - X_{i0}\|\ , t, S_{i0}(t)] \qquad (7-10)$$

式中:下标 i 表示日变站的序号,下标 0 用以标识日变站;X 表示位置;$\|\ \|$ 表示距离。

(3) 在海上动态测点的观测数据中扣除瞬时变化成分,即可得到稳态地磁信息(总强度)为

$$\bar{T}_X = T_X(t) - S_X(t) \qquad (7-11)$$

事实上,地磁日变改正的基本思想在海道测量的多种作业项目中均有所应用,如无线电定位中的相位漂移监测与修正、水深测量中的水位改正等。但对海洋磁力测量而言,地磁日变相对测量精度要求往往有更大的量级,以及变化过程的规律更为复杂,而且存在其特殊性。

(二) 船磁改正

海洋磁力测量船大都由强磁性材料建造，当船体长期处在地磁场环境中必然要被磁化，而且磁化后呈现出很强的磁性。在海洋磁力测量中，必须消除或减弱船磁对磁力测量的影响。

（1）船磁影响理论分析。海洋磁力测量船大都由强磁性材料建造，强磁材料磁性一旦形成就很难消失，这就是船磁的固有磁部分。同时，随着测量船所处的地磁场变化以及测量船相对地磁场的空间方位的变化，船磁也在不断变化，这部分瞬时而变的附加磁场称为船磁的感应磁部分。因此，测船的磁化磁场包括固有磁与感应磁两部分。

（2）船磁校正值计算。船磁影响属于系统误差，可以通过船磁八方位试验来测定并予以校正。当测船以航向角 φ_i，通过基点 O 时磁测值为 $T_b(\varphi_i)$，该时刻地磁日变改正值为 $\Delta T(\varphi_i)$，并且基点处的地磁正常场值为 T_0，并假设船磁校正基值为 T_{b0}，则测船沿航向 φ 时的船磁改正值表示如下：

$$\Delta T_b(\varphi) = T_b(\varphi) + \Delta T(\varphi) + T_0 - T_{b0} \tag{7-12}$$

船磁校正基值可由不同航向时磁测值平均值得到，公式表示如下：

$$T_{b0} = \sum_{i=1}^{8} [T_b(\varphi_i) + \Delta T(\varphi_i) - T_0] \tag{7-13}$$

式中：$i = 1, 2, \cdots, 8$，φ_i 分别为 $0°$，$45°$，$90°$，$135°$，$180°$，$225°$，$270°$ 和 $315°$。采用式（7-13），就可以通过测船的航向对海上磁测数据进行船磁方位校正，通常测船的航向即是测点与测船连线的瞬时方位。

(三) 精度评估

和水深测量一致，海洋磁力测量属于网状测量模式，即其由主测线和少量的检查线组成，主测线和检查线交点差值是海洋磁力测量精度评定的重要信息。

求得主、检测线上交叉点的磁测不符值，就可以对海洋磁力测量精度进行评定，公式如下：

$$M = \pm \sqrt{\frac{\sum \Delta T_{ij}}{2nm}} \tag{7-14}$$

式中：ΔT_{ij} 为交叉点磁测不符值；n 和 m 分别为主、检测线数的总数。考虑主、检测线可能不存在交叉点，所以精度评估公式的实用形式为

$$M = \pm \sqrt{\frac{\sum \Delta T_{ij}}{2N}} \tag{7-15}$$

式中：N 为主、检测线实际交叉点的总数。

海洋磁力测量精度评估中，大部分较大的强磁异常区的交叉点不符值大，可以不参加精度的评估，但弃点数不能超过总交点数的 3%。

(四) 数据通化

海洋磁力测量的最终目的是获得高精度的地磁场分布，结果包括地磁图和地磁场模型，它们表示的都是地磁场各要素在某一特定年代的空间分布。例如，国际参考场模型 2000.0（IGRF2000.0）代表地磁要素在 2000 年 1 月 1 日在全球范围的分布状况；

2000.0 中国海区地磁图代表地磁要素在 2000 年 1 月 1 日在我国海区的分布状况。然而，用来建立地磁场模型和编绘地磁图的磁测数据往往是在不同年代、不同日期、不同时间里在现场测量取得的，因此需要将这些数据改正到某一共同年代，即称为磁测数据的通化。

在通化过程中，假设在一定的范围内，地球变化磁场幅度和相位是一致的，利用通化台站对磁测点分别进行长期变化改正和短期变化改正，就可以获得各磁测点某一特定年代的磁场值。但是，实际上变化磁场的幅度和相位对通化台站和各测点的影响存在一定差异，并且地球变化磁场对磁测的影响可看成半系统半偶然误差。因此，不妨考虑地球变化磁场对磁测影响的总体效应，对海洋磁力测量磁测资料的通化方法进行了研究，并对影响磁测资料通化的因素进行了分析。

设通化台站 $O(x_0, y_0)$（一般选择海区附近地磁台）和海上磁测点 $P(x, y)$ 在 t 时刻的瞬时磁测值分别为 $T(x_0, y_0, t)$ 和 $T(x, y, t)$，通化时刻 t_0 的磁测值分别为 $T(x_0, y_0, t_0)$ 和 $T(x, y, t_0)$。那么 $t_0 \sim t$ 时刻，通化台站和磁测点的地球变化磁场可分别表示为

$$\Delta T(x_0, y_0, t - t_0) = T(x_0, y_0, t) - T(x_0, y_0, t_0) \qquad (7-16)$$

$$\Delta T(x, y, t - t_0) = T(x, y, t) - T(x, y, t_0) \qquad (7-17)$$

磁测数据通化的基本前提即假定在一定的空间范围内认为通化台站和磁测点地球变化磁场（包括长期变化和短期变化）影响是一致的，即

$$\Delta T(x_0, y_0, t - t_0) = \Delta T(x, y, t - t_0) \qquad (7-18)$$

那么就可得到磁测点通化值为

$$T(x, y, t_0) = T(x, y, t) - T(x_0, y_0, t) + T(x_0, y_0, t_0) \qquad (7-19)$$

由此可见，本书提出的通化方法考虑了长期变化磁场和短期变化磁场对磁测影响的总体效应。其中长期变化磁场周期较长，变化缓慢，在较小范围内对磁测的影响较小，而短期变化的成分比较复杂，周期短，对磁测的影响较大。并且短期变化磁场中占主导地位的是地磁日变化，海洋磁力测量中通过在测区附近设立日变站并进行地磁日变改正来减小其影响。

设在测区附近站 $O_1(x_1, y_1)$ 处设立日变站，测量期间日变站日变基值为 T_{10}，经地磁日变改正后磁测点的磁场值 $T(x, y)$ 可表示为

$$T(x, y) = T(x, y, t) - (T(x_1, y_1, t) - T_{10}) \qquad (7-20)$$

进而可以得到经地磁日变改正后磁测数据的通化公式，即

$$T(x, y, t_0) = T(x_1, y_1, t) - T(x_0, y_0, t) - T_{10} + T(x_0, y_0, t_0) + T(x, y) \qquad (7-21)$$

当通化台站和日变站相同时，式 (7-21) 即简化为

$$T(x, y, t_0) = T(x_0, y_0, t_0) - T_{10} + T(x, y) \qquad (7-22)$$

特殊地，当日变基值选择通化时刻观测值时，则无须对磁测资料进行通化。

由以上分析可知，磁测点的通化精度主要取决于台站磁力仪的观测精度及磁测点日变改正的精度。而地磁日变改正精度与磁测点和日变站间距离及地磁日变化的复杂程度有关（磁情指数 K）。一般距离越小，日变改正精度越高；地磁日变化越平静，日变改正精度越高。因此，在较小的范围内，通化距离对通化精度的影响可以忽略不计，而磁情指数 K 一般在通化距离较小时其对通化精度的影响也不显著，当通化距离较大时，其对通化精度的影响很明显。为了保证磁测数据的通化精度，必须严格控制通化

距离，选择最近的地磁台站作为通化台站。

四、水下障碍物磁探测识别

（一）磁异常等值线图识别法

磁异常等值线图识别即当磁性地物存在时，磁异常等值线图会出现明显的异常，这样就可以通过正负异常的连线大致判断磁性地物的位置。以磁性球体为例，其磁异常 ΔT 等值线如图 7-13 所示。

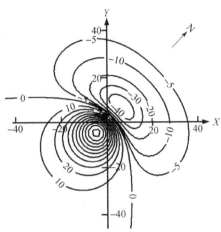

图 7-13　球体产生的磁异常等值线平面

磁性球体磁异常 ΔT 等值线图呈现等轴状，负异常包含正异常；极大值和极小值的连线（即异常的连线）对应磁化强度矢量 M 在平面上的投影方向；极小值位于正异常的北侧，极大值位于坐标原点的南侧，可由平面等值线图中的极大值和极小值点的连线确定主剖面。而磁性地物的大概位置即在剖面的中心，这样即可根据磁异常等值线图来大致判定磁性地物的位置。

（二）磁异常测线剖面图识别法

当磁力仪通过磁性地物时，沿测线的剖面上，磁异常曲线会发生明显的突变，并且突变的形状和大小与磁性地物的大小、磁化强度、所处地磁倾角等有关，因此，根据这些突变的位置就可以大致判定磁性地物的位置。

当剖面曲线呈对称状时，水下磁性地物中心位于极大值的正下方；当剖面曲线为反对称时，水下磁性地物中心在零值点下方；当剖面曲线不对称时，水下磁性地物中心位于极大值和幅值较大的极小值点之间的某个位置上，如图 7-14 ~ 图 7-16 所示。

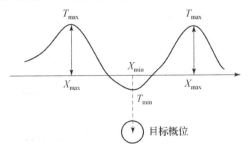

图 7-14　剖面曲线呈对称时水下磁性目标概位

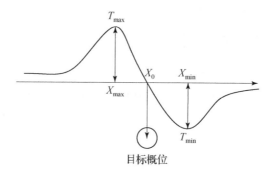

图 7-15　剖面曲线呈反对称时水下磁性目标概位

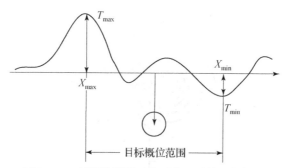

图 7-16　剖面曲线不对称时水下磁性目标概位

本章小结

水下障碍物是海图上保障舰船的航行和安全的重要信息,因此水下障碍物也是海道测量的一项工作内容。本章介绍了海底障碍物探测的原理,重点描述了海底障碍探测的两种技术:侧扫声纳探测技术和海洋磁力探测技术。通过本章的学习,学员可以熟悉水下障碍物的侧扫声纳探测技术与海洋磁力探测技术的原理、探测实施、数据处理与识别的方法。

复习思考题

1. 为什么侧扫声纳离海底越低,声纳图像质量越高?
2. 简述侧扫声纳工作原理。
3. 如何通过侧扫声纳图像阴影区的长度判断目标的高度?
4. 侧扫声纳图像存在哪些失真?
5. 海洋磁力测量具有哪些特点?
6. 水下障碍物磁探测识别方法有哪些?

第八章
海底底质探测技术

海底底质是舰船锚泊、潜艇座底、水雷布设、水下声纳探测和海洋工程建设等必备的环境参数。海底底质探测一直是海道测量的一项重要工作内容。目前，海底底质探测主要依靠站点式直接取样手段获取，随着声学技术的发展，利用声学方法进行海底底质探测和识别技术取得了一定的进展。本章在介绍常规的海底底质直接采样分析技术基础上，探讨了浅地层剖面测量和多波束海底底质反演等技术，为全面了解海底底质测量的方法提供了技术支撑。

第一节 海底底质探测原理

一、海底底质采样原理

重力法主要是利用采样器上所配备的重物作为穿透地层并挖取沉积物样品的能量来源，典型采样器是重力取样管，以及卡斯顿取样器、箱式取样器、抓斗式取样器等。活塞法对应的典型采样器是库伦堡活塞取样管。该取样管穿透地层并获取沉积物的能量也是通过配重物来提供的，但由于样品管内设有活塞装置，因此增加获取样品的长度。类似的取样器还有大活塞取样管、振动活塞取样管、液压活塞取样管等。振动法代表性取样器是振动取样管，其依靠采样管头的振动而进入地层并获得样品。该方法的最大优点是可以穿透较硬的沉积层，如砂层和贝壳层，并获取较长的样品。不足之处是采取样品时间较长，并且对样品性质有一定影响。钻探法通过架设在船上的钻机对海底进行钻探，获取海底沉积物样品。钻探法获取的样品可长达几百米，但仪器设备庞大、保障技术复杂、操作难度较高，获取的沉积物扰动严重，性质基本被破坏。液压法对应的典型取样器是液压活塞取样管，其原理是通过液压管的液压加力过程，使取样管在很短的时间内穿透很长的地层。液压法最大优点是能够在保证样品性状的前提下获取超长样品。拖网法属于一种特殊情况下的采样方法，主要用于表层底质是基岩或砾石，普通的采样器无法采集样品或者采集不到样品时，才使用该方法。该方法获取的样品代表性和准确性明显不足，不能用于大面积或大水深条件下的海底采样。

二、海底底质探测声学原理

由于海底界面的起伏及海底物理特性空间变化的不规则性,海底的声散射是一个随机的过程。对海底声学散射的研究,主要包括两部分:一部分是从能量的观点出发探索海底平均反向散射强度的变化规律;另一部分是采用随机过程的数学方法研究散射强度的统计特性,如分布函数和能量谱等。

(一) 海底反向散射强度的变化规律

图 8-1 所示为高频 24～100kHz 条件下实测的海底反向散射强度随掠射角的变化曲线。

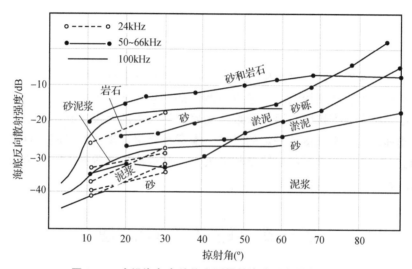

图 8-1 在沿海各个站位上测量的海底反向散射强度

由图 8-1 可以看出,随着掠射角的增加,海底反向散射强度增加。根据海底反向散射强度随入射角的变化快慢,大致可分为三个区域:①低掠射角区($\theta < 10°$,θ 为海底掠射角):随着掠射角的增加,海底反向散射强度增加较快;②中间区($10° \leq \theta \leq 65°$):随着掠射角的增加,海底反向散射强度变化平缓;③高掠射角区($\theta > 65°$):随着掠射角的增加,海底反向散射强度迅速增加。

海底反向散射强度随掠射角的变化本质是投射到海底的声能量在空间进行重新分配的结果,Lambert 定律定量描述了上述分配过程。

图 8-2 中,声强为 I_i 的入射波以掠射角 θ 投射到粗糙表面面元 dA 上,根据 Lambert 定律,这一入射功率将散射至空间各个方向上,各个方向上散射的声强正比于该方向角的正弦,即

$$I_s = \mu I_i \sin\theta \sin\varphi dA \tag{8-1}$$

式中:μ 为比例常数;$I_i \sin\theta dA$ 为入射声强;φ 为散射方向的掠射角,对于反向散射,$\varphi = \pi - \theta$,按照反向散射强度的定义,取 $dA = 1$,则得

$$BS_B(\theta) = 10\log\mu + 10\log(\sin^2\theta) \tag{8-2}$$

这就是由 Lambert 定律得到的粗糙面上散射强度随掠射角变化的关系式,称为 Lambert 模型。设 $BS_o = 10\log\mu$,则式 (8-2) 转化为

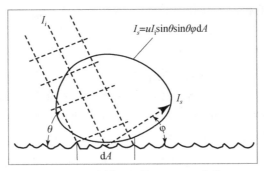

图 8-2 散射面上的 Lambert 定律

$$BS_o = BS_B(\theta) - 10\log(\sin^2\theta) \tag{8-3}$$

为了消除掠射角对海底反向散射强度的影响,在整个测区得到海底固有反向散射强度 BS_o 的变化信息,多波束和侧扫声纳在回波增益处理中,都进行了 Lambert 模型改正。

应该指出,Lambert 模型只是一个近似模型,实测海底反向散射强度随掠射角的变化并不严格遵从 Lambert 模型,这表明:多波束测深系统在使用 Lambert 模型改正掠射角效应的同时,也引入了模型误差,若不处理,将影响海底底质的探测效果。

(二) 海底反向散射强度的统计特性

由于海底界面的起伏及海底物理特性空间变化的不规则性,海底的散射是一个随机的过程。对海底声学散射的研究,除了从能量的观点出发探索海底平均反向散射强度的变化规律,也可采用随机过程的数学方法研究散射强度的统计特性,如分布函数和能量谱等。

海底反向散射信号是由大量独立的海底散射体所产生的散射声波在接收点迭加而形成的,即

$$V(t) = \sum_{i=1}^{N} a(t_i) v(t - t_i) \tag{8-4}$$

式中:$a(t_i)$ 为相应于第 i 个散射体散射波的随机幅度,函数 $v(t-t_i)$ 表示单个散射信号的形状;N 为散射体的数量。为了讨论散射信号振幅的分布规律,将回波信号表示为

$$V(t) = Z(t)\cos[\omega t + \varphi(t)] \tag{8-5}$$

式中:$Z(t)$ 为回波振幅;$\varphi(t)$ 为回波信号的相位;ω 为频谱的中心角频率。$Z(t)$ 和 $\varphi(t)$ 与 ωt 相比是一个变化较慢的时间函数。

为方便分析,将式 (8-5) 改写为

$$V(t) = V_c(t)\cos(\omega t) - V_s(t)\sin(\omega t) \tag{8-6}$$

式中,随机过程 $V_c(t)$ 和 $V_s(t)$ 的计算公式为

$$\begin{aligned} V_c(t) &= Z(t)\cos\varphi(t) \\ V_s(t) &= Z(t)\sin\varphi(t) \end{aligned} \tag{8-7}$$

由此,回波信号的振幅和相位可以表示为

$$\begin{aligned} Z(t) &= [V_c^2(t) + V_s^2(t)]^{1/2} \\ \varphi(t) &= \arctan[V_s(t)/V_c(t)] \end{aligned} \tag{8-8}$$

通常认为散射波的相位相互独立并在 $0 \sim 2\pi$ 范围内均匀分布。若声照区内有效散射体的数量足够大（$N \to \infty$）时，由中心极限定理可知，回波信号的瞬时值 V 满足正态分布规律，其振幅 Z 服从瑞利分布，回波强度 $I = Z^2$ 服从指数分布。

然而，许多现代高分辨率声纳系统采用波束形成技术来增加方位分辨率，减小发射脉冲宽度来增加距离分辨率，将造成海底瞬时声照区面积的减小（相当于减小了有效散射体的数量），以至不满足中心极限定理。主要表现为概率密度函数较瑞利分布有更严重的拖尾现象。目前，描述非瑞利分布的模型主要有 Lognormal 分布、Weillbull 分布、莱斯分布和 K 分布等。在上述模型中，K 分布模型不仅能很好地描述实测的声纳数据，而且能提供相关反向散射现象的物理解释，适用范围较广，已广泛应用于声学研究中。

由 Jakeman 和 Pusey 提出的 K 分布模型最初用于描述海杂波回波的统计特性。在该模型中，海杂波回波的幅度可看作两个因子的乘积：一个是斑点分量，是由任何距离单元中杂波的多路径散射性质产生的，通常称为散斑（speckle）；另一个是海杂波的基本幅度调制分量，反映了与海面大面积结构有关的散射束在空间变化的平均能量，具有长相关时间，通常称为纹理成分。

基于 Jakeman 和 Pusey 的工作，Lyons 和 Abraham 分析了散射体数、K 分布形状参数和声纳系统特性之间的关系，给出了海底反向散射强度分布的物理解释。Oliver 通过对散射体数和有限散射单元尺寸的相关性研究，推导出反向散射强度的各统计阶矩。对雷达和声纳数据的实际应用表明，Oliver 模型能较好较反映试验数据的统计特性。

根据 Oliver 的乘积模型，可以把 K 分布混响包络理解为两种不同物理过程的结合：

$$Z = X \cdot Y \tag{8-9}$$

式中：X 为慢变分量，与海底界面各散射体的物理性质有关，服从广义 χ 分布；Y 为快变分量，也即所谓的"斑点"（speckle），服从瑞利分布。

根据文献，K 分布的概率密度函数可写为

$$f_Z(z) = \frac{4}{\sqrt{\lambda}\Gamma(v)}\left(\frac{z}{\sqrt{\lambda}}\right)^v K_{v-1}\left(\frac{2z}{\sqrt{\lambda}}\right) \tag{8-10}$$

累积分布函数为

$$F_Z(z) = 1 - \frac{2}{\Gamma(v)}\left(\frac{z}{\sqrt{\lambda}}\right)^v K_v\left(\frac{2z}{\sqrt{\lambda}}\right) \tag{8-11}$$

式（8-10）中，$K_{v-1}(\cdot)$ 为第二类 $v-1$ 阶修正的贝塞尔（Bessel）函数，v 为形状参数，λ 为尺度参数，形状参数反映了 K 分布偏离瑞利分布的程度，v 值越小，K 分布的峰态越陡峭，偏离瑞利分布程度越大。形状参数的取值范围为 $0.1 < v < \infty$，当 $v \to \infty$ 时，分布趋于瑞利分布。尺度参数反映了回波的强弱，其值越大，回波功率越强。

取 $I = Z^2$，可获得回波强度的分布为

$$f_I(I) = \frac{2}{\Gamma(v) \cdot I}\left(\frac{I}{\lambda}\right)^{\frac{v+1}{2}} K_{v-1}\left(2\sqrt{\frac{I}{\lambda}}\right) \tag{8-12}$$

采用矩估计法估计 K 分布参数，则

$$\hat{\lambda} = \frac{\langle I^2 \rangle - 2\langle I \rangle^2}{2\langle I \rangle} = \frac{\langle I \rangle}{\hat{v}} \qquad (8-13)$$

$$\hat{v} = \frac{2\langle I \rangle^2}{\langle I^2 \rangle - 2\langle I \rangle^2} \qquad (8-14)$$

式中：〈·〉表示均值。

第二节　海底底质探测工序

一、海底底质采样工序

按照海底沉积物采样目的和要求，海底底质采样工序主要包括海区技术设计、海底底质采样、沉积物现场处置与测试、沉积物实验室测量和底质测量资料整编5个方面（图8-3）。具体操作参见底质采样技术内容。

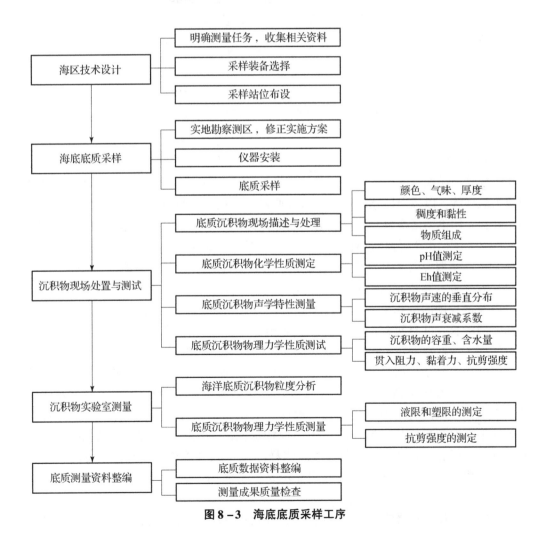

图8-3　海底底质采样工序

二、声学海底底质反演工序

声学海底底质反演主要包括海区技术设计、海上测量、数据处理和海底底质反演 4 方面（图 8-4）。

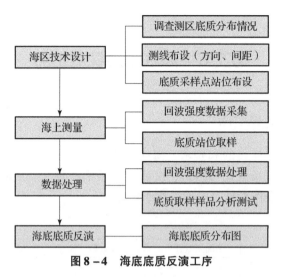

图 8-4 海底底质反演工序

第三节 海底底质采样技术

海底底质沉积物采样有多种形式和方法，使用的采样器也不相同。重力法主要是利用采样器上所配备的重物作为穿透地层并挖取沉积物样品的能量来源，典型采样器是重力取样管，以及卡斯顿取样器、箱式取样器、抓斗式取样器等。活塞法对应的典型采样器是库伦堡活塞取样管。该取样管穿透地层并获取沉积物的能量也是通过配重物来提供的，但由于样品管内设有活塞装置，因此增加获取样品的长度。类似的取样器还有大活塞取样管、振动活塞取样管、液压活塞取样管等。振动法代表性取样器是振动取样管，其依靠采样管头的振动而进入地层并获得样品。该方法的最大优点是可以穿透较硬的沉积层，如砂层和贝壳层，并获取较长的样品。不足之处是采取样品时间较长，并且对样品性质有一定影响。钻探法通过架设在船上的钻机对海底进行钻探，获取海底沉积物样品。钻探法获取的样品可长达几百米，但仪器设备庞大、保障技术复杂、操作难度较高，获取的沉积物扰动严重，性质基本被破坏。液压法对应的典型取样器是液压活塞取样管，其原理是通过液压管的液压加力过程，使取样管在很短的时间内穿透很长的地层。液压法最大优点是能够在保证样品性状的前提下获取超长样品。拖网法属于一种特殊情况下的采样方法，主要用于表层底质是基岩或砾石，普通的采样器无法采集样品或者采集不到样品时，才使用该方法。该方法获取的样品代表性和准确性明显不足，不能用于大面积或大水深条件下的海底采样。

采样方法及采样器的选择既取决于采集样品的最终研究目的，还要考虑所采集样品的海域条件、海底状况以及采样设备和技术条件等因素的限制。一般海洋底质环境调查要求采取表层样品，同时原状密封低温保存。在海洋灾害地质分析或海洋地质调查中，由于主要目的是研究沉积物的结构和成因方面的特征，因此关心沉积物的层序、样品的长度以及机械扰动程度。通常采用土力学取样方法，获取包括柱状、箱式、蚌式（抓斗）等多种形式较大深度范围内的样品。其中的柱状样尤为重要，因其深度较大，结构完整，现势性和原状性较强，能提供的信息量也多。柱状样品一般使用管式采样器，采用重力法、重力活塞法、振动活塞取样法或浅钻法获取，并且根据研究目的和海域条件规定了样品采集的基本长度。表层样品一般可用咬合采泥器直接采集；当底质为基岩或砾石，采泥器采集不到样品时，可使用拖网采样法采集样品。

一、重力底质采样原理

海底底质采样分为浅海区域和深海区域，浅海区域一般是指水深小于 1000m 的海域，深海区域一般是指水深大于 1000m 的海域，海底底质采样获取的海底沉积物样品包括表层样品和柱状样品两种类型。

（一）表层采样器工作原理

蚌式抓斗采泥器工作原理如图 8-5 所示，两个扇形抓斗与结合轴组成整体，由挂钩、铁链等组成释放装置，再结合轴和扇形抓斗上部两侧分别用铅块加重。使用时，挂钩将仪器提升，使其张口，投放到海底后，挂钩解脱，在慢速提升时张口闭合来获得样品。

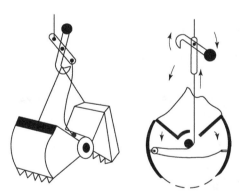

图 8-5　抓斗采泥器工作原理

（二）重力取样器工作原理

（1）简单的重力取样器（图 8-6）。当船上钢丝绳快速释放时，取样器在配重和自重作用下克服海水的浮力和阻力，其下端的切削型管靴靠动能贯入地层。管口爪簧防止芯样在提钻时脱落。取样管上部的球阀，当取样器贯入土层时在管内水压作用下打开，而提起时关闭，以保护芯样免受海水冲刷。为了保持取样管在落入过程中处于稳定垂直状态并提高下落速度，一般还设置配重、稳定器和钢丝绳抛出机构。由于土样在取样管中上升时要克服与取样管内壁的摩擦力和取样管内的水压，当样品较长时会出现管内土样被压实的现象，从而限制了取样长度。

（2）带框架的活塞式重力取样器（图 8-7）。该取样器在简单式重力取样器的基础上增加了框架和活塞,并将活塞引绳固定在框架顶部,使其长度恒定。当框架下落,坐于海底时,活塞锁定在海底平面的位置上,而取样管在惯性作用下贯入海底完成取样。随着取样管贯入土中的深度不断加大,活塞在取样管中的相对位置逐渐上移,隔开了静水压力对样品的影响,同时消除了土样被非均匀压实的现象,使取出的芯样长度几乎与取样管贯入深度相等。

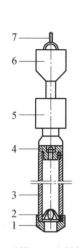

1—管靴;2—爪簧;3—取样管;4—球阀;
5—配重;6—稳定器;7—钢丝绳。

图 8-6 简单的重力取样器

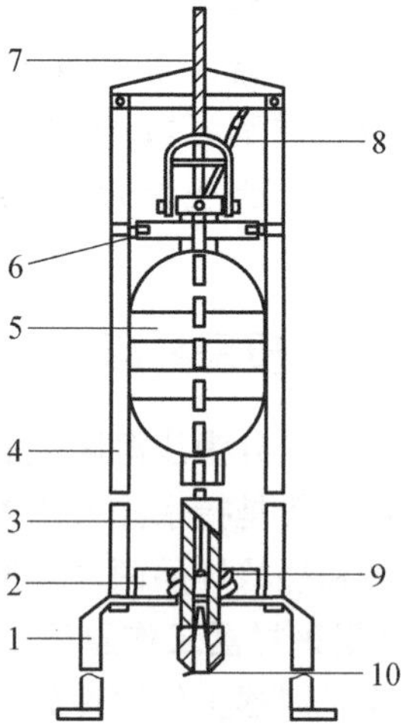

1—支承爪;2—中心配重;3—取样管;4—框架;5—配重;
6—可移动的横梁;7—钢丝绳;8—活塞引绳;9—活塞;10—卡子。

图 8-7 活塞式重力取样器

二、样品的现场处置与测试

海洋底质沉积物的现场描述主要是采用目视的方法对海洋底质样品的颜色、气味、厚度、稠度、黏性、物质组成以及结构和构造特征等进行描述和记录,对具有特殊意义的一些地质现象则可以使用照相或录像等技术手段。样品现场处理主要包括对样品的 pH 值、Eh 值、声学特性参数、贯入阻力、十字板剪切强度、含水量和容重等底质要素所进行的现场测量,以及对柱状样品和拖网样品的分样、处置、登记和保存及运输等工作。

(一) 底质沉积物现场描述

沉积物样品现场描述的项目和内容取决于底质调查性质和研究目的。通常情况下,主要描述样品的外观特征和组成结构特点,以及样品所具有的一些特殊现象。所有描述记录应该做到真实、准确、清晰、明了,并且附有相关内容记录,包括海区、站位、调查船号、航次、站号、取样层位、水深、采样器种类、采样日期、样品分析项目、样品箱号、样品袋号,以及采样者、记录者和校对者等内容。

(1) 颜色、气味、厚度。底质沉积物颜色的确定,主要是用肉眼观察样品表面的颜色和剖面颜色的变化情况,再与标准色板进行比较,同时做好记录。在记录当中注意颜色名称中主导基调色在后,次要附加色及形容词在前。

气味的描述一般依靠嗅觉鉴别有无硫化氢或其他气味及其强弱,并进行记录。注意样品采样后,应当立即进行气味描述。

样品厚度可以用钢卷尺直接测量，但应区分取样管插入海底深度和实际采取样品长度以及分层厚度等不同数据，分别记入相关表格。

（2）稠度和黏性。稠度一般分为流动的、半流动的、软的、致密的和略固结的5类，可根据其标准进行判定并做好记录。具体标准如下：①流动的：沉积物能流动；②半流动的：沉积物能稍微流动；③软的：沉积物不能流散，但性软，手指很容易插入；④致密的：手指用劲才能插入；⑤略固结的：手指很难插入，用小刀能割开者。

黏性一般分为：强黏性、弱黏性和无黏性三类，可根据下列标准判定并做好记录：①强黏性：极易黏手，强塑；②弱黏性：微黏手，可塑；③无黏性：不黏手，不可塑。

（3）物质组成。依据沉积物颜色和粒级（按照尤登－温德华士等比制Φ值粒级标准）进行现场命名。注意名称术语为颜色在前，粒级名在后。

（二）底质沉积物声学特性测量

（1）沉积物声速的垂直分布。海洋底质沉积物声波（纵波）传播速度与沉积物的颗粒平均粒径、孔隙度、密度、温度有关。沉积物的颗粒平均粒径和密度越小，孔隙度越大，沉积物的声速越小。有时温度的变化所造成的声速的变化，能够掩盖或大于因环境差别和沉积物类型差别所引起的声速变化。

通常海底表层沉积物的声速高于海水声速，含气沉积物或液态悬浮淤泥底质沉积物的声速则要比海水声速低1%～2%，甚至低5%。海底沉积物下面的岩石中的声速，随岩石层的结构特征不同而不同，传播速度在3000～8000m/s。例如，花岗岩约为5500m/s，玄武岩约为6300m/s。一般取3000m/s作为沉积物是否已经固结的判别标准。

不同海区的沉积物声速垂直分布特征各异。沉积物声速的垂直分布主要分为两种类型：一种是沉积物表面的声速明显地高于海水中的声速，但声速在沉积层中的变化并不随沉积层的深度而变化。另一种是沉积层表面的声速接近或小于相邻的海水声速，随着沉积层深度的增加，声速以沉积层分层均匀的形式增加到某一稳定值，再往下就很少变化；或随着沉积层的深度增加，声速以连续变化的形式增大到某一稳定值后，再就很少变化。

（2）沉积物声衰减系数。声波（纵波）在海底沉积物中的传播衰减主要取决于沉积物中无机物颗粒之间的内摩擦损耗。内摩擦损耗与颗粒的粒径大小、粒径种类、粒的表面积及其内聚性有关。实测证实，海底沉积层中声波的吸收衰减与声波的频率、沉积物的物理特性（孔隙度、平均颗粒粒径等）有较好的相关性。沉积层中纵波（压缩波）的衰减系数α与声波频率的关系为

$$\alpha = K \cdot f^{X} \tag{8-15}$$

式中：α为纵波（压缩波）的衰减系数（dB/m）；f为声波频率；X为频率指数，其值在0.5～2，一般取$X=1$，K为频率1kHz，衰减为单位距离的比例常数。根据常数K将沉积物的类型等物理特性与衰减特性联系起来。

（三）底质沉积物物理性质测试

（1）沉积物的容重。其定义为单位体积沉积物的质量，单位为g/cm³或t/m³，用

公式表示为

$$\rho = \frac{m_0}{V} \tag{8-16}$$

式中：m_0 为沉积物的质量（g）；V 为沉积物的体积（cm³）。

天然状态下陆地松散沉积物的容重变化较大，随沉积物的矿物组成、孔隙体积和水的含量而异，一般变化在 1.60～2.20g/cm³。海洋底质沉积物由于含水量较大，因此容重相对要小一些。沉积物的容重一般用"环刀法"测定。

（2）沉积物的含水量（含水率）。其定义为沉积物中水的质量与沉积物固体颗粒质量之比，即沉积物试样在 105～110℃下烘干到恒量时所失去的水量与达到恒量后干沉积物质量的比值，以百分数表示。

$$w = \frac{m_w}{m_d} \times 100 = \left(\frac{m_0}{m_d} - 1\right) \times 100 \tag{8-17}$$

式中：m_0 为沉积物的质量；m_w 为沉积物中水的质量；m_d 为沉积物中固体颗粒的质量。

含水量是标志沉积物湿度的一个重要指标。天然沉积物的含水量变化范围很大，它与沉积物的种类、埋藏条件及其所处的自然地理环境等有关。干燥的粗砂沉积物，含水量接近于零，而饱和砂质沉积物可达 40%；坚硬的黏性沉积物的含水量约小于30%，而饱和状态的软黏性沉积物（如淤泥）可达 80% 以上。深海大洋中的细黏土沉积物的含水量可以达到 200% 以上。

一般情况下，对于同一类沉积物而言，当其含水量增加时，其强度将随之降低。沉积物的含水量一般用"烘干法"测定。

对于沉积物的化学特性和力学特性测量，在常规的海底地形测量中一般不考虑。

三、样品的实验室测量

海洋底质沉积物物理性质测试指标主要包括直接测定的含水量、比重、容重、质量密度、重力密度，以及通过计算获得的干密度、孔隙比、孔隙率、饱和度和粒度组成指标等；对于细颗粒组成为主的沉积物，还需要测定沉积物的液限和塑限，并根据其推算出沉积物的塑性指数、液性指数、含水比和活动度等可塑性指标。海洋底质沉积物力学性质主要包括黏着力、抗压强度（压缩性）、抗剪强度（剪应力）和贯入阻力 4 项指标。其中，黏着力指标包括天然黏着力和最大黏着力，抗压强度指标包括压缩系数、压缩模量、体积压缩系数、固结系数、次固结系数、主固结比、前期固结压力、超固结比、压缩指数和回弹指数等，抗剪强度指标则包括直接剪切抗剪强度、三轴剪切抗剪强度以及十字板剪切抗剪强度。在某些特殊情况下，还需要确定底质沉积物的侧压力系数、泊松比、无侧限抗压强度以及灵敏度等。

通常情况下，海底地形测量底质分析重点研究沉积物的颗粒大小（粒度）及其分布规律，通过对沉积物的粒度、粒径分布的测定，可以为海洋底质沉积物的命名以及研究海底沉积物的沉积规律提供依据，也可以为研究海底环境条件变化以及海流的变化等提供参考信息。

（一）粒度测量方法

粒度测量方法很多，据统计有上百种。常用的有筛分法、沉降法、激光法、显微图像法和电阻法 5 种，另外，还有几种在特定行业和领域中常用的测试方法，如刮板法、沉降瓶法、透气法、超声波法和动态光散射法等。

（1）沉降法。沉降法是根据不同粒径的颗粒在液体中的沉降速度不同而测量粒度分布的一种方法。它的基本过程是把样品放到某种液体中制成一定浓度的悬浮液，悬浮液中的颗粒在重力或离心力的作用下将发生沉降。不同粒径颗粒的沉降速度是不同的，大颗粒的沉降速度较快，小颗粒的沉降速度较慢。研究结果表明，沉降速度与颗粒直径的平方成正比。两个粒径比为 1∶10 的颗粒，其沉降速度之比为 1∶100，可见细颗粒的沉降速度要慢很多。最终，根据颗粒的沉降速度可以测试颗粒的粒度分布。

（2）激光法。激光法是根据颗粒能使激光产生散射这一物理现象来测试粒度分布的方法。激光具有很好的单色性和极强的方向性，并且在传播过程中很少有发散的现象。当激光束遇到颗粒阻挡时，一部分激光将发生散射现象。散射光的传播方向将与主光束的传播方向形成一个夹角 θ。散射角 θ 的大小与颗粒的大小有关，颗粒越大，产生的散射角 θ 就越小；颗粒越小，产生的散射角 θ 就越大。研究表明，散射光的强度代表该粒径颗粒的数量。这样，在不同的角度上测量散射光的强度，就可以得到样品的粒度分布了。与传统粒度分析方法相比，激光法具有测试速度快、测试范围宽、重复性和真实性好、操作简便等优点。例如，英国生产的 M2000 型激光粒度分析仪就可以对粒度在 $0.02\sim2000\mu m$ 的海底沉积物进行分析测定，精度可达 $0.001\mu m$，并可获得各个粒级的粒度均值 M_z、分选系数 δ_i、偏态 S_{ki} 和峰态 K_g 等参数。

（3）筛分法。筛分法是一种最传统的粒度分析方法。它是使颗粒通过不同尺寸的筛孔来测试粒度分布的。筛分法可分为干筛和湿筛两种形式，可以用单个筛子来控制单一粒径颗粒的通过率，也可以将多个筛子叠加起来同时测量多个粒径颗粒的通过率，并计算百分含量。筛分法有手工筛、振动筛、负压筛、全自动筛等多种方式。颗粒能否通过筛孔与颗粒的取向和筛分时间等因素有关，不同的行业有各自的筛分方法标准。

（4）电阻法。电阻法又称为库尔特法，是由美国人库尔特（Kurt）发明的一种粒度分析方法。这种方法是根据颗粒在通过一个小微孔的瞬间，占据了小微孔中的部分空间而排开了小微孔中的导电液体，使小微孔两端的电阻发生变化的原理来测试粒度分布的。小孔两端的电阻大小与颗粒的体积成正比。当不同大小的粒径颗粒连续通过小微孔时，小微孔的两端将连续产生不同大小的电阻信号，通过计算机对这些电阻信号进行处理就可以得到粒度分布。用库尔特法进行粒度测试所用的介质通常是导电性能较好的生理盐水。

（5）显微图像法。显微图像法是将显微镜放大后的颗粒图像通过 CCD 摄像头和图形采集卡传输到计算机中，由计算机对这些图像进行边缘识别处理，计算每个颗粒的投影面积，根据等效投影面积原理得出每个颗粒的粒径，再统计出所设定的粒径区间的颗粒数量，就可以得到粒度分布。这种方法单次所测到的颗粒个数较少，同一样品需要通过更换视场的方法进行多次测量来提高测试结果的真实性。

（二）粒度分析方法

（1）粒度分布曲线。沉积物粒度分析方法之一是根据粒度分析资料，按照各粒级的百分含量画出粒度分布曲线，然后根据曲线特征来判定沉积物的粒度分布特征。常见的粒度分布曲线有直方图及其频率曲线、累积曲线和概率累积曲线三种。

（2）粒度参数及其计算。虽然粒度曲线图可以提供识别沉积物的许多特征，但仅仅满足于曲线形态的判读和解释，所得的结论还是定性的和初步的。由于曲线的形态繁多，如果使用文字来表达，则显得冗长、累赘和含糊不清，因此，引入统计学的数字量度就很必要。常用的统计参数（粒度参数）有平均值、标准偏差（分选系数）、偏态和峰态几种，常用的计算方法有四分位法、福克和沃德图解测量法及矩法等。

第四节　浅地层剖面测量技术

浅地层剖面测量是一种基于声学原理的连续走航式探测水下浅部地层结构和构造的海洋测绘方法。它利用声波在海水和海底沉积物中的传播和反射特性及规律对海底沉积物结构和构造进行连续探测，从而获得直观的海底浅部地层结构剖面。它采用走航式测量，工作效率高，是进行海洋地球物理调查的常用手段之一。浅地层剖面仪以其灵敏度和分辨率高，连续性好且能快速地探测水下地层的地质特征及其分布而在海洋调查中得到了广泛的应用，其应用范围涉及水上工程勘察、灾害地质调查和海洋地质科学研究等诸多领域。

一、浅地层剖面测量工作原理

浅地层剖面仪的工作原理与多波束测深和侧扫声纳相类似，都是利用声学原理测量海底。它们的区别在于浅层剖面系统的发射频率较低，产生声波的电脉冲能量较大，具有较强的穿透力，能够有效地穿透海底几十米甚至上千米的地层。浅地层剖面测量与单道地震探测类似，但分辨率高，中、浅地层探测系统的分辨率可以达到几个厘米。

由海底底质的声学特性可知，声波在不同类型的介质中具有不同的传播特性，当海底介质的成分、结构和密度等因素发生变化时，声波的传播速度、能量衰减及频谱成分等也发生相应的变化，在不同海底介质分界面上会发生反射、透射和散射。人们正是利用这一原理研制了浅地层剖面仪。浅地层剖面仪的换能器按一定时间间隔垂直向下发射声脉冲，声脉冲穿过海水触及海底以后，一部分声能反射返回换能器；另一部分声能继续向地层深层传播，同时回波陆续返回，声波传播的声能逐渐损失，直到声波能量损失耗尽为止（图8-8）。测量地层厚度，实际是测量声波穿透地层传播的时间，如 t_i 表示地层上下两个界面之间的时间差，v_i 表示该地层的声速，这样就可算出该地层厚度 h_i。

$$h_i = \frac{v_i t_i}{2} \qquad (8-18)$$

地层声速随着沉积物的不同而不同，声波的海底反射能量大小由反射系数 r 决定，反射系数与界面上下两层的密度和声速有关，相邻两层有一定的密度和声速差，两层的相邻界面就会有较强的声强，在剖面仪终端显示器上会反映灰度较强的剖面的界面线（图8-9）。

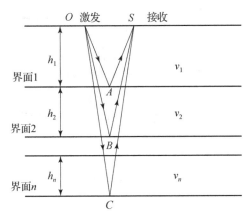

图8-8 声波传播路线示意图

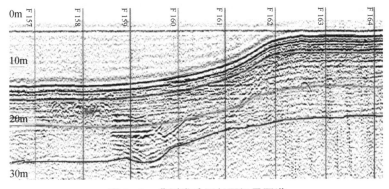

图8-9 典型浅地层剖面记录图谱

浅地层剖面仪主要由发射系统和接收系统两大部分组成。发射系统包括发射机和发射换能器，接收系统由接收机、接收换能器和用于记录和处理用的计算机组成。浅地层剖面仪经历了从固定频率和线性调频（chirp）到声学参量阵式的发展。

线性调频声纳是宽频带主动声纳，发射的声脉冲是一种线性调频信号，接收海底散射回波信号并对接收的信号进行放大、转换等处理后存入计算机。线性调频声纳具有脉冲重复性好、频带宽、所载信息量大等优点，因而应用较广泛。但是由于受线性调频工作机制的限制，如果要获得具有足够穿透力的低频高指向性的脉冲，那么它的换能器将会做得很大。这给安装使用带来了不便，而且其波束开角大，容易受风浪的影响，因而地层分辨率较低。为克服线性调频声纳的不足，根据19世纪提出的参量阵原理制作出了参量阵声纳，这种声纳换能器发射的频率可以很低且发射波束角很小，具有很强的穿透力和很高的分辨率。

二、浅地层剖面数据处理的技术方法

信噪比和分辨率是衡量野外采集数据好坏的两个重要指标，其中，信噪比又是分辨率的基础。高质量的浅地层剖面数据首先对采集环境有着严格的要求，另外，一些常规的处理方法可以有效地提高数据信噪比以及分辨率，下面以实测剖面为例，列举一些处理手段进行对比分析。

(一) Threshold 和 Clipping

Threshold 和 Clipping 主要应用在数据显示方面，根据采集到的电信号的幅度，设置合适的 Threshold 值和 Clipping 值。前者表示信号幅度小于该值的信号都对应最小的可显示的颜色值，这样可以用来减弱背景噪声对有效信号识别的影响。但是，如果设置不合适，可能会影响真正的反射信号。而后者正相反，表示信号幅度大于该值的信号都对应可显示的最大的颜色值，根据沉积环境，如果选择合适的 Clipping 参数，可以突出显示信号中的弱反射。

图 8-10 所示为 Threshold-Clipping 处理效果比较，可以看出选择合适的 Threshold 和 Clipping 参数，可以使地层层次显示得更加清晰。

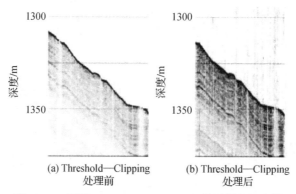

图 8-10 不同 Threshold—Clipping 值设置剖面比较

(二) 带通滤波

带通滤波是数据处理中的一种常用方法，通常是根据采集到的信号频带和其中有效信号的频带设置适当的高通、低通截止频率对数据进行滤波，可以起到降低噪声的效果。图 8-11 所示为同一剖面采用不同滤波参数剖面的显示效果比较，相对图 8-11 (b)，图 8-11 (a) 的滤波参数设置不合适导致深部的有效信号也被滤掉了，因此，要根据勘测目的选择合适的通带截止频率，保证不会损伤有效信号。

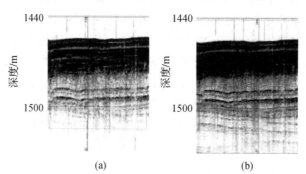

图 8-11 不同滤波参数的剖面比较

(三) 相关去噪

在常规数据处理中，相关去噪主要是利用随机噪声之间或者噪声与有规律的周期信号之间是互不相关的特点来有效地去除噪声。对于浅地层剖面资料的处理，相关去噪有着更加特殊的应用，特别是针对脉冲调制型浅剖仪（Chirped Pulse）采集到数据，相关是必不可少的信号处理方法,因为 chirp 子波本身就是一种似噪声波形,其采集到的信号与输入的 chirp 子波有最好的相似性,而线性噪声干扰与子波相似性很差,因此,相关处理后不仅可以很好地对反射信号进行脉冲压缩,而且可以压制噪声干扰,达到提高资料的分辨率和信噪比的目的。图 8 – 12（a）是参量浅剖采集到的原始剖面,可以看到相关后,噪声得到了有效的抑制。

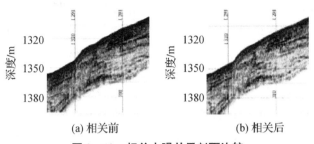

图 8 – 12　相关去噪效果剖面比较

第五节　多波束海底底质反演技术

一、海底底质声学反演技术概述

声学方法通过遥测海底底质的声学特性来了解其物理性质,具有工作高效、经济、资料连续丰富的特点,结合一定的传统取样或光学照片,为海底底质探测提供了一种迅速而可靠的方法。从 20 世纪 50 年代开始,人们进行了许多海底沉积物声学特征与沉积物物理力学性质（主要是沉积物孔隙度等）之间关系等方面的研究,这些为声学方法探测海底底质类型的研究打下了基础。在声学技术、数据采集与处理技术的迅速发展以及在利用声学信息探测海底底质的巨大潜力推动下,人们相继发展了基于单波束测深仪、侧扫声纳和多波束测深系统的海底底质反演技术。

（一）单波束海底底质反演技术

单波束向海底发射声波,换能器接收连续的海底回波信号,分析回波的波形特征,确定海底底质类型。对于平坦光滑的海底,回波波形较尖锐,对于粗糙复杂的海底,回波波形相对平缓,且持续时间较长（图 8 – 13）。

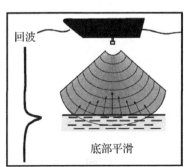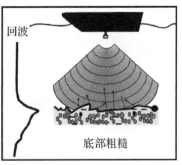

图 8 – 13　典型海底的回波波形

单波束声学底质反演技术出现较早，经过近 40 年的不断革新发展，开发了一些满足一定精度要求的设备和软件，其中美国的 ASCS 和 VBT – BottomClassifier 系统、加拿大的 QTCVIEW 系统和英国的 RoxAnn 系统代表了单波束海底底质反演技术的发展水平。

(二) 侧扫声纳海底底质反演技术

侧扫声纳是一种多用途水声探测设备，主要用途之一是获取高分辨率的海底声纳图像。如图 8-14 所示，换能器向海底发射宽角度波束，声波到达海底后返回，按照回波到达的时间先后顺序记录海底反向散射强度数据。在有效波束宽度内，分析反向散射强度的变化规律，对于粗糙的海底，反向散射强度值较大，随时间变化平缓，对于光滑的海底，反向散射强度相对较小，随时间变化减小较快。侧扫声纳以时间为基准记录海底反向散射强度，其优点是能获取较高分辨率的海底声纳图像，但在海底底质探测中，也有其自身的缺陷，就是分不清反向散射强度的变化是由海底地形还是底质类型变化引起的。如图 8-15 所示，海底平坦、底质相同时，反向散射强度随时间

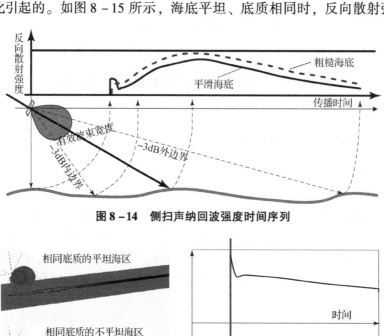

图 8-14 侧扫声纳回波强度时间序列

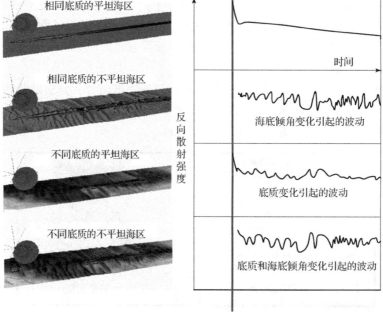

图 8-15 底质和海底地形引起反向散射强度变化示意图

变化平滑;海底不平坦、底质相同时,反向散射强度的起伏反映了海底地形的变化(声纳图像可用于显示海底微地貌);海底平坦、底质类型变化时,反向散射强度的变化反映了海底底质的变化(声纳图像可用于探测海底底质);海底不平坦、底质类型变化时,反向散射强度变化复杂,不能分离海底地形和底质变化对反向散射强度的影响。

(三) 多波束海底底质反演技术

与侧扫声纳相似,多波束也借助于分析回波强度的时间变化序列进行海底底质分类,海底底质分类的声学原理是一致的。与侧扫声纳不同的是,多波束除了记录回波强度随时间的变化信息,还记录回波强度的波束信息,即回波强度属于哪一个波束(图 8-16),这样可以建立回波强度与海底地形的关系,从而消除海底地形等因素对回波强度的影响,得到只反映底质变化信息的海底反向散射强度数据。利用海底反向散射强度与海底底质的相关性,进行海底底质反演。

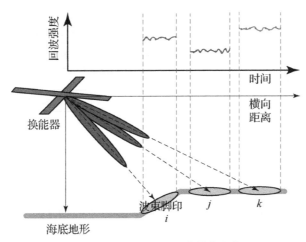

图 8-16 多波束回波强度接收示意图

二、多波束海底底质反演数据处理流程

由于海底底质的多样性、海底反向散射强度的随机性、海上测量的动态性,多波束海底底质分类是一个复杂的过程,包括多波束回波强度的数据处理、底质特征参数提取和底质分类等内容,图 8-17 给出了多波束海底底质反演的数据处理流程。

基于多波束回波强度数据源及特征参数提取方法的不同,多波束海底底质分类主要分为两大主线:一是基于多波束深度数据包记录的回波强度数据,计算平均反向散射强度随入射角的变化曲线,在曲线上提取底质特征参数,输入建立的分类器,实现海底底质的探测功能;二是基于多波束侧扫数据包记录的回波强度数据,计算归一化海底反向散射强度,采用一定的声纳图像镶嵌原则,生成反映海底底质变化的声纳镶嵌图,在镶嵌图上提取底质相关特征参数,输入分类器,实现海底底质的探测功能。

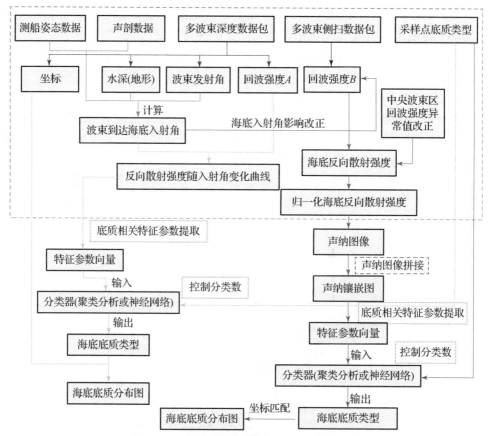

图 8-17 多波束海底底质反演数据处理流程

三、多波束回波强度数据处理

多波束回波强度数据处理的目的是得到只反映海底底质变化的反向散射强度数据，主要包括海底入射角对回波强度的影响及其改正和中央波束回波强度异常值改正等。

（一）海底入射角对回波强度的影响及其改正

（1）海底入射角计算模型。如图 8-18 所示，波束在海底的入射角 θ_f 是指波束的入射向量 V_i 与入射点海底法线向量 V_n 之间的夹角，用公式表示为

$$\theta_f = \arccos(V_i \cdot V_n / (\|V_i\| \|V_n\|)) \tag{8-19}$$

式中：·表示向量 V_i 和 V_n 的内积（标量积）；$\| * \|$ 表示计算向量的模。

（2）改正模型。多波束测深系统在数据获取期间，为了得到 BS_0 值（反映海底底质特性），消除入射角对反向散射强度的影响，通常在声速一致，海底平坦的假设条件下对反向散射强度进行改正，即入射角 $\theta = \theta_s$，它与实际海底入射角 θ_f 改正的差值为

$$\Delta BS = 20\log\left(\frac{\cos\theta_s}{\cos\theta_f}\right) + 10\log\left(\frac{\sin\theta_f}{\sin\theta_s}\right), \theta \geqslant 25° \tag{8-20}$$

则改正后的海底斜入射反向散射强度为

$$BS_0' = BS_0 + \Delta BS \tag{8-21}$$

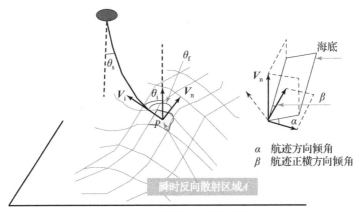

图 8-18 海底入射角示意图

(二) 中央波束区回波强度异常值改正

高频多波束测深系统有着较高的分辨率,可辨识海底精细特征,显示海底纹理特性。然而,波束指向性影响、不均匀的基阵灵敏性和声照射区面积计算的不准确等都会给回波强度带来系统误差,这些系统误差表现在声纳图像上是:①垂直入射和接近垂直入射引起镜面反射,使得在声纳图像中沿航迹线位置附近出现异常灰度值;②在一定的海底入射角处,灰度相对于其他区域有明显的明暗变化(图 8-19)。

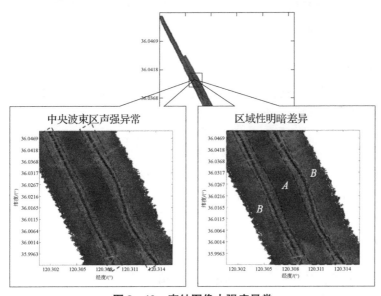

图 8-19 声纳图像中强度异常

(1) 高斯加权平均法改正模型。根据波束入射角设置数据点的权值(表 8-1),应用高斯加权平均算法 (Gaussian Weighted Mean Algorithm) 计算中央波束附近反向散射强度值。

$$\mathrm{BS} = \sum_{i=1}^{n} W_i \mathrm{BS}_i \Big/ \sum_{i=1}^{n} W_i \qquad (8-22)$$

式中:BS 为中央波束附近反向散射强度值;BS_i 为其他区域的反向散射强度;W_i 为权值。

表 8-1　不同入射角处的权值设定

入射角/(°)	-60.0	-45.0	-15.0	-14.9	14.9	15.0	45.0	60.0
权值	0.2	1.0	0.8	0.1	0.1	0.8	1.0	0.2

(2) 加权最小二乘估计法。其基本原理是：视各 ping 回波强度信号由趋势性信号（轮廓线）和高频抖动信号构成；先利用条带中连续多 ping 回波强度数据提取初始回波强度序列，再采用加权最小二乘估计法提取初始回波强度序列轮廓作为多 ping 数据共同的轮廓线（低频趋势项），在各 ping 回波强度序列中减去共同的轮廓线得到各 ping 的高频抖动信号；进而利用各 ping 原始数据中高质量区域回波强度数据计算得到其相应回波强度基值；将回波强度基值与其对应的高频抖动信号叠加实现各 ping 回波强度信号的重构；从而得到整个条带归一化回波强度，使之能够均匀地反映海底底质变化。

四、特征参数提取方法

(一) 基于声纳图像的特征参数提取方法

生成声纳镶嵌图后，可以从图像上提取特征参数。图像特征参数提取的方法很多，QTC 多波束海底底质分类软件使用 5 种算法（基本统计量、分位数和直方图、功率谱率、灰度共生矩阵和纹理分析）从声纳图像上提取 132 个特征参数（建立全特征向量）描述海底底质变化信息。

1. 基本统计量

(1) 平均值：声像图中所有像元灰度值 $f(i,j)$ 或所有波束反向散射强度的平均值，反映了影像中地物的平均散射强度。

$$u = \frac{1}{MN} \sum_{i=0}^{M-1} \sum_{j=0}^{N-1} f(i,j) \tag{8-23}$$

(2) 标准偏差：反映各像元灰度值与影像平均灰度值的总的离散度，是衡量一幅图像信息量大小的重要度量。其具体计算公式为

$$\sigma = \sqrt{\frac{\sum_{i=0}^{M-1} \sum_{j=0}^{N-1} [f(i,j) - u]^2}{MN}} \tag{8-24}$$

式中：σ 为标准偏差；M、N 分别为图像的行列值。

2. 分位数和直方图

在统计学上，分位数常常用来描述随机变量的概率分布。若概率 $0 < p < 1$，随机变量 X 或它概率分布的分位数 Q 是指满足条件 $p(X > Q) = \alpha$ 的实数，中值相应于 $\alpha = 0.5$ 的分位数。与平均值相比，分位数不容易受到声纳图像中灰度异常值的影响，具有更强的抗差性。对于给定的 α 值，Q_α 为矢量 X 第 α 个分位数。对于给定的声纳图像矩元，分别提取 $\alpha = 0.1, 0.2, \cdots, 0.9$ 的分位数。

灰度直方图是灰度的一阶概率分布的离散化形式。它的形状说明图像小区域灰度分布的总信息。例如，出现窄峰状直方图说明图像反差小；出现双峰说明图像中分为

不同亮度的两个区域。常用的直方图统计信息包括均值、方差、偏度、峰度等。均值和方差体现在基本统计量中。直方图的偏度 S 定义为

$$S = \frac{\eta^3}{\sigma^3} = \frac{1}{MN\sigma^3} \sum_{i=1}^{M} \sum_{j=1}^{N} [f(i,j) - u]^3 \tag{8-25}$$

偏度表示直方图分布偏离对称的大小。

直方图的峰度 K 为

$$K = \frac{\eta^4}{\sigma^4} = \frac{1}{MN\sigma^4} \sum_{i=1}^{M} \sum_{j=1}^{N} [f(i,j) - u]^4 \tag{8-26}$$

峰度描述直方图是聚集在均值附近还是散布于直方图的尾端。

3. 功率谱率

对于局部窗口 i 内（$i=1,2,\cdots$）的反向散射强度信号为 $g_i(t)$，能量谱为

$$P_i(f) = |F[g_i(t)]|^2 \tag{8-27}$$

式中：F 为傅里叶操作算子。为了改善准确性，平均 n 个窗口的能量谱为

$$\bar{P}(f) = \frac{1}{n} \sum_{i=1}^{n} P_i(f) \tag{8-28}$$

对数能量谱定义为

$$P_L(f) = 10\log\left(\frac{A\bar{P}(f)}{P_m} + 1\right) \Big/ \log(A+1) \tag{8-29}$$

式中：P_m 为 $\bar{P}(f)$ 的最大值；A 为常量，即 10000。则标准化的对数能量谱为

$$P_{NL}(f) = P_L(f) \Big/ \int_0^{f_{NY}} P_L(f) \mathrm{d}f \tag{8-30}$$

式中：f_{NY} 为奈奎斯特频率，根据窗口内的像元数确定。根据对数能量谱，可以得到两个谱特征：

$$D_{f_1} = \int_0^{f_{BA}} P_{NL}(f) \mathrm{d}f \Big/ \int_{f_{BA}}^{f_{NY}} P_{NL}(f) \mathrm{d}f \tag{8-31}$$

$$D_{f_2} = \int_0^{\frac{1}{4}f_{BA}} P_{NL}(f) \mathrm{d}f \Big/ \int_{f_{BA}}^{f_{NY}} P_{NL}(f) \mathrm{d}f \tag{8-32}$$

取 $f_{BA} = f_{NY}/2$，D_{f_1} 表示低高频的比率，D_{f_2} 为甚低频与高频的比率，这个特征在区分砂、泥等海底时是有效的，因为砂底有较宽的频谱范围，泥底相对比较光滑，缺少高频项。

4. 灰度共生矩阵

回波强度是个复杂的物理量，同发射频率、底质类型、掠射角等多种因素有关，不同的底质类型可能有相同的回波强度。不同的底质，其在声图上构成的纹理可能是不同的。纹理是海底表面结构粗糙程度的直接反应，可利用它进行分类。共生矩阵统计分析是纹理分析应用的最广泛的方法。一般对声纳图上的同一聚类的图像截取一矩形窗口，进行共生矩阵的计算。然后对共生矩阵进行统计分析。

灰度共生矩阵研究沿一定方向（0°、45°、90°、135°）相隔一定距离的像元之间相互关系，矩阵元素 (i,j) 的值等于沿 α 方向间距为 d 时，灰度为 i 和 j 的像元出现的概率为 p。基本统计量有反差、熵、均匀性、相关度、能量和方差 6 个，设矩阵大小为

$m \times m$，具体公式如下。

反差：
$$f_1 = \sum_{n=0}^{m-1} n^2 \sum_{i=1}^{m} \sum_{j=1}^{m} p(i,j), \ |i-j| = n \tag{8-33}$$

熵：
$$f_2 = \sum_{i=1}^{m} \sum_{j=1}^{m} p(i,j) \log_2 p(i,j) \tag{8-34}$$

均匀性：
$$f_3 = \sum_{i=1}^{m} \sum_{j=1}^{m} \frac{p(i,j)}{1 + (i-j)^2} \tag{8-35}$$

相关度：
$$f_4 = \frac{\sum_{i=1}^{m} \sum_{j=1}^{m} p(i,j) - u_x u_y}{\sigma_x \sigma_y} \tag{8-36}$$

能量：
$$f_5 = \sum_{i=1}^{m} \sum_{j=1}^{m} p(i,j)^2 \tag{8-37}$$

方差：
$$f_6 = \sum_{i=1}^{m} \sum_{j=1}^{m} (i-u)^2 p(i,j) \tag{8-38}$$

式中：u_x、u_y 分别为行均值和列均值；σ_x 和 σ_y 分别为行均方差和列均方差；u 为均值。最后，将 4 个方向的值平均，就得到了旋转不变的特征向量。

（二）基于海底反向散射强度随入射角变化曲线的特征参数提取方法

海底反向散射强度与底质类型和入射角有关。根据反向散射强度量值的大小，可粗糙地将海底分为"硬质"和"软质"海底（如沙砾、岩石海底相对于泥和沙的海底）。但由于实测反向散射强度数据集的离散性以及不同底质类型海底反向散射强度数值可能相当等原因，既不能仅通过沉积物类型来预测海底反向散射强度值，也不能仅通过散射强度值来预测海底底质类型，也就是说，海底反向散射强度与底质类型之间是一对多的关系。

为了消除这种不确定性，需增加额外的信息。金绍华等根据 Hellequin 建立的反向散射强度随入射角变化的近似模型，提出了最小二乘拟合参数法。该方法提取的特征参数不但能描述曲线的显著变化特征，而且对小的系统误差（波动）不敏感。

（1）Hellequin 参数模型。海底反向散射强度随入射角的变化是海底特性、结构、入射角和频率的复杂函数，Hellequin 根据声散射在不同角度下的自然特性，建立了整个角度范围内反向散射强度的参数模型。

$$\text{BS}(\theta) = 10\log(A\exp(-\alpha\theta^2) + B\cos^\beta\theta) \tag{8-39}$$

式中：BS 为海底反向散射强度；θ 为海底入射角；A、B、α 和 β 为模型参数。该模型在垂直入射角附近趋于近似的 Kirchoff 模型，在其他角度区域遵从近似的 Lambert 法则。

（2）最小二乘拟合参数计算。对于式（8-39）的非线性模型，可基于最小二乘原理拟合特征参数，其数学模型为

$$\min_{x} \frac{1}{2} \| F(x, x\text{data}) - y\text{data} \|_2^2 = \frac{1}{2} \sum_{i=1}^{n} (F(x, x\text{data}_i) - y\text{data}_i)^2 \quad (8-40)$$

式中：$x\text{data}$ 为给定的输入数据向量；$y\text{data}$ 为与 $x\text{data}$ 对应的观测向量；$F(x, x\text{data})$ 为目标函数；x 为函数的拟合系数；n 为观测向量的长度。对函数拟合系数的求解，实际上转化为无约束非线性规划问题求解。利用 MATLAB 提供的 lsqcurvefit 函数解算，该函数模型是基于子空间信任域的内部反射牛顿法建立的。

五、海底底质反演方法

前面研究了如何从声纳镶嵌图和 BS 曲线上提取底质特征参数。下面分析如何将这些特征参数按照某种度量，根据参数的特征，组织成具有不同特点的簇类，即实现海底底质分类功能。目前，海底底质分类方法很多，主要包括 Simrad 公司底质分类软件模块 Triton 使用的贝叶斯（Bayes）最大似然统计分类方法，周兴华、唐秋华等建立的基于 GA – FAMNN、学习向量量化（Learning Veetor Quantization，LVQ）、GA – LVQ（结合遗传算法）和自组织特征映射等神经网络分类方法及 QTC 多波束海底底质分类软件使用的聚类分析方法等。从学习方法上看，贝叶斯最大似然统计、GA – FAMNN、LVQ 和 GA – LVQ 神经网络属于监督学习（通过对训练集样本进行学习并建立模型，然后对测试集中未标记样本进行划分或预测）方法，自组织特征映射网络和聚类分析属于无监督学习（不含有人工标记信息的机器学习）方法。监督学习方法首先对训练集进行学习，所以通常能够获得较好的分类精度，但为了训练一个分类函数或分类模型，需要大量已标记数据，这在海底底质分类中需大量的海底采样点数据支持，实现相对困难。研究发现，当海底采样点较少时，采用无监督学习方法进行海底底质分类，也能达到较好的分类效果。

在无监督分类中，聚类分析能够快速找出样本数据中蕴含的结构信息，因此已被广泛地运用到许多应用领域中并产生了很多不同的算法，常用的有：层次聚类、K – 均值算法、自组织映射神经网络（Self – Organizing Feature Map，SOM）和吸引子传播算法等。本节重点介绍经典高效的 SOM 网络和 k – 均值算法在多波束海底底质反演中的应用。

(一) 网络底质反演方法

SOM 是由芬兰学者 Teuvo Kohonen 于 1981 年提出的。该网络是一个由全连接的神经元阵列组成的无教师自组织、自学习网络，其作为一个聚类系统无须监督学习。

(1) 网络模型。SOM 结构只有输入层和竞争层（输出层）两层。竞争层上的节点间通过一定的权重连接，权重根据最小（或最大）距离准则来调整。SOM 的一个典型特点就是可以在一维或二维的处理单元阵列上，形成输入信号的特征拓扑分布，因此 SOM 具有抽取输入信号模式特征的能力。

(2) 学习算法。SOM 学习算法属于无监督竞争学习算法。SOM 可以将任意维数的输入模式以拓扑有序的方式变换到一维或二维的离散空间上，这种变换称为特征映射（Feature Map）：输入空间 H 到输出空间 A。其中，输入空间 H 是输入向量的集合，其维数等于输入向量的维数；输出空间 A 在二维网格的自组织映射中是二维的平面。

(3) 分类流程。美国 MathWorks 公司开发的 MATLAB 软件，在需要大量数据运算的科学研究和工程应用中具有很大的优越性，它的强大功能在于它的开放式可扩展环境以及诸多的面向不同应用领域的工具箱。本书利用了其中神经网络工具箱编写相应的程序，实现了 SOM 分类识别，分类流程如图 8 – 20 所示。

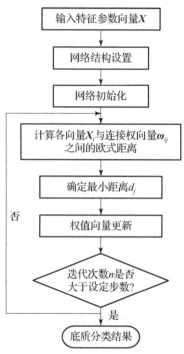

图 8 – 20　SOM 底质分类流程

（二）基于 K – 均值算法底质反演方法

1. K – 均值算法分类原理

1967 年，MacQueen 将他所提出的一种算法命名为 K – 均值算法。这种算法的基本思想是将每一个样本分给具有最近中心（均值）的聚类。K – 均值是数据挖掘和知识发现领域中一种重要且成功的方法。该算法是一种基于迭代的重划分策略：算法完成时将数据集划分成事先规定的 K 个簇类。而迭代过程中不断地优化各个数据点与聚类中心之间的欧式距离。对于数据点集合 $X = \{x_1, \cdots, x_N\}$，K – 均值算法给出了一个关于数据集 X 的 K – 划分 $\{X_l\}^K l = 1 : K$。因此，若用 $\{C_1, \cdots, C_K\}$ 代表 K 个划分的中心，则有目标函数

$$E = \sum_{l=1}^{K} \sum_{x_i \in X_l} \| x_i - C_l \|^2 \qquad (8-41)$$

K – 均值算法正是基于上面的目标函数，不断寻找该函数最小值的方法。最简单的 K – 均值算法包括以下三个步骤。

（1）将所有样本分成 K 个初始聚类。

（2）将样本集合中某个样本划入中心（均值）离它最近的聚类（这里的距离通常是用标准化或非标准化数据算出的欧式距离）。对得到样本和失去样本的两个聚类重新计算它们的中心（均值）。

（3）重复步骤（2），直至所有的样本都不能再分配时为止。

上述过程中，步骤（1）也可以不从分割出 K 个初始聚类开始，而从规定的 K 个初始中心开始，然后进入步骤（2）。其算法流程如图 8-21 所示。

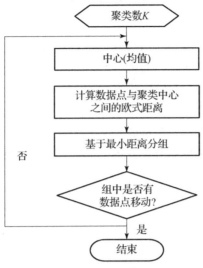

图 8-21 K-均值算法流程

2. 聚类数 K 值确定原则

在 K-均值底质分类中，聚类数 K 值表示海底底质被划分的种类，它是先验信息，其值若选得过少，则会出现有些海底底质类型无法划分的情况，其值若选得过大，将造成海底底质分类的不准确。为了合理地确定分类数 K 值，本节引入两个原则：

（1）Φ 标准粒级分类表（表 8-1）一级类组可分原则：多波束能划分 Φ 标准粒级分类表一级类组的底质类型。为了确定分类数 K 值，首先确定测区海底采样点类型在 Φ 标准粒级分类表中所属类组数，将其值设定为 K 值。

（2）海底底质类型区域性变化原则：除了划分 Φ 标准粒级分类表一级类组的底质类型，多波束能否进行更细的分类，聚类种类 K 值能否增加，需根据多波束海底底质分类结果的区域性效果进行判断。不管是从海底底质成因还是水动力学方面考虑，底质类型应该是区域性且连续变化的，并且由于各种影响海底底质分布的因素相互关联，海底底质之间往往存在一定程度的过渡性。因此，如果增加 K 值，多波束海底底质分类结果的区域性效果仍然很好，说明分类结果有效。若区域性效果不好，说明分类种类的增加是不合适的。

本章小结

海底底质探测是为了获取海洋环境信息中的海底底质信息。本章介绍了海底底质探测的原理，包括底质采样原理和声学探测原理，描述了海底底质探测的工序。重点介绍了海底底质探测的三种技术：海底底质采样技术、浅地层剖面测量技术和多波束海底底质反演技术。通过本章的学习，学员可以了解海底底质探测的原理、实施及分类方法。

复习思考题

1. 简述海底反向散射强度随入射角变化的 Lambert 模型。
2. 底质沉积物现场描述包括哪些内容？
3. 底质沉积物声学特性测量哪些内容？
4. 常用的沉积物粒度测量方法有哪些？
5. 多波束与侧扫声纳相比，海底底质反演有哪些优势？
6. 一般从声纳图像上提取哪些参数用于底质分类？

参考文献

[1] 翟京生,暴景阳,彭认灿,等. 现代海洋测绘理论和技术[M]. 北京:测绘出版社,2006.

[2] 赵建虎. 现代海洋测绘[M]. 武汉:武汉大学出版社,2007.

[3] 阳凡林,暴景阳,胡兴树. 水下地形测量[M]. 武汉:武汉大学出版社,2017.

[4] 刘雁春,肖付民,暴景阳,等. 海道测量学概论[M]. 北京:测绘出版社,2006.

[5] 刘雁春. 海洋测深空间结构及其数据处理[M]. 北京:测绘出版社,2003.

[6] 李家彪,等. 多波束勘测原理与技术方法[M]. 北京:海洋出版社,1999.

[7] 李明叁,黄文骞,崔杨,等. 海岸带摄影测量与遥感[M]. 大连:海军大连舰艇学院,2013.

[8] 欧阳永忠,黄谟涛,翟国君,等. 机载激光测深中的深度归算技术[J]. 海洋测绘,2003,23(1):1-5.

[9] 赵建虎,刘经南. 多波束测深及图像数据处理[M]. 武汉:武汉大学出版社,2008.

[10] 黄谟涛,翟国君,谢锡君,等. 多波束和机载激光测深位置归算及载体姿态影响研究[J]. 测绘学报,2000,29(1):82-88.

[11] 阳凡林,李家彪,吴自银,等. 浅水多波束勘测数据精细处理方法[J]. 测绘学报,2008,37(4):444-450,457.

[12] JIN S H, SUN W C, BAO J Y, et al. Sound velocity profile (SVP) Inversion through Correcting the Terrain Distortion[J]. The International Hydrographic Review, 2015, 13:7-16.

[13] 申家双,黄谟涛,任来平. 机载激光测深的位置归算技术研究[J]. 海洋测绘,2003,23(5):55-60.

[14] 申家双,翟京生,翟国君,等. 海岸带地形图及其测量方法研究[J]. 测绘通报,2007(8):29-32.

[15] 叶修松. 机载激光水深探测技术基础及数据处理方法研究[D]. 郑州:解放军信息工程大学,2010.

[16] 张小红. 机载激光雷达测量技术理论与方法[M]. 武汉:武汉大学出版社,2007.

[17] 金绍华. 多波束声学探测海底底质技术研究[D]. 大连:海军大连舰艇学院,2011.

[18] 齐珺. 海图深度基准面的定义、算法及可靠性研究[D]. 大连:海军大连舰艇学院,2007.

[19] 黄辰虎,暴景阳,刘雁春,等. 正交潮响应分析法与调和分析法在验潮站潮汐资料分析中的对比研究[J]. 海洋测绘,2004,24(2):19-23.

[20] 许军, 暴景阳, 章传银. 联合 TOPEX/Poseidon 与 Geosat/ERM 测高资料建立区域潮汐模型的研究 [J]. 测绘科学, 2006, 31 (2): 90-92.

[21] 李建成, 姜卫平, 章磊. 联合多种测高数据建立高分辨率中国海平均海面高模型 [J], 武汉大学学报 (信息科学版), 2001, 26 (1): 40-45.

[22] 章传银. 近海多种卫星测高应用技术研究 [D]. 武汉: 武汉大学测绘学院, 2002.

[23] 胡建国, 章传银, 常晓涛. 近海多卫星测高数据联合处理的方法及应用 [J]. 测绘通报. 2004 (1): 1-4.

[24] 张子占, 陆洋. GRACE 卫星资料确定的稳态海面地形及其谱特征 [J]. 中国科学 (D 辑: 地球科学) 2005, 35 (2): 176-183.

[25] 王正涛, 党亚民, 姜卫平, 等. 联合卫星重力和卫星测高数据确定稳态海洋动力地形 [J]. 测绘科学, 2006, 31 (6): 40-42, 4.

[26] 赵建虎, 张红梅, ClarkeJ E H. 局部无缝垂直参考基准面的建立方法研究 [J]. 武汉大学学报 (信息科学版), 2006, 31 (5): 448-450.

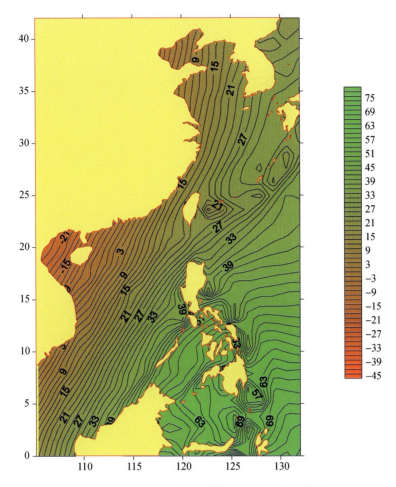

图 2-3 DTU15 的中国近海及邻海平均海面模型

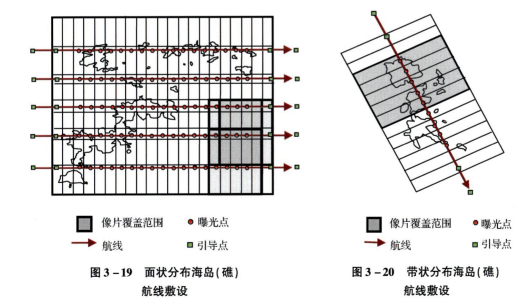

图 3-19 面状分布海岛(礁)
航线敷设

图 3-20 带状分布海岛(礁)
航线敷设

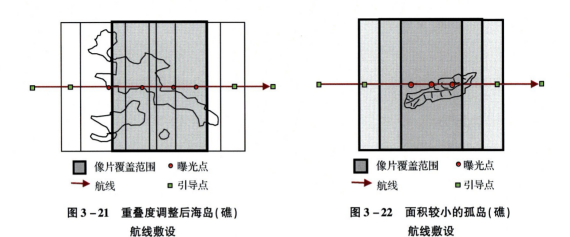

图 3-21 重叠度调整后海岛(礁)航线敷设

图 3-22 面积较小的孤岛(礁)航线敷设

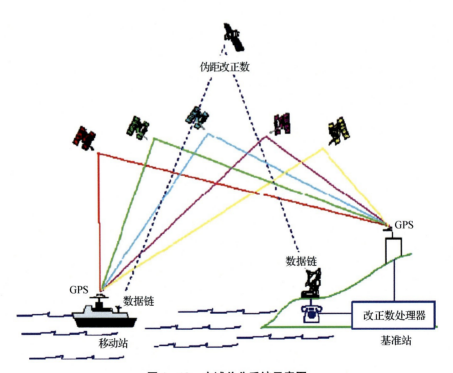

图 4-18 广域差分系统示意图

彩 2

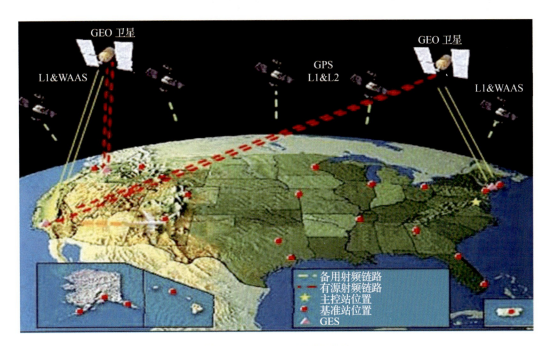

图 4-20 WAAS 覆盖范围

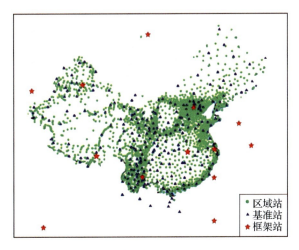

图 4-32 我国 CORS 参考站分布

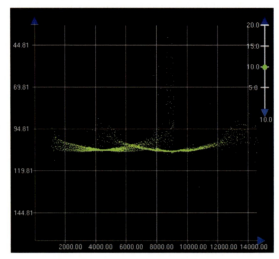

图 6-34 声速误差引起的地形畸变

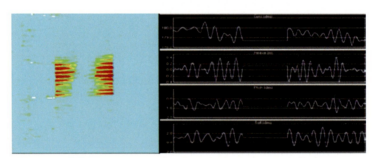

图 6-35 某测线的标准差和存在数据断裂的姿态时间序列

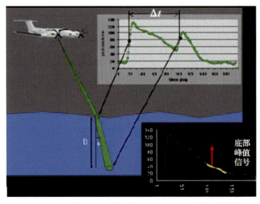

图 6-40 机载激光测深仪工作原理（彩图见插页）